连铸“三大件”生产与使用

整体塞棒、长水口、浸入式水口

周川生　平增福　著

北　京
冶 金 工 业 出 版 社
2015

内 容 提 要

长水口、浸入式水口和整体塞棒等连铸功能耐火材料，在业内常被称为连铸“三大件”，是实现和保证钢厂连铸正常生产的必不可少的关键性材料，为高效连铸、近终形连铸生产高品质、高附加值的洁净钢提供了重要的保障。本书系统介绍连铸用主要耐火材料的生产、设计与使用经验，以及作者在产品生产中的心得体会，为我国连铸用耐火材料的发展、创新以及生产更多用于连铸生产的性能优良的耐火制品提供指导。

本书可供连铸耐火材料领域的生产、科研、设计、使用、管理、教学人员以及连铸钢厂有关技术人员阅读。

图书在版编目(CIP)数据

连铸“三大件”生产与使用：整体塞棒、长水口、浸入式水口/周川生，平增福著．—北京：冶金工业出版社，2015.1

ISBN 978-7-5024-6776-0

Ⅰ.①连…　Ⅱ.①周…　②平…　Ⅲ.①连续铸造—耐火材料　Ⅳ.①TQ175.79

中国版本图书馆CIP数据核字(2014)第276048号

出 版 人　谭学余

地　　址　北京市东城区嵩祝院北巷39号　邮编　100009　电话　(010)64027926

网　　址　www.cnmip.com.cn　电子信箱　yjcbs@cnmip.com.cn

责任编辑　刘小峰　李维科　美术编辑　彭子赫　版式设计　孙跃红

责任校对　石　静　责任印制　李玉山

ISBN 978-7-5024-6776-0

冶金工业出版社出版发行；各地新华书店经销；三河市双峰印刷装订有限公司印刷

2015年1月第1版，2015年1月第1次印刷

787mm×1092mm　1/16；23印张；554千字；330页

99.00 元

冶金工业出版社　投稿电话　(010)64027932　投稿信箱　tougao@cnmip.com.cn

冶金工业出版社营销中心　电话　(010)64044283　传真　(010)64027893

冶金书店　地址　北京市东四西大街46号(100010)　电话　(010)65289081(兼传真)

冶金工业出版社天猫旗舰店　yjgy.tmall.com

(本书如有印装质量问题，本社营销中心负责退换)

前　言

目前，我国连铸生产已发展到一个全新的水平，为了保证高效连铸、近终形连铸和高洁净钢连铸生产出高品质、高附加值的洁净钢，与其相关的连铸功能耐火材料，如连铸“三大件”，即长水口、浸入式水口和整体塞棒，以及滑动水口和定径水口等，在连铸生产中各司其职，它们是实现和保证钢厂连铸生产的必不可少的关键性材料。在连铸技术发展的同时，连铸功能耐火材料的生产技术和品质也得到了快速的发展和提高，连铸用耐火材料，特别是连铸“三大件”的质量和使用性能，可与国外相应的产品相媲美。

在洛阳耐火材料研究院工作期间，作为耐火材料研究人员，作者是幸运的，从1968年开始参与重钢三厂的连铸攻关起，在随后的数十年工作期间，一直参与原冶金部和国家科委下达的、除薄板坯浸入式水口以外的有关连铸用耐火材料的攻关工作。

在连铸攻关期间，与钢厂、耐火材料厂、科研院所的工人和技术人员以及本单位的攻关团队一起攻关克难，取得较多科研成果，为钢厂连铸生产浇注各种钢种和洁净钢连铸，提供了必需的关键性的功能产品；为确保连铸的正常生产，为我国连铸技术的进步，为连铸用耐火材料的发展和国产化，贡献了一份力量。

本书系统地介绍了作者在攻关期间和在连铸耐火材料的生产实践中对产品的研究开发，以及在钢厂的试验使用和在产品的生产中获得的心得和总结出的观点。本书共五章，主要介绍我国连铸耐火材料，特别是连铸浇注系统使用的关键材料的发展历程，并提出了连铸耐火材料生产的“三低一高”的观点。还针对每个生产环节和在钢厂的使用细节提出了自己的观点，并提出新的毛坯近终形设计和塞棒临界行程以及产品的设计和计算方法，还对大量生产过程中的日常检测数据进行分析处理，发现造粒料水分与堆积密度以及堆积密度与毛坯密度和制品密度之间的规律性，有助于工厂对制品生产过程的质量管理。并且提供了产品使用前后的显微结构照片，以供参考。

总之，撰写本书的主要目的是要将作者在连铸用耐火材料长期研究和生产实践中的经验及从事这项工作得到的心得奉献给读者，共同为我国连铸用耐火材料的发展和创新以及为钢厂连铸生产提供更多性能优良的产品而努力奋斗。

在写书的过程中参考了一些文献资料，使本书的内容更加丰富翔实，在此向文献作者表示诚挚的谢意；另外还从相关著作及网络上的相关信息中选用了一些图片和资料，由于没有明确的出处，在这里向有关厂家和作者，表示真诚的谢意和歉意。

洛阳泽川高温陶瓷有限公司总经理、研究生导师平增福先生，在作者写书期间给予很大的支持和帮助，令人感动，在此表示诚挚的感谢。

在写书过程中，还得到了洛阳泽川高温陶瓷有限公司副总经理刘宇、刘屹和总工程师姬保坤以及其他同仁的支持和帮助，对此表示诚挚的感谢。

在连铸学会期间，还得到万体娅、王瑄和柴桂华老师提供的论文集，为本书的写作提供了丰富而宝贵的资料，对此表示深深的感谢。

在写书期间，得到了冶金工业出版社的支持、帮助和指导，深为感激，在此表示诚挚的感谢。

由于作者水平所限，本书中的许多观点纯属个人之管见，不妥之处，还诚望前辈、同行和读者批评赐教，并在此表示感谢。

周川生

2014 年 6 月 26 日

目　录

插 图 目 录

5　连铸“三大件”的使用 …………………………………………………… 255

表 格 目 录

1 连铸耐火材料发展概述

1.1 连铸耐火材料发展进程

1.1.1 早期的连铸耐火材料

在20世纪50年代中期，我国已开始进行连续铸钢技术的研究与试验，后期建立了少量的连铸机，并投入试验研究。到20世纪60年代，国内连铸技术的开发与应用得到较大的发展，在重庆、上海和北京相继建设了数台连铸机，但整个连铸生产过程中有很多问题，年产量极低，更谈不上有连铸用耐火材料。

直到20世纪60年代后期，由冶金部组织洛阳耐火材料研究院、重庆钢铁设计院和武汉钢铁公司等单位的有关人员，在重钢三厂进行连铸攻关。在这个时期，还没有专门用于连铸生产的耐火材料，连铸耐火材料处于研究探索阶段。

为满足连铸的需求，主要研制了镁质和锆英石质及浸煮焦油沥青高铝质棒头和中间包水口。值得一提的是在1970年5月，在重钢三厂进行了有保护渣的浸入式水口连铸浇注的探索性试验。浸入式水口为高铝质不烧制品，外部用电热丝加热保温，使用40min后从水口渣线位置断裂。

1.1.2 首次实现钢包滑动水口浇注

在1970~1971年，洛阳耐火材料研究院与上海耐火材料厂合作，成功研制可用于钢包作业的、高铝质的浸煮焦油沥青的滑动水口。滑动水口由滑板、上水口和下水口组成。前期试验是在上钢一厂侧吹转炉车间进行的，以后在上钢五厂电炉车间试验，获得成功。

实际上，在20世纪50年代末，国内就有人在研究开发滑动水口，但受限于当时的装备和技术条件而未能实现。

当年使用的高铝矾土质滑动水口的性能见表1-1[1]。由表1-1可见，当时还没有铝碳质滑板，而滑板中的碳含量很低，一般不超过2%，是滑板浸煮焦油沥青后，再经干馏得到的残余碳。滑动水口的密度为2.40~2.62g/cm^3，均为不烧制品。

表1-1 滑动水口的理化指标

项目		A（不烧制品）			B（不烧制品）		
		上水口	下水口	滑板	上水口	下水口	滑板
化学组成/%	Al_2O_3	63.02	63.02	66.14	78.47	79.75	76.9
	C		<2	<2		<2	<2
显气孔率/%		22	16	9	17	17	8
耐压强度/MPa				140.5			103.5
备注		浸煮焦油沥青				焦油沥青	

当时连铸的耐火材料配置为：

（1）大包（钢包，盛钢桶）包衬为黏土和高铝砖；塞棒棒身由多节黏土质或高铝质袖砖组成，棒头材质为镁质或锆英石质。

（2）中间包衬为黏土砖和高铝砖，中间包水口为高铝质，并浸煮焦油沥青。

（3）从大包至中间包、中间包至结晶器之间为敞开浇注，没有任何保护措施，也没有保护渣，铸坯坯壳与结晶器之间采用植物油润滑。

1.1.3　我国连铸技术和连铸耐火材料开创新纪元

1.1.3.1　泥浆浇注熔融石英质水口研制成功

到20世纪70年代初期，我国连铸存在的问题是：敞开浇注，连浇水平极低，连铸坯经常出现拉漏、鼓肚、纵裂和角裂，根本谈不上铸坯的质量问题，连铸生产正处在是上马还是下马的十字路口。

为了改变这种局面，1972年由冶金部和一机部联合，在上钢一厂成立了全国的连铸攻关组，进行连铸攻关。在攻关期间，连铸攻关组完成了连铸工艺和保护渣以及浸入式水口的研究试验。

1972～1973年，由洛阳耐火材料研究院与青岛耐火材料厂合作，成功研究开发了泥浆浇注熔融石英质水口。并于1973年5月初，在上海第一炼钢厂转炉车间，最先在板坯连铸机上，使用熔融石英质浸入式水口进行保护渣浇注试验，并获得成功。所谓板坯连铸机，就是指板坯厚度在150～300mm、宽度在600～2600mm的连铸机。

从此，我国连铸生产开始实现了多炉连浇的新局面，该技术逐步走上正轨，并得到迅速发展，成为我国连铸发展具有里程碑意义的事件。

当年使用的熔融石英质浸入式水口，为第一代产品，即用泥浆浇注法成型，并经高温烧成的制品。浸入式水口的热稳定性极好，可不预热使用，被钢厂广泛采用，主要用于浇注普碳钢，使用寿命可达到8小时。当年使用的泥浆浇注熔融石英质水口的性能见表1－2[2]。

表1－2　泥浆浇注熔融石英浸入式水口的理化指标

项　　目		泥浆浇注熔融石英水口	颗粒浇注熔融石英水口
化学组成/%	SiO_2	99.40	99.26～99.48
	Al_2O_3		0.20
	Fe_2O_3		0.05
显气孔率/%		17.5～21.1	13～15
密度/g·cm^{-3}		1.74～1.77	1.87～1.92
耐压强度/MPa		66.70	33.40～36.10
热稳定性（1200℃，水冷）/次		>40	>5

1.1.3.2　中间包滑动水口问世

在攻关期间，洛阳耐火材料研究院、天津耐火材料厂和天津第二炼钢厂合作，研究开发了连铸中间包用滑动水口，并首次在天津二钢做了试探性试验，钢流稳定不发散，效果良好，但限于当时国内连铸的条件，未能推广应用。

在此期间，滑动水口在钢包上开始得到推广应用。在当年使用的下滑板上，有的滑板带有两个孔，一个用于连铸浇注；另一个安装上透气塞和吹氩管，用于大包自动开浇。另外，在这个时期，弥散型透气砖问世，主要用于钢包吹氩。

1.1.4 机压成型铝碳质浸入式水口面世

由于熔融石英水口中 SiO_2 含量达99%以上，不耐锰含量较高的钢水的侵蚀，其原因是，钢水中的锰与水口中的 SiO_2 发生反应，生成低熔点的硅酸锰，使用寿命较短（只能浇注1~2炉），而且还会使钢水增硅，对铸坯质量有明显的影响。

为了满足锰含量较高的钢种的连铸生产要求，1975年5月洛阳耐火材料研究院与青岛耐火材料厂合作，使我国用于连铸的、摩擦压砖机成型的铝碳质浸入式水口问世。由于受摩擦压砖机冲程的限制，制作的浸入式水口长度不超过400mm。于当年4月中旬，在上海第一炼钢厂进行试验，浇注钢种为16Mn。当年生产的浸入式水口，使用的原料主要是二等高铝和土状石墨，结合剂为焦油沥青。在加热过程中，会产生大量的黄色的刺激性烟雾，污染环境，对操作人员身体伤害较大，这种生产工艺，直至1980年后才逐渐被淘汰。

1.1.5 连铸用耐火材料取得新进展

1.1.5.1 1979年颗粒浇注熔融石英水口研制成功

1979年武汉钢铁公司引进的连铸生产线投产，原先使用的第一代泥浆浇注熔融石英质浸入式水口，在连铸浇注中，使用寿命只有1~2炉，还经常发生穿孔和断裂现象，已不能满足钢厂的生产要求。为此，在1979年4月，在冶金部组织下，由洛阳耐火材料研究院与青岛耐火材料厂合作，研制了颗粒浇注熔融石英质浸入式水口，即第二代熔融石英质浸入式水口。该水口的抗热震性、耐侵蚀性和使用寿命得到极大提高，使用的钢种范围进一步扩大，并一直沿用至今，水口性能见表1-2[1]。

1.1.5.2 1980年连铸用“三大件”制品研制成功

随着钢铁工业的发展，连铸钢种的多样性需求和对铸坯质量的要求越来越高，原先使用的熔融石英质和用摩擦压砖机生产的铝碳质浸入式水口，越来越不能满足连铸生产的需求。

从1979年下半年至1980年，由洛阳耐火材料研究院与青岛耐火材料厂合作，研究开发用冷等静压机生产铝碳质整体塞棒、长水口（保护管）和浸入式水口，俗称连铸“三大件”，使产品性能得到较大提高。但品种单一，原料为特级矾土，没有专门的渣线用料，制品的外形用普通车床机加工，制品性能还没有实质性的改进，只能满足一般钢种的连铸生产要求。连铸“三大件”的性能见表1-3[1]。

表 1－3　连铸“三大件”的理化指标

项　目		铝碳质保护管	铝碳质浸入式水口	铝碳质整体塞棒
化学组成/%	Al_2O_3	65.38～67.47	65.38	66.56～68.04
	C	24.98～26.47	24.98～26.47	23.96～26.86
密度/$g \cdot cm^{-3}$		2.71～2.76	2.71～2.75	2.78～2.80
显气孔率/%		11～12	10.8～11.8	10～11
耐压强度/MPa		16.7～23.4	16.3～23.4	23.5～26.0
热稳定性（1100℃，水冷）/次		>5	>5	>5

1.1.6　小方坯连铸用锆质定径水口实现国产化

1982 年 2 月，昆明钢厂从国外引进的小方坯连铸生产线，使用定径水口无塞棒浇注系统，投入连铸生产。所谓定径水口，就是要求在整个浇注过程中，水口的孔口径基本不变，保持拉速稳定。随连铸生产线引进的中间包水口，为全均质锆质定径水口，即整个水口全部由锆英石和氧化锆组成，水口中的 ZrO_2 含量为 75%，经计算确定，一只定径水口需约 0.6kg 氧化锆。

国内对小方坯连铸机的定义是：（1）小方坯连铸机，小方坯断面尺寸为 160mm × 160mm 以下；（2）方坯连铸机，方坯断面尺寸为 160mm × 160mm ～ 200mm × 200mm。目前，通常把断面尺寸小于 200mm × 200mm 的连铸机，统称为小方坯连铸机。

由于在当年氧化锆非常昂贵，每吨成本达十几万元，为了降低锆质定径水口的生产成本并达到国产化的要求。冶金部在 1981 年 10 月下达了攻关任务，由洛阳耐火材料研究院和昆明钢厂合作，在 1982 年，首先研制出直接复合锆质定径水口，以后又根据钢厂需要，相继完成了振动成型定径水口和镶嵌式定径水口的研制工作，这些产品的性能见表 1－4。

表 1－4　锆质定径水口理化指标

项　目		直接复合定径水口[3]		振动成型定径水口[4]	镶嵌式定径水口[1]	
		内芯－73Z	内芯－75Z	内芯－73Z	内芯－70S	内芯－75S
化学组成/%	ZrO_2	73	75	≥73	69～71	73～75
显气孔率/%		19.6	14.75	≤22	18～21	17～21
密度/$g \cdot cm^{-3}$		3.98	4.26	≥3.9	3.75～3.90	3.85～4.08
耐压强度/MPa				≥120		
备　注		本体为锆英石质		外套为不定形成型高铝质	外套为烧成高铝质	

在 1982 年 6 月，研制的直接复合锆质定径水口，在昆明钢铁公司第二炼钢厂得到应用，该水口的本体为锆英石，在距水口内孔的出口端 30mm 的直线段处，直接复合 3 ～ 5mm 厚的氧化锆含量为 75% 的复合层，一只水口仅需 30g 左右的氧化锆。

后期研制的振动成型定径水口和镶嵌式定径水口，即两者的本体，均使用价格低廉的高铝矾土料制作，而前者本体用不定形方式成型，后者本体用机压成型，内芯都以锆英石和氧化锆为原料，成型和干燥后，在高温下烧成制得。在以后的十几年中，国产定径水口已完全取代进口产品。

1.1.7 初步建立特钢连铸用耐火材料体系

1.1.7.1 特钢连铸用耐火材料

随着连铸技术的发展，在1986～1990年间，我国太原钢铁公司第三炼钢厂、北满特殊钢厂、大冶钢铁公司第四炼钢厂、陕西特殊钢厂、重庆特殊钢厂和上海钢铁公司第三炼钢厂等钢厂的特钢连铸机相继投入使用。连铸浇注的钢种主要为：不锈钢、低合金钢、轴承钢、船用结构钢、弹簧钢和齿轮钢等。

为了满足我国特钢连铸用耐火材料的要求，由冶金部组织洛阳耐火材料研究院、青岛耐火材料厂、秦皇岛耐火材料厂和重庆特钢厂等联合攻关，经过几年的努力，初步建立了特钢连铸用耐火材料体系，连铸耐火材料的配置是：

（1）大包至中间包之间的钢流保护，使用Al_2O_3含量为40%～50%的预热型的Al_2O_3-C质长水口，还研制了不预热使用的，加有钢纤维的$Al_2O_3-SiO_2-C$长水口。由于生产成本和制作难度较大，只做了探索性试验，未能正式生产应用，其性能见表1－5[5]。

表1－5 $Al_2O_3-SiO_2-C$长水口和浸入式水口渣线的理化指标

项目		$Al_2O_3-SiO_2-C$长水口	浸入式水口渣线
化学组成/%	Al_2O_3	50	
	SiO_2	10	
	ZrO_2		>60
	C	30	>20
密度/$g \cdot cm^{-3}$		>2.40	2.96
显气孔率/%		<18	21
耐压强度/MPa		>15	20
抗折强度/MPa		>6	5

（2）中间包使用Al_2O_3含量为50%～60%的Al_2O_3-C质整体塞棒。

（3）中间包至结晶器之间的钢水保护，使用Al_2O_3含量为50%～60%的Al_2O_3-C质水口，并提高渣线部位ZrO_2含量至60%以上，增加水口的抗侵蚀能力，渣线性能见表1－5。

（4）中间包衬为镁质绝热板，并在特殊钢厂得到使用，在连铸中间包上使用证明，镁质绝热板对合金钢熔渣的侵蚀有着良好的抵抗能力，不对钢水造成污染，有利于提高钢水质量，使用寿命长，能满足合金钢等优质钢连铸的需要。镁质绝热板的性能[5]，见表1－6。

表1－6 镁质绝热板的理化指标

项目		中间包包壁和底板	冲击板
化学组成/%	MgO	>70	>73
	SiO_2	11	9
抗折强度/MPa		4.6～7.3	5.4
导热系数/$W \cdot (m \cdot K)^{-1}$		0.4～0.5	0.63
残余水分/%		>0.2	<0.2
线变化率/%	1100℃×1h	−0.9	−1.6
	1500℃×2h	−3.4	−6.3

（5）熔融石英质制品在钢厂仍得到使用。

1.1.7.2 水平连铸用分离环成功应用

在此期间，洛阳耐火材料研究院、北京钢铁研究总院、秦皇岛耐火材料厂、北京四季青非金属材料公司和吉林钢厂等单位联合攻关，研制了水平连铸用锆质连接器，即上下滑动的闸板，用于水平连铸的开浇和截流。

还研制了圆形和方形的氮化硼质分离环，替代进口产品并实现国产化。在天津特殊钢厂，将研制的分离环扔进1600℃的钢水中，浸泡约2min，取出后进行观察，发现分离环完好无裂纹，不粘渣，具有良好的耐侵蚀和抗热震性。

氮化硼质分离环的物理性能[6]，见表1－7。

表1－7 氮化硼质分离环的物理性能

项　目	A	B	C
密度/g·cm^{-3}	1.9～2.4	1.88	2.55～2.64
显气孔率/%		5.59	0.4～1
耐压强度/MPa		120	
抗折强度/MPa	120～180	116	80～145
热膨胀系数/℃$^{-1}$	3×10^{-6}		$(4\sim6.5)\times10^{-6}$
弹性模量 E/kN·mm^{-2}	70～110	56.81	
导热系数/W·(m·K)$^{-1}$	0.028～0.03		
抗热震性/次	>10		>10

1.1.8 浇注含铝钢用狭缝型水口实现多炉连浇

1989年宝钢板坯连铸机投产，为宝钢连铸配套，引进了连铸耐火材料生产技术，使我国连铸用耐火材料的生产方式和制品的质量得到了很大的提高。但钢厂在浇注含铝较高的钢种时，为了防止水口的堵塞，使用了国内生产的狭缝型浸入式水口，即在水口的流钢孔内壁，事先复合有弥散型透气层，再与水口本体复合在一起，两者之间留有狭缝，最后在本体上钻一小孔至狭缝处，并安装吹氩管。

由于狭缝型浸水口的内孔体与水口本体之间的连接不总是很好，在使用中，钢水经常渗透到狭缝中，使狭缝堵塞，无法吹氩，造成水口堵塞，水口平均使用寿命只有4炉。

为了提高狭缝型浸入式水口在宝钢的使用寿命，在1991～1993年期间，由洛阳耐火材料研究院、青岛耐火材料厂和宝山钢铁公司炼钢厂合作，通过技术攻关，改进透气层与本体连接方式并提高水口渣线的锆含量，使水口的使用寿命提高到6～8炉。

其实，为了解决水口堵塞问题，早在20世纪80年代在国内就引起了重视，并研发使用铝碳质熔损型防堵塞浸入式水口，即本体为铝碳质，内孔复合不耐侵蚀的黏土类材质。期望在浇注过程中，让水口内壁一边熔蚀，一边黏附堵塞物，使两者达到平衡防止水口堵塞。

事实上，在钢厂进行连铸浇注试验表明，水口内壁的熔蚀与黏附之间很难达到平衡，往往是熔蚀速度大于黏附熔蚀，水口内壁孔径扩大严重，使浇注失控而停浇。

1.1.9 不吹氩防堵塞水口得到应用

为了用改变水口内衬材质的方法来防堵塞，在1996~1998年期间，由洛阳耐火材料研究院、南苑耐火材料有限公司、武汉钢铁公司第二炼钢厂和天津钢管公司炼钢厂合作，研制了不吹氩防堵塞的$ZrO_2-CaO-C$浸入式水口，即在水口的流钢通道表面，复合一层人工合成的锆酸钙（$CaZrO_3$）材料。

当年使用的防堵塞浸入式水口耐侵蚀和冲刷，与普通铝碳质水口相比，防堵塞效果提高一倍，可满足低合金钢和低碳铝镇静钢的使用[7]。不吹氩防堵塞$ZrO_2-CaO-C$浸入式水口的理化指标，见表1-8。

表1-8 不吹氩防堵塞水口的理化指标

项目		不吹氩防堵塞水口		不预热铝碳质长水口	无碳无硅质浸入式水口			
		本体	防堵塞层		本体	内孔A	内孔B	渣线
化学组成/%	Al_2O_3	51.69		41.34	45	71.58	69.38	
	ZrO_2		42.49				6.67	78~80
	MgO					23.66	21.92	
	CaO		20.86					
	SiO_2			25.75				
	C	26.90	20.73	29.78	25			13
密度/$g\cdot cm^{-3}$		2.53	2.79	2.21	2.35	2.56	2.65	3.60
显气孔率/%		13	17	18	18	28.0	28.0	15~20
耐压强度/MPa		37.5	25.6	18.4	20.0	24.0	21.0	20~25
抗折强度/MPa		9.18	6.55	4.55	5.0			5.5~7.5

1.1.10 不预热铝碳质长水口取得重大进展

为了满足连铸优质钢种的需求和对铸坯质量高的要求，大包至中间包的钢水保护，不再使用熔融石英长水口，而采用预热后才能使用的铝碳质长水口。显而易见，其缺点是长时间预热，能源消耗大，还可能造成长水口局部氧化脱碳，强度下降，影响使用寿命。

为此，在1993~1994年由洛阳耐火材料研究院、天津钢管公司炼钢厂和武汉钢铁公司第二炼钢厂合作，研制了不预热即可使用的铝碳质长水口，并在1994年1月，首次在天津钢管公司炼钢厂圆坯连铸机上成功应用，使用时间长达560min。所谓圆坯连铸机，就是指圆坯断面尺寸为ϕ70~400mm的连铸机。试验制品性能见表1-8[8]。

试验用长水口的特点是，在材料中氧化铝含量比较低，约为40%，而石墨和熔融石英含量较高，制品埋炭烧成，有部分制品是在氮气气氛下烧成的，使长水口具有极高抗热冲击性，可以做到不预热即可使用，产品实现国产化，打破了完全使用进口产品的局面。

1.1.11 铝碳质和高铝质密封环吹氩保护效果得到提升

连铸大包至中间包的保护浇注，是防止钢流不被空气氧化的重要措施，由于长水口必须与钢包滑动水口的下水口配合使用，两者之间的连接存在一个密封问题。如果密封不好，在连铸浇注时，由于快速流动的钢水产生的负压，在连接处吸入空气，会使钢水二次氧化。特别是在浇注一些对钢中氮和铝的含量有要求的钢种时，吸入空气会使钢水增氮和生成氧化铝，造成钢水中的铝损失。

因此，在1995~1998年，由冶金部组织洛阳耐火材料研究院与武汉钢铁（集团）公司和天津钢管公司合作，研制了长水口用铝碳质和高铝质密封环。

在试验期间，用于浇注深冲钢系列，这类钢的特点是，具有很好的可成形性和优良的性能均匀性，是一种碳含量非常低，并且加入了合金稳定元素的无间隙钢。还浇注了普碳钢、优碳钢系列、耐候钢系列、低合金钢系列、管线钢系列和船板钢系列等约260个钢号，试验数据统计表明，与原使用的单一的纤维密封垫相比，减少钢水增氮效果明显[9]。铝碳质和高铝质密封环的理化指标见表1-9。

表1-9 铝碳质和高铝质密封环的理化指标

项目		铝碳质密封环	高铝质密封环
化学组成/%	Al_2O_3	68.74	65.49
	SiO_2	17.59	25.35
密度/g·cm^{-3}		2.45	1.88
显气孔率/%		20	29
耐压强度/MPa		13.7	

1.1.12 薄板坯连铸用浸入式水口研发成功

1999年我国珠江钢厂，从国外引进薄板坯连铸生产线。所谓薄板坯连铸机，就是指薄板坯厚度为30~90mm（可直接供连轧机使用）的连铸机。为了解决该生产线用浸入式水口的国产化，满足钢厂的生产需要，在2000年，洛阳耐火材料研究院与珠江钢厂合作，研制了薄板坯连铸用浸入式水口，取得良好的成绩，为薄板坯浸入式水口的国产化，打下坚实的基础。

该水口的特点是，为了要满足V型结晶器的需要，水口浸入钢水部分做成扁平的鸭嘴形状，其壁厚只有15mm左右。因此，要求水口必须具备极好抗热冲击性、抗钢水和熔渣的侵蚀性，并具有较高的高温强度。薄板坯连铸用浸入式水口的性能见表1-10[10]。

表1-10 薄板坯连铸用浸入式水口的理化指标

项目		本体	渣线
化学组成/%	Al_2O_3	60	
	ZrO_2+CaO		80
	C+SiC	25	15
密度/g·cm^{-3}		2.64	3.65
显气孔率/%		8.5	10.8
耐压强度/MPa		28	29
抗折强度/MPa		11.2	10.3
高温抗折强度/MPa		10.3	8.3

1.1.13 新型防堵塞无碳无硅质水口独树一帜

铝碳质浸入式水口在浇注过程中，会使钢水增碳增硅，影响铸坯的质量。为了满足连铸高洁净、高品质钢种的需求，需要研制新材质的浸入式水口。

为此，国家科技部立项，在2000~2002年，由洛阳耐火材料研究院、洛阳南苑耐火材料有限公司和武汉钢铁公司第二炼钢厂合作，研究开发了无碳无硅质水口。该水口的主要特点是，水口内孔的内壁由尖晶石材料组成，浇注的钢种主要有深冲钢、硅钢、超低碳钢等钢种。其中，硅钢的碳含量很低（C≤0.003%），硅含量在0.5%~4.5%，是一种铁硅软磁合金体，主要用来轧制成片材，广泛用于电动机、发动机和变压器等制造业中。对于超低碳钢，一般认为钢中［C］≤0.02%即可称为超低碳钢。降低钢中碳含量可改善钢的加工性能和使用性能，特别是深脱碳处理的超低碳钢，具有优良的深冲性能，代表钢种如IF钢（即汽车板钢），要求钢中碳含量小于0.01%。鉴于上述原因，都要求在浇注过程中，避免增碳，并尽可能地降低钢水中的酸溶铝含量，避免堵塞水口。

在2000年8月17日，研制的无碳无硅质水口首次在武汉钢铁公司第二炼钢厂进行试验，浇注的主要钢种为Q345（B）、Q235（B）和Q195AL，试验结果表明，水口内孔无堵塞物，但水口底部有少量的Al_2O_3的沉积物。到2000年12月，经过改进后通过多钢种试验表明，使用普通铝碳质水口浇注超低碳钢，能满足超低碳钢和纯净钢的生产要求，无碳无硅质水口的理化指标见表1-8[11]。

目前，连铸“三大件”及其他类型的产品，在以往的基础上，无论是产品的品种，还是产品的质量，都得到长足的发展，完全可以满足国内连铸生产的要求。另外，用于连铸浇注系统的大包和中间包内衬及涂料的不定形耐火材料得到了极大的发展，而硅质和镁质绝热板的应用有被取代的趋势。

1.2 连铸“三大件”发展趋势

我国钢铁生产发展至今，已处在结构调整和优化的关键时期，其中高效连铸技术、近终形连铸技术和高洁净钢连铸技术是促进炼钢生产快速高效的核心。在我国，钢铁工业已从单纯的数量型增长，逐步转化为质量效益型增长，在这种形势下，国家已确立我国钢铁工业发展的重点为高效连铸及生产高品质、高附加值的洁净钢。

洁净钢连铸是针对生产优质钢而言的，是钢厂和连铸耐火材料厂共同的工作目标，是一个系统工程，涉及铁水预处理、炼钢、精炼和连铸以及相匹配的水口、塞棒等产品的制作等工序。在浇注过程中，采用保护浇注对生产洁净钢尤为重要。在这个系统工程中，连铸耐火材料的主要作用表现在：

（1）从钢包到中间包的钢流，用长水口并吹氩保护，控制钢水吸氮量小于0.00015%（1.5ppm）甚至接近零。

（2）从中间包到结晶器的钢流，用浸入式水口加相匹配的保护渣进行保护浇注，使钢水吸氮小于0.00025%（2.5ppm）。

（3）使用碱性中间包衬和碱性覆盖剂，减少对钢水的污染。

（4）采用碱性中间包覆盖剂对钢水保温、隔绝空气以及吸附夹杂物。

（5）选择与钢种相匹配的、性能合适的保护渣进行保护浇注。

（6）选择与钢种相匹配的、性能合适的材料制作连铸用水口、塞棒和其他产品。

随着我国连铸生产技术的飞速发展，对其相关的连铸用耐火材料提出了新的要求。长期以来，连铸耐火材料的优劣制约着连铸生产技术的发展。

近几年来，在连铸生产技术进步的同时，带动连铸耐火材料生产技术的发展，使国产耐火材料的质量和功能与国外耐火材料的性能相比不相上下。

对于国内一些主要的连铸用耐火材料的发展趋势作如下概述。

1.2.1 定径水口系列的发展状况

目前，对于小方坯连铸而言，随着高效连铸技术的发展，炼钢生产节奏加快，出钢量增加，它的核心就是要提高浇注速度，保证铸坯质量，使连铸机的产量与轧机设备能力相匹配。

由于拉坯速度的提高，结晶器长度要加长，振动频率要加大，在这种条件下，对定径水口及其快速更换装置和与其相配的浸入式水口的要求更苛刻。

现在国产定径水口内芯，主要镶嵌在浸入式水口中，用于连铸小方坯、大方坯、矩形坯和小板坯浇钢使用。

锆质定径水口发展至今，由于制作技术水平的提高，不仅可以使用锆英石配氧化锆制作 ZrO_2 含量较低的定径水口内芯，而且可以单纯使用氧化锆制作 ZrO_2 含量更高定径水口的内芯。所使用的锆质定径水口内芯的 ZrO_2 含量，可根据钢厂连浇炉数的需要，可以从65%一直做到95%以上，极大地提高了定径水口的抗侵蚀性，使用寿命更长，可以工作20小时以上。

而今，小方坯连铸用定径水口品种主要为：镶嵌式定径水口、中间包上水口、快速更换上水口和下水口等。

定径水口的外套仍为高铝矾土，内芯为锆质。而镶嵌形式主要有两种：

（1）一种是在整个水口的内孔，由几个锆质内芯组合镶嵌而成。

（2）另一种是仅在水口的出钢口处，镶嵌锆质内芯。

定径水口的锆芯和外套以及快速更换上水口和下水口的实物如图1－1所示[12]。

定径水口的内芯和外套及快换水口的理化指标，分别见表1－11～表1－13。

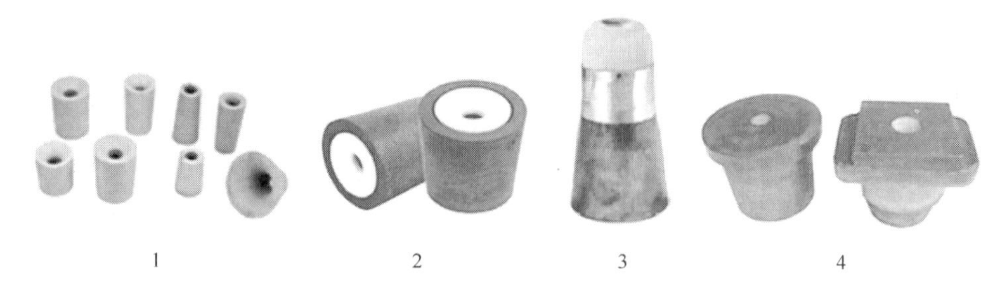

图1－1 定径水口系列实物图

1—锆质内芯；2—定径水口；3—中间包上水口；4—快换水口

表1－11 定径水口内芯的理化指标

项目		锆质内芯						
		A	B	C	D	E	F	G
化学组成/%	ZrO_2	70	75	80	85	90	93	95

续表 1-11

项　目	锆质内芯						
	A	B	C	D	E	F	G
密度/g·cm^{-3}	3.70~3.80	3.80~3.90	3.90~4.0	3.95~4.10	4.20~4.30	4.60~5.10	4.60~5.20
显气孔率/%	≤22	≤22	≤20	≤20	≤20	≤13	≤10
耐压强度/MPa	80	80	80	80	90	90	100
使用寿命/h		>6		>10	>10	>24	>24
抗热震性（1200℃，水冷）/次	≥5	≥5	≥5	≥5	≥5	≥5	≥5

表 1-12　定径水口外套的理化指标

项　目		高铝质外套（含碳或无碳）			
		A	B	C	D
化学组成/%	Al_2O_3	65	70	75	85
	C	5~10	5~10	5~10	5~10
密度/g·cm^{-3}		>2.60	>2.60	>2.70	>2.70
显气孔率/%		≤23	≤23	≤22	≤22
耐压强度/MPa		40	40	45	45

表 1-13　快速更换水口的理化指标

项　目		小方坯连铸用				板坯连铸用				
化学组成/%	Al_2O_3	70~75		72		40~60	50~70	45		60~70
	C	7~10		10		15~20	10~18	20	12~18	15~17
	ZrO_2		94~95		82				60~80	
密度/g·cm^{-3}		2.3~2.7	4.7~5.2	2.7	4.5	2.5~2.4	2.45~2.6		3.8	2.6~2.7
显气孔率/%		14	10~17	10~21	18	17~18	17	20	14~17	14~16
耐压强度/MPa		40~80	80~120	80	100	22	25	16		
抗折强度/MPa						7~8	7~8	4	6~7	8~14

小方坯连铸用浸入式水口的特点是：在浸入式水口的内孔，全部镶嵌锆质内芯，而本体为 $Al_2O_3-ZrO_2-C$ 质。其优点是：可浇注高附加值的优质钢，打破了小方坯连铸用定径水口敞开浇注的传统，实现了使用浸入式水口保护渣浇注，使得中间包至结晶器的钢水得到保护，防止在敞开浇注时钢水发散，以及对结晶器液面造成的冲击，减少钢水的二次氧化并降低钢水卷渣的可能性，提高铸坯的质量。

为了解决镶嵌式浸入式水口的堵塞问题，在国内研究开发了防堵塞定径水口，并在少数一些小方坯连铸机上试用。防堵定径水口内部结构有两种：一种是内孔为直通型，即通过改变材质防堵塞；另一种是在浸入式水口内孔镶嵌有分段的阶梯形的防堵塞内芯，试图改变钢水在水口内部的流动状态，产生紊流改善水口的堵塞现象。这些试验还没有一个明确的结果，还有待于今后进一步试验和改进提高。

1.2.2 熔融石英质长水口的应用现状

为了连铸高洁净、高品质、高附加值的钢种并改善铸坯的质量，钢厂连铸和耐火材料工作者，针对防止钢液的再污染、钢包至中间包钢水的二次氧化、防止中间包耐火材料对钢水的污染、防止中间包到结晶器之间钢流的二次氧化等问题，做了大量的卓有成效的工作。

对于板坯连铸来说，中间包用耐火材料显得尤其重要。采取了钢包至中间包长水口的保护浇注；在中间包内设挡渣墙、设置钢水过滤器、采用中间包覆盖剂；选择中间包内衬材料，采用中间包加盖密封和喂丝等技术措施。目的就是为了实现长时间的多炉连浇和得到高质量的铸坯。

长水口主要用于钢包至中间包钢流的保护，通过长水口的顶部吹氩，阻隔外界空气的吸入，防止钢水的二次氧化。有资料表明，如果不用长水口保护浇注，即进行敞开浇注，钢包至中间包的钢水，从空气中吸氧占35%，钢包钢水在中间包内冲击点卷入的空气吸氧量占30%，可见保护浇注的重要性。

目前长水口的材质仍然是颗粒浇注熔融石英质和铝碳质两大类。

现在，颗粒浇注熔融石英质长水口，已基本取代泥浆浇注熔融石英水口，其主要优势仍然为：可不预热使用，特别适用于浇注普碳钢，使用寿命较长。但在浇注含锰较高的钢种时，易生成低熔点的硅酸锰，使用寿命较短，并对钢水有增硅作用。由于这个原因水口的使用范围受到限制，但可作为事故水口备用。

熔融石英质长水口的理化指标见表1-14。

表1-14 熔融石英长水口的理化指标

项目		CRS-99 标准	A	B	C	D
化学组成/%	SiO_2	≥99	99.0	99.2	99.4	99.5
	Al_2O_3		0.25			0.01
	Fe_2O_3		0.03			0.03
密度/$g \cdot cm^{-3}$		≥1.82	1.82~1.86	1.85	1.90	1.82~1.90
显气孔率/%		≤19	18~19	16	12	16~18
耐压强度/MPa		≥40	39~46	45	40	46

1.2.3 铝碳质长水口的发展趋势

铝碳质长水口的主要特点为：对钢水适应性强，几乎所有的钢种都能适用，使用寿命较长。针对国内连铸生产的要求，目前不预热型铝碳质长水口，已成为主流产品。

为了满足钢厂对连铸坯高质量和多炉次的连浇要求，现在的长水口有了较大的改进，已不是单纯的铝碳质，主要表现在两方面。

（1）原有的不预热即可使用的长水口维持现状。长水口保持原来的低铝、高硅和高碳水平，即长水口中的 Al_2O_3 的含量为35%~40%，SiO_2 含量为20%~30%，C含量为25%~35%，适用于低炉次浇注，或作为事故水口使用。

（2）提高现用的长水口的使用寿命。影响长水口使用寿命的主要因素是：

1）长水口的颈部易断裂；

2）长水口的渣线部位不耐侵蚀；

3）长水口出钢口段不耐侵蚀。

目前，在国内针对长水口存在的问题，进行了下列相应的研究：

（1）提高长水口本体中的 Al_2O_3 含量到60%左右，SiO_2 含量降到10%以下，C含量为20%～25%。并且在长水口的内孔通道，复合有特殊的热缓冲层，同样可以做到不预热使用，还可以复合无碳无硅质或其他高耐侵蚀的材质，满足连铸洁净钢的需要。

在水口的渣线部位，可以复合有含锆质的、镁铝尖晶石质或刚玉质材料。复合材质的多样化，既抗热冲击又抗钢水和熔渣的侵蚀，使用寿命长达10小时以上。

（2）改进长水口的结构。长水口碗口的密封装置，从以前的预埋透气环、设置透气缝、镶嵌透气环和装纤维套等方法，发展到目前主要采用在长水口碗口顶部设置环状密封装置进行吹氩密封，并在水口表面涂有防氧化涂层，有效地防止空气的吸入，防止钢水的二次氧化和水口中的石墨的氧化。

在国内，还对长水口的出钢口段的结构进行改进，将原来的直通形改为喇叭形，扩大了出钢口内径，借此减轻钢水对出钢口段的冲刷和侵蚀。

（3）优化长水口的结构形状和各个部位的材质配置，减少水口颈部的热应力，整体提高长水口的抗侵蚀能力。由于长水口所处的空间较大，适当地增加水口的壁厚，对延长水口的使用寿命有时还是十分有效的。至于以前使用的、用前必须经过预热方能使用的铝碳质长水口，钢厂已很少采用。目前使用的铝碳质长水口的理化指标见表1－15。

表1－15 不预热铝碳质长水口的理化指标

项　目		A（事故水口）	C		D	
		本　体	本　体	渣　线	本　体	渣　线
化学组成/%	Al_2O_3	35～40	55		60	
	SiO_2	22	15		13	
	C	27～35	25	14	23	15
	ZrO_2	2～3		70		75
密度/$g \cdot cm^{-3}$		2.17～2.24	2.40	3.40	2.57	3.78
显气孔率/%		15～17	18	48	16	16
耐压强度/MPa		22～25	22	20		
抗折强度/MPa		5～7	6	6	7	7
说　明		内孔无复合体	内孔复合有热缓冲层		内孔复合有热缓冲层	

1.2.4 铝碳质浸入式水口的多样化

浸入式水口从安装角度看，有两种形式：一种为组合式，即中间包上水口与浸入式水口是分离的，两者用杠杆连接；另一种为整体式的，即中间包水口与浸入式水口两者合而为一，成为一体。浸入式水口的主要作用是：用于中间包至结晶器之间的钢水分配和防止钢水的二次氧化。

浸入式水口的材质主要有：熔融石英质和铝碳质两大类。熔融石英质浸入式水口，由于材质的优势可不预热使用，不会被淘汰，主要用于浇注普碳钢，一般还可以作为事故水口应急使用。目前，在钢厂原先使用的材质单一的铝碳在水口已基本被淘汰，而以铝锆碳质浸入式水口为主，即本体为铝碳质，渣线为锆碳质。为了提高水口的使用寿命，渣线部位的锆含量已增加到80%左右，甚至更高。

铝锆碳质浸入式水口对钢水适应性强，耐侵蚀使用寿命长，但在浇注含 Al 镇静钢和含 Ti 不锈钢时，易与钢水中的［O］发生反应，生成 Al_2O_3 和 TiO_2 析出物堵塞水口，使连铸浇注中断，影响连铸生产正常进行，且对铸坯质量产生较大的影响。为了解决水口堵塞问题，在铝锆碳水口基础上，在流钢通道内壁，复合各种不同的材质或改变其结构，以适应不同钢种的浇注需要。

目前，国内使用的浸入式水口的主要类型为铝锆碳质水口。其本体为铝碳质，渣线部位为锆碳质，这是最原始的浸入式水口，也是演变成其他类型浸入式水口的发源地，是其他类型浸入式水口的本体，具有通用性。水口中的 Al_2O_3、C 和 ZrO_2 的含量，没有一个标准值，是随连铸浇注的钢种和浇注时间的要求而变化的。

1.2.5 狭缝型浸入式水口

这种水口变化不大，水口本体仍为铝锆碳质，而在水口内孔的内壁，复合一层铝碳质或其他材质的材料，如尖晶石质的弥散型透气材料。

1.2.6 锆钙碳防堵塞浸入式水口

制作这种水口要在水口的内孔内壁，复合一层锆酸钙材料，由于锆酸钙材料的合成工艺复杂，成本较高，因此这种水口很少生产，已被其他类型的防堵塞水口所取代。

1.2.7 无碳无硅质水口

水口的本体为铝锆碳质，而在浸入式水口内孔的内壁，复合一层由镁铝尖晶石或其他新型的不含硅材料制成的复合层。

目前，钢厂在连铸浇注超低碳钢和洁净钢等钢种时，主要使用无碳无硅质水口进行浇注，其原因是，无论是吹氩型浸入式水口，还是防堵塞浸入式水口，在防堵塞性能上，比无碳无硅质水口要差一些。

目前，为了提高无碳无硅质水口的防堵塞性能，除了使用尖晶石原料外，还在试验其他材料，如既含镁又含钙的镁白云石类材料的防堵塞性，还要提高添加剂和树脂的品质和制作工艺，使制品性能得到改善，以满足超低碳钢及纯净钢的生产要求。

事实上，如果采用树脂类作为结合剂，即使用量很低，制品烧成后，总是会残留一些炭，不过这些微量的碳，对铸坯质量造成的影响可能极其微小。另外，保护渣中的碳，也是一个不可忽视的增碳因素。

1.2.8 薄板坯浸入式水口

国内外的薄板坯连铸生产线有很多类型，但在我国以 CSP 型为主，其次为 FTSRQ 和 ASP 型，主要特点如下：

(1) CSP (Compact Strip Production) 型的主要工艺特点是使用漏斗型结晶器。漏斗型结晶器上口断面较大，能满足扁平的水口插入和保护渣熔化的需要。

(2) FTSRQ (Flexible Thin Slab Rolling for Quality) 的工艺特点是使用凸透镜型结晶器，即所谓双高 H^2 (High Speed and High Quality) 结晶器。H^2 结晶器呈漏斗形，铸坯横断面由凸形逐渐变为矩形。

(3) ASP 型的工艺特点是采用平行板型长结晶器连铸中薄板坯，钢水必须先进行精炼处理，才能用于连铸浇注。

在连铸浇注过程中，由于薄板坯浸入式水口的内壁较薄，而薄板坯连铸的拉速一般在 4.5～6.0m/min 之间，拉速很高，最低也不小于 2.5m/min。

高速的钢水对水口冲击力和扰动很大，再加上浇注温度高达 1550℃，使用条件非常苛刻。因此，要求水口必须具有较高的高温机械强度和高的抗钢水及熔渣的侵蚀性。所有浸入式水口的碗部，通常为镁质（MgO 50%～60%）或高铝质（Al_2O_3 70%～85%）。

由于中间包使用寿命的提高和多炉连浇的需要，衍生出快速更换浸入式水口和与之相匹配的中间包吹氩上水口。这些制品的理化指标分别见表 1－13、表 1－16 和表 1－17。

表 1－16 铝锆碳浸入式水口的理化指标

项目		不预热型	预热型			
		本体	本体	渣线－A	渣线－B	渣线－C
化学组成/%	Al_2O_3	35～40	50～60	64～66	72～75	79～81
	ZrO_2	2.5～3.5	1.5～3.5	15～17	14～16	15～16
	C	30～35	20～25			
	SiO_2	15～20	6～15			
显气孔率/%		16～20	16～20	16～18	15～16	14～15
密度/g·cm^{-3}		2.16～2.24	2.40～2.60	3.15～3.25	3.60～3.63	3.68～3.73
耐压强度/MPa		18～20	20～22	20～25	24～27	20～25
抗折强度/MPa		4～6	6～8	6～8	6～8	6～8

表 1－17 浸入式水口的理化指标

项目		浸入式水口类型					
		吹气水口	防堵塞水口	无碳无硅质水口		薄板坯水口	
		高铝碳质	锆钙碳质	尖晶石质	锆质	本体	渣线
化学组成/%	Al_2O_3	85		65～75		50～60	
	C	15	19～21			20～22	10～12
	MgO			20～25			
	ZrO_2		41～43	5～7	93～95		75～80
	CaO		20～22				
密度/g·cm^{-3}			2.75～2.80	2.63～2.67	5.1～5.4	2.45～2.6	3.75～3.80
显气孔率/%		18	17～18	27～28	10～12	16～17	14～17
耐压强度/MPa			24～26	19～22	35～40		
抗折强度/MPa		4	6～7	5～7		7～9	7

目前使用的上述的浸入式水口，其结构形式与早期的基本一致，但在制作工艺和用料方面有很大的提高，主要表现为：

（1）在材质方面，本体采用优质板状刚玉、氧化锆、高纯石墨；在水口内壁应用一些特殊材料，如尖晶石、锆酸钙、赛隆和氮化硼等，用于制作含碳或不含碳的内芯，在连铸浇注过程中，起到防止水口堵塞的作用，并满足超低碳钢、硅钢和洁净钢连铸的特殊要求。

（2）碗口使用高纯镁砂和优质石墨，以提高水口碗部的抗侵蚀性，可避免或减轻钙处理钢水对碗口侵蚀造成的沟槽，保持与整体塞棒棒头的良好配合。

（3）结合剂采用结合强度大的和残碳率高的酚醛树脂，可以提高毛坯的结合强度，并可增强烧成后形成的碳网络结构的稳定性，有利于提高制品的抗热震性。

（4）在工艺方面，在水口内孔通道内壁，复合含碳或无碳材料的技术得到提高，以适应不同钢种的连铸浇注需要。

（5）改变配料的临界粒度，提高钢质模具的硬度和光洁度，使水口内壁十分光滑，增强水口的抗结瘤、抗堵塞性能。

（6）国内外对水口的防堵塞材料进行了一系列的研究，认为赛隆系列、氮化物系列和锆钙系列材料，从使用效果来看，是比较有效的防堵塞材料。并在钢厂进行易堵塞钢种的浇注试验，均取得较好的防堵塞效果。但是由于氮化物和赛隆材料合成的工艺条件难度较大，成本很高，难以推广使用，这个问题还有待于进一步研究解决。

（7）铝碳质浸入式水口发展至今，如何提高水口的使用寿命，仍然是相关技术人员重点关心的问题，主要表现在如何提高水口渣线的使用寿命和提高石墨的抗氧化性。

通过试验，人们认识到 ZrO_2 材料具有优良化学稳定性和抗渣性，而鳞片石墨具有较低热膨胀系数和对大多数材料不润湿性，能使渣线部位的抗钢水熔渣的侵蚀性和抗热震性得到较大的提高，因此氧化锆材料在水口渣线部位得到广泛的应用。

现有的试验表明，增加渣线中氧化锆的含量，提高鳞片石墨的纯度，以及优化配料中的粒度级配，获得一个最佳的粒度组成，对提高渣线的使用寿命是有效的。

另外，就现实而言，目前单支水口的使用寿命，远比不上中间包的使用寿命，其原因是两者之间的使用条件和环境的严酷性大不相同。尽管如此，作者认为仍然要对现用的水口的原料、配比和粒度组成进行优化，提高制品的抗侵蚀和抗热震性能，尽可能地延长水口的使用寿命。

更重要的是要提高制品的抗氧化性，防止石墨的氧化，这对提高铝碳质水口的使用寿命，有决定性意义。还要大力搞好快速更换水口，充分发挥中间包的使用潜力，满足钢厂连铸高品质洁净钢长时间多炉连浇的需求。

1.2.9　整体塞棒棒头材质的改进

整体塞棒安装在中间包内，悬挂在浸入式水口碗口之上，其主要功能为：在连铸浇注时起到开与关的作用，提升或下降塞棒，可控制中间包至结晶器的钢水流量，以维持钢水在结晶器中液面高度的稳定和连铸拉速的稳定。还可通过塞棒的吹氩孔，向中间包吹入氩气，净化钢水，防止水口堵塞。

整体塞棒的连接形式和内部结构变化不大，铝碳质水口系列和整体塞棒的实物，如图

1－2 所示。

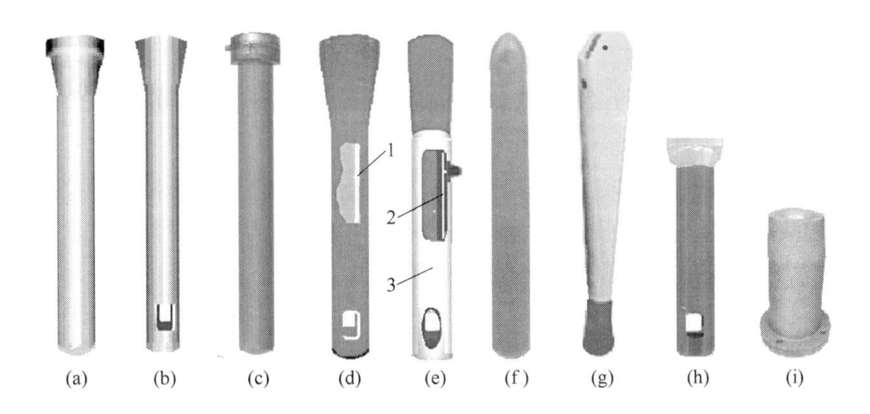

图 1－2 铝碳质水口系列和整体塞棒的实物图

(a) 熔融石英长水口；(b) 熔融石英浸入式水口；(c) 铝碳质长水口；(d) 铝碳质浸入式水口；(e) 狭缝型吹氩浸入式水口；(f) 整体塞棒；(g) 薄板坯水口；(h) 铝碳质快换水口；(i) 吹氩上水口

1—内复合层（锆酸钙－碳质或尖晶石－碳质或其他材质）；2—吹氩狭缝水口；3—耐火纤维保温层

目前，国内所用的整体塞棒，其本体材质主要为 Al_2O_3－C 质，棒头为 Al_2O_3－C 质和 MgO－C 质。在连铸浇注过程中，整体塞棒的 Al_2O_3－C 质棒身，受到钢水和镁质覆盖剂的侵蚀严重，特别是在浇注钙处理的钢水时，Al_2O_3－C 质或 MgO－C 棒头受到含钙钢水强烈的冲刷和侵蚀。

要提高整体塞棒的使用时间，关键在于提高棒头的使用寿命，即在塞棒棒身的渣线部位，复合尖晶石－碳或含锆－碳的材质，而棒头的材质，从以前单一的铝碳质，发展成现在的镁碳质、锆碳质和镁铝尖晶石碳质以及添加氮化物等，实现整体塞棒棒头材质的多元化，以便于适应高氧钢、铝镇静钢、钙处理钢等不同钢种浇注的需要。

整体塞棒本体和棒头的理化指标见表 1－18。

表 1－18 整体塞棒的理化指标

项 目		本 体				棒 头	
		铝碳质		渣 线	高铝质	尖晶石质	镁 质
化学组成/%	Al_2O_3	55～60	70		70～85	40	6～15
	C	23～25	12	12	10～12	10	10～15
	MgO					10	58～76
	ZrO_2			75	3～5		3～5
密度/$g \cdot cm^{-3}$		2.42～2.80	2.80	3.78	2.60～2.80	2.60	2.45～2.60
显气孔率/%		14～18	17	16	16～18	17	16～18
耐压强度/MPa		15～22	25				16～25
抗折强度/MPa		6～8	8	7	6～14	7	6～8

1.3 连铸用耐火材料的发展趋向

我国钢铁工业技术的迅速发展和结构调整进程的加快，其中高效连铸技术，近终形连铸技术和高洁净钢连铸技术，是促进炼钢生产快速高效的核心。为了适应连铸技术的发展需求，对连铸用耐火材料提出了新的要求，要研究和开发高性能、长寿命和高效低消耗的功能性连铸用耐火材料。

长期以来，连铸耐火材料的优劣制约着连铸生产技术的发展。近几年来，在连铸生产技术进步的同时，也带动连铸耐火材料生产的发展。目前，国内许多耐火材料厂，生产的连铸用耐火材料的质量和功能，可与国外同类产品相媲美，而成为钢厂应用的主流产品。

近几年以来，连铸浇注系统所用的长水口、整体塞棒和浸入式水口，即所谓连铸“三大件”，已成为现代连铸生产中的必不可少的关键产品。制品在使用寿命和功能性方面得到极大的提高，这得益于钢厂的连铸技术的快速发展和进步，促进了耐火材料企业连铸“三大件”生产技术的进步和产品质量的提升，主要表现在以下几方面。

1.3.1 工厂管理

工厂进行了ISO认证，建立了质量管理和售后服务体系，强化了对生产过程的技术管理和监督，做到“操作标准化，事事有依据”，并可追根溯源。

1.3.2 稳定和提高原料质量，发展优质合成原料

原料的质量和稳定性，是制作优良产品的关键条件之一，将直接影响到制品在钢厂的使用。对于现用的主要原料，如棕刚玉、白刚玉、板状刚玉、尖晶石、高纯镁砂、二氧化锆等原料，严格控制原料中的主要成分及其粒度组成，提高原料性能的稳定性。发展使用烧结板状刚玉、矾土基尖晶石、矾土基赛隆、均化矾土和氮化铝以及其他优质合成原料，生产出能满足连铸浇注不同钢种的制品。

1.3.3 装备水平

造粒系统使用先进的、倾斜式的、可控温度的真空造粒机和回转干燥系统，使造粒和干燥一体化，并有吸尘装置。该设备能够使物料充分混合均匀，得到高质量的粒状料，并能排除有害气体并回收粉尘料。

在成型工序中，采用振动装料和真空吸气设备，可防止物料偏析，使制品组织结构均匀；并减少或防止成型后，毛坯因减压膨胀产生的开裂和隐形裂纹。

在很多工厂，建立了完整的用于生产过程对原料和制品的抽检、物理检测和化学分析室，对进厂的原材料和出厂的制品的技术指标进行监督。

不少工厂还有无损探伤设备，对出厂制品进行探测，剔除有隐患的产品，最大限度地消除可能给钢厂带来的使用风险。

1.3.4 研发新品种

为了满足连铸高洁净钢的生产需要，一方面要在现有的基础上，提高和稳定现有制品的质量；另一方面要对已知的新材料，如矾土基赛隆、矾土基尖晶石、碳化物、氮化物和硼化物等材料进行深入研究，降低成本，发展新品种，加速连铸用耐火材料品种的结构优化，开发长寿命、防堵塞、无碳无硅质和用新材料制作的不污染钢水的、不同种类和结构的浸入式水口和长水口。

对于长水口，在国内对其结构进行改进，即在长水口的颈部设置整流管，如图 1－3 所示，做了有益的尝试。目的是使钢水通过整流管，使钢水整流后直流而下，防止钢水在水口内孔通道内发散飞溅和偏流，并能有效地改善水口颈部的热应力集中现象，降低了水口从颈部断裂的概率。该水口已在钢厂做了探索性试验，效果明显[13]。

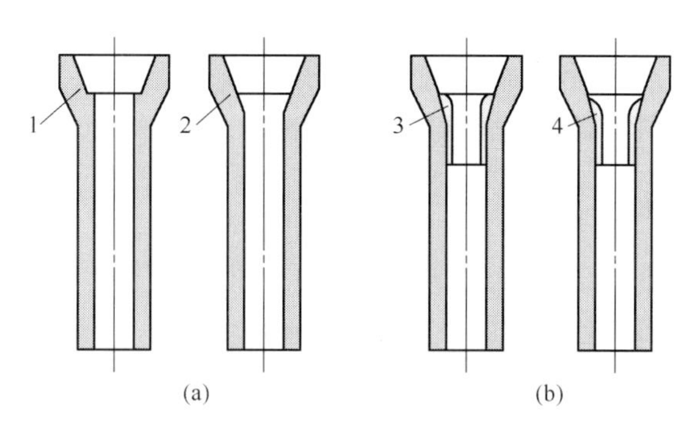

图 1－3 带有特殊结构的长水口
（a）长水口；（b）新结构长水口
1—台阶形碗部；2—锥形碗部；3，4—整流管

1.3.5 生产环境的改善

由于在生产过程中，要用到酚醛树脂和多种溶剂，还有质地较轻的石墨和添加剂。因此，在物料混合、毛坯预干燥和烧成过程中，会产生粉尘和有害废气。但有很多工厂具备吸尘系统和废气燃烧净化装置，使烟气排放达到国家规定的标准，能够很好地保护环境防止污染。

在生产实践中，人们认识到气候条件的变化会影响制品性能的稳定性，使性能波动较大，不利于在钢厂的使用。因此，在不少工厂，还能做到局部或全部工作空间的恒温恒湿，使出厂的制品在一年四季当中性能基本不变，为制品在钢厂的安全使用，提供了有力的保证。

1.4 连铸“三大件”生产技术发展方向探讨

通过长期的研发、生产与使用，作者认为，连铸“三大件”的生产技术，应该向“三低一高”方向发展，对有关论述作如下描述。

1.4.1 采用低廉的优质原料制作连铸“三大件”的本体

在 1975 年以后的十多年中，连铸用“三大件”产品，其原料主要是特级矾土和土状石墨以及焦油沥青等。

在实际使用中，制品的上段完全裸露在大气中，只要本体材料有足够的强度和抗热震性，就可胜任；制品本体的下段，虽然长时间地浸泡在钢水中，但是从长期的使用过程中可以观察到，用现有的材料，包括特级矾土在内的任何一种材质制成的下段，钢水对其侵蚀都是轻微的。实验室试验证明，单独的熔渣和单纯的钢水，对材料的侵蚀是轻微的。

从另一个角度看，连铸“三大件”制品，轻的十几千克，重的几十千克，远远大于渣线和内复合体的重量。由此可见，使用特级矾土原料制作，可节省大量的价格较高的优质原料，降低生产成本，取得较好的经济效益。

综上所述，在制作连铸“三大件”时，完全可以采用我国资源丰富的矾土，特别是采用均化后的，化学成分、结构均匀和性能稳定的矾土，生产“三大件”的本体。

用矾土生产的制品，在使用中存在的问题主要为：渣线和塞棒棒头不耐侵蚀，水口内孔和侧孔孔径扩大严重，使用寿命很短，不能满足连铸浇注需要。因此，可以采用优质的耐侵蚀抗热震的材料，制作制品渣线和内孔复合体以及塞棒棒头。

1.4.2 采用低压成型毛坯

目前，连铸“三大件”的成型设备为冷等静压机，缸体内的介质为水或油。成型时，将事先准备好的、密封的装有钢质模芯和造粒料的胶套吊入缸体内，密封加压成型。因成型的制品各异，所用的成型压力也有所不同，一般控制在 125 ~ 180MPa 范围内。在成型时，造粒料在受到来自各向的均等的压力作用下，向中心移动，克服造粒料之间的摩擦阻力，逐渐密实并致密化，最终获得一个具有一定密度和强度的毛坯。

毛坯的密度和强度，在很大程度上，取决于成型压力的大小。由此可见，如果在造粒料中加入某种特殊的润滑剂，减少在成型过程中造粒料之间的摩擦阻力，就可以实现在较低的成型压力下（如在 50 ~ 70MPa 压力下），同样可以得到一个具有一定密度和强度的毛坯。

成型压力降低到 50 ~ 70MPa 的意义为：

（1）成型时间至少缩短一半以上，制作周期缩短，生产效率翻番。

（2）减少造粒料对胶套和钢模芯的磨损，使其使用寿命得到较大提高。

（3）冷等静压机由高压设备降为一般的液压设备，使用安全，操作、管理和维护相对简单容易，设备使用年限延长，由此购置设备和维护费用大为降低。

1.4.3 采用低温烧成制品

目前，连铸“三大件”的烧成温度，由于所用的原材料、添加剂和结合剂以及成型压力的不同，一般控制在 900 ~ 1300℃之间。已有的实践表明，在造粒料中加入含硼类或其他类烧结剂成型后的毛坯，在 500 ~ 700℃烧成，制品的技术指标已基本达到按常规制度生产的制品性能。在 500 ~ 700℃烧成，酚醛树脂的大量发烟期和反应已基本结束，树脂焦化后已形成较稳定的碳网络结构。

由于低温烧成，在制品中，加入的添加剂尚处于原始状态，基本上没有参与反应。制品在钢厂使用前，要经过约 1000℃ 预热，在连铸浇注过程中要承受 1500℃ 的高温。在这些过程中，制品中的添加剂得到充分的反应，可强化制品的性能，这也许是有益的。

另外，低温烧成的意义还在于可缩短烧成时间，提高生产效率，降低生产成本；还可减少燃料消耗，减少废气排放，做到节能环保。

1.4.4 连铸“三大件”生产技术的“一高原则”

所谓“一高原则”，就是要强化和提高水口渣线、内孔的复合层和塞棒棒头的性能。由于钢厂的连铸水平的提高和使用条件的多样性，对连铸“三大件”的要求越来越高。就目前在钢厂使用的产品而言，突显出复合层的不足，主要表现为：复合不到位，不耐侵蚀，有开裂和剥落现象，材料单一，适应性差，使用寿命低，不能完全满足钢厂连铸浇注高品质钢的生产要求。

从连铸“三大件”在钢厂的使用情况看，影响制品的使用寿命的主要因素为：渣线不耐侵蚀，水口内孔易堵塞，塞棒棒头侵蚀冲刷严重。

因此要做到：

（1）提高现用的氧化锆、尖晶石和锆酸钙等材料的复合水平，避免在连铸浇注的过程中，出现网裂或局部剥落，造成水口开裂和穿孔事故。

（2）强化对新材料，如矾土基赛隆、矾土基尖晶石、氮化硼、氮化铝、硼化锆和其他氧化物及非氧化物的使用试验，从中找到能提高渣线使用寿命的材料。在上述材料中，不管国外是否已经做过相关试验，我们都有必要再做一做，从中获得必要的经验。

（3）借鉴移植其他产品的制作经验，扩展我们的思路。如水平连铸用氮化硼分离环，不含碳，且与钢水几乎不浸润；又如滑动水口滑板，有资料表明，使用10%的矾土基赛隆、2%～5%的石墨、液体树脂和其他材料，可生产出低碳的性能优良的滑板[14]。

尽管氮化硼分离环和滑板的制作和烧成工艺，与连铸“三大件”的生产工艺有很大的差别，但有可能利用氮化硼和矾土基赛隆材料的特性，降低连铸“三大件”制品中的碳含量，这对于连铸高洁净钢有较大意义。

（4）在钢厂，只要冶炼正常，设备热负荷允许，连铸连浇的时间可以是很长的，而耐火材料的使用寿命却是有限的，两者并不匹配。因此，就“三大件”而言，提高快换水口的使用寿命，对钢厂实现更多炉次的连铸连浇、提高生产率具有较大意义。

总之，连铸耐火材料工作者要和钢厂技术人员密切合作，研发新产品，生产出使用寿命长的，具有较高热稳定性、较高强度和抗钢水和熔渣侵蚀能力的产品，以满足钢厂连铸高洁净钢的生产要求。

参考文献

[1] 周川生．国内连铸用耐火材料介绍［内部资料］．洛阳耐火材料研究院，1988.

[2] 周川生，肖维新，等．熔融石英陶瓷浸入式水口的研制［内部资料］．洛阳耐火材料研究院，青岛耐火材料厂，1973.

[3] 周川生，周维玲，张悦明．小方坯连铸用锆质定径水口的研究［浇钢及炉外精炼用耐火材料学术会议资料］．洛阳耐火材料研究院，1982.

[4] 周川生．振动成型直接复合定径水口技术资料［内部资料］．洛阳耐火材料研究院，1987.

[5] 周川生．连铸用耐火材料新品种的研制［连续铸钢用耐火材料应用会议资料］．洛阳耐火材料研究院，1988.

[6] 邢守渭，周川生．国内连铸用耐火材料调查和建议［J］．连铸，1990（6）：15～22.

[7] 洛阳耐火材料研究院，武汉钢铁（集团）公司，等．不吹氩防堵塞浸入式水口的研制与使用［R］．九五攻关项目技术鉴定资料汇编，1998.

[8] 洛阳南苑耐火材料有限公司，武汉钢铁（集团）公司，等．$Al_2O_3-SiO_2-C$质不烘烤长水口的研制与使用［R］．九五攻关项目技术鉴定资料汇编，1997.

[9] 洛阳南苑耐火材料有限公司，武汉钢铁（集团）公司，等．连铸用长水口密封材料的研究与使用［R］．九五攻关项目技术鉴定资料汇编，1998.

[10] 李红霞，刘国齐，杨彬．高效连铸用功能耐火材料发展和研究动向［C］//2008年全国炼钢—连铸生产技术会议论文集，2008.

[11] 洛阳耐火材料研究院，洛阳南苑耐火材料有限公司，等．连铸洁净钢用无碳无硅水口的研制与应用［R］．攻关项目技术鉴定资料汇编，2002.

[12] 本书采用的连铸“三大件”产品和有关设备图，均选自企业网页产品广告，对此表示诚挚的感谢．

[13] 周川生，刘宇，程再晗．带有特殊结构的长水口［J］．连铸，2011（增刊）：494～495.

[14] 岳卫东．矾土基β－Sialon复合低碳铝碳滑板材料的研究［D］．郑州：郑州大学，2007.

2 原料及性能

2.1 熔融石英

2.1.1 熔融石英简介

熔融石英（fused silica，SiO_2）是由优质石英或硅石，在电阻炉内熔融制得的非晶态玻璃，具有低热膨胀系数、低热导率、极高的熔体黏度和很高的抗热震性。

在连铸“三大件”中，熔融石英是一种必不可少的原料，用其制作的泥浆和颗粒浇注的熔融石英水口，不预热即可使用，在浇注普碳钢时，使用寿命可达8小时以上，并且还可以作为应急的事故水口使用。

实践证明，只要熔融石英与石墨等原料配合适当，也可制作出不预热即可使用的铝碳质水口和事故用水口。熔融石英虽然具有很多优良的性能，但在连铸浇注过程中，会使钢水增硅，影响铸坯质量；在浇注含锰较高的钢种时，由于与材料中的 SiO_2 反应生成低熔点的硅酸锰，水口蚀损严重，使用寿命只有1~2炉。因此，在制作连铸“三大件”时，应考虑到所浇注的钢种，合理地安排材料的使用部位和加入量。

制作熔融石英质水口应注意的是，由于熔融石英的晶型是无定形的，在制品的烧成过程中，应严格控制烧成温度和保温时间，否则制品会方石英化，并在冷却过程中，因方石英的转化产生的体积膨胀，而使制品开裂报废。但已有的试验表明，在熔融石英质的水口中，只要方石英含量不超过10%，在钢厂的使用就是安全的，而在制品中含有3%的方石英是有益的，可使制品获得较高的强度。

2.1.2 熔融石英理化指标

熔融石英理化指标见表2－1。

表2－1　熔融石英理化指标（企业标准）

项　目		熔融石英（35目，70目）	
		保证值	实测平均值
化学组成/%	SiO_2	≥99.70	99.76
	Al_2O_3		0.08
密度/$g \cdot cm^{-3}$		2.08	2.10~2.14
真密度/$g \cdot cm^{-3}$		2.21	
熔融温度/℃		1695~1725	
显气孔率/%			2.1
导热系数/$W \cdot (m \cdot K)^{-1}$		3.3	
热膨胀系数（0~1000℃）/$℃^{-1}$		0.54×10^{-6}	

2.1.3　熔融石英粒度组成

熔融石英粒度组成见表 2－2。

表 2－2　熔融石英粒度组成

粒级/mm	熔融石英（35 目，70 目）/%			
	35 目保证值	35 目实测平均值	70 目保证值	70 目实测平均值
>0.5	≤5.0	0.3		
<0.2	≤10	6.8		
>0.2			≤5.0	0.1
<0.075			≤15	15.2
>0.50		0.3		
0.50～0.425		7.9		
0.425～0.355		26.1		
0.355～0.25		59.0		0.1
0.25～0.15		6.6		38.5
0.15～0.106		0.1		34.3
0.106～0.075				12.0
0.075～0.045				9.9
<0.045				5.3

2.2　高铝矾土熟料

2.2.1　高铝矾土熟料简介

我国铝土矿以一水铝石－高岭石（D－K）型为主，其特点是 Al_2O_3 含量较高，Fe_2O_3 含量较低，是质优价廉的耐火原料。高铝矾土熟料（bauxite chamotte）是由高铝矾土矿经回转窑或竖窑，在 1400～1600℃高温下煅烧制得的。高铝矾土熟料的煅烧分为三个阶段：

（1）在 400～1200℃的加热过程中，高铝矾土中的一水铝石（$Al_2O_3 \cdot H_2O$）和高岭石（$Al_2O_3 \cdot 2SiO_2 \cdot 2H_2O$）脱水，反应激烈，一水铝石逐渐转化成刚玉（$\alpha-Al_2O_3$），高岭石转变成莫来石和无定形 SiO_2。

（2）在 1200～1500℃下，从水铝石脱水形成的刚玉与高岭石分解出来的游离 SiO_2 继续发生反应，形成莫来石，即所谓的二次莫来石化，并伴有 10% 左右的体积膨胀。

（3）在 1400～1500℃以上，随着二次莫来石化的完成，由于液相的形成并逐渐增加，重结晶烧结作用开始迅速进行，随着刚玉与莫来石晶体成长，气孔率降低，物料烧结致密。

高铝矾土熟料中的刚玉硬度大、熔点高且化学稳定性好，使材料具有一定的抗侵蚀能力。因此，早在 20 世纪中期，在连铸“三大件”的制作中，特级矾土就得到广泛应用。

到目前为止，虽然现在高级材料和新的合成材料已得到更多的应用，但高铝矾土熟料只要应用得当，仍旧是可以用来制作塞棒和水口与钢水不接触的本体，这对于生产成本的降低是有积极意义的。

在选择特级矾土时应考虑到，在特级矾土中，杂质 TiO_2 的含量为 2.30%～3.50%，其中有60%进入结晶相，形成钛酸铝（$Al_2O_3 \cdot TiO_2$）或固溶在莫来石中，还有40%进入玻璃相，对其高温力学性能有一定影响。

因此，在生产中，要选择TiO_2含量相对低一点的特级矾土，作为制作连铸“三大件”的原料。

2.2.2 高铝矾土熟料理化指标

高铝矾土熟料理化指标见表2-3。

表2-3 高铝矾土熟料理化指标（YB/T 5179—2005）

项目		高铝矾土熟料（16目，150目，325目）					
		GL-88A	GL-88B	实测值	GL-85A	GL-85B	实测值
化学组成/%	Al_2O_3	≥87.5	≥87.5	87.45	≥85	≥85	87.45
	Fe_2O_3	≤1.6	≤2.0	1.31	≤1.8	≤2.0	1.84
	TiO_2	≤4.0	≤4.0		≤4.0	≤4.5	
	CaO + MgO	≤0.4	≤0.4		≤0.4	≤0.4	
	$K_2O + Na_2O$	≤0.4	≤0.4		≤0.4	≤0.4	
密度/$g \cdot cm^{-3}$		≥3.20	≥3.25	3.15	≥3.10	≥2.90	3.10
吸水率/%		≤2.5	≤3.0		≥3.0	≤5.0	
耐火度/℃		>1790	>1790		>1770	>1770	

2.2.3 高铝矾土粒度组成

高铝矾土粒度组成见表2-4。

表2-4 高铝矾土粒度组成

粒级/mm	高铝矾土（16目，150目，325目）/%		
	16目实测平均值	150目实测平均值	325目实测平均值
0.85~0.71	3.7		
0.71~0.60	15.2		
0.60~0.50	16.4		
0.50~0.425	10.3		
0.425~0.355	9.9		
0.355~0.25	19.0		
0.25~0.15	16.9		
0.15~0.106	7.2	5.6	
0.106~0.075	1.4	30.2	
0.075~0.045		21.2	3.2
<0.045		43.0	96.8

2.3 白刚玉

2.3.1 白刚玉简介

白刚玉（white corundum，$\alpha-Al_2O_3$）就是以工业氧化铝为原料，经2000℃以上高温

电熔制得。其硬度略高于棕刚玉，韧性稍低，纯度较高，具有化学稳定性好、耐高温、抗钢水和熔渣的侵蚀的性能。

$\alpha-Al_2O_3$ 是氧化铝各种变体中最稳定的结晶形态，晶型为六方结构，相当于天然刚玉，它的稳定温度可直至熔化温度。

工业氧化铝的质量，对白刚玉的性能有一定的影响，国产氧化铝的粒度较细，呈粉状，杂质含量比进口氧化铝稍高，白刚玉中的铝酸钠（$Na_2O\cdot11Al_2O_3$）含量较高，且分布不均匀，其硬度略低于白刚玉，因此在加工时易破碎。

在连铸“三大件”中，白刚玉作为抗侵蚀原料使用。由于棕刚玉和板状刚玉得到更多的应用，白刚玉有被取代的趋势。

2.3.2 白刚玉理化指标

白刚玉理化指标见表2-5。

表2-5 白刚玉理化指标（企业标准）

项 目		白刚玉（30目，70目，325目）					
		30目保证值	30目实测平均值	70目保证值	70目实测平均值	325目保证值	325目实测平均值
化学组成/%	Al_2O_3	≥99.0	99.50	≥99.0	99.50	≥99.3	99.36
	Na_2O	≤0.40		≤0.40		≤0.04	
	Fe_2O_3	≤0.07		≤0.07		≤0.07	
密度/$g\cdot cm^{-3}$		3.95~4.10					
吸水率/%		2.4（实测）					
显气孔率/%		8.7（实测）					
熔点/℃		2050					
耐火度/℃		>1850					
导热系数/$W\cdot(m\cdot K)^{-1}$		5.82					
热膨胀系数（20~1000℃）/$℃^{-1}$		8×10^{-6}					

2.3.3 白刚玉粒度组成

白刚玉粒度组成见表2-6。

表2-6 白刚玉粒度组成

粒级/mm	白刚玉（30目，70目，325目）/%		
	30目实测平均值	70目实测平均值	325目实测平均值
>0.60	0.7		
0.60~0.50	12.7		
0.50~0.425	20.0		
0.425~0.355	19.0		
0.355~0.25	36.8		
0.25~0.15	10.0	14.2	

续表 2-6

粒级/mm	白刚玉（30 目，70 目，325 目）/%		
	30 目实测平均值	70 目实测平均值	325 目实测平均值
0.15 ~ 0.106	0.7	31.5	
0.106 ~ 0.075		24.2	
0.075 ~ 0.045		21.8	5.8
<0.045		8.2	94.2

2.4 棕刚玉

2.4.1 棕刚玉简介

棕刚玉（brown fused alumina）以优质铝矾土、无烟煤、铁屑为主要原料，在电弧炉中经 2250℃以上高温精炼制成。在冶炼过程中，无烟煤中的碳将矾土中的氧化硅、氧化铁和氧化钛等杂质还原成金属，其反应式为：

$$Fe_2O_3 + 3C \longrightarrow 2Fe + CO$$

$$SiO_2 + 2C \longrightarrow Si + 2CO$$

$$TiO_2 + 2C \longrightarrow Ti + 2CO$$

然后向还原出来的金属杂质与炉料中添加过量的铁生成硅铁合金。由于硅铁合金的相对密度较大，绝大多数的硅铁合金，从熔化的棕刚玉中析出，并沉积到炉子的底部，与刚玉熔液分离。

棕刚玉含有 95% 以上的 $\alpha - Al_2O_3$ 晶体，这是由含氧化钛的氧化铝固溶体组成的。$\alpha - Al_2O_3$ 使棕刚玉材料具有较高硬度、高熔点、抗氧化、抗腐蚀和良好的化学稳定性；同时由于玻璃相和杂质的存在，还使其具有较好的韧性。因此，棕刚玉也是生产连铸“三大件”的主要的原料之一。

2.4.2 棕刚玉理化指标

棕刚玉理化指标见表 2-7。

表 2-7 棕刚玉理化指标（企业标准）

项目		棕刚玉（30 目，70 目，325 目）					
		30 目保证值	30 目实测平均值	70 目保证值	70 目实测平均值	325 目保证值	325 目实测平均值
化学组成/%	Al_2O_3	>95	95.92	>95	94.91	>94	94.66
	TiO_2	1.5 ~ 3.8		1.5 ~ 3.8		1.5 ~ 3.8	
	Fe_2O_3	<0.25	0.12	<0.25	0.26	<0.50	0.26
	SiO_2	<1.0	0.76	<1.0	1.07	1.0 - 1.5	0.96
密度/$g \cdot cm^{-3}$		≥3.90					
熔点/℃		2050					
热膨胀系数（0 ~ 1600℃）/$℃^{-1}$		8.5×10^{-6}					

2.4.3　棕刚玉粒度组成

棕刚玉粒度组成见表2－8。

表2－8　棕刚玉粒度组成

粒级/mm	棕刚玉（30目，70目，325目）/%		
	30目实测平均值	70目实测平均值	325目实测平均值
>0.6	5.9		
0.5～0.425	13.3		
0.425～0.355	19.4		
0.355～0.25	44.4		
0.25～0.15	14.4	13.2	
0.15～0.106	2.0	36.0	
0.106～0.075	0.6	26.2	
0.075～0.045		13.6	9.3
<0.045		11.0	90.7

2.5　烧结板状刚玉

2.5.1　烧结板状刚玉简介

烧结板状刚玉（sintering tabular corundum）以高纯的超细的氧化铝为原料，在不添加任何外加剂的条件下，经1900℃以上高温煅烧制得。烧结板状刚玉具有以下优点：

（1）烧结板状刚玉纯度高，杂质含量低且分布均匀。

（2）晶体结构为板片状，发育良好，晶粒大小为20～200μm，晶间和晶内有许多直径小于10μm的封闭气孔。由于这些封闭气孔的存在，可阻止裂纹的扩散。

（3）该材料的高温重烧收缩极小，体积稳定性好。因此，使材料具有良好的抗热热冲击性和抗剥落性。

（4）将烧结板状刚玉与电熔刚玉的生产方式及排放相比较，前者比后者更节能环保。

由于上述原因，在连铸“三大件”的生产中，烧结板状刚玉得到越来越多的应用，其用量有超过任何电熔刚玉的趋势。

2.5.2　烧结板状刚玉理化指标

烧结板状刚玉理化指标见表2－9。

表2－9　烧结板状刚玉理化指标（企业标准）

项　目		烧结板状刚玉（35目，50目，325目）
化学组成/%	Al_2O_3	99.5
	Na_2O	≤0.40
	SiO_2	≤0.09

续表 2－9

项　　目	烧结板状刚玉（35 目，50 目，325 目）
密度/g·cm^{-3}	≥3.5
显气孔率/%	4～5
吸水率/%	≤1.5
熔点/℃	2050
热膨胀系数（0～1600℃）/℃$^{-1}$	1.5×10^{-6}

2.5.3 烧结板状刚玉粒度组成

烧结板状刚玉粒度组成见表 2－10。

表 2－10 烧结板状刚玉粒度组成

粒级/mm	35 目/%		50 目/%		325 目/%	
	保证值	实测平均值	保证值	实测平均值	保证值	实测平均值
>0.60	≤5	0.1				
0.60～0.50		10.4				
0.50～0.425		22.7				
0.425～0.30		40.6	≤5	0.1		
0.30～0.212		24.7		9.8		
0.212～0.106		1.7		31.9		
<0.106				58.2		
<0.045					≥90	99.87

2.6 电熔锆莫来石

2.6.1 电熔锆莫来石简介

电熔锆莫来石（fused zirconia mullite，AZS）是以高纯氧化铝和锆英砂为原料，经倾倒式电炉熔炼而成，其反应式为：$3Al_2O_3 + 2ZrSiO_4 \rightarrow 3Al_2O_3 \cdot 2SiO_2 + 2ZrO_2$。由于在铝硅系中引入了氧化锆，使材料具有较好的化学稳定性、优良的导热性能及较低的热膨胀系数等特点，从而提高了材料的抗钢水和熔渣的侵蚀性及抗热震性能。

几年前，国内开发出矾土基电熔锆莫来石合成料，其成分为：Al_2O_3 44.71%～45.39%、SiO_2 17.18%～18.20%、ZrO_2 36.15%～38.41%，与氧化铝基的电熔锆莫来石的成分相当，且其显气孔率和密度也基本一致，矾土基和氧化铝基的电熔锆莫来石相组是一样的，均为莫来石和单斜氧化锆[1]。因此，电熔锆莫来石有可能用来制作连铸“三大件”制品，期望取得较好的使用效果和经济效益。

在连铸浇注过程中，水口中的锆莫来石，会发生分解作用。其中斜锆石以短柱状分布在莫来石和刚玉的共析体周围，形成交错排列结构，使水口的抗钢水和熔渣的侵蚀性有所提高。分解后的锆莫来石如图 2－1 所示，图中白色区为单斜 ZrO_2，灰色区为莫来石和刚玉。

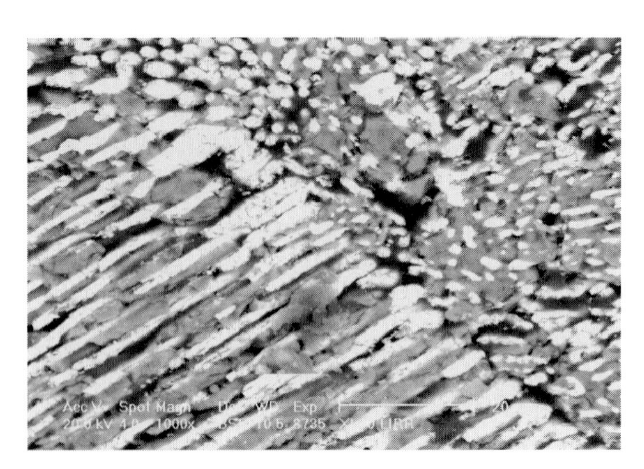

图 2 – 1　分解后的锆莫来石形貌

2.6.2　电熔锆莫来石理化指标

电熔锆莫来石理化指标见表 2 – 11。

表 2 – 11　电熔锆莫来石理化指标（企业标准）

项　　目		电熔锆莫来石（30 目，70 目）		
		保证值	典型值	实测平均值
化学组成/%	Al_2O_3	42 ~ 47	45.8	45.84
	ZrO_2	35 ~ 39	36.5	36.31
	SiO_2	16 ~ 20	17.1	16.92
	Fe_2O_3			0.10
	Na_2O			0.12
相组成/%	莫来石	50 ~ 55		
	斜锆石	30 ~ 33		
	刚　玉	≤5.0		
密度/$g \cdot cm^{-3}$		3.65 ~ 3.75		3.65
真密度/$g \cdot cm^{-3}$		3.74		
显气孔率/%		3.0		3.20
吸水率/%				1.0
耐火度/℃		1770 ~ 1790		
热膨胀系数（0 ~ 1600℃）/$℃^{-1}$		4.2×10^{-6}		

2.6.3　电熔锆莫来石粒度组成

电熔锆莫来石粒度组成见表 2 – 12。

表 2-12 电熔锆莫来石粒度组成

粒级/mm	电熔锆莫来石（30 目，70 目）/%			
	30 目保证值	30 目实测平均值	70 目保证值	70 目实测平均值
>0.59	≤10	11.6		
0.59~0.50		20.3		
0.50~0.425		14.0		
0.425~0.30		30.1		
0.30~0.212		22.7		
<0.212	≤10	1.3		
>0.212			≤5	0.9
0.212~0.106				27.6
0.106~0.045				67.8
<0.045				3.7

2.7 钙部分稳定氧化锆

2.7.1 钙部分稳定氧化锆简介

国内许多企业的氧化锆（ZrO_2）的生产方式有很多种，其中主要有两种方法：一种是两酸两碱法，另一种是一酸一碱法[2]。

所谓两酸两碱法，是以锆英石（$ZrSiO_4$）为原料，与氢氧化钠（NaOH）共同焙烧，用硫酸（H_2SO_4）浸取，经氨水（$NH_3 \cdot H_2O$）沉淀，再用盐酸（HCl）溶解等工艺处理后，得到氧氯化锆，再经煅烧制得氧化锆；而一酸一碱法，即同样以锆英石为原料，与碳酸钠（Na_2CO_3）共同焙烧，经水洗，再用盐酸（HCl）浸取等多道工序处理后，得到氧氯化锆，最后煅烧制得氧化锆。

用这种方式得到的氧化锆为单斜晶系，通常氧化锆以三种不同的晶型，即单斜晶、四方和立方晶型存在，其相互间的转化关系如下：

单斜 ZrO_2（1170℃）⟶四方 ZrO_2（2370℃）⟶立方 ZrO_2（2715℃）⟶熔体

在加热到1170℃时，单斜晶将转化成四方晶型，这个过程是可逆的，并伴有约7%的体积膨胀。因此，氧化锆耐温度骤变性差，而立方晶型的稳定温度为2370℃，低于此温度不会转化成其他晶型。

氧化锆由于晶型转变产生的体积变化，会造成制品开裂，故不能直接使用。因此，在浸入式水口渣线部位，使用的氧化锆原料是钙部分稳定的电熔氧化锆。

该材料是将工业二氧化锆，按所需比例配入约5%的氧化钙稳定剂，经电弧炉熔融及热处理后制得。这样制得的氧化锆含有约30%的单斜锆和70%左右的立方锆。其中立方锆的百分比含量，即为通常所指的氧化锆的稳定度。

钙部分稳定氧化锆（calcium part stable zirconia）的特点是，CaO 与 ZrO_2 生成的固溶

体，在2000℃以下都处于稳定状态，具有无异常膨胀、收缩，体积稳定性好的特点；另外其化学稳定性优良，即使加热到1900℃，也不会与许多熔融金属和硅酸盐和酸性炉渣等发生反应，使材料具有优良的抗钢水和熔渣的侵蚀性。因此，到目前为止，钙部分稳定的电熔氧化锆仍然是制作浸入式水口类渣线部位的首选材料，而且少有其他材料可以替代。

在选择钙部分稳定氧化锆作为水口渣线材料时，应选用稳定度为70%左右的氧化锆为佳，其抗热震次数和耐侵蚀指数最高。另外，材料中的CaO在高温下容易与配料中的或保护渣中的SiO_2及其他化学组成发生脱溶反应，如图2－2所示，形成大量的单斜锆，产生较大的膨胀而不利于产品的使用。在图2－2中间部分亮区为ZrO_2，但几乎不含CaO，灰色区为液相浸入与CaO反应形成的低熔相。

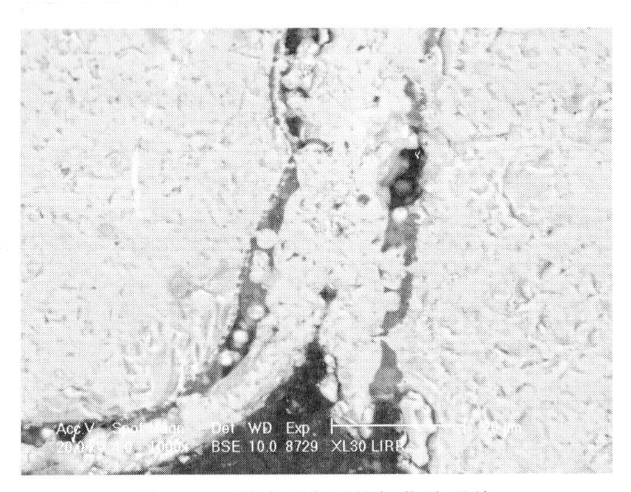

图2－2 脱溶反应后的氧化锆形貌

2.7.2 钙部分稳定氧化锆理化指标

钙部分稳定氧化锆理化指标见表2－13。

表2－13 钙部分稳定氧化锆理化指标（企业标准）

项目		钙部分稳定氧化锆（35目，70目，200目）	
		保证值	实测值
化学组成/%	ZrO_2	95～94	95.95
	CaO	3.50～4.50	3.82
密度/$g \cdot cm^{-3}$		5.60	5.60
真密度/$g \cdot cm^{-3}$		5.69	
显气孔率/%			2.60
吸水率/%			0.40
熔点/℃		2700	
耐火度/℃		>1850	
热膨胀系数（0～1600℃）/$℃^{-1}$		5.60×10^{-6}	

2.7.3 钙部分稳定氧化锆粒度组成

钙部分稳定氧化锆粒度组成见表2－14。

表2－14 钙部分稳定氧化锆粒度组成

粒级/mm	钙部分稳定氧化锆（35目，70目，200目）/%					
	35目保证值	35目实测平均值	70目保证值	70目实测平均值	200目保证值	200目实测平均值
>0.50	<5					
0.50～0.425		1.9				
0.425～0.30		21.0				
0.30～0.212		50.0				
0.212～0.15		26.6	<10	5.6		
0.15～0.106	<5	0.5		52.9		
0.106～0.075				33.0		
0.075～0.045				8.3		53.0
<0.045			<5	0.3	<50	47.0

2.8 电熔镁砂

2.8.1 电熔镁砂简介

电熔镁砂（fused magnesite，MgO）是用优质天然菱镁石，在电弧炉中经2500℃高温熔融制得的。其主晶相为方镁石，具有纯度高，结晶粒大，结构致密，高温体积和化学稳定性好，抗水性强，不易水化的特点。

但应注意的是，其细粉即使干燥保存，较长时间不使用，仍然会水化结块。在钢水处理和连铸浇注系统中使用，均显示出优良的抗钢水和熔渣的侵蚀性。

电熔镁砂作为连铸“三大件”的主要原料，在使用中，其本身和环境中的杂质，如SiO_2、Al_2O_3、Fe_2O_3、CaO等，尤其是SiO_2和CaO，对制品的使用性能有较大的影响。

因此，对其的要求不仅是原料中杂质含量要尽量少，以提高氧化镁的纯度；而且还要求与其配合使用的石墨的纯度要高，尽量减少石墨中的杂质含量。

在选用电熔镁砂原料时，应注意的问题是，已有的研究表明[3]，原料中的CaO与SiO_2的比值和B_2O_3的含量，决定了材料中的矿物组成和高温性能。因此，一般要求原料中的CaO/SiO_2的比值大于2，在这样的条件下，全部或大部分CaO和SiO_2生成的硅酸盐矿物相主要为硅酸二钙和硅酸三钙，而且使镁砂中的MgO以方镁石的形态存在，熔点大于1900℃，有利于材料的使用。CaO/SiO_2的比值高的镁砂与碳共存稳定性好，也就是互相之间反应性较小。另外还要求B_2O_3的含量不大于0.7%，否则会降低材料的抗侵蚀性能。

2.8.2 电熔镁砂理化指标

电熔镁砂理化指标见表2－15。

表 2－15　电熔镁砂理化指标（YB/ T 5266—2004）

项　　目		98 镁砂		97 镁砂	
		规格值	实测平均值	规格值	实测平均值
化学组成/%	MgO	≥98	98.33	≥97	97.58
	SiO_2	≤0.6	0.30	≤1.5	0.42
	Al_2O_3	≤0.2	0.41	≤0.3	0.27
	Fe_2O_3	≤0.6	0.40	≤0.8	0.57
	CaO	≤1.2	0.56	≤1.5	1.16
密度/$g \cdot cm^{-3}$		≥3.5		≥3.45	
显气孔率/%		2		3	
熔点/℃		2800		2800	
导热系数（800℃）/ $W \cdot (m \cdot K)^{-1}$		8.7			
热膨胀系数（0～1500℃）/$℃^{-1}$		$(14 \sim 15) \times 10^{-6}$			

2.8.3　电熔镁砂粒度组成

电熔镁砂粒度组成见表 2－16。

表 2－16　电熔镁砂粒度组成

粒级/mm	97 镁砂/%		98 镁砂/%	
	16～0 目 实测平均值	325 目 实测平均值	16～0 目 实测平均值	325 目 实测平均值
>1	2.5		5.0	
1～0.85	11.8		7.3	
0.85～0.71	13.0		10.3	
0.71～0.60	10.1		9.7	
0.60～0.50	10.0		10.7	
0.50～0.425	6.0		6.7	
0.425～0.355	5.8		6.8	
0.355～0.25	10.8		12.6	
0.25～0.15	10.2		11.7	
0.15～0.106	5.6		5.9	
0.106～0.075	4.0		4.4	
0.075～0.045	4.0	10.9	4.0	10.9
<0.045	6.3	89.1	5.0	89.1

2.9　电熔镁铝尖晶石

2.9.1　电熔镁铝尖晶石简介

电熔镁铝尖晶石（fused magnesium aluminate spinel，$MgO \cdot Al_2O_3$）以氧化铝和高纯轻烧镁为主要原料，在电弧炉中 2000℃以上高温熔融后，经冷却破碎得到，是一种新型高纯的杂质含量低的合成耐火原料，其反应式为：$Al_2O_3 + MgO \longrightarrow MgAl_2O_4$。其理论含量为：MgO 28.3%，$Al_2O_3$ 71.7%。

电熔镁铝尖晶石的体积密度大、熔点高，能够在氧化或还原气氛中保持较好的化学稳定性，在高温作用下抗钢水和熔渣的侵蚀能力强。

另外，尖晶石结构牢固，热膨胀系数较小，且各向同性。因此，在温度骤变时，产生的热应力较小，具有较高的抗热震性。在连铸“三大件”的制作中，作为抗热震和抗钢水和熔渣侵蚀的材料使用。

在选用镁铝尖晶石时，要考虑的问题是，从使用角度看，一般希望材料中的 MgO/Al_2O_3 的比值大于 1 比较好，这样可以获得致密的镁铝尖晶石熟料，提高制品的高温性能。并且随着 MgO/Al_2O_3 的比值增加，使材料的脆性减弱，韧性增加，提高制品的抗热震性。

由此可见，可以根据产品的使用环境，选择富 Mg、富 Al 的或标准的镁铝尖晶石。

2.9.2 电熔镁铝尖晶石理化指标

电熔镁铝尖晶石理化指标见表 2－17。

表 2－17 电熔镁铝尖晶石理化指标（企业标准）

项目		电熔镁铝尖晶石（30 目，70 目，325 目）			
		保证值	30 目实测平均值	70 目实测平均值	325 目实测平均值
化学组成/%	Al_2O_3	71～76	74.40	74.88	75.45
	MgO	22～27	22.96	23.44	22.35
	SiO_2	≤0.2			
	Fe_2O_3	≤0.4	0.26	0.32	0.47
	Na_2O	≤0.4			
密度/$g \cdot cm^{-3}$		≥3.20			
真密度/$g \cdot cm^{-3}$		3.58			
显气孔率/%		>1.0			
熔点/℃		2135			
导热系数（800℃）/$W \cdot (m \cdot K)^{-1}$		6.6			
热膨胀系数/$℃^{-1}$		8.9×10^{-6}			

2.9.3 电熔镁铝尖晶石粒度组成

电熔镁铝尖晶石粒度组成见表 2－18。

表 2－18 电熔镁铝尖晶石粒度组成

粒级/mm	电熔镁铝尖晶石（30 目，70 目，325 目）/%		
	30 目实测平均值	70 目实测平均值	325 目实测平均值
>0.85	0.1		
0.85～0.71	4.0		
0.71～0.60	29.4		
0.60～0.50	27.7		

续表 2 - 18

粒级/mm	电熔镁铝尖晶石（30 目，70 目，325 目）/%		
	30 目实测平均值	70 目实测平均值	325 目实测平均值
0.50 ~ 0.425	23.0		
0.425 ~ 0.355	12.6		
0.355 ~ 0.25	2.2	0.6	
0.25 ~ 0.15	1.1	32.7	
0.15 ~ 0.106		24.5	
0.106 ~ 0.075		17.8	
0.075 ~ 0.045		10.4	2.5
< 0.045		14.0	97.5

2.10　α - 氧化铝微粉

2.10.1　α - 氧化铝微粉简介

α - 氧化铝微粉（Alpha alumina powder）是以工业氧化铝为原料，在回转窑或其他窑炉中，经 1400 ~ 1600℃的高温煅烧后，再筛分、超细磨和均化后制得。其特点是，高温型的 α - 氧化铝的转化率高活性大，使材料具有很高的耐高温、抗侵蚀性。

在连铸“三大件”中，使用到 α - 氧化铝微粉的场合比较多，在制品烧成过程中，由于它具有一定的收缩率，在制品中形成网状的毛裂纹。由于毛裂纹的存在，制品在连铸浇注过程中，可以部分或抵消由于温度急变产生的热应力，提高制品的抗热震性。

2.10.2　α - 氧化铝微粉理化指标

α - 氧化铝微粉理化指标见表 2 - 19。

表 2 - 19　α - 氧化铝微粉理化指标（企业标准）

项　目		α - 氧化铝微粉（1 ~ 3μm，5μm）			
		1 ~ 3μm 保证值	1 ~ 3μm 实测平均值	5μm 保证值	5μm 实测平均值
化学组成/%	Al_2O_3	≥99.5	99.36	≥95	99.48
	Si_2O_3	0.15		0.14	
	Fe_2O_3	0.05		0.03	
	Na_2O	0.08		0.05	
密度/$g \cdot cm^{-3}$		3.93		3.95 ~ 3.97	
转化率/%		≥95	> 95	≥95	> 95
熔点/℃		2050			

2.10.3　α - 氧化铝微粉粒度组成

α - 氧化铝微粉粒度组成见表 2 - 20。

表 2－20 α－氧化铝微粉粒度组成

项目		α－氧化铝微粉（1～3μm，5μm）			
		1～3μm 保证值	1～3μm 实测平均值	5μm 保证值	5μm 实测平均值
粒级/%	<50μm		100		100
	<20μm		93		93
	<10μm		85		77
	<5μm		70	≥75	54
	<3μm	≥60	64		34
	<1μm		26		12
	<0.5μm		6		4
	<0.3μm				5
D_{50}值/μm		1.2	1.62		4.44
比表面积/$m^2 \cdot g^{-1}$			1.353		0.85

2.11 矾土基赛隆

2.11.1 矾土基赛隆简介

矾土基赛隆（alumina base sialon）材料是以高铝矾土为基料，采用高温还原氮化工艺，促使矾土中的 Al_2O_3 和 SiO_2 部分或全部转化成赛隆和 ALON，以及自身与氧化物的复合材料[4]。该材料具有很高的高温抗折强度和较好的抗热震性及抗氧化性。

到目前为止，矾土基赛隆材料在连铸“三大件”的生产制作中，还处于试验探索阶段，还没有达到真正意义上的使用。但是矾土基赛隆和矾土基尖晶石以及赛隆结合的刚玉、碳化硅等材料，在滑板和其他耐火材料，如浇注料方面，得到较多的应用，并取得较好的使用效果。因此，可以预期今后矾土基赛隆及其复合材料在连铸“三大件”中，也将得到很好的推广应用。

2.11.2 矾土基赛隆理化指标

矾土基赛隆理化指标见表 2－21。

表 2－21 矾土基赛隆理化指标

项目		β－Sialon
化学组成/%	N	≥20
	Si	≥20
	Al	≤30
Si/Al		3/1～1/2
真密度/$g \cdot cm^{-3}$		≥3.0
显气孔率/%		≤28

2.12　鳞片石墨

2.12.1　鳞片石墨简介

鳞片石墨（crystalline flake graphite）为天然晶质石墨，鱼鳞状，属六方晶系，呈层状结构。其特点是具有良好的耐高温性且不易与熔融钢水反应，并难以被润湿；还具备较高的导热性和较低的热膨胀系数，即使在温度骤变时，石墨的体积变化极小，使材料具有极好的抗热震性能。其缺点是具有各向异性，两个轴向上的性能差别较大；还由于鳞片石墨为片状结构，在制品成型时，易产生层状结构，使制品产生开裂。因此，成型用的泥料，要通过造粒改变石墨的方向性，以改善泥料的成型性能，并使制品性能均一化。

石墨易氧化，其显著氧化温度和氧化峰值温度与石墨的粒度大小有关，总的趋势是粒度大的比粒度小的更抗氧化。

有关资料表明，石墨的粒度约在 0.125mm 时，氧化温度有一个转折，即粒度小于 0.125mm 时，显著氧化温度和氧化峰值温度，上升速度变化很快；而粒度大于 0.125mm 后，上升速度变化趋于平缓，即使石墨粒度再增大，上升速度的变化也不大。这个结果在连铸“三大件”的制作中，对于石墨粒度的选择，提供了有价值的参考依据。

鳞片石墨粒度与氧化温度的关系如图 2－3 所示[4]。

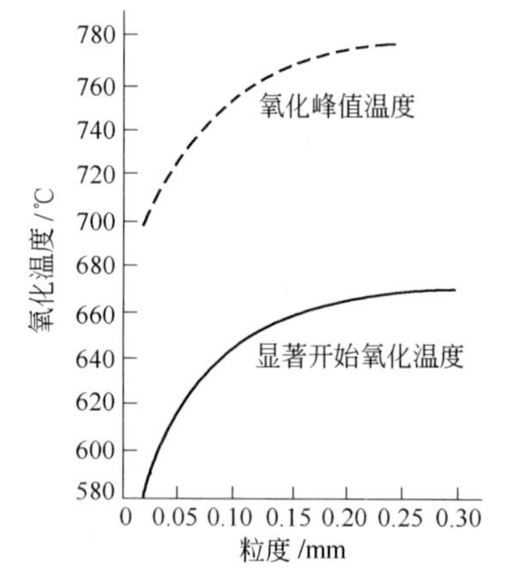

图 2－3　石墨粒度对氧化温度的影响

在选用鳞片石墨时，应考虑石墨灰分对制品性能的影响。我国主要石墨产地的鳞片石墨灰分的化学成分主要为：Al_2O_3 11%～22%、SiO_2 40%～62%、Fe_2O_3 10%～30%、CaO 2%～10%、MgO 1%～8%，还含有一定量的 K_2O 和 Na_2O。

毫无疑问，在连铸“三大件”制品中的石墨，在连铸浇注过程中，如果与大气或钢水中的［O］发生氧化作用，产生的灰分与其他材料发生反应，形成低熔点物，无疑会影响到产品的使用寿命。因此，要根据制品的不同部位，选择不同等级的鳞片石墨。

综上所述，由于石墨优良的性能，含碳量 85%～99% 的石墨，是制作连铸“三大件”必不可少的原料。

2.12.2　鳞片石墨理化指标

鳞片石墨理化指标见表 2－22。

表 2－22　鳞片石墨理化指标（GB/T 3518—1995）

项　目		LG50－99		LG（－）100－99		LG50－95		LG（－）100－95	
		规格值	实测均值	规格值	实测均值	规格值	实测均值	规格值	实测均值
化学组成/%	固定碳	≥99	99.29	≥99	99.18	≥95	95.98	≥95	95.36
	挥发分	≤1.0	0.12	≤1.0	0.24	≤1.2	0.75	≤1.2	0.92
	灰　分		0.37		0.58		3.24		3.72
	水　分	≤0.5		≤0.5		≤0.5		≤0.5	

续表 2－22

项　目	LG50－99		LG（－）100－99		LG50－95		LG（－）100－95	
	规格值	实测均值	规格值	实测均值	规格值	实测均值	规格值	实测均值
密度/g·cm^{-3}				2.09～2.23				
熔点（真空中）/℃				3700～3850				
导热系数/W·(m·K)$^{-1}$				55.2				
热膨胀系数（20～1000℃）/℃$^{-1}$				1.4×10^{-6}				

2.12.3 鳞片石墨粒度组成

鳞片石墨粒度组成见表 2－23。

表 2－23 鳞片石墨粒度组成

项　目		LG50－99		LG（－）100－99		LG50－95		LG（－）100－95	
		规格值	实测均值	规格值	实测均值	规格值	实测均值	规格值	实测均值
筛上物含量/%		≥75 或≥80				≥75 或≥80			
筛下物含量/%				≥75 或≥90				≥75 或≥90	
粒级/%	>0.42mm		28.1				34.7		
	0.42～0.355mm		3.0				17.9		
	0.355～0.25mm		23.9				33.8		
	0.25～0.212mm		19.3				5.0		
	0.212～0.18mm		13.7				2.7		
	0.18～0.15mm		7.3				1.6		
	0.15～0.12mm		2.7				4.4		
	0.12～0.106mm		2.1						
	>0.15mm				14.5				29.2
	0.15～0.12mm				37.7				37.9
	0.12～0.106mm				14.6				10.5
	0.106～0.075mm				13.7				8.1
	0.075～0.063mm				7.6				5.8
	0.063～0.045mm				8.3				4.6
	<0.045mm				3.7				4.0

2.13 炭黑

2.13.1 炭黑简介

炭黑（black carbon）的生产方法很多，目前主要是用天然气或高芳烃油料，在反应炉中经不完全燃烧或热解获得。炭黑具有良好的着色性和分散性。唐光盛等[5]的研究认为，在镁碳质耐火材料中引入粒径约 25nm 的纳米炭黑后，可对树脂基质起到增强作用，能提高树脂的残碳率，形成更加牢固结合的碳结构，增强制品的力学性能；还由于细分散的纳米炭黑比表面积大，在受到热冲击时，会产生大量的毛细裂纹，吸收所产生的冲击力，提高制品的热稳定性；并且所制备的含有 3% 的低碳镁质耐火材料，可达到与传统的含 16% 石墨的镁质耐火材料相当的抗热震性。

在连铸“三大件”中，炭黑的用量极少，主要用在浸入式水口渣线部位。从文献资料看，在连铸耐火材料中，引入纳米级炭黑，特别是对于制备水口的内复合层有积极意义。

2.13.2　炭黑理化指标

炭黑理化指标见表 2－24。

表 2－24　炭黑理化指标（企业标准）

项　目		325 目保证值	325 目实测值
化学组成/%	固定碳	≥98	99.02
	挥发分	≤1.5	0.76
	灰　分	≤0.5	0.22
DBP①吸收值/$cm^3 \cdot 100g^{-1}$		62	
CTAB②吸附表面积/$m^2 \cdot g^{-1}$		143	

①DBP 值为炭黑的最大填充量。

②CTAB 为测定炭黑外表面积的方法。

2.13.3　炭黑粒度组成

炭黑粒度组成见表 2－25。

表 2－25　炭黑粒度组成

项　目	炭黑（325 目）	
	保证值	实测值
筛余物/%	≤0.005	0

2.14　铝粉

2.14.1　金属铝粉简介

金属铝粉（aluminite powder，Al）的生产方式有很多，但连铸“三大件”一般采用的是用喷雾法生产的工业铝粉，其形态为银灰色不规则圆球状物。

金属铝粉作为“三大件”的添加剂，在制品的烧成和连铸浇注过程中，Al 把 CO 还原成 C，并生成 Al_2O_3，起到抑制 C 氧化的作用，反应式为：$2Al + 3CO \rightarrow Al_2O_3 + 3C$。

铝粉还可能与碳和空气中的氮以及钢水中的氧［O］发生反应，在制品中生成碳化铝（Al_4C_3）和氮化铝（AlN）以及氧化铝（Al_2O_3），而氧化铝是最稳定的氧化物。主要反应式为：

$$4Al + 3C \longrightarrow Al_4C_3$$

$$2Al + N_2 \longrightarrow 2AlN$$

$$2Al + 3[O] \longrightarrow Al_2O_3$$

铝反应后形成孔洞，在孔洞边缘大部分形成 Al_2O_3 和少量的氮化物，如图 2－4 所示。

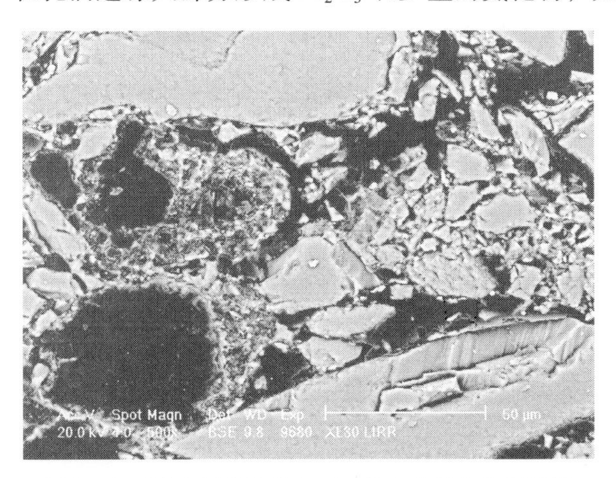

图 2－4　铝反应后形成 Al_2O_3 和少量氮化物的形貌

在有 Mg 存在的条件下，还可能生成絮状氧化铝和尖晶石初晶，如图 2－5 所示。

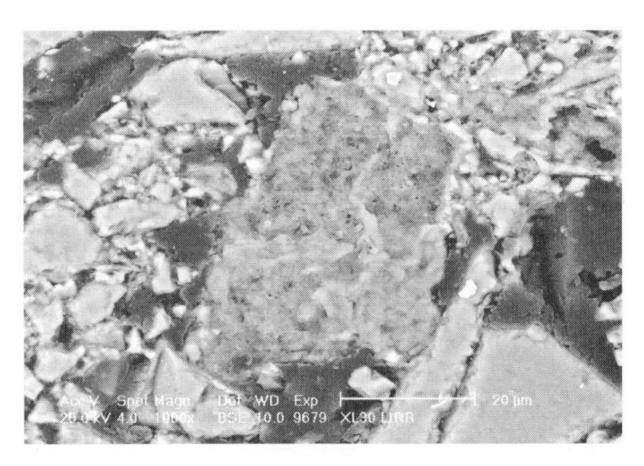

图 2－5　铝反应后形成絮状 Al_2O_3 和尖晶石初晶的形貌

由于在整个反应过程中发生体积膨胀，有利于减小制品内部的气孔，可以提高制品的抗氧化性。另外，在连铸浇注过程中，在高温的作用下，Al 扩散到制品表面，与氧气发生反应生成 Al_2O_3 保护层，防止碳的氧化；同时在制品中生成的碳化铝、氮化铝和氧化铝的晶须和板状结晶，还可以提高制品的强度和使用性能。

制品的抗氧化性，还取决于铝粉中活性铝的含量和中位径平均值，活性铝的含量越高，制品的抗氧化性越强，中位径值越小，即比表面积越大，分布越均匀，则制品的抗氧化性越好。

在生产过程中应注意的问题是，烧成后的制品，在存放期间发现有开裂现象。已查明其原因是制品中含有的碳化铝水化造成的。碳化铝为菱形六面体结晶，密度为 $2.36g/cm^3$，熔点 2100℃，具有优良的性能。但其缺点是会与来自环境中的水蒸气发生水化反应，即

$Al_4C_3 + 12H_2O \rightarrow 4Al(OH)_3 + 3CH_4$，生成氢氧化铝和甲烷气体，并伴随较大的体积膨胀，会导致制品开裂或使用性能严重下降。

碳化铝（Al_4C_3）水化后形成的氢氧化铝（$Al(OH)_3$）的形貌如图 2－6 所示。

图 2－6 Al_4C_3 水化后形成的 $Al(OH)_3$ 的形貌

2.14.2 铝粉理化指标

铝粉理化指标见表 2－26。

表 2－26 铝粉理化指标（企业标准）

项 目		铝粉（200 目，325 目）	
		200 目保证值	325 目保证值
化学组成/%	Al	>98.0	>98.5
	Si	0.5	0.5
	Fe	0.5	0.4
	Cu	0.1	0.06
活性 Al 含量/%		>98	>98
振实密度/$g \cdot cm^{-3}$		≥1.6	≥1.6
熔点/℃		685	685

2.14.3 铝粉粒度组成

铝粉粒度组成见表 2－27。

表 2－27 铝粉粒度组成（企业标准）

项 目		铝粉（200 目，325 目）	
		200 目保证值	325 目保证值
粒级/%	>75μm	≤10	
	>75μm		≤15
D_{50}值/μm			44.06
比表面积/$m^2 \cdot g^{-1}$			0.801

2.15 硅粉

2.15.1 金属硅粉简介

金属硅粉（silica fume，Si）是由优质石英和碳在电炉中通过还原反应制得，再经水洗精选研磨得到粉状硅粉，呈银灰色结晶状。反应式为：$SiO_2 + 2C \rightarrow Si + 2CO$。这样制得的金属硅的纯度为97%～98%。

金属硅粉作为连铸“三大件”的添加剂，制品在高温1200℃下烧成后，在制品内部发现有Si与C反应生成的β－SiC的晶须存在，这种现象即所谓的二次碳化硅化（如图2－7所示），可提高制品的强度。

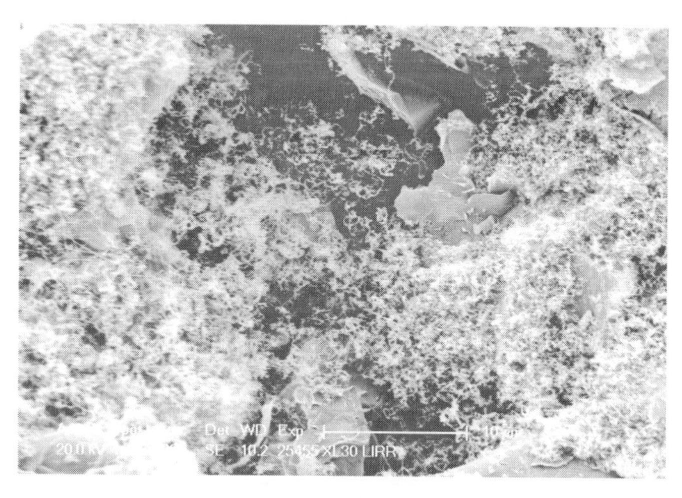

图2－7 金属Si反应形成的SiC针状物的形貌

在连铸浇注过程中，可能发生的反应为：$Si + C + O_2 \rightarrow SiO + CO$，随后反应产生的CO又可使SiO进一步氧化成$SiO_2$。除此之外，还有可能在连铸浇注过程中，在硅粉反应后，形成的空洞内生成SiC，如图2－8所示。

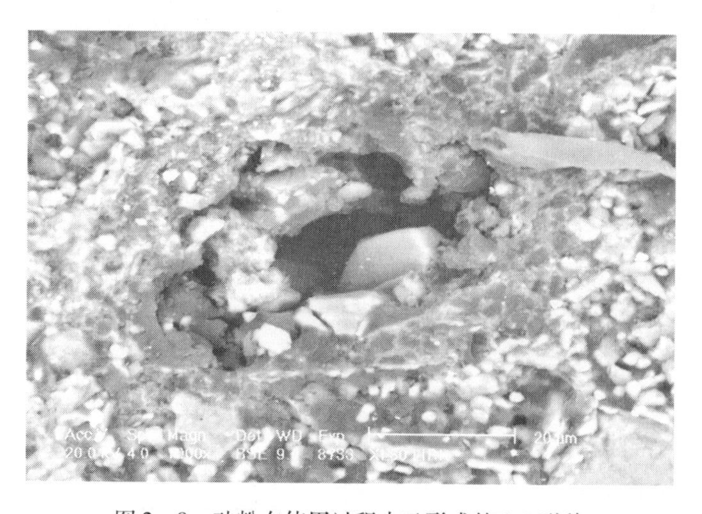

图2－8 硅粉在使用过程中已形成的SiC形貌

因此，一般认为反应生成气相 SiO，会沿气孔通道向外扩散，再与［O］作用，形成玻璃态的 SiO_2，堵塞气孔，提高制品的致密度，并包裹在碳的表面，阻止［O］渗透，阻止钢水和熔渣的渗透侵蚀，提高产品的耐高温、耐磨损性能并防止石墨再氧化。

另外，被氧化成的 SiO_2，进而与 Al_2O_3 反应生成 $Al_2O_3 \cdot SiO_2$[6]，这些产物的形成，在一定程度上提高了制品的强度和使用性能。硅粉广泛应用于耐火材料和冶金行业中，是一种优良的抗氧化剂。

在生产过程中，不可忽视的问题是：与碳化硅的情况一样，在毛坯的烧成中，在水蒸气的作用下，硅粉发生氧化反应，生成 SiO_2，主要为方石英，膨胀性大，会使毛坯开裂，从其开裂面可以看到其呈灰绿色。

2.15.2 硅粉的理化指标

硅粉的理化指标见表 2－28。

表 2－28 硅粉理化指标（GB 2881—91）

项目		Si（325 目）	
		保证值	实测平均值
化学组成/%	Si	>97	97.60
	Fe	≤1.0	0.66
	Ca	≤1.0	0.16
密度/$g \cdot cm^{-3}$		2.33	
真密度/$g \cdot cm^{-3}$		2.43	
熔点/℃		1410	

2.15.3 硅粉的粒度组成

硅粉的粒度组成见表 2－29。

表 2－29 硅粉粒度组成

项目		Si（325 目）	
		保证值	实测值
粒级/%	>45μm	≤5	2～3
	45～10μm		50～55
	10～5μm		16～20
	5～1μm		15～19
	<1μm		1～2
D_{50}值/μm			11.79
表面积/$m^2 \cdot g^{-1}$			0.744

2.16 碳化硅

2.16.1 碳化硅简介

碳化硅（silico carbide，SiC）的工业制法是将优质石英和石油焦加入到电阻炉内，在2000℃以上熔炼制得，反应式为：

$$SiO_2 + 3C \longrightarrow SiC + 2CO$$

国内的碳化硅因生产工艺原因，有黑色的和绿色的两种碳化硅，均为六方晶体，都属α－SiC。黑色碳化硅的SiC含量略低于绿色碳化硅，但从使用角度看，性能差异不大，一般采用绿色碳化硅。碳化硅具有较好化学稳定性和较高导热系数以及较低的热膨胀系数，还是良好的脱氧剂。

在连铸“三大件”中，添加碳化硅，可以提高制品的热稳定性和抗氧化性。这是因为制品在烧成和连铸浇注过程中，可能发生了下列反应：

$$SiC + CO \longrightarrow SiO + 2C$$

$$SiO + CO \longrightarrow SiO_2 + C$$

即反应生成的一氧化硅玻璃体，覆盖在石墨表面形成保护膜，并堵塞气孔，防止制品进一步的氧化，提高了制品的抗氧化能力和使用性能。

在使用碳化硅时应注意的问题是，在烧成毛坯的过程中，如果在毛坯中存在有较多的水分，则产生的水蒸气能促使碳化硅氧化，而且烧成温度越高，其氧化程度越明显。从800℃开始生成二氧化硅，1000℃时烧成量最多，有可能使毛坯出现毛裂纹或开裂。这是因为在毛坯中生成的二氧化硅大多数为方石英，其膨胀性较大所致。

2.16.2 碳化硅理化指标

碳化硅理化指标见表2－30。

表2－30 碳化硅理化指标（GB 2480—83）

项目		SiC（绿色，200目）	
		保证值	实测平均值
化学组成/%	SiC	>97	97.45
	Fe_2O_3	≤0.7	0.22
	游离碳C	≤0.25	0.15
密度/$g \cdot cm^{-3}$		3.22	
熔点/℃		2730	
分解温度/℃		2815	
导热系数（20℃/1000℃）/$W \cdot (m \cdot K)^{-1}$		59/3851	
热膨胀系数（20～1000℃）/$℃^{-1}$		3.5×10^{-6}	

2.16.3 碳化硅粒度组成

碳化硅粒度组成见表2－31。

表 2－31 碳化硅粒度组成

项目		SiC（绿色，200 目）	
		保证值	实测值
粒级/%	>74μm	≤10	9.5～10.5
	74～44μm		16.5～17.5
	44～10μm		36.5～37.5
	10～5μm		15.5～16.5
	5～1μm		14.5～15.5
	<1μm		1.5～3.0
D_{50}值/μm			40.35
比表面积/$m^2 \cdot g^{-1}$			0.135

2.17 碳化硼

2.17.1 碳化硼简介

碳化硼（boron carbide，B_4C）是由硼酸或硼酐与碳素材料，采用碳热还原法，在电弧炉中高温合成制得。其反应式为：

$$2B_2O_3 + 7C = B_4C + 6CO$$

$$4H_3BO_3 + 7C = B_4C + 6CO + 6H_2O$$

碳化硼为菱面体结构，由于碳原子和硼原子半径相似，存在类质同相替代，所以碳化硼中的碳硼比，并不是固定不变的，但大多数在1∶4左右变化。但只有当碳化硼的碳硼比为1∶4时，具有最稳定的菱面体结构，由于结构的特殊性，使其具有许多优良的性能，如化学稳定性好、抗侵蚀、高熔点、耐高温和热膨胀系数小，热稳定性高等品质[7]。

在连铸“三大件”中，加入碳化硼可以起到防止氧化的作用。试验发现，在制品的烧成过程中，首先与 O_2 或 CO 反应生成低熔点的 B_2O_3（550℃），再与材料中的耐火氧化物反应生成高黏度、低熔点的硼酸盐，在材料表面形成液相保护层，包裹在碳的表面，阻止了氧与碳接触，防止碳被进一步的氧化，并可以使制品致密化，提高制品强度，起到很好的保护作用。反应式为：$B_4C + 6CO \rightarrow 2B_2O_3 + 7C$。试验表明，碳化硼的抗氧化作用，要明显高于碳化硅、金属铝粉和金属硅粉。

在阻止含碳耐火材料中碳的氧化的同时，在温度为1000～1250℃时，Al_2O_3 与 B_2O_3 发生反应，生成高熔点的 $9Al_2O_3 \cdot 2B_2O_3$，其反应式为：$9Al_2O_3 + 2B_2O_3 = 9Al_2O_3 \cdot 2B_2O_3$。

该产物为柱状晶体，分布在耐火材料的基质和间隙里，从而降低制品的气孔率，提高强度，且生成的 $9Al_2O_3 \cdot 2B_2O_3$ 晶体，产生体积膨胀，可弥补体积收缩，减少裂纹。

在 MgO－C 质制品中，如镁碳质塞棒头，生成的 B_2O_3 可以和 MgO 反应生成低熔点化合物 $3MgO \cdot B_2O_3$，反应式为：$3MgO + B_2O_3 = 3MgO \cdot B_2O_3$。反应过程产生的液相能够堵塞气孔，形成保护层，提高制品的抗氧化能力。

2.17.2 碳化硼理化指标

碳化硼理化指标见表2－32。

表2－32 碳化硼理化指标（企业标准）

项目		碳化硼（325目）	
		保证值	实测平均值
化学组成/%	B_4C	95～97	96.18
	总 硼	75～79	77.2
	总 碳	17～21	20.37
	游离碳		1.72
密度/$g \cdot cm^{-3}$		2.51	
真密度/$g \cdot cm^{-3}$		2.52	
熔点/℃		2350	
导热系数/$W \cdot (m \cdot K)^{-1}$		29	
热膨胀系数（20～1000℃）/$℃^{-1}$		4.5×10^{-6}	

2.17.3 碳化硼粒度组成

碳化硼粒度组成见表2－33。

表2－33 碳化硼粒度组成

项目		B_4C（325目）	
		保证值	实测值
粒级/%	>44μm	≤5	
	44～30μm		3.5～5.0
	30～20μm		34.5～36.0
	20～10μm		45.5～50.5
	<10μm	≤5	13.5～14.5
D_{50}值/μm		44	

2.18 氮化硼

2.18.1 氮化硼简介

氮化硼（boron nitride，BN）在国内的生产方法有多种，主要有：硼砂－尿素法和硼砂－氯化铵法。

硼砂－尿素法是将硼砂与尿素混合，物料进行缩合反应，生成硼砂和尿素的中间体，冷却后进行粉碎，再送入氮化炉中进行氮化反应，最后冷却、酸洗、烘干制得氮化硼。其反应式为：

$$Na_2B_4O_7 + 2(NH_2)_2CO \longrightarrow 4BN + Na_2O + 2CO_2 + 4H_2O$$

硼砂－氯化铵法是即将无水硼砂与氯化铵混合后，压成块状，再放入反应炉中通入氨气进行反应，最后进行冷却、酸洗、水洗、过滤、干燥制得氮化硼。其反应式为：

$$Na_2B_4O_7 + 2NH_4Cl + 2NH_3 \longrightarrow 4BN + 2NaCl + 7H_2O$$

通常制得的氮化硼是石墨型层状结构，即六方氮化硼（HBN），呈白色，其物理化学性能也与石墨相似，俗称“白石墨”。

六方氮化硼的特点是，在惰性气体中，在高温2800℃下仍然是稳定的，难与其他物质反应，化学稳定性高；还具有较高的导热性、较小的宏观膨胀系数、极高热稳定性和与大多数熔融金属的不浸润性。

因此，用其压制的水平连铸用分离环，无需预热即可使用，还不沾钢水，相当于一个结晶器，起到与钢水的分离作用。在连铸“三大件”中，添加氮化硼可提高制品的抗折强度和使用性能。

在使用氮化硼的过程中应重视的问题是：由于氮化硼中含有 B_2O_3，容易吸湿，要干燥保存。该材料抗氧化能力极差，在氧化气氛中，只能升温到800℃，否则就失去作用了。

2.18.2　氮化硼理化指标

氮化硼理化指标见表2－34。

表2－34　氮化硼理化指标（企业标准）

项　目		A级保证值	A级实测平均值
化学组成/%	BN	≥99	99.30
	B_2O_3	≤0.40	0.28
	Na_2O	0.04	0.14
	fB	0.10	0.13
理论密度/$g \cdot cm^{-3}$		2.27	
相对密度		2.25	
熔点（惰性气体保护）/℃		3000	
导热系数/$W \cdot (m \cdot K)^{-1}$		25.12	
热膨胀系数/$℃^{-1}$		$(2 \sim 6.5) \times 10^{-6}$	

2.18.3　氮化硼粒度组成

氮化硼粒度组成见表2－35。

表2－35　氮化硼粒度组成

项　目	氮化硼（A级）		
	5μm	3～15μm	1～100μm
比表面积/$m^2 \cdot g^{-1}$	12	8～25	8～25
堆积密度/$g \cdot cm^{-3}$	0.2～0.4		
振实密度/$g \cdot cm^{-3}$		0.15～0.50	0.15～0.50

2.19 漂珠

2.19.1 漂珠简介

漂珠（floater，hollow microsphere floater cenospheres）是从发电厂粉煤灰中精选得到空心微珠。由于电厂用的煤种、细度和燃烧状况的不同，所得到的漂珠粒度和化学成分有较大的差异。漂珠的主要成分为 SiO_2 和 Al_2O_3，且含量较高，因此具有较高的耐火度。还由于漂珠质轻壁薄且中空，空腔内为半真空，只有极微量的气体，因此漂珠质轻且热传导极慢，保温性好。

在连铸“三大件”中，漂珠用作长水口的内壁。在连铸开浇时，钢水与长水口内壁接触的瞬间，起到热缓冲作用，极大地提高水口的抗热震性，使长水口不预热即可使用。

在选用漂珠时，应考虑漂珠的耐火度，在一般情况下，漂珠中的 Al_2O_3 含量为25% ~30%时，耐火度为1610~1650℃；Al_2O_3 含量为30% ~34%时，耐火度为1650~1690℃；Al_2O_3 含量为35% ~40%时，耐火度为1690~1730℃。漂珠的矿物组成一般为：硅酸盐玻璃相80% ~85%，莫来石10% ~15%，其他矿物约5%。

2.19.2 漂珠理化指标

漂珠理化指标见表2-36。

表2-36 漂珠理化指标（企业标准）

项目		40-650目保证值	40-650目实测平均值
化学组成/%	Al_2O_3	25~35	27.68
	SiO_2	50~65	65.58
	Fe_2O_3	0.5~5.0	2.64
	TiO_2	1.0~3.0	1.09
颗粒密度/$g \cdot cm^{-3}$		0.35~0.85	
堆积密度/$g \cdot cm^{-3}$		0.26~0.45	
水分/%		≤0.5	
熔点/℃		≥1400	
导热系数/$W \cdot (m \cdot K)^{-1}$		0.012~0.054	

2.19.3 漂珠粒度组成

漂珠粒度组成见表2-37。

表2-37 漂珠粒度组成

粒级/mm	漂珠（50目）/%		粒级/mm	漂珠（50目）/%	
	保证值	实测值		保证值	实测值
>0.60	≤5	0.6	0.15~0.106		31.9
0.60~0.30		4.2	0.106~0.075	≤10	6.5
0.30~0.15		55.8	<0.075		1.2

2.20 酚醛树脂

2.20.1 酚醛树脂简介

酚醛树脂（phenolic resin）是由苯酚（C_6H_5OH）和甲醛（HCHO）为原料，经缩聚反应而生成。酚醛树脂大体可分为两类：

（1）在酸性催化剂条件下，与少量甲醛反应得到的为线型热塑性树脂。

（2）在碱性催化剂参与下，与大量的甲醛形成的为体型热固性树脂。所谓体型结构就是指分子链与分子链之间，有许多链节相互交联在一起，形成网状或立体结构。

苯酚与甲醛的摩尔比，直接影响到树脂的反应速度和固化时间，摩尔比越大树脂的反应速度越快，固化时间缩短，黏度下降，固体含量较高，而储存稳定性变差。

酚醛树脂在200℃以下基本是稳定的，一般可在不超过180℃条件下长期使用。酚醛树脂形成的交联网状结构，具有较高的含碳率，在高温1000℃和还原气氛下，残炭率通常为45%～55%。酚醛树脂在更高温度下热解将吸收大量热量，同时形成具有较高强度的炭化网状结构层。

热塑性酚醛树脂溶于乙醇，长期具有可溶性，只有在六亚甲基四胺（乌洛托品）存在下才能固化，加热时可快速固化。

热固性酚醛树脂，在常温下多呈液态，能溶于酒精，在加热过程中可以自行固化并硬化，固化温度通常为150～200℃。

实践表明，制品在热处理过程中，加热到100℃，制品强度开始增加；而到200℃强度达到最大，继续升温制品发烟量加大，制品强度有所下降；到500～700℃时，发烟量达到高峰并逐渐消失，开始形成炭结构并得到加强，使制品获得更高的强度。

但应注意的是，热固性酚醛树脂在存放过程中，黏度会渐渐增大，最后因逐渐固化而不能使用。因此，其存放期一般不超过3～6个月。

酚醛树脂作为连铸“三大件”的结合剂，其特点是在造粒过程中，具有良好的润湿性和黏结性，能与各种各样的有机和无机填料相结合，成型后毛坯强度高；在热处理和烧成过程中，在温度大约为1000℃ 的还原气氛条件下，酚醛树脂会产生很高的残炭，这有利于维持酚醛树脂的结构稳定性。树脂的高残炭率，能形成较完整的炭网络结构，使制品的结构和尺寸变化小，体积稳定性较高。

2.20.2 热固性液体酚醛树脂理化指标

热固性液体酚醛树脂（thermoset liquid phenolic resin）理化指标见表2－38。

表2－38 热固性液体酚醛树脂理化指标（企业标准）

项目		5408	5030	5311
化学组成/%	固含量	≥65.0	≥58.0	75.0～82.0
	残炭率	≥38.0	≥40.0	44.5～48.0
	游离酚	10.0～11.8	9.0～12.5	11.0～14.0
	水分	2.5～4.0	2.5～4.0	4.5～6.0

续表 2－38

项　　目	5408	5030	5311
外　观	棕红色液体	棕红色液体	棕红色液体
黏度（25℃）/MPa·s	450～750	150～200	3700～4300
pH 值	6.5～7.2	6.5～7.5	6.5～7.0

2.20.3 热塑性粉状酚醛树脂理化指标

热塑性粉状酚醛树脂（thermoplastic powder phenolic resin）理化指标见表 2－39。

表 2－39 热塑性粉状酚醛树脂理化指标（企业标准）

项　　目		401	4012	4014
化学组成/%	水　分		≤1.5	≤1.5
	残炭率	≥40	≥40	≥40
	游离酚	2.5～4.5	2.0～4.0	1.0～2.5
外　观		黄白色粉末	黄白色粉末	黄白色粉末
密度/g·cm^{-3}		1.25～1.30	1.25～1.30	1.25～1.30
溶解黏度（25℃）/MPa·s		120～190		
软化点温度/℃		105～110		
流动度（125℃）/mm		20～55	20～40	20～40
聚合速度（150℃）/s		50～85	45～85	40～60

2.20.4 热塑性粉状酚醛树脂粒度组成

热塑性粉状酚醛树脂粒度组成见表 2－40。

表 2－40 热塑性粉状酚醛树脂粒度组成（企业标准）

项　　目		粉状酚醛树脂粒度（140 目）	
		保证值	实测值
粒级/%	>0.106mm	≤5.0	1.0～2.0
	0.106～0.074mm		8.0～9.0
	<0.074mm		88.5～90.5

2.21 乌洛托品

2.21.1 乌洛托品简介

乌洛托品（urotropin，$C_6H_{12}N_4$）是由甲醛和氨缩合制得，为白色吸湿性结晶粉末，化学名称为六次甲基四胺，在连铸“三大件”中，主要用作热塑性酚醛树脂的硬化剂，在加热过程中使制品获得强度，可提高酚醛树脂的残炭率。

乌洛托品的固化机理一般认为是，当树脂熔化时，其苯环上有未反应的活性点，此时乌洛托品分解并以次甲基桥将两个酚环连接起来，使树脂缩聚形成体型结构。也有文献认为，乌洛托品先与树脂中游离酚（一般小于5%）生成二（羟基苄）胺或三（羟基苄）胺的中间过渡产物，而过渡产物并不稳定，在较高固化温度下进一步与游离酚反应，释放出 NH_3 以形成次甲基键交联树脂[8]。

在制品的生产过程中，应注意的是，乌洛托品的加入量对烧后制品的性能有一定的影响，其合适的加入量应为树脂含量的6%～15%。

由于硬化剂乌洛托品的加入量不够，会造成树脂硬化不完全，使制品强度下降；如果加入量过高，则过量的乌洛托品并不与树脂粉结合，而在硬化过程中分解挥发，使制品的气孔增多，反而会降低制品的强度和使用性能。

2.21.2 乌洛托品理化指标

乌洛托品理化指标见表2－41。

表2－41 乌洛托品理化指标（GB/T 9015—1998）

项 目		乌洛托品（200目）
化学组成/%	纯 度	≥99.5
	水 分	≤0.14
	灰 分	≤0.018
	重金属（以Pb计）	≤0.001
	氯化物（以Cl计）	≤0.015
	硫酸盐（以 SO_4 计）	≤0.02
	铵盐（以 NH_4 计）	≤0.001
水溶液外观		澄明合格
熔点（升华）/℃		263
闪点/℃		250
相对密度（25℃）		1.27

2.21.3 乌洛托品粒度组成

乌洛托品粒度组成见表2－42。

表2－42 乌洛托品粒度组成（企业标准）

项 目		乌洛托品（200目）	
		保证值	实测值
粒级/%	≤0.30mm	≥90	>95
	>0.30mm		2.4～2.8
	0.30～0.15mm		11.3～11.8
	0.15～0.075mm		48.5～49.5
	<0.075mm		36.5～38.5

2.22 糠醛

2.22.1 糠醛简介

糠醛（furfural，$C_5H_4O_2$）在工业上的生产方法，主要是将米糠、麦壳高粱杆、玉米芯等富含戊聚糖的原料与硫酸共热发生水解反应生成戊糖，再进一步脱水生成糠醛。其反应式为：

$$C_5H_{10}O_5 \longrightarrow C_5H_4O_2 + 3H_2O_2$$

糠醛为无色至黄色液体，有杏仁样的强烈的刺激性气味，带有毒性易燃烧，微溶于冷水，溶于热水和乙醇，应存放在通风良好且远离操作地点的地方。在使用时应该佩戴过滤式防毒面具（半面罩）并佩戴化学安全防护眼镜。

在连铸“三大件”的生产中，主要用作酚醛树脂的溶剂和减阻剂。

2.22.2 糠醛理化指标

糠醛理化指标见表2－43。

表2－43 糠醛理化指标（企业标准）

项　目		保证值	实测值
化学组成/%	糠　醛	≥98.5	99.0
	水　分	≤0.2	0.05
相对密度		1.159～1.161	1.159
沸点/℃		161.7	
闪点（闭杯）/℃		140	
自燃温度/℃		600	

2.23 工业酒精

2.23.1 工业酒精简介

工业酒精（industrial spirit，C_2H_5OH）主要有：用石油在催化剂和高温条件下，通过裂化长链有机化合物合成和用粮食酿造两种方式生产。一般合成的成本低，甲醇含量高；而酿造的工业酒精的成本较高，一般乙醇含量大于或等于95%，甲醇含量很小。

考虑到甲醇对人体的视神经和视网膜的刺激，严重时会引起眼睛失明，在连铸“三大件”中，通常选用酒精度数较高的、甲醇含量低的，用作酚醛树脂的溶剂。

2.23.2 工业酒精理化指标

工业酒精理化指标见表2－44。

表2－44 工业酒精理化指标（企业标准）

项　目		工业酒精（97度）	
		保证值	实测平均值
化学组成/%	乙　醇	≥97	98.51
	甲　醇	≤1.0	0.69
	水　分	≤1.0	0.58
相对密度		0.793～0.804	
闪点（开口）/℃		16	
燃点/℃		390～430	

2.24　乙二醇

2.24.1　乙二醇简介

乙二醇（Ethylene glycol，$C_2H_6O_2$）的工业制法是用环氧乙烷与水，在加压和加温条件下，直接液相水合生成。乙二醇为无色无臭的低毒性液体，可以通过呼吸和皮肤吸入，对人体有相当大的危害性，因此在使用时，要做好防护工作。

在连铸“三大件”的生产中，作为树脂的加入剂，可以改善和控制造粒料的保湿程度。

在生产过程中，应注意严格控制乙二醇的加入量。如果加入量过多，容易造成造粒料不易干燥，影响成型性能。

2.24.2　乙二醇理化指标

乙二醇理化指标见表2－45。

表2－45　乙二醇理化指标（GB/T 4649—2008）

项　　目		优等品	一等品	合格品
化学组成/%	乙二醇	99.8	99.0	
	水　分	0.10	0.20	
相对密度（20℃）		1.1128～1.1138	1.1125～1.1140	1.1120～1.1150
沸点/℃			197.2	
冰点/℃			－12.6	
闪点/℃			110	
自燃点/℃			412	
空气中有害物质浓度/$mg \cdot m^{-3}$			不允许达到或超过5.0	

2.25　三聚磷酸钠

2.25.1　三聚磷酸钠简介

三聚磷酸钠（sodium tripolyphosphate，$Na_5P_3O_{10}$）由磷酸经纯碱中和成正磷酸钠，再经缩合而成。实际上工业用三聚磷酸钠是Ⅰ型（高温型）和Ⅱ型（低温型）的混合物。

在连铸“三大件”的生产中，无机结合剂应选择含量大于40%的Ⅰ型三聚磷酸钠。因为Ⅰ型溶解速度快，结合强度大，但经水合生成六水化合物时热效应大。因此，泥料在混料后应困料降温，防止制品在成型中开裂。

2.25.2　三聚磷酸钠理化指标

三聚磷酸钠理化指标见表2－46。

表 2-46 三聚磷酸钠理化指标（GB 9983—2004）

项 目		优级品	一级品	二级品
化学组成/%	$Na_5P_3O_{10}$	≥96	≥90	≥85
	P_2O_5	≥57.0	≥56.5	≥55.0
	Fe	≤0.007	≤0.015	≤0.030
	水不溶物	≤0.10	≤0.10	≤0.15
白 度		≥85	≥75	≥65
pH 值（1% 水溶液）			9.2~10.0	
表观密度/$g \cdot cm^{-3}$			0.35~0.90	
熔点/℃			622	
1.00mm 试验筛余量/%			≤5.0	

2.26 粉状硅酸钠

2.26.1 粉状硅酸钠简介

粉状硅酸钠（powdered sodium silicate，Na_2SiO_3）是由石英砂和纯碱在熔化窑炉中，加热到 1400 ℃左右发生共熔反应（$Na_2CO_3 + SiO_2 \rightarrow Na_2SiO_3 + CO_2 \uparrow$），冷却成块后，再经粉碎细磨筛分制得。硅酸钠中的 SiO_2 和 Na_2O 的摩尔比值，称为硅酸钠的模数 M，M 一般为 1.5~3.5，硅酸钠模数越大，SiO_2 含量就越多，硅酸钠的黏度越大，黏结力就越强。因此，在连铸“三大件”中，通常用作制品表面涂料的黏附剂。其黏结和硬化机理是：硅酸钠在空气中，与大气中的 CO_2 和 H_2O 反应，生成硅胶 H_2SiO_3 和 Na_2CO_3，这个过程是不可逆的，随着硅胶的逐渐凝固硬化，使涂料牢固地黏附在制品表面。

2.26.2 粉状硅酸钠理化指标

粉状硅酸钠理化指标见表 2-47。

表 2-47 粉状硅酸钠理化指标（企业标准）

项 目		Ⅰ	Ⅱ	Ⅲ	Ⅳ	Ⅴ
化学组成/%	Na_2O	25.5~29.0	23.0~26.0	21.0~23.0	18.5~22.5	19.0~21.0
	SiO_2	49.0~53.0	51.0~55.5	56.0~62.0	55.0~64.0	19.0~21.0
模数 M		2.00±0.05	2.30±0.05	2.85±0.05	3.00±0.05	3.30±0.05
溶解速度（30℃）/s		≤60	≤80	≤180	≤240	≤240
容重/$g \cdot cm^{-3}$		0.30~0.80	0.40~0.80	0.50~0.80	0.50~0.80	0.60~0.80
细度（120 目过筛率）/%		≥95	≥95	≥95	≥95	≥95

2.27 氟硅酸钠

2.27.1 氟硅酸钠简介

氟硅酸钠（fluorine sodium silicate，Na_2SiF_6）的制备方法有多种，一般采用沉淀法工艺进行生产，即用氟硅酸与氯化钠溶液反应，生成氟硅酸钠沉淀物，再经过液固分离、洗涤、干燥等工序制得。其物性呈白色颗粒或结晶性粉末，无臭无味。

氟硅酸钠主要用作水玻璃的促凝剂，其加入量为水玻璃用量的10%～12%。由于空气中的CO_2含量很低，水玻璃的硬化过程进行非常缓慢。因此，在使用中需加入促硬剂氟硅酸钠，使水玻璃加速硬化，其促硬机理可用如下反应式表示：

$$2(Na_2O \cdot mSiO_2) + Na_2SiF_6 + nH_2O \longrightarrow 6NaF + (2m+1)\ SiO_2 \cdot nH_2O$$

由反应式可见，在水玻璃中加入氟硅酸钠后，形成大量的硅胶，使其加速硬化。

在储存和使用过程中，应注意该物质易吸湿，要防潮；其有毒性，要防止接触到人体的皮肤和眼睛。

2.27.2　氟硅酸钠理化指标

氟硅酸钠理化指标见表2－48。

表2－48　氟硅酸钠理化指标（HG/T 3252—2000）

项　目		氟硅酸钠		
		优等品	一等品	合格品
化学组成/%	氟硅酸钠	≥99.0	≥98.5	≥97.0
	游离酸（以HCl计）	≤0.10	≤0.15	≤0.20
	氯化物（以Cl计）	≤0.15		
	硫酸盐（以SO_4计）	0.25		
	铁（Fe）	≤0.02		
相对密度		2.67		
105℃干燥失量/%		≤0.30	≤0.40	≤0.60
细度（通过250μm试验筛）/%		≥90	≥90	≥90

参 考 文 献

[1] 葛铁柱，梁耀华，钟香崇．矾土基电熔锆刚玉和锆莫来石合成料的制备、性能与结构［J］．耐火材料，2005，39（2）：101～103.

[2] 李战强．中国氧化锆生产现状及发展前景［J］．无机盐工业，1995（1）：22～23.

[3] 王诚训．MgO－C质耐火材料［M］．北京：冶金工业出版社，1955.

[4] 钟香崇．新一代矾土基耐火材料［J］．硅酸盐通报，2006，25（5）：92～98.

[5] 唐光盛，李林，等．纳米炭黑对低碳镁碳耐火材料抗热震性的影响［J］．中国冶金，2008，18（8）：10～12.

[6] 颜正国，于景坤．添加剂对铝碳质浸入水口抗氧化性能的影响［J］．东北大学学报，2006，27（增刊2）：164～167.

[7] 王海林，孟宪友．碳化硼材料研究进展［J］．企业技术开发，2009，28：82～83.

[8] 陈少南，杨国栋，杨占峰，等．热塑性酚醛树脂覆膜砂的研究进展［J］．热加工工艺，2008，28（23）：117～121.

3 生产工艺

3.1 生产工艺流程

3.1.1 工艺流程示意图

连铸“三大件”的生产流程，因厂家不同，稍有区别，基本流程如图3－1所示。

3.1.2 工艺流程的演变过程

在20世纪70年代以前，连铸浇注过程为敞开浇注，没有任何保护措施。所用的连铸耐火材料，只有塞棒、中间包水口、钢包滑动水口和熔融石英水口，除石英水口之外，均使用传统的生产工艺制作，原材料为高铝矾土，其临界粒度为3mm，粗颗粒为3～0.5mm，中颗粒为0.5～0.1mm，细颗粒小于0.1mm，粗、中、细颗粒的配比大致为4∶1∶5。结合剂主要为水玻璃或纸浆废液，采用摩擦压砖机成型，在倒烟窑或隧道窑内烧成。

到20世纪80年代，虽然连铸用整体塞棒和水口，已采用等静压机生产，但生产工艺与传统的耐火材料生产工艺差别不大，只是将结合剂改为焦油沥青，埋炭烧成。直到20世纪90年代以后，连铸耐火材料的生产工艺得到新的发展，主要原料为白刚玉、钙稳定氧化锆、锆莫来石和鳞片石墨等，颗粒的临界粒度为0.6～0.5mm，结合剂为酚醛树脂。主要设备有V型机混合机、高速造粒机、流动干燥床和仿形车床等，烧成设备主要为梭式窑和隧道窑。

到目前为止，连铸耐火材料的生产工艺，在以前的基础上得到进一步的发展，在上述工艺流程中，作者认为比较合理的配置为：

（1）配料的混合，采用V型或锥型混合机，预混合物料。

（2）造粒系统使用倾斜式的高速混碾机造粒，造粒料颗粒性好，石墨包裹均匀，粒度组成相对稳定。

（3）造粒料的干燥，选用回转干燥筒干燥，干燥温度可控，噪声小，工作效率高。

（4）造粒料的筛分系统，可根据造粒料的干燥量，选择多级长条形的或圆形振动筛。

（5）在成型方面，根据生产量和制品的长短选择等静压机，并配置1～2台小缸径的等静压机，这样可以充分利用等静压机缸体的空间，提高生产效率。

（6）在烧成系统中，主要烧成设备可选择隧道窑，窑的长度和窑的截面大小由生产量决定，同时还要配置梭式窑，烧成较长的制品。这样的搭配可以充分发挥出烧成设备的各自的优势。

（7）在制品的机加工方面，整体塞棒采用立式车床加工，可以克服水平加工塞棒回转摆动产生的缺陷。长水口和浸入式水口，最好使用仿形机床加工。

（8）制品在出厂前，必须经过无损探伤，合格后方能交给用户。

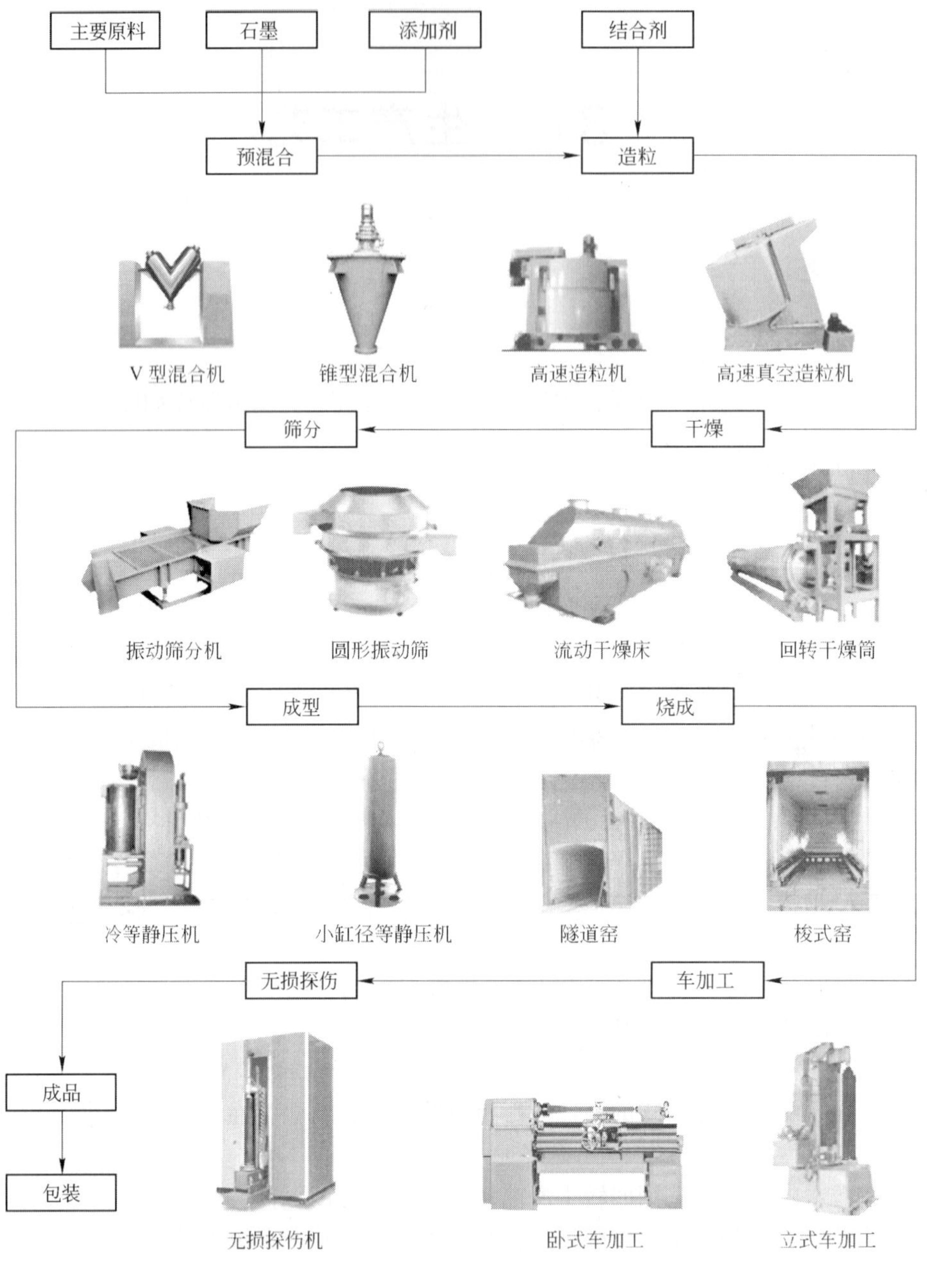

图 3－1 连铸“三大件”的生产基本流程示意图

3.2 石墨精制

石墨作为连铸“三大件”的原料而言，无疑是最重要的核心原料之一，其品位的高低直接影响到制品的性能和在钢厂的使用效果。在自然界纯净的鳞片石墨是不存在的，通常含有大量的 SiO_2、Al_2O_3、FeO、CaO 等杂质，这些杂质常以石英、黄铁矿、碳酸盐等矿物形式出现。而鳞片石墨矿的品位又是很低的，一般不到 5%，因此，石墨矿要经过浮选，再用氢氧化钠和盐酸进行化学提纯，才能得到品位为 98% ~99% 的鳞片石墨。

在国内有些连铸“三大件”生产厂，对鳞片石墨的质量有更高的要求。因为，在鳞片石墨中，还存在一些杂质和不足1%的水分需要除去。因此，要对市售鳞片石墨进行所谓的精制处理。

鳞片石墨的精制系统，主要由对辊机、气流分级机、旋风收集器、布袋除尘器和抽风机组成，并且是一个全封闭的闭路循环系统，该系统如图3-2所示。

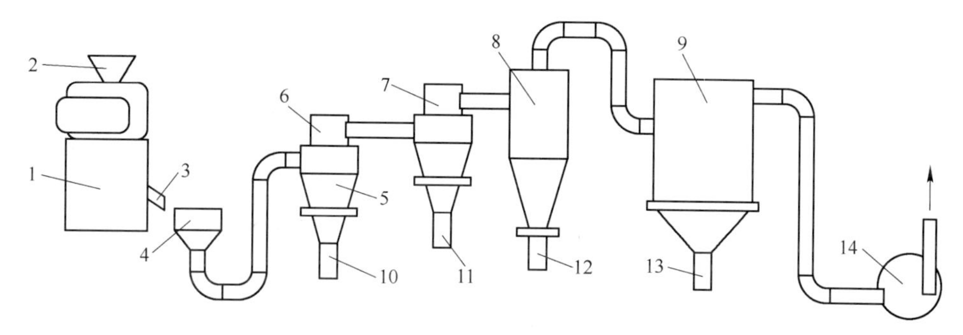

图3-2 鳞片石墨精制系统示意图

1—对辊机；2—进料口；3—出料口；4—受料口；5—气流分级机；6—一级分级器；
7—二级分级器；8—旋风收集器；9—布袋除尘器；10~13—出料口；14—抽风机

鳞片石墨精制系统的工作原理为：首先调整对辊机对辊的间隙，将市售鳞片石墨加入到对辊机的进料口2，经过对辊轧制后的鳞片石墨，再由出料口3进入气流分级机的受料口4，在这个过程中，鳞片石墨间的杂质被分离。

在抽风机抽力的作用下，进入受料口4被辊轧制后的鳞片石墨，随上升气流高速运动至一级分级器，在高速旋转的气流产生的离心力作用下，鳞片石墨的粗细颗粒撞壁后其速度消失，沿筒壁下降使粗细的鳞片石墨分离，符合粒径要求的颗粒，分别沉降到一级和二级分级器中，并从出料口10和11进入集料箱中；而更细的颗粒进入旋风收集器和布袋除尘器收集，得到更细的鳞片石墨，并分别从出料口12和13排出。

根据生产要求，只要分别控制气流分级机、旋风收集器一级和二级分级器、布袋除尘的抽气压力和流量，就可以得到预设的鳞片石墨的分级粒度，如50目、80目、200目和小于200目的的粒度，并通过干燥系统除去残存的水分。

精制鳞片石墨，对于连铸“三大件”的本体而言，没有必要使用，因为这会增加生产成本。除非有特别的需要，可用于“三大件”的渣线和内复合层，在一般情况下，可选用市售的品位为95%~99%的鳞片石墨。对于精选后得到的小于200目的鳞片石墨，由于杂质含量比较高，不宜用于制作连铸“三大件”制品。

3.3 配料的预混合

用于生产的配料，在加入高速造粒机之前，必须进行预混合。因为在各种配料中，至少有一种或几种添加剂，如Al、Si、SiC和B_4C等，而且每种添加剂的加入量又很少，一般不超过5%。因此，所用原料的预混合，可以使添加剂与其他大宗的物料混合均匀，这对于以后生产的制品来说，就显得十分重要。因为，通过配料的预混合，可使添加剂的作用得到最大程度的发挥，使制品得到均匀的组织结构和均一的性能，有助于产品质量的稳定和提高，更有利于产品在钢厂的使用。

3.3.1　V 型混合机预混合

配料的预混合，一般采用 V 型混合机。由于混合机的两个圆柱筒长度不相等，在 V 型混合机的筒体做旋转运动时，物料将进行不对称地混合。物料的混合如图 3－3 所示，图示位置为物料处于堆积状态，当混合机转动到出料口向上时，物料将从堆积状态分流到呈“V”形的两个筒体中。由于两个筒体长短不一，装料量多的一边位能较大，就形成了一个横向推力，推动物料进行横向交流。V 型筒体在旋转时，中心搅拌轴还会使物料产生径向搅拌。因此，在整个混合过程中，物料在不断地交替进行横向、径向的分流和堆积，使物料在桶内上下左右混合，达到物料混合均匀的效果。

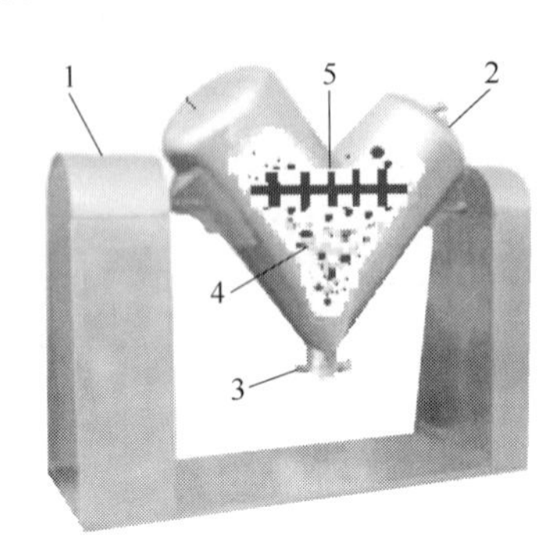

图 3－3　V 型混合机工作示意图
1—V 型混合机；2—进料口；3—出料口；4—预混物料；5—中心搅拌轴

在实际使用中，V 型混合机的特点为：结构简单操作容易，出料干净不留死角，效率高，混合比较均匀。适用于连铸耐火材料生产的 V 型混合机的技术参数为：装料量为 100～200kg，转速为 5～12r/min，混合时间一般为 10～15min。

3.3.2　锥型混合机预混合

在连铸“三大件”的生产中，有些配方中的石墨含量较高，如在长水口配方中，石墨的加入量通常大于 25%。在预混合时，如果采用 V 型混合机混合，则由于石墨与其他原料相比较，其加入量大，密度小重量轻，相应的体积占有量就大，无法混合均匀。在这种情况下，通常采用锥型混合机进行物料的预混合比较好。锥型混合机的结构，如图 3－4 所示。

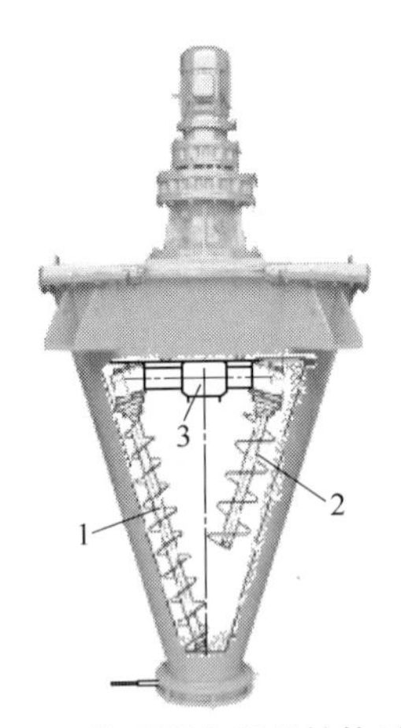

图 3－4　锥型混合机的结构示意图
1—自转长臂螺旋杆；2—自转短臂螺旋杆；3—长、短臂螺旋杆公转主轴

锥型混合机的混合方式如图 3－5 所示，首先是由两根非对称螺旋杆进行快速自转，使物料向上提升，形成两股非对称沿筒壁由下向上的螺旋物料流（图 3－5 中 1、2）。其次是锥型混合机的转臂带动螺旋杆进行公转运动，使螺旋杆外的物料不同程度进入螺杆包络线内，一部分物料被提升，另一部分物料被抛出螺杆外，从而达到所有的物料不断更新扩散，被提到上部的两股物料再向中心凹穴汇合，形成一股向下的物料流，补充了底部的空穴，从而形成对流循环（图 3－5 中 3、4）。由于上述运动的反复进行，使物料在较短的时间内，得到较高程度的均匀混合。

锥型混合机的基本参数为：装料量 100～200kg，公转转速为 2.5～2.8 r/min，自转转速为 110～120 r/min。

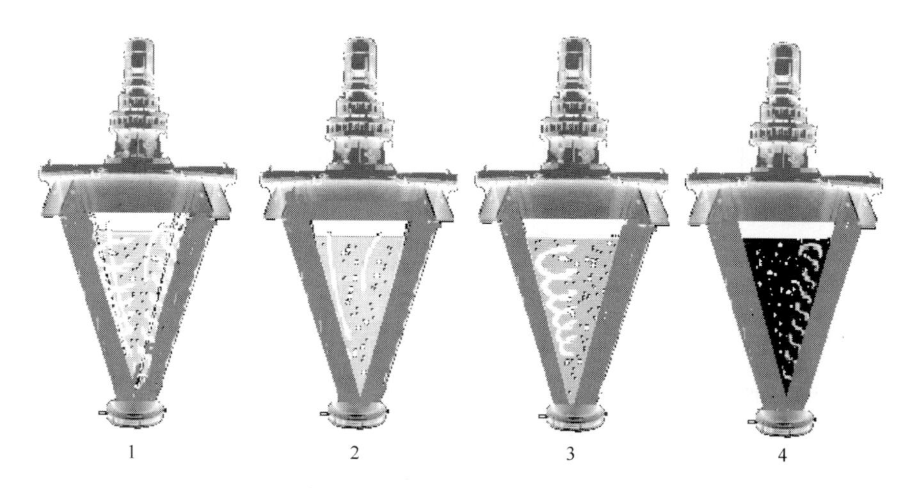

图3－5 锥型混合机的混合方式

3.4 造粒工艺

3.4.1 造粒原理

由于鳞片石墨在自然状态下，具有层状堆积的趋向，如果在物料中含有鳞片石墨，采用传统的焦油沥青作为结合剂，混炼后得到的泥料是分散的，则成型后的制品极易产生层状裂纹。

因此，在连铸“三大件”的生产过程中，采用新的混炼工艺，即所谓的造粒工艺，混炼后可以得到粒状的泥料。在造粒过程中，以酚醛树脂粉作为结合剂，再加入工业酒精混合，使树脂粉溶解，产生很大的黏性，并与石墨具有较大的亲和性。在这样的条件下，在造粒过程中，裹有树脂黏液的石墨与其他物料能很好地无取向地结合在一起。

值得注意的是，酚醛树脂粉的种类很多，应选择与工业酒精相溶性较好的树脂粉作为结合剂。可以通过小样试验，测定酒精＋树脂粉的黏结性及两者的相对加入量。因为树脂黏性过大，造粒料容易结成团，不易分散；反之，黏性过小，则石墨结合不好，易分散，造粒性能较差。

3.4.2 造粒工艺

成型用的造粒料是通过高速混炼机完成的，目前使用的高速混炼机主要有两种，一种是早期生产的没有倾角的高速混炼机；另一种是现在使用的带有倾角的高速混炼机。两种混炼机的内部结构是相似的，而后者更先进一些。高速混炼机的基本参数见表3－1。

表3－1 高速混炼机的基本参数

项　目	高速混炼机（加热、真空）		高速混炼机	
	ZH250	ZH500	HN－200B	HN－400B
混炼重量/kg	≤300	≤600	200	400
倾斜角度/(°)	10	10		
料盘直径 ϕ/mm	1000	1200	1500	2100

续表 3－1

项　　目	高速混炼机（加热、真空）		高速混炼机	
	ZH250	ZH500	HN－200B	HN－400B
混合盘转数/r · min⁻¹			12	6
混合叶片转速/r · min⁻¹	9.5～95	8～80	55	44
高速转子转速/r · min⁻¹	100～1000	80～800	100～1440	100～1440
系统真空度/MPa	－0.08	－0.08		

带有倾角的高速混炼机的示意图如图 3－6 所示。其特点是带有加热和抽真空装置，而混料过程是通过安装在罐体内的三个翼形混合桨叶，做变频调速圆周运动完成的。混合桨叶的旋转速度是可调的，使物料受到水平与垂直方向的剪切力，在物料的颗粒间产生速度差，使翻起来的物料呈波浪形的旋流状态；同时物料在离心力的作用下由内向外运动。当物料上升到一定高度时，在罐体锥形部分的作用下，物料又被向下抛向罐体底部中心，这样物料就在碾机内形成全方位的相对运动。在这些机械力的作用下，在这种反复的运动中，使不同容重、不同种类的物料在恒定的温度下能够迅速混合均匀，还由于整机有10°左右的倾角，在混炼过程中不留死角，从而得到高质量的造粒料。

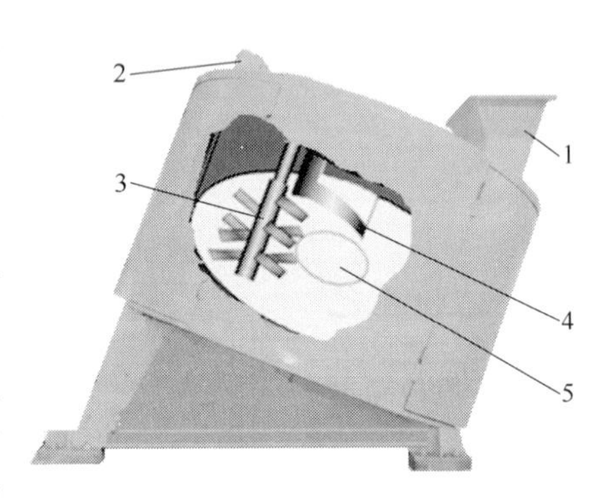

图 3－6　带有倾角的高速混炼机示意图
1—预混合料入口；2—结合剂和溶剂入口；
3—高速转子；4—刮板；5—造粒料出口

成型用造粒料的造粒程序为：首先将预混合好的物料放入高速混炼机内，高速混合若干分钟，再加入酚醛树脂粉继续混合，充分混合后，再加入工业酒精并混合均匀，最后造粒完成，得到貌似球状的造粒料。

从生产使用的角度看，作者的观点是：造粒用的高速混炼机所配有的加热和抽真空装置，对于具备恒温恒湿的车间并不是必须的。因为，在造粒过程中，物料在混炼机中高速运转，与机体的内壁、高速转子、刮板以及物料自身发生强烈的摩擦生热。在夏季，造粒料的温度可达到60℃左右。因此，是否要启动加热和抽真空装置，这要根据当地的气候条件和生产工艺来确定。

但是，这两种附加装置对于不具备恒温恒湿的车间来说比较合适，更适宜在冬春两个低温季节使用，这对造粒的成型是十分有益的。

在使用没有加热装置的混碾机造粒时，应特别注意的是在冬春两季，由于气温较低，致使物料、酚醛树脂和工业酒精的温度也很低，导致酚醛树脂与工业酒精的溶解度和黏结能力下降，严重影响到造粒料的质量。因此，所用的物料和酚醛树脂，应存放在温室内，温度保持在20～30℃之间。

由于连铸“三大件”产品的不同，有些产品完全使用酚醛树脂粉作为结合剂，而另一些制品，则采用酚醛树脂粉加液体酚醛树脂作为结合剂。因此，不同配料的造粒过程也有所差别，见表 3－2。

表3-2 使用不同结合剂的造粒工艺对比

工 艺 过 程	完全使用树脂粉	工 艺 过 程	树脂粉+液体树脂
预混合料加入混碾机内		预混合料加入混碾机内	
↓		↓	
混合	高速混合4~5min	混合	高速混合4~5min
↓		↓	
加入树脂粉		加入树脂粉	
↓		↓	
混合	高速混合2~3min	混合	高速混合3~5min
↓		↓	
加入工业酒精	中速混合1~2min	加入液体树脂	
↓		↓	
造粒	高速混合10~15min	造粒	高速混合10~15min
↓		↓	
出料进入干燥		出料进入干燥	

3.5 造粒料的干燥

由于在造粒料中加入了工业酒精或其他溶剂，如果不作任何处理而直接用于成型，很容易使毛坯产生裂纹。因此，必须对造粒料进行干燥处理，除去造粒料的物理水分和溶剂带入的多余挥发分，但要保留适量的挥发分，以便于成型。在工厂将造粒料中的挥发分习惯地叫做造粒料的“水分”，但并非真正意义上的水分。

目前，造粒料干燥系统有两大类：一种是流动干燥床干燥系统，有立式圆筒形和卧式床之分；另一种是回转干燥机干燥系统。

3.5.1 流动干燥床干燥系统

用于铝碳制品的流动干燥床的内部结构[1]，如图3-7所示。流动干燥床的内部结构主要为：在其内部安装有可更换的多孔箅子板4和搅拌器3，箅子板将干燥床的本体分隔，箅子板下部为热风段5，上部为干燥段2，其上扩大部分为排风段。在顶部设有废气排出口和加料口1，而出料口7则安装在靠近箅子板的上方。

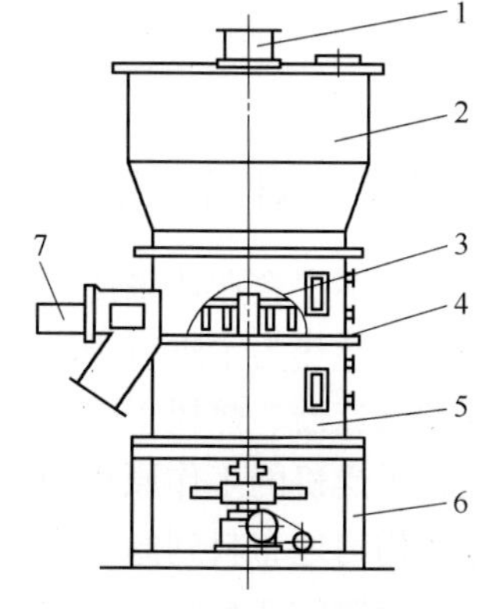

图3-7 流动干燥床的内部结构示意图
1—进料装置；2—干燥室；3—搅拌装置；
4—多孔箅板；5—热风室；
6—机架；7—出料装置

而流动干燥床的干燥系统，是由风机、热交换用的热风炉、流动干燥床和旋风分离器等部件组成，如图3-8所示。

流动干燥床3工作原理是，从进料口6加入造粒料，落到干燥床的箅板上，再由鼓风机1向热风机2内鼓风，经热交换后，具有一定速度的高温气体从箅板7下方向上穿过板孔，其流速略超临界流化速度，使床层造粒料颗粒处于悬浮状态，并产生剧烈搅动，

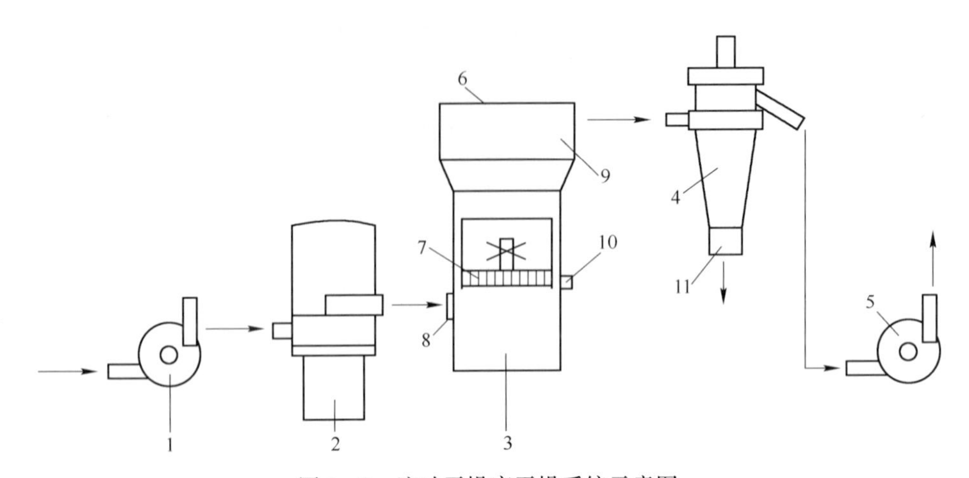

图 3 - 8　流动干燥床干燥系统示意图

1—鼓风机；2—热风机；3—流动干燥床；4—旋风分离器；5—排风机；6—进料口；7—箅子板；8—热风进口；9—干燥室；10—出料口；11—集料出口

使造粒料颗粒与高温气体充分混合。

由于气固两相接触良好，造粒料表面更新机会多，强化了两相的传热与传质，床层内温度均匀，传热速度快，干燥效率高。造粒料经干燥后，再从箅板下通入更大速度的冷空气使物料冷却，并随气流从出料口 10 卸出。干燥后的气体在排风机 5 的抽风作用下，夹带细小造粒料的颗粒和粉尘，经旋风分离器 4 分离沉降，由出料口 11 排出进入集料箱，而废气则由出气口排出。

流动干燥床的主要技术指标见表 3 - 3[1]。

表 3 - 3　流动干燥床的主要技术指标

项　目	A	B
流化床面积/m^2	2. 8	8
进风温度/℃	60 ~ 90	60 ~ 90
干燥量/kg · 次$^{-1}$	200	530
设备规格/mm	ϕ1900 × 3940	ϕ4000 × 5865

3. 5. 2　回转干燥机干燥系统

目前，不少企业还采用回转干燥机干燥造粒料。回转干燥机是一种新型干燥设备，其特点是以传导热为主进行干燥，热效率高，能量消耗低，经济实用。干燥系统由回转干燥筒、变频调速器、热风干燥机、旋风分离器和布袋除尘器组成，如图 3 - 9 所示。

回转干燥机的工作原理为：出高速混炼机的造粒料进入其下方的进料斗 7，再由螺旋给料器 8 均匀地布料到倾斜安置的回转干燥筒的进料端，在筒体内均匀分布的抄板的翻动下，高度分散的造粒料与燃气热风炉 2 产生的流动的热空气充分接触，使造粒料得到充分干燥。

在干燥过程中，干燥好的造粒料，在带有倾斜度的回转干燥筒的旋转作用下，从高端自动流向低端的出料口 9，然后进入集料箱；在抽风机 5 的作用下，出料端排出的废气和

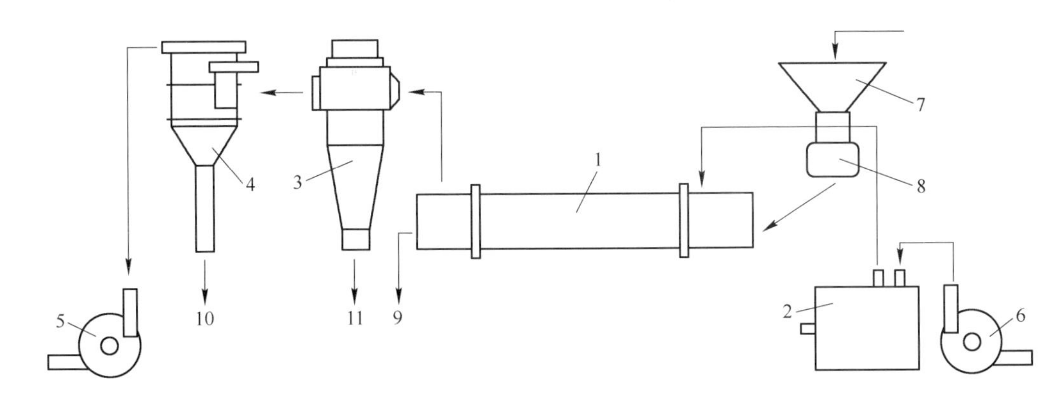

图 3－9 回转干燥系统示意图

1—回转干燥筒；2—燃气热风炉；3—旋风分离器；4—布袋除尘器；5—抽风机；
6—鼓风机；7—进料斗；8—螺旋给料器；9～11—集料出口

夹带的粉尘被吸入旋风分离器 3 和布袋除尘器 4，排出废气，而沉降的细小造粒料被回收再利用。

回转干燥机的生产能力的大小是可调的，可以通过调整喂料量、干燥筒的转速和倾斜角度以及干燥温度来调节。回转干燥机的主要技术参数见表 3－4。

表 3－4 回转干燥机的主要技术参数

项　目	GT－08	GT－10	ZH400
干燥筒内径 φ/mm	800	1000	1200
干燥筒长度/mm	8000	10000	9000
干燥温度/℃	≤85（水），≤250（油）	≤85（水），≤250（油）	140（可调）
回转筒转速/r · min^{-1}	0～50	0～50	0～3
给料量/kg · min^{-1}			20
外形尺寸/mm	10600×1250×2100	12500×1500×240	

3.6 造粒料的筛分

3.6.1 筛网的选择

干燥后的造粒料，由于分散程度不好，在细颗粒中还有许多团块存在，不宜作为成型用料。因此，团块料必须经过破碎或压碎、筛分分级后才能使用。

作者认为筛网网眼大小的选择，要根据配料中的颗粒的临界粒度的大小来决定。如果临界粒度为 0.5mm，建议选用筛孔为 2mm 的筛网进行筛分分级，要求大于 3mm 的颗粒小于 10%。这样得到的造粒料的堆积密度较高，成型后的毛坯密度也较大，且其内孔和表面光滑。应注意的是，要定期检查筛网有无松动，网眼是否堵塞和破损，发现问题要及时处理更换。

3.6.2 造粒料的粒度组成

经过筛分后的造粒料的粒度组成（全年平均值）示例如下：

	2 ~ 1.0mm	1.0 ~ 0.5mm	0.5 ~ 0.1mm	<0.1mm
某种长水口本体配料/%	8.0	22.3	60.6	9.1
某种浸入式水口渣线配料/%	3.9	10.9	75.3	10.0
某种整体塞棒本体配料/%	16.1	25.5	48.3	10.0

3.6.3　造粒料的储存

造粒料的筛分分级系统与造粒料的干燥系统，在通常情况下是不可分割、紧密相连成一体的。在筛分过程中，通过旋风分离器和布袋除尘器得到的粉料，可被回收利用。最后将筛分得到的造粒料，分装在有编号的铁桶内，再将铁桶密封，目的在于保持造粒料中的残余挥发分，即“水分”不被挥发。

关于“水分”的测定方法，还没有一个统一的标准，通常是按照传统的耐火材料测水分的方法测定。

装有造粒料的铁桶，应储放在温度为 20 ~ 30℃的房间内，这样造粒料至少可以保质存放一个月以上。但是，除非因生产调度需要，否则还是应在短时间内用完为好。

作者看到，在有些生产厂，仍采用有塑料内衬的编织袋装造粒料，应和铁桶保存一样创造条件，存放在恒温的房间内，并放在木架上分袋存放，不能相互挤压堆放在一起，避免造粒料结块和破袋，防止造粒料“水分”的挥发。同样，造粒料不宜存放时间过久，应在 10 天内用完，否则会影响造粒料的成型性能，最终导致烧成后制品性能的下降。

3.7　毛坯成型

3.7.1　毛坯成型系统

毛坯的成型系统由模具组装、振动加料抽真空、喷淋冲洗、等静压成型和成型后的脱模等一系列工序组成，如图 3 – 10 所示。

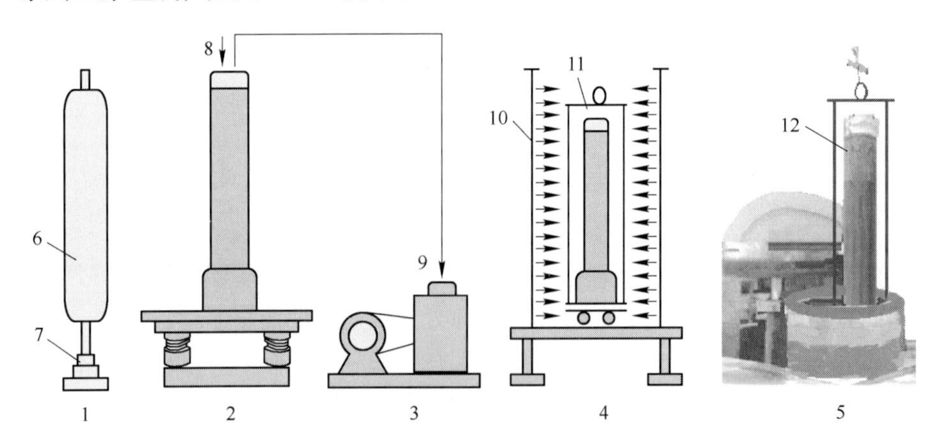

图 3 – 10　等静压机成型系统示意图

1—模具组装；2—振动台；3—真空泵；4—喷淋筒；5—等静压机；6—橡胶套；7—钢质模芯；8—进料口；9—抽气口；10—介质水或油；11—入缸成型

毛坯成型用的模具，是由橡胶胶套、钢质模芯杆、上、下密封胶垫，上、下钢垫和钢套组成，如图 3 – 11 所示。成型前，首先要检查橡胶胶套和钢质模芯杆及密封胶垫等，是否配套且完整无损；然后再将橡胶胶套（如图3－10中6所示）套入模芯杆（如图3－10中7所示）上，对中后在模具底部用紧固件锁死。

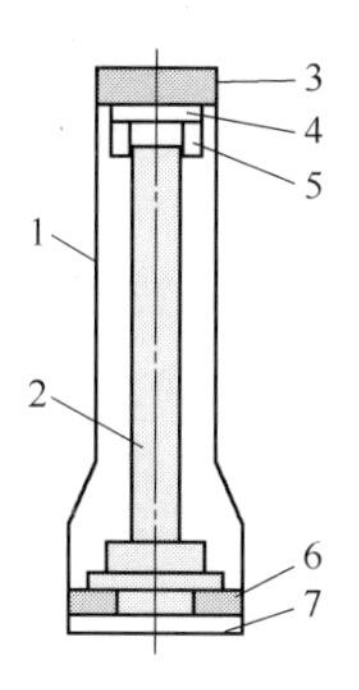

图3－11 成型用模具组装示意图

1—橡胶胶套；2—钢质模芯杆；3—上密封胶垫；4—上钢垫；5—钢套；6—下密封胶垫；7—下钢垫

3.7.2 胶套及其材质的选择

对连铸“三大件”毛坯成型使用的胶套、钢质模芯和上、下密封胶垫的要求，如下所述。

目前使用的胶套主要有橡胶胶套和聚氨酯胶套，胶套实物如图3－12所示。但是，目前绝大多数工厂使用的成型用胶套主要为橡胶胶套。对两种胶套的要求是，要有足够的硬度、厚度和机械强度。橡胶胶套的厚度一般控制在15mm左右，以保证胶套有一定的弹性和机械强度，并能直立在地面上不弯曲不塌落。总之，硬度不是一个单纯的物理性能，而是材料的弹性、塑性、强度和韧性等力学性能的综合指标。

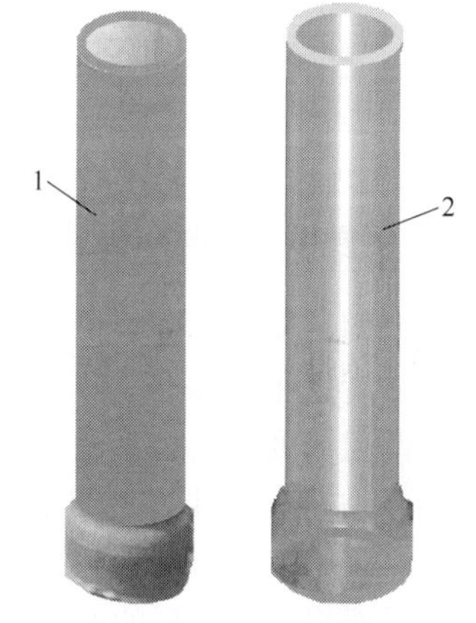

图3－12 胶套实物

1—橡胶胶套（黑色）；

2—聚氨酯胶套（浅黄色）

胶套的硬度使用邵尔（邵氏）硬度计测量，邵尔硬度（HS）分为邵尔A（Shore A）和邵尔D（Shore D），其中邵尔A专门用来测量塑料、软橡胶、合成橡胶等材料的硬度，测量得到的数值用HA表示，也称为度。邵尔A和邵尔D之间的对照关系，见表3－5。

表3－5 邵尔A和邵尔D的对照关系

项 目	硬 度																			
邵尔A（HA）	5	10	15	20	25	30	35	40	45	50	55	60	65	70	75	80	85	90	95	100
邵尔D（HD）						6	7	8	10	12	14	16	19	22	25	29	33	39	46	58

在连铸“三大件”的生产中，成型用的橡胶胶套的硬度为邵尔A60～70（HA60～70），简称邵尔A 60～70度，相当于邵尔D16～22（HD16～22）。而邵尔D是用来测量硬度比橡胶硬的材料，如热塑性塑料、硬树脂等材料，测量单位用HD表示。

作者认为，在大规模生产的条件下，虽然成型使用橡胶胶套的成本比较低，但其存在的缺点为：胶套容易变形，还会黏结到毛坯表面上，胶套使用周期短，成型后的毛坯表面粗糙。由于这些原因，不宜用于成型近终形制品，否则会影响到制品的外观质量。由于近终形毛坯基本上是不再进行机加工了，如果再过多地进行机加工，就失去了近终形成型的意义。

作者还认为，胶套质量的优劣是等静压成型毛坯的关键，因为毛坯尺寸的精度和致密均匀性与胶套关系密切。因此，近终形毛坯成型用的胶套，采用聚氨酯胶套最为合适。虽然，制作聚氨酯胶套需要做两套模具，即外模和内模，模具费用较高，但由于聚氨酯胶套的内外表面非常光滑，成型后的毛坯尺寸精确，内外表面极其光滑致密，有利于制品在钢厂的使用。另外，聚氨酯胶套的使用寿命长，有利于制作成本的降低。

与橡胶胶套性能相比，聚氨酯胶套的优点见表 3－6。

表 3－6　聚氨酯胶套与橡胶胶套性能对比

项　　目	聚氨酯胶套	橡胶胶套
耐磨性倍数	5～10	1
抗张强度倍数	6	1
抗撕裂强度倍数	6	1
硬度适应范围宽度	邵氏 A10～邵氏 D98	窄
表面光洁度	高	低
耐油脂性能	高	低
使用温度范围/℃	室温～90	窄

3.7.3　钢质模芯杆材质硬度和光洁度

成型用钢质模芯杆的材质一般使用 45 号钢，经过淬火处理后，硬度达到 HRC58～62，表面光洁度采用新标准，即用粗糙度 R_a 表示，要求粗糙度 R_a 达到 1.6μm。

所谓粗糙度是指加工表面具有的较小间距和微小峰谷不平度，其两波峰或两波谷之间的距离（波距）很小，用肉眼是难以区别的，因此它属于微观几何形状误差。表面粗糙度用微米（μm）表示，其值越小，则表面越光滑。

如果要提高模芯杆的使用寿命，还可以选择更好的钢材，如碳素工具钢、合金工具钢和轴承钢等，但必须经过球化退火、淬火和低温回火处理后，才能使用。

对于模芯杆的加工，根据作者的实践，应注意的事项是，钢厂提供的浸入式水口、整体塞棒和其他制品的图纸，其外形线条均为折线和垂线连接。因此，在生产制作前，要对钢厂的图纸进行转化，即凡是有折线和垂线连接处，应圆弧过渡，而圆弧半径 R 的大小应视制品的品种和所处的位置而定。这样处理的目的，是要尽量减少高压成型对毛坯产生的压应力。由于应力的存在，在毛坯的烧成过程中，有可能在毛坯的折线或拐角处出现裂纹。

模芯杆的粗糙度与光洁度的对照关系见表 3－7。

表 3－7　粗糙度与光洁度的对照表（GB 1031—83）

光洁度	▽1	▽2	▽3	▽4	▽5	▽6	▽7
粗糙度 Ra/μm	50	25	12.5	6.3	3.2	1.60	0.80
光洁度	▽8	▽9	▽10	▽11	▽12	▽13	▽14
粗糙度 Ra/μm	0.40	0.20	0.10	0.05	0.025	0.012	0.01

3.7.4 密封用上、下胶垫

上、下胶垫的材质与胶套相同，胶套上口用上胶垫密封，而下胶垫既是钢质模芯杆的底座，又是密封胶套下口的胶垫。

3.7.5 振动加料

将组装好的模具，吊装到振动台（如图3－10中2所示）上，按规定重量将造粒料从加料口（如图3－10中8所示）一次性加入到胶套内，如果不这样操作，而是采用小铲斗分多次装料，造粒料中的粗颗粒将流向外侧，造成颗粒偏析，影响制品的性能。

当一次性加料完毕后，启动振动台振动3～5min，在振动的过程中，可以看到造粒料会平静地徐徐下降。要注意观察加料口处的造粒料，不能出现跳动现象，如果有则应调整振动台的振幅或振动频率，直到造粒料不再跳动为止。当造粒料不再下降后，停止振动，加料口用橡胶垫密封，并用紧固件锁死。

实际上，在很多连铸“三大件”生产厂，并不采用振动加抽真空的加料方式，而是采用人工拍打胶套的加料方式。拍打的本意是要使在胶套中的造粒料排气并均匀密实，使成型后的毛坯的外形保持尺寸均匀一致。

但是，这种加料方式的缺点是不言而喻的，因为，人工拍打的力度、部位、次数和时间是不确定的，且因人而异，可以认为每一支毛坯都是特别制造的。因此，很难保证每次装料的均匀性和一致性，这将直接影响到发至钢厂的制品的质量稳定性。

3.7.6 抽真空

作者曾做过造粒料的抽真空试验，在胶套进料口的密封胶垫上安装真空阀门，启动真空泵抽气，直到真空度达到真空泵的额定值为止。此时，关闭真空阀门和真空泵，胶套进入喷淋工序，最后吊装到等静压机成型。众所周知，成型的毛坯在等静压机的泄压过程中，毛坯就像爆米花那样会膨胀，严重时会使毛坯开裂。但是，经抽真空的胶套，在等静压成型后，可以观察到成型后的胶套是瘪的，这说明毛坯的排气量很少，这就大大减轻了毛坯在等静压机泄压过程中所产生的膨胀可能带来的不良影响。

由于真空泵种类繁多，功率大小不一，抽真空的程度也大不相同。因此，抽真空只要抽到指示仪表的指针不动为止即可，并非一定要达到很高的真空度，这可根据工厂具体情况而定。真空度的单位主要有两种：一种是托（Torr），表示在0℃和标准重力下1mmHg的压力；另一种是帕斯卡（Pa）。两者的换算关系为1Torr或1mmHg等于133.32Pa。

3.7.7 喷淋清洗

装料完毕后的胶套，在人工装料和振动或拍打过程中，在其表面和其他部位，会黏附上细小的造粒料和粉尘。由于大多数连铸“三大件”生产工厂所使用的等静压机没有隔离套，所用的介质是水或油，因此，在进入等静压机压制之前，胶套必须冲洗干净，除去表面黏附的杂质，才能入缸进行压制。否则会污染缸体内的介质，还有可能导致高压管路堵塞和磨损。

目前，也有不少工厂使用带有隔离套的、油水分离的等静压机，即套外介质为油，用于施压，内套介质为水，用于受压成型。即使这样，对装料后的胶套进行清洁处理，也是十分必要的，是百利而无一害的。

通过长期的工作实践，作者认为，使用以水为介质的等静压机比较好，与使用以油为介质的相比，可以明显地感到水介质对胶套的喷淋、环保和安全都是有利的。另外使用油介质的，可能在成型时使毛坯浸油，造成废品，且在脱模时容易污染毛坯。而且，喷淋使用的是煤油容易燃烧，安全性差。

3.7.8　等静压成型

等静压机的工作原理为：采用帕斯卡原理，将制品放入密闭的超高压容器中，通过增压泵向密封的容器中不断压入水或油，使密封容器中的液压压力不断增高。由高压的液体（油或水）均匀地作用于橡胶胶套表面，并压缩胶套内的造粒料，使其成型。由于等静压的特点是各个方向上压力相等，因此成型后的毛坯密度均一、组织结构均匀、各向同性，而且还能成型形状复杂和近终形状制品。

目前，等静压机的品种和型号较多，缸体的内径、高度和工作压力是按标准配置的。特别是缸体的高度和工作压力，不一定适合连铸“三大件”的生产需要。因为缸体的内径尺寸和工作压力，要根据生产品种和工艺条件确定，但原则上应尽可能选择与需要相近的标准设备，这样比较经济，否则只能向等静压机厂订制非标准设备。在选择缸体深度时，主要应考虑到进入缸体内的承载成型用胶套模具的框架的高度。

关于等静压机的选择，作者的观点是：在连铸“三大件”中，产品高度小于1400mm的制品占有相当大的比重。就以高度为1400mm的制品为例，考虑到压缩比后的放尺，胶套和吊框的总高度将达到1800mm左右。因此，选择缸体有效高度为2000mm的较为适宜，缸体内径则由生产量确定；而长度大于1400mm以上的产品，占有的比重较小，可视产量大小选择1～2台缸内径为ϕ300mm，高度大于2000mm的等静压机，更经济适用。因为，小型等静压机的升压过程较快，生产效率较高，而且采购费用低。如果所有的产品都使用缸体较高的等静压机，这样空间浪费大，成型所费的时间也长，生产效率会降低很多。

等静压机按工作介质区分，有单一缸体的和有隔离套的等静压机。它们的特点是：

（1）单一缸体的加压和卸压都是在同一介质中进行，其优点是：名义缸径即为有效缸径，可有效利用缸体内的空间，生产量大，液体加压的能量利用率高。缺点是：如果入缸的胶套冲洗不干净，混入造粒料的超高压水，会堵塞和在卸压时把阀门口冲坏，需要经常维修。

（2）有隔离套等静压机是在前者基础上发展起来的新型等静压机，主要特点是：在主油缸内设置筒形橡胶隔套，把套外的油和套内的水隔开，高压油通过橡皮隔套压缩套内的水，再施压到橡胶胶套，使造粒料成形为毛坯。其优点是：

1）油水经隔套分离，外套介质为油，内套为水，混有造粒料的水封闭在水套内，可彻底解决工作介质的污染问题。

2）外套油在卸压时不会造成卸压阀的损坏，可长期正常工作。

3）在低压时可实现快速加压，节省造粒料的成形时间，比单介质的成形时间短，效率高。

但其缺点是：

1）增加水套后，使有效工作的容积减少，以缸体内径为 ϕ500mm × 2000mm 的等静压机为例，有效工作内径降低到 ϕ430mm，高度减少到 1900mm。

2）由于操作不当，还有可能将橡皮套中的水混入外套的油中，从而造成事故。

3.7.9 等静压机用介质水和油的性能

等静压机所用的介质水和油，对压机的使用寿命有很大的影响，所谓的水并不是普通的水，而是加有 3% ~5% 的 MDT 乳化液的蒸馏水，可以防止缸体的锈蚀。而所用油为抗磨液压油，主要为 HM 系列的 HM32 号和 HM46 号抗磨液压油。

HM 系列的抗磨液压油优点是：

（1）具有较高压抗磨性能，能减缓设备的磨损，延长系统的使用寿命。

（2）具有优良的抗氧化性，减缓油品的衰变，延长油的使用期，而且具有优良的抗泡性和空气释放性，保证平稳的传递静压能。

（3）有优良的抗乳化性和过滤性，可使混入油中的水分迅速分离。

（4）能适应各种常规密封材料的使用。

HM 系列抗磨液压油的性能见表 3 – 8。

表 3 – 8 抗磨液压油的性能

项 目	抗磨液压油型号			
	HM32	HM46	HM68	HM100
运动黏度（40℃）/cSt	32	46	68	100
黏度指数	>100	>100	>100	>100
密度（15℃）/g · cm^{-3}	0.857	0.867	0.875	0.876
闪点（开口杯）/℃	225	230	235	245
倾点/℃	–33	–33	–30	–27

注：1. 运动黏度即液体的动力黏度与同温度下该流体密度 ρ 之比，单位为 cSt（厘斯），1cSt = 1mm^2/s。
2. 动力黏度的单位用 P（泊）表示，1P = 0.1Pa · s。
3. 黏度指数表示：被试油和标准油的黏度，随温度变化程度比较的相对值，比值越大，则油的黏度受温度影响越小，因而性能越好。一般的液压油要求黏度指数在 90 以上。
4. 倾点是指油品在规定的试验条件下，被冷却的试样能够流动的最低温度。

3.7.10 成型压力的确定

毛坯在等静压机中的成型压力的确定，一般的做法是用毛坯的造粒料制作小样，放入等静压机中成型。在小样成型过程中，根据密度 – 压力关系曲线来判定成型压力，即随着成型压力上升，毛坯小样的密度曲线也相应上升，直到密度达到一定值后，密度曲线趋于平稳，这时的成型压力值，即定为该毛坯的成型压力。

以长水口本体为例，造粒料的 Al_2O_3 和 C 含量分别为 60% 和 25.4%，堆积密度为 1.44g/cm^3，残余挥发分为 0.55%。用该料装入一组小口径的橡胶套管内，并密封，再分别在等静压机中用不同的压力（如 30，40，…，150MPa）成型，制作一组毛坯试样。然后按常规检测方法测试试样烧成后的密度、显气孔率、耐压和抗折强度，成型压力与试样烧成后密度和显气孔率及耐压强度之间的关系，如图 3 – 13 和图 3 – 14 所示。

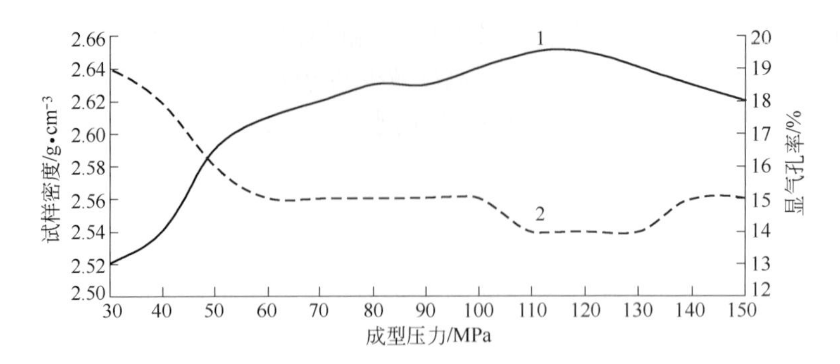

图 3－13 成型压力与小样密度和显气孔率的关系图

1—小样密度（实线）；2—小样显气孔率（虚线）

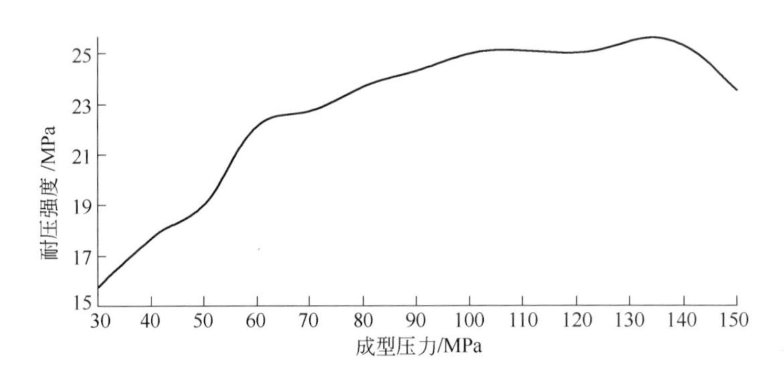

图 3－14 成型压力与小样耐压强度的关系图

由图 3－13 可见，随着成型压力的增加，小样的密度（实线）也相应上升，而显气孔率（虚线）下降；当压力上升到 110～120MPa，小样密度达到最大值，显气孔率降到最低；压力继续上升，则小样密度逐渐下降，而显气孔率随即上扬。由此可见长水口本体的成型压力范围，再综合成型压力－小样耐压强度曲线（图 3－14），基本上可以确定成型压力为 110～130MPa。

作者认为，由于连铸“三大件”的品种较多，得到的小样的密度－压力曲线不完全一致，也就是说，成型压力范围也各不相同，随之相应的压力曲线也不同。因此，在生产过程中，不可能不停地去调整成型压力和压力曲线，这是不现实的。为此，还要结合小样烧成后的物理指标，选择一个通用的最终的成型压力和压力曲线。

关于成型压力和压力曲线，由于生产厂家的不同及生产工艺的差别，成型压力一般控制在 100～150MPa 之间，保压 3～5min，泄压为二级泄压，可避免泄压过快，防止毛坯内部的气体急剧膨胀，造成毛坯坯体开裂。但对于塞棒的成型压力，可以高于其他产品的成型压力，目的在于得到更致密的高强度的棒头，以提高抗冲刷性。

3.8 水口制作方法

3.8.1 预压成型内复合体

预压成型的内复合体的制作方法与毛坯相同，内复合体的厚度一般在 5mm 左右。与毛坯成型不同的是，预压成型的内复合体的最高成型压力和压力曲线是不一样的，如图

3－15 所示。预压成型后的内复合体实物，如图 3－16 所示。

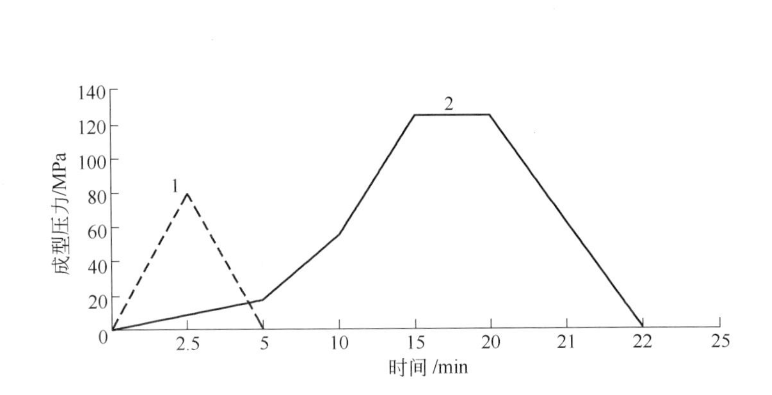

图 3－15 成型压力曲线

1—预压成型内复合体的压力曲线；2—毛坯的成型压力曲线

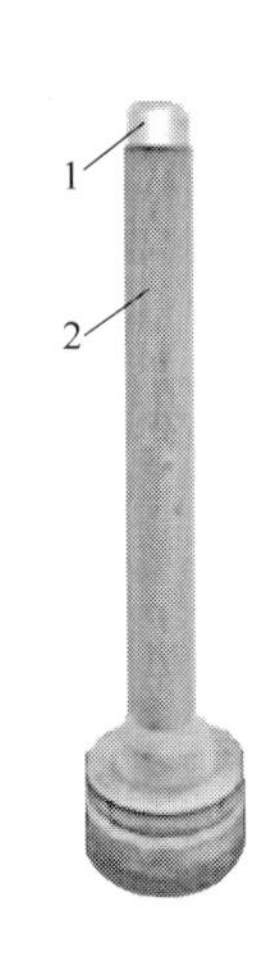

图 3－16 预压内复合体实物

1—钢质模芯；2—预压内复合体

关于预压内复合体的成型压力，作者的观点是：预压内复合体的成型压力应低于毛坯的成型压力（100～180MPa），选择 50～80MPa 较好。由于内复合体的成型压力较低，成型后的内复合体密度会低于毛坯的密度，从而具有一定的可压缩性。这样做的目的是：当毛坯与预压内复合体进行复合成型时，毛坯的成型压力较高，由于两者存在密度差，使两者可以很好地结合在一起。

如果预压内复合体的成型压力与毛坯一致，两者之间没有压力差，两个复合面都比较硬，没有压缩余地，成型后有可能在复合面留下间隙，哪怕是留下很微小的间隙，都会在烧成或在钢厂的使用过程中，在高温作用下，由于间隙中的气体迅速膨胀，可能造成内复合体龟裂或剥落掉块，最终导致水口开裂或穿孔造成漏钢事故。

另外，吹氩浸入式水口的内复合体是弥散型的透气层，虽然也是预压成型的，但与其他类型的复合体不同的是，对其必须进行涂石蜡处理，即在内复合体外表面，采用滚筒浸蜡或人工涂蜡的方法上蜡，但其两端的端面和外表面预留的一些地方不能涂蜡。这样处理后的内复合体，在与本体一起成型时，不涂石蜡的部分就与本体紧密结合在一起。

成型好的毛坯在干燥加热过程中，石蜡熔化流出或挥发掉，在两个复合面会留下间隙，即形成所谓的吹氩狭缝。在使用时，从外部吹氩管吹入的氩气通过吹氩缝透过弥散型内复合体，在流钢通道内壁形成一层气膜，防止水口堵塞。内复合体的壁厚一般为 5mm，长度为 350～450mm。

在成型吹氩浸入式水口的复合体时，作者认为应注意的事项是：在上蜡时，内复合体的两个端面不能被石蜡或其他油类污染。否则毛坯在烧成后，可能会在水口的本体与内复合体的接口处形成横向缝隙。在连铸浇注时，钢水会通过缝隙渗透到吹氩狭缝中，影响吹氩效果，严重时还会造成吹氩中断。打开事故水口，可以看到在水口内部留下了一个环状的铸钢钢壳。

3.8.2 用加料套筒直接成型内复合体的制作步骤

目前，水口的本体与内复合体的复合方式，还是较多地采用一道或二道加料套筒分别加料的方法进行直接复合成型。长水口、铝锆碳水口、铝锆碳内复合水口和薄壁直通型浸入式水口的制作步骤，分别叙述如下。

目前，长水口通过渣线和内复合技术，可以做到不预热即可使用，并能适应不同钢种的连铸浇注的需要，其内复合制作步骤见表3－9和图3－17。

表3－9 长水口内复合制作步骤

加料步骤	操作内容	说明
1	准备橡胶胶套和钢质模芯以及橡胶密封垫等其他附件	
2	确认所用部件准确无误，并进行清洁处理	
3	组装橡胶胶套和钢质模芯，并定中	见图3－17(a) 中1，2
4	安放加料套筒，并定中	见图3－17(b) 中3
5	按规定称量复合料	
6	投放复合料	见图3－17(b) 中4
7	测量加料高度	
8	轻轻拍打加料套筒，排气，使复合料下沉密实	
9	按规定称量本体料	
10	投放本体料	见图3－17(c) 中5
11	检查和调整加料套筒是否有位移	
11－1	如果需要，此时可以定量加入渣线料	
11－2	轻轻拍打橡胶胶套	
12－1	投放剩余的本体料	见图3－17(d) 中5
12－2	边拍打橡胶胶套，边缓慢地抽取加料套筒	见图3－17(d) 中3
13	均匀拍打橡胶胶套，排气，使本体料下沉密实	见图3－17(d)
14	用胶垫密封胶套，并锁紧	
15	清洗胶套，并擦干净	
16－1	装入吊笼	
16－2	进入成型程序	

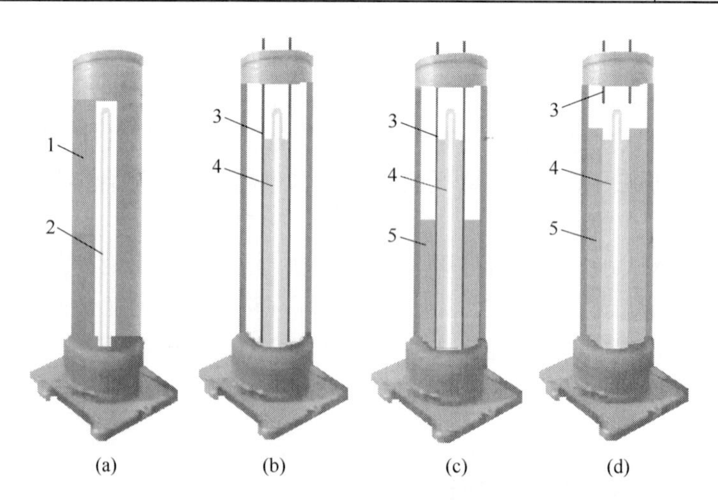

图3－17 长水口内复合加料步骤示意图

1—橡胶胶套；2—钢质模芯；3—加料套筒；4—复合料；5—本体料

3.8.3 铝锆碳质浸入式水口本体与渣线复合制作步骤

铝锆碳质浸入式水口的本体与渣线料复合制作步骤见表3-10和图3-18。

表3-10 铝锆碳质浸入式水口本体与渣线料复合制作步骤

加料步骤	操作内容	说明
1	准备橡胶胶套和钢质模芯以及橡胶密封垫等其他附件	
2	确认所用部件准确无误，并进行清洁处理	
3	组装橡胶胶套和钢质模芯，并定中	见图3-18(a)中1，2
4	按规定称量本体料	
5	投放本体料	见图3-18(b)中3
6	测量加料高度	
7	均匀拍打橡胶胶套，排气，使本体料下沉密实	
8	安放加料套筒，并定中	见图3-18(c)中4
9	按规定称量本体料	
10	投放本体料到套筒内	见图3-18(c)中3
11	轻轻拍打加料套筒，排气，使本体料下沉密实	
12	按规定称量渣线料	
13	定量投放渣线料	见图3-18(d)中5
14	测量加料高度	
15	均匀拍打橡胶胶套，排气，使渣线料下沉密实	
16	用本体料覆盖渣线料	
17	边抽取套筒，边轻轻拍打套筒	见图3-18(d)中4
18	投放剩余的本体料	见图3-18(e)中3
19	均匀拍打橡胶胶套，排气，使本体料下沉密实	见图3-18(e)
20	清洗胶套，进入成型程序	

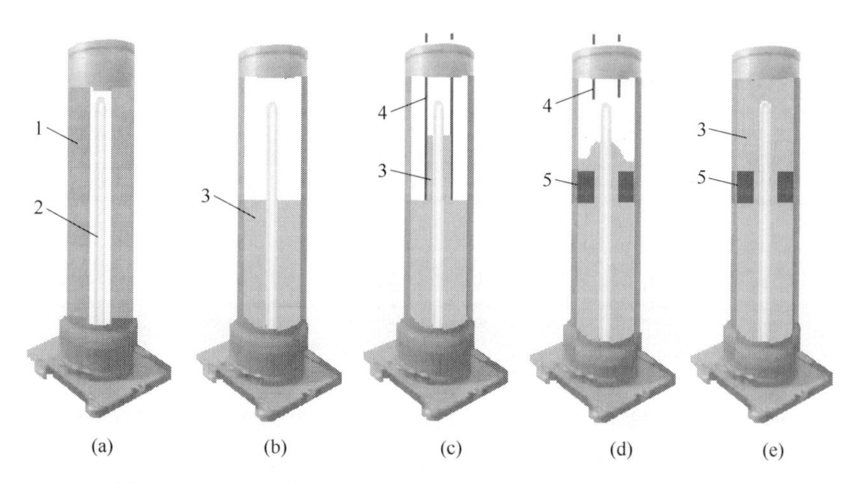

图3-18 铝锆碳质浸入式水口本体与渣线的复合步骤示意图

1—橡胶胶套；2—钢质模芯；3—本体料；4—加料套筒；5—锆碳质渣线料

3.8.4 铝锆碳质浸入式水口内复合的制作步骤

铝锆碳质浸入式水口内复合的制作步骤见表3－11和图3－19。

表3－11 铝锆碳质浸入式水口内复合的制作步骤

加料步骤	操作内容	说明
1	准备橡胶胶套和钢质模芯以及橡胶密封垫等其他附件	
2	确认所用部件准确无误，并进行清洁处理	
3	组装橡胶胶套和钢质模芯，并定中	见图3－19(a) 中1，2
4	安装复合料加料套筒，并定中	见图3－19(b) 中3
5	按规定称量复合料	
6	投放复合料到复合料加料套筒内	见图3－19(b) 中4
7	测量加料高度	
8	轻轻拍打加料套筒，排气，使复合料下沉密实	
9	按规定称量本体料	
10	投放本体料到复合料加料套筒外	见图3－19(b) 中5
11	均匀拍打橡胶胶套，排气，使本体料下沉密实	
12	安放渣线料套筒，并定中	见图3－19(c) 中6
13	按规定称量本体料	
14	投放本体料到渣线料套筒内	见图3－19(c) 中5
15	轻轻拍打加料套筒，排气，使本体料下沉密实	
16	按规定称量渣线料	
17	定量投放渣线料到渣线料套筒外	见图3－19(d) 中7
18	测量加料高度	
19	均匀拍打橡胶胶套，排气，使渣线料下沉密实	
20	边拍打，边缓慢抽取渣线料套筒	见图3－19(d) 中6
21	用本体料覆盖渣线料	见图3－19(e) 中5
22	边抽取复合料加料套筒，边轻轻拍打套筒	见图3－19(e) 中3
23	投放剩余的本体料	见图3－19(f) 中5
24	均匀拍打橡胶胶套，排气，使本体料下沉密实	见图3－19(f)
25	用胶垫密封胶套，清洗橡胶胶套，进入成型程序	

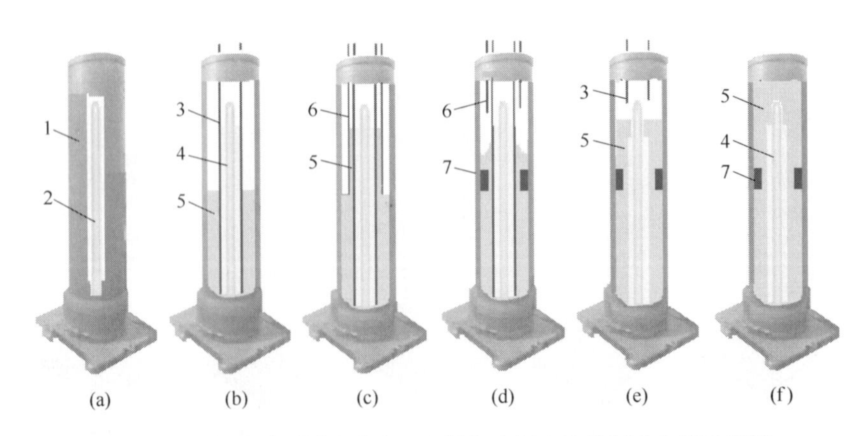

图3－19 铝锆碳质浸入式水口本体与内复合体的复合步骤示意图

1—橡胶胶套；2—钢质模芯；3—第一层加料套筒；4—复合料；
5—本体料；6—第二层加料套筒；7—锆碳质渣线料

3.8.5 薄壁直通型浸入式水口的加料步骤

以前，小方坯连铸均采用定径水口，无塞棒浇注系统进行连铸浇注。为了适应市场需要，目前许多小方坯连铸浇注，改为浸入式水口保护渣浇注。水口一般为直通型，没有侧孔，水口下段浸入钢水部分，水口壁厚较薄，一般厚度为15mm左右。

如果在渣线部位复合锆碳层，则该层厚度太薄，影响水口的使用寿命。因此，水口浸入钢水的部位，即渣线以下整体制作成锆碳质。水口的加料步骤见表3－12和图3－20。

表3－12 薄壁直通型浸入式水口的加料步骤

加料步骤	操作内容	说明
1	准备橡胶胶套和钢质模芯以及橡胶密封垫等其他附件	
2	确认所用部件准确无误，并进行清洁处理	
3	组装橡胶胶套和钢质模芯，并定中	见图3－20(a) 中1，2
5	按规定称量本体料	
6	投放本体料	见图3－20(b) 中3
7	测量加料高度	
8	轻轻拍打橡胶胶套，排气，使本体料下沉密实	
9	按规定称量渣线料	
10	投放渣线料	见图3－20(c) 中4
11	测量加料高度	
12	轻轻拍打橡胶胶套，排气，使本体料和渣线料下沉密实	见图3－20(c) 中3，4
13	用胶垫密封胶套，清洗橡胶胶套	
14	进入成型程序	

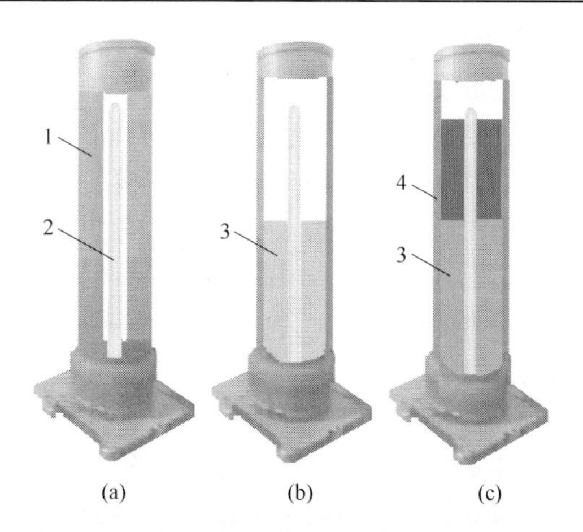

图3－20 直通型浸入式水口的加料步骤示意图

1—橡胶胶套；2—钢质模芯；3—本体料；4—渣线料

3.8.6 水口本体与内复合体的复合加料的原则

水口本体与内复合体复合加料的原则，作者根据操作实践，总结为如下几点：

（1）复合用的套筒的外形要尽可能地圆直，焊接缝要光滑，在保证有足够强度的情况下，套筒的壁厚要尽量薄一些，这样可以减少本体料与复合料在复合套筒抽出时在两者之间留下的间隙。

（2）在抽取套筒时，一定要均匀地用较小力度，边拍打胶套，边缓慢地将套筒垂直向上取出。这样做一方面为了排气，另一方面是为了在抽取套筒时，让本体料和复合料能够很好地填充到套筒留下的间隙中，并紧密地结合在一起。

如果不这样做，而是先拍打胶套，后取出套筒。则由于造粒料在拍打后会失去流动性，若在此时抽取套筒，本体料和复合料不会结合到一起，而留下铁皮套筒产生的间隙。

在实际操作中发现，即使在成型过程中，这个间隙也不会弥合在一起。这是因为间隙中的空气受到的压力，与本体料和复合料受到的压力是相等的，被压缩的气体会形成一道气幕墙。因此，由于气幕的阻隔，本体与内复合体之间是无法结合到一起的。它们之间所产生的间隙，会在烧成后的制品的内部形成一条环状的间隙，间隙的宽度与套筒的壁厚相当。

（3）在任何情况下，不允许内复合料的加料高度超过本体料的加料高度。这是因为在抽取加料套筒时，会把复合料向上带出 10～30mm 的高度，超过预定的加料高度，会覆盖到本体料上。如果不采取补救措施，直接成型后制成的产品到钢厂使用，就有可能在连铸浇注过程中，在该处出现开裂、穿孔或断裂事故，这已被很多的事故教训所证实。

3.9 脱模

毛坯成型完成后，待等静压机泄压完毕，从缸体中吊出胶套组件，然后放置到脱模平台上，脱模过程如下：

（1）将橡胶胶套表面擦拭干净。

（2）打开胶套上口的紧锁件，取出上密封胶垫和上钢垫。

（3）打开胶套下口的紧锁件。

（4）高度小于 1000mm 的胶套，可用人工方式取出胶套；而更高的胶套，应用吊车将胶套与成型后的毛坯分离，否则有可能碰伤毛坯。

（5）对于短小的毛坯，可用人工方式将毛坯从钢质模芯上取出，而对于外形较高的、重量较大的毛坯，则用吊车取出毛坯。因为对于大体量的毛坯，用人工的方式取出毛坯，不可能做到将毛坯从钢质模芯上垂直取出。因此，只能从倾斜的方向取出，而毛坯毕竟不是一个完全刚性的物件，在重力的作用下，会发生肉眼看不见的弯曲，在毛坯内部产生微细的裂纹，会给烧成后的制品留下隐患。

（6）随后将毛坯从钢质模芯上取出，并垂直地放在地面上。

对于细长的产品，如整体塞棒和特钢小方坯连铸用的浸入式水口，脱模后应将毛坯垂直放置在地面或运输车上。最好是插入到钢质模芯杆上，防止毛坯弯曲和倒塌。

有一个事实可以说明，在夏季，将一支弯曲的整体塞棒的弯曲面，朝向地面放置，并插入一张纸片，几小时后，可以发现纸片被压住了，无法再取出。这说明在重力的作用下，如果毛坯放置不当会发生变形，并在毛坯内部产生裂纹留下隐患。

（7）清理黏附在橡胶胶套和取出毛坯后留下的边角料，并收集在一起，按不同的料种分别存放，便于再利用。

3.10 毛坯的干燥

3.10.1 固化后的树脂形态

在毛坯中含有相当数量的酚醛树脂，而酚醛树脂只有在加热后，才能形成交联网状结构，使其失去可溶性而固化之后，才具化学稳定性、热稳定性等优良的性能。因此，为了使成型后的毛坯获得足够的强度，必须对其进行加热处理。

成型后的毛坯，必须垂直立放在平板窑车上，推入干燥窑内进行热处理，俗称毛坯干燥，热处理过程的反应是：毛坯中的“残余挥发分”的排除和树脂硬化，使毛坯坯体获得较高的强度，并有利于毛坯后续的搬运、烧成和加工。

对于单纯的酚醛树脂而言，在200℃下只需30min树脂就固化了，再继续升温到250℃仍然如此，不会软化，说明树脂的固化过程是不可逆转的。固化后的树脂形态如图3－21所示。

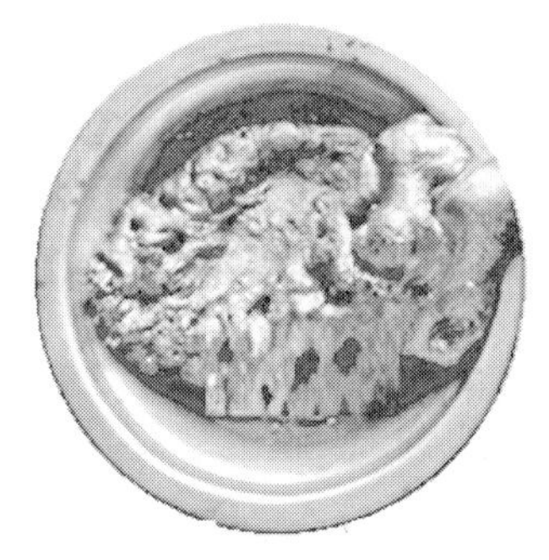

树脂4012

树脂2123

图3－21 固化后的树脂形态

但是，作为连铸“三大件”使用的酚醛树脂，在毛坯的热处理过程中，受到的作用力与单纯的树脂是不同的。毛坯在热处理过程中，如果升温过快，由于树脂的软化，在重力的作用下，毛坯会发生变形，因此，毛坯的热处理时间要相对长一些。

3.10.2 毛坯的干燥制度

毛坯的干燥，可以在专门的干燥房或干燥窑内进行干燥处理，干燥窑的最高温度应控制在300℃左右。对于毛坯的热处理温度，在80～120℃之间时，升温速度要缓慢，升温到160～200℃时，保温时间不少于10小时，让树脂有足够的时间完成缩合反应。毛坯的干燥热处理曲线如图3－22所示。

毛坯的热处理主要经历以下过程：

（1）室温～100℃，排除吸附水；

（2）100～130℃，树脂软化；

（3）130～150℃，树脂排除缩合水；

（4）150～200℃，固化开始，继续排除缩合水和产生的气体；

（5）200℃保温10小时以上，固化反应，排除产生的气体；

（6）200℃降至60℃，消除残留变形。

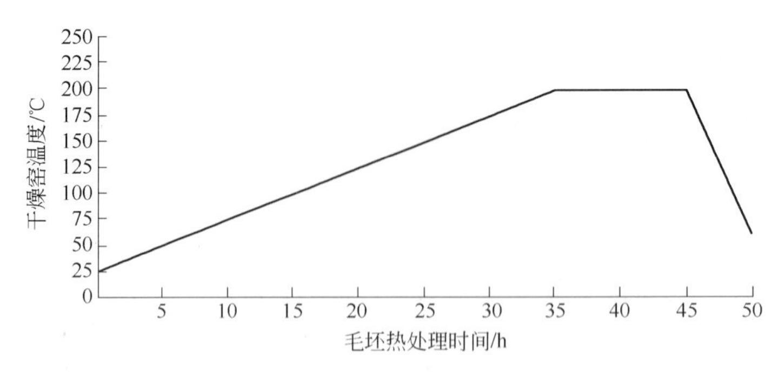

图 3－22　毛坯的干燥热处理曲线

对于体型高大的毛坯，如整体塞棒，以立式内插钢芯进行干燥为好，这样可以避免在干燥热处理过程中，因树脂软化产生弯曲变形。

3.11　毛坯烧成

毛坯的烧成无疑是整个连铸“三大件”生产过程中最重要的一个环节之一。制品的气孔率、密度、强度及其成品率，在很大程度上取决于毛坯烧成的热工制度。

毛坯烧成的目的是：在烧成过程中，使毛坯中的酚醛树脂充分炭化，并形成较完整的炭网络结构，使烧后的物料之间产生牢固的炭结合，最终使毛坯获得较高的强度和良好的体积稳定性。

3.11.1　毛坯中的树脂在烧成中的物理变化

连铸“三大件”产品为铝碳质制品，在制品中形成炭结合的重要物质为酚醛树脂，其加入量一般为6%～13%，加入量较大。因此，在树脂烧成过程中的变化对毛坯的烧成制度有决定性作用。以2123树脂为例，树脂的失重试验是在热重分析炉内进行的，采用氩气保护以测试树脂的挥发性，升温速率为5℃/min，并分别在300℃、400℃、…、1000℃各保温1h。树脂的失重率变化如图3－23所示。

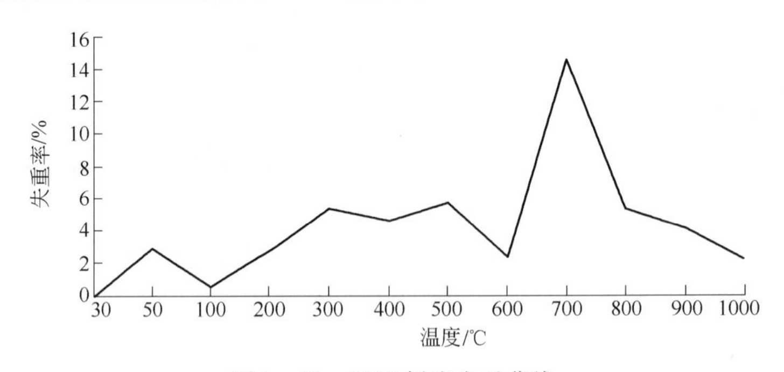

图 3－23　2123树脂失重曲线

由图3－23可见，在50℃、300℃、500℃和700℃有四个失重峰，树脂的失重率分别是2.90%、5.32%、5.84%和14.58%。其中，毛坯在50℃的失重，已在干燥窑中的200℃热处理下完成。当温度升到600℃以后，树脂的失重率急剧增加，到700℃时达到最高点，随着温度的升高，树脂的失重率开始迅速下降，到1000℃失重过程基本结束。

对于烧成制度，作者的观点是：在烧成过程中，树脂加热到800℃已经炭化，到

1000℃炭化基本完成。由此可见，继续升温对树脂的炭化意义不大。因此，由树脂的失重曲线可以确定，毛坯的最高烧成温度可以设定为1000℃。

另外，还可以根据树脂的失重曲线确定，在毛坯的烧成过程中，从室温到500℃升温速度可以快一些；由500℃到700℃，排气量大，升温速度要缓慢；800℃到1000℃升温速度可以加快；到1000℃应保温4~6h，使树脂充分炭化，完善炭结合的网络结构；随后，由于形成的炭结构具有良好的体积稳定性，可以快速冷却，这对制品的性能不会产生不良的影响。

3.11.2 毛坯中的物料和添加剂在烧成中的物理变化

在毛坯中的物料，主要有刚玉类（如白刚玉、亚白刚玉和棕刚玉）、尖晶石类（如铝镁尖晶石、富铝或富镁尖晶石）、氧化锆类（如用钙、镁或钇稳定氧化锆）、锆莫来石和鳞片石墨等。这些材料在1000℃烧成过程中，由于这些物料的化学稳定性较好，不同的物料相互之间基本上不存在反应。

在毛坯中的添加剂，主要有铝粉、硅粉、SiC粉和B_4C粉或其他添加剂。但具体到不同品种的毛坯，所含的添加剂可能是以上添加剂中一种、两种或更多种的组合。

为了观察单个添加剂在加热后的状态，将铝粉、硅粉、SiC粉和B_4C粉，分别在900℃和1100℃下进行加热处理，并分别保温5h和2h，观察加热后的结果，见表3－13和图3－24。

表3－13 添加剂加热处理后的现象和氧化增重

项目	900℃/5h		1100℃/2h		完全氧化理论增重/%
	氧化增重/%	现象描述	氧化增重/%	现象描述	
Si粉	8.67	粉体松散	20.80	粉体松散	114
Al粉	53.31	烧结较弱	55.90	烧结一般	89
SiC粉	0.35	粉体松散	2.20	粉体松散	50
B_4C粉	65.19	液相烧结	66.60	液相烧结	152

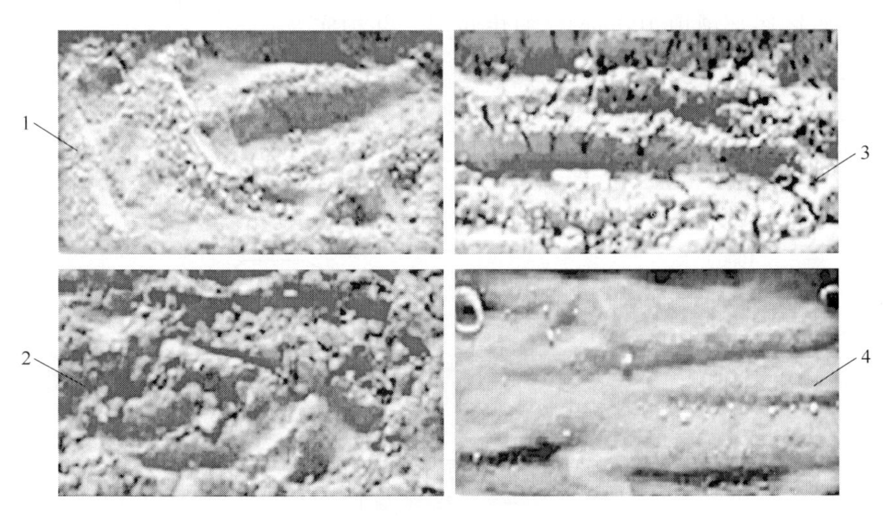

图3－24 添加剂加热处理后的形貌

1—SiC粉；2—硅粉；3—B_4C粉；4—铝粉

从表3－13中可以看到，在连铸“三大件”制品中，常用的几种添加剂，在氧化气氛下加热处理，可以看到铝粉和 B_4C 粉的氧化程度较高，其次是硅粉和SiC粉。但是，对于铝碳质的毛坯，通常采用的是装匣钵埋炭烧成的。

因此，在匣钵内，毛坯中的添加剂与空气中的氧的反应是非常微弱的。但可以预见到，在毛坯的烧成过程中，所用的添加剂基本上还保持原有的粉体状态，只有 B_4C 可能出现了少量的液相，有利于毛坯的烧结，并由此获得较高的强度。

3.12　烧成设备

目前，连铸“三大件”的毛坯所用的烧成设备，主要有梭式窑、钟罩窑、电炉和隧道窑。烧成方式主要是：耐火砖匣钵埋焦炭烧成、耐热铸钢匣钵埋焦炭烧成、营造还原气氛烧成和涂防氧化涂层裸烧烧成。

3.12.1　梭式窑烧成

目前，梭式窑是毛坯烧成的常用设备之一，其容积大小、高度和窑车的数量，取决于产品的品种和生产量。梭式窑结构与隧道窑的烧成带相似，主要由窑室、窑车和烧嘴等部分组成，窑车的数量可以是一辆，也可以是多辆，如图3－25所示。

涂有防氧化生釉涂层的毛坯，可以在窑炉内进行裸烧。但对于未上釉层的毛坯，必须在窑外码放在窑车匣钵内，然后填充焦炭密封，并推进窑室内，关闭窑门，再经烧成、保温和冷却后，将窑车拉出窑室外卸车，取出毛坯。常规烧成曲线如图3－26所示。

图3－25　梭式窑
1—窑体；2—毛坯；3—烧嘴；4—窑车

毛坯装匣钵的要领是：

（1）根据不同毛坯对烧成温度的不同要求，装入匣钵后，分别进入预定的窑内烧成。

（2）在匣钵底部铺填100mm厚的焦炭层，并拍实平整，防止外界空气的吸入。

（3）将毛坯装入匣钵内，在毛坯之间的空隙中填满焦炭粒，并轻轻捣实。

（4）在长水口和浸入式水口的内腔中填充焦炭。

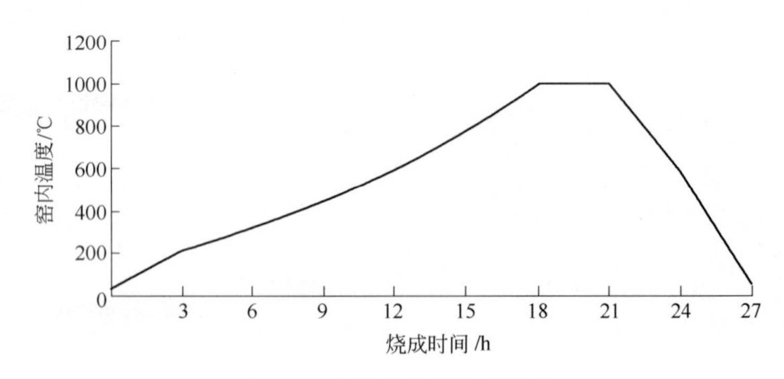

图3－26　梭式窑的烧成曲线

（5）对于较短的毛坯，在匣钵中可以摆放两层或多层，层与层之间应填放约100mm厚的焦炭隔开。

（6）毛坯放置完毕后，在其顶部用约150mm厚的焦炭覆盖，并拍实平整。

（7）最后用耐火砖和火泥封顶。

毛坯的烧成方式可以是在窑车上砌筑一个或两个平行的、用普通耐火材料砖或碳化硅砖砌成的匣钵，埋焦炭烧成；也可以在毛坯上涂防氧化涂层，裸烧烧成。

梭式窑的烧嘴布置，有两种形式：

（1）烧嘴是横向布置，火焰呈水平方向进入砌在窑车上火道中，如图3－27所示。

（2）烧嘴是纵向布置，火焰垂直向上，如图3－28所示，在自然通风的梭式窑中，燃烧烟气由烧嘴出口上升至窑顶，然后由窑顶向下流至窑底，经吸火孔排出。

图3－27 烧嘴是横向布置的梭式窑示意图

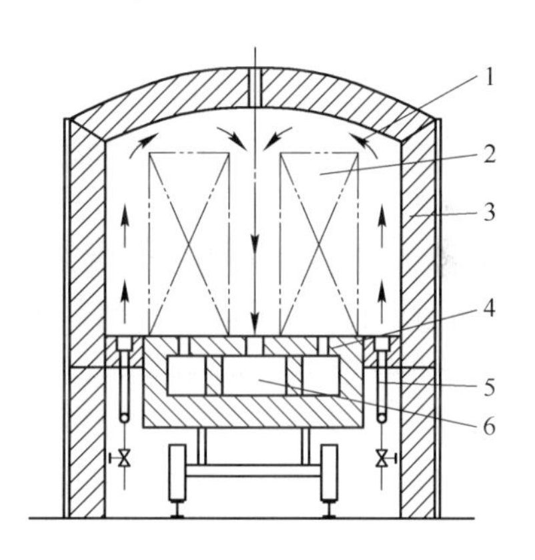

图3－28 梭式窑气流运动示意图

1—气流方向；2—砖砌匣钵；3—窑体；
4—窑车；5—垂直烧嘴；6—废气通道

梭式窑所用燃料主要有液化气、煤气和天然气。

目前使用的梭式窑与20世纪90年代使用的倒焰窑相比，主要优点是：

（1）可以采用电脑自动控温系统管理，以适应不同品种的毛坯烧成。实现窑内动态显示各温度检测点的控制参数值，还可以设定和修改烧成曲线，并可查看任何时间的烧成曲线记录情况。

（2）作者曾亲临倒焰窑装窑，操作人员必须进入昏暗的窑内砌筑匣钵，放置毛坯，填充焦炭，粉尘飞扬，环境恶劣，劳动强度大；毛坯烧成后，还必须进入闷热的窑内出焦，拆匣钵，卸焦炭，取出毛坯，劳动条件之差可想而知。

采用梭式窑后，所有工序都可以在窑外进行，劳动条件和生产效率得到极大改善和提高。

（3）采用轻质耐火砖和耐火纤维作内衬，大幅度降低了窑体蓄热，减少了热损失。

（4）梭式窑毛坯烧成出窑，在窑外已装好的另一辆或一组窑车，可立即推入窑内进行烧制，可以充分利用窑体的余热，缩短了烧成时间，降低了能源消耗。

3.12.2 钟罩窑烧成

目前，在连铸“三大件”毛坯的烧成中，还采用钟罩窑烧成。钟罩窑有两种形式：

（1）升降式，即钟罩部分是固定的，并处于窑车上方，窑车是升降的。这类窑主要用作烧成陶瓷、电子和其他高级产品。

在毛坯装窑前，窑车处于最低位置，装好窑后，窑车上升与钟罩合成一体。毛坯烧成后，窑车下降至地面，并移走出窑。随后，进入另一辆窑车，并重复上述过程。

（2）钟罩式，即窑体部分类似一个大钟罩，钟罩是活动的，可以用吊车移走，而窑床部分是固定的，不能移动，如图3－29所示。

图3－29 钟罩窑床体示意图

1—耐热铸钢匣钵；2—火道；3—床体

这类窑主要由钟罩、火道和床体组成，适合于连铸“三大件”毛坯的烧成，窑床的大小同样取决于制品的生产量和制品的高度，而窑床的数量通常设定为两座，可以轮流使用。

在毛坯烧成前，事先在床体上砌筑耐火砖匣钵，或安放耐热铸钢匣钵，再在匣钵中放置毛坯，随后填充焦炭粒，加盖密封，最后用吊车移动钟罩，落到窑体上，然后开始点火烧窑。待烧成完毕后，当窑温降至300℃以后，将钟罩移动到另一个已准备好的、要烧成的床体上，充分利用钟罩的余热，减少烧成时间，节省能源。

另外，在毛坯外表面可以涂防氧化釉，进行裸烧烧成。钟罩窑采用耐热钢匣钵埋炭烧成，最高烧成温度为950℃，烧成曲线如图3－30所示。

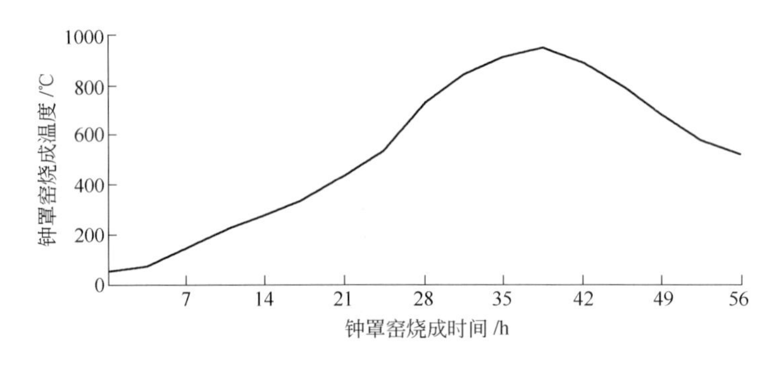

图3－30 钟罩窑烧成曲线

3.12.3 电炉烧成

目前国内的电炉种类繁多，没有专门用于烧成连铸“三大件”制品的电炉，一般需要根据产品的规格定做或从工业用电炉中选取，并对其加以改造才能使用。工业用电炉主要用于金属处理，温度可以达到950～1200℃，直径可以做到ϕ8000mm，高度为3500mm，还有规格更大的电炉，这样大的电炉不宜用作烧成连铸“三大件”制品。

一般电炉的发热体为电阻丝，放置在炉墙的绝缘槽内，裸露在外。如果使用这样的电炉，烧成铝碳质毛坯就不能填充焦炭粒，只能裸烧。由于毛坯在加热过程中，产生烟和水汽的混合物会滴落到电阻丝上，引起短路事故。因此，使用这样的电炉，在生产中有一定的风险。

目前，烧成铝碳质制品，还使用带有耐热钢内衬的电炉，其结构主要由炉盖、炉体、炉墙、电阻丝或碳化硅棒以及耐热钢内衬组成，如图 3－31 所示。实际使用的井式电炉的规格主要有：

（1）井式电炉的外径为 ϕ1500mm，炉壳外径为 ϕ2400mm，炉壳高为 1800mm，不锈钢内套的内径为 ϕ1200mm，外径为 ϕ1212mm。

（2）井式电炉的外径为 ϕ1200mm，炉壳外径为 ϕ2000mm，炉壳高为 1500mm，不锈钢内套的内径为 ϕ1000mm，外径为 ϕ1012mm。

（3）容量为 1000～2000kg。

（4）根据需要，还可以设计非标准的电炉进行制品的烧成。

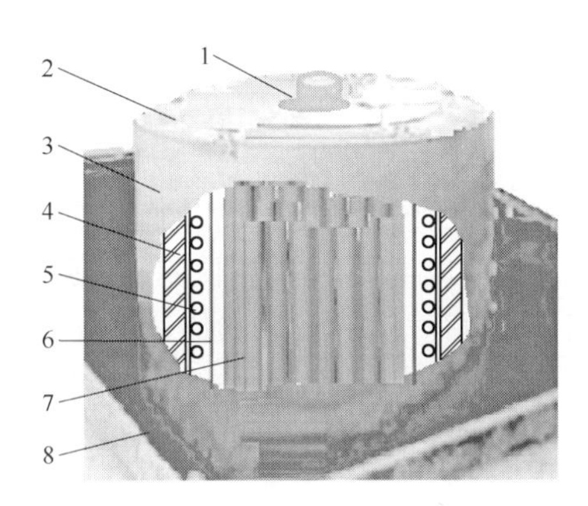

图 3－31 带有耐热钢内衬的电炉示意图

1—炉盖排气口；2—炉盖；3—炉体；4—炉墙；5—电阻丝；6—耐热钢内衬；7—铝碳水口毛坯；8—地坑

井式电炉的升温制度见表 3－14。

表 3－14 井式电炉的升温制度

项　目	室温～200℃	200～500℃	500～1000℃	1000～1100℃	1100℃保温
升温速度/℃ · h^{-1}	10	11	25	25	0
时间/h	18	27	20	4	6～8

为了便于毛坯的放置和吊装，电炉通常放置在地坑中。电炉中的耐热钢内衬相当于耐热钢匣钵，与加热元件电阻丝隔离，使用安全。在毛坯烧成前，事先把毛坯放置在电炉中，对于长度较短的毛坯，可以分为两层码放，最后盖上电炉盖密封，并打开排烟孔。

在烧成过程中，由于酚醛树脂的烧失，产生大量的水汽和烟尘，从炉盖上的排烟口排出，直到炉温上升到 700℃后，烟尘才逐渐减少。此时，应用钢质密封罩将炉盖排气口密封，密封槽采用氧化铝粉密封，并保持炉内正压，阻隔外界空气进入，维持炉内由废气造成的还原气氛，防止毛坯氧化。电炉的实际烧成曲线如图 3－32 所示。

从烧成曲线可见，烧成温度为 1000～1080℃，保温时间约 3h，烧成时间为 75h。但由于电炉的耐火材料炉墙和毛坯的蓄热量大，冷却过程很慢，从 700℃降至 400℃需要 30 小时以上，特别是冷却到 600℃以后，冷却速度十分缓慢，要自然冷却到 200℃以下，则需 100 小时以上的时间。因此，在电炉保温结束后，可立刻停电终止烧成，自然冷却，当炉温冷却到500℃以后，可以打开电炉盖进行冷却，不会引起毛坯表面的氧化。

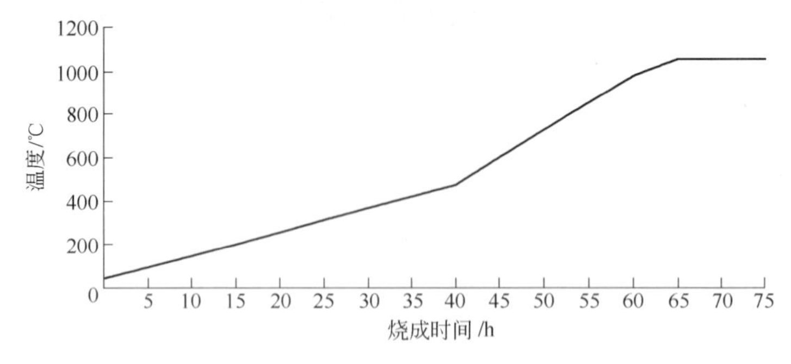

图3－32　电炉实际烧成曲线

对于电炉烧成铝碳质毛坯，还可以在电炉烧成之前，向炉内加入一定量的颗粒尿素（CH_4N_2O），利用尿素在加热条件下会分解为氨气的特性，营造还原气氛。但作者认为如果有条件，电炉更适合在通入氮气的条件下，烧成附加值高的薄壁铝碳质水口。因为在高温下，氮气与毛坯中的硅粉发生反应生成 Si_3N_4，使制品的强度和使用性能得到很大的提高，并可以看到烧后的毛坯，表面有一层灰色的粉体，敲击时会发出清脆的声音。

因此，作者认为，采用电炉作为烧成特殊产品的辅助设备是合适的，而作为大规模烧成毛坯的设备是不可取的。这是因为电炉不可能做得很大，以直径为 ϕ3000mm，高为2200mm 的电炉为例，功率为 110kW，装载塞棒约 100 支，重量约 5000kg。

如果烧成其他产品就不是这样了，其外形不可能像塞棒那样，上下粗细相差不大，而是一头大另一头小，装载密度和重量会下降，生产效率可能会下降。因此，如果电炉的容积做得越大，其功率就越高，这就会涉及工厂变压器的容量和配电系统的改造，会增加电能的消耗，再加上烧成周期长，因此在工厂不适宜用作主要的烧成设备。

如果变压器的功率不能得到充分利用，其功率因数会下降。由于功率因数低，不但降低了供电设备的有效输出，而且加大了供电设备及线路中的损耗，因此这是不可行的。

3.12.4　隧道窑烧成

从 20 世纪 90 年代初开始，就有少数工厂兴建隧道窑，专门用于烧成连铸“三大件”制品。也有一些工厂，使用烧成黏土砖的隧道窑烧成连铸用制品，窑长约 75m，采用耐热钢匣钵或耐火砖匣钵埋炭烧成，如图 3－33（a）和图 3－33（b）所示。

到目前为止，新建的隧道窑更现代化，采用电脑微机操作，可以随时监控各个测温点的温度，并随时查看烧成曲线。

用于烧成连铸“三大件”制品的隧道窑，按烧成温度划分，属于中低温隧道窑，最高烧成温度为 1000～1300℃。隧道窑主要由推车机、窑体、窑车、排烟系统、送冷风系统和抽热风系统组成，沿窑体纵向方向分为预热带、烧成带和冷却带，如图 3－34 所示。

窑车在进窑前，事先用装焦机向匣钵内填充 100mm 厚的焦炭，再放入毛坯，之后再加入焦炭覆盖整个毛坯，并轻轻捣实，最后再填入 150mm 厚的焦炭封顶。如果在匣钵中要装两层毛坯，则两层之间要用 100mm 厚的焦炭隔离开。窑车装好车后，通过推车机按规定时间，一般为 60～180min，从窑头将窑车依次连续推入预热带，再进入烧成带烧成，

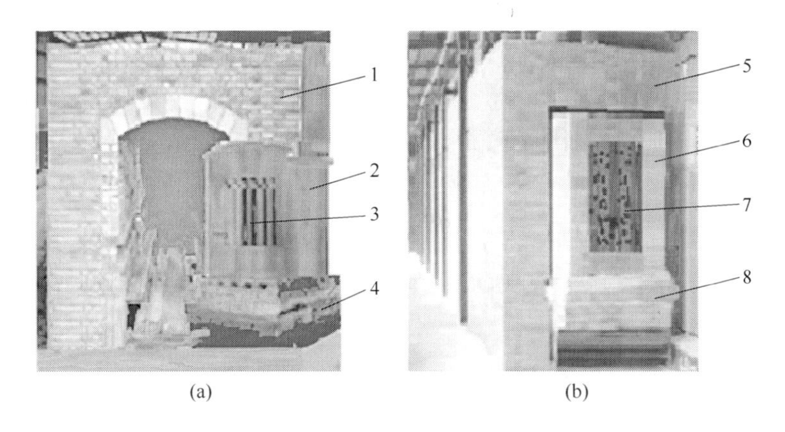

图 3－33 隧道窑示意图

（a）采用耐热钢匣钵的隧道窑；（b）采用耐火砖匣钵的隧道窑

1—窑体；2—耐热钢匣钵；3—毛坯；4—窑车；

5—窑体；6—耐火砖匣钵；7—毛坯；8—窑车

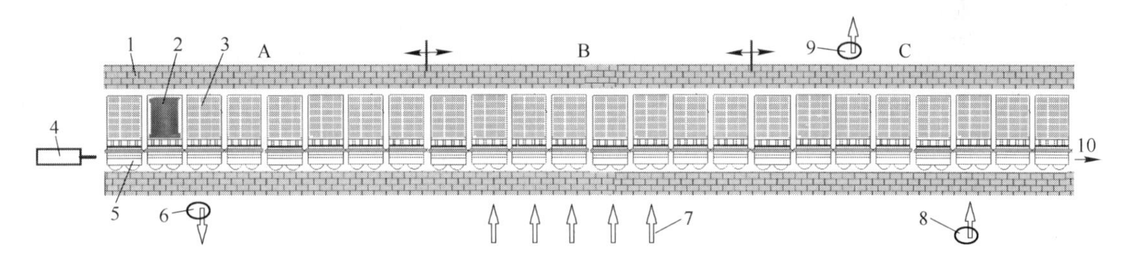

图 3－34 隧道窑系统示意图

A—预热带；B—烧成带；C—冷却带

1—窑体；2—耐热钢匣钵；3—耐火砖匣钵；4—推车机；5—窑车；

6—排烟机；7—烧嘴系统；8—送冷风机；9—抽热风机；10—出窑

最后经过冷却带冷却，从窑尾出窑。

窑车在预热带内，在排烟机的作用下，使烧成带产生的高温烟气流向预热带，使毛坯得到预热，并逐渐加热升温，在此阶段毛坯中的树脂失重发烟并脱除吸附水和结晶水；窑车进入烧成带后，由烧嘴燃烧加热，使毛坯继续升温，直到达到规定的烧成温度和预设的保温时间；然后窑车进入冷却带，在窑出口处用冷风机向窑内吹入冷空气，对窑车进行冷却，经过热交换的热风，由抽热风机抽出另作他用，如干燥毛坯或作为燃料燃烧用热风。最终，经冷却后的窑车推出隧道窑，继续冷却等待制品出窑，整个毛坯的烧成过程就此完成。

隧道窑的烧成曲线，以 24m 长的隧道窑为例，烧成最高温度为 1000～1040℃，每 2 小时推一车，如图 3－35 所示。

关于隧道窑截面的高度，作者的观点与上述谈到的一样，连铸“三大件”制品的长度大部分在 1400mm 以下。如果按照少数较高的制品设计，窑的截面的高度要加高，整个窑体要升高，匣钵的高度也要相应增高，并由此引发窑的建设费用增加、窑内上下温差加大、窑体的空间得不到合理利用、窑体和匣钵的蓄热增加、能源消耗加大等不利因素。

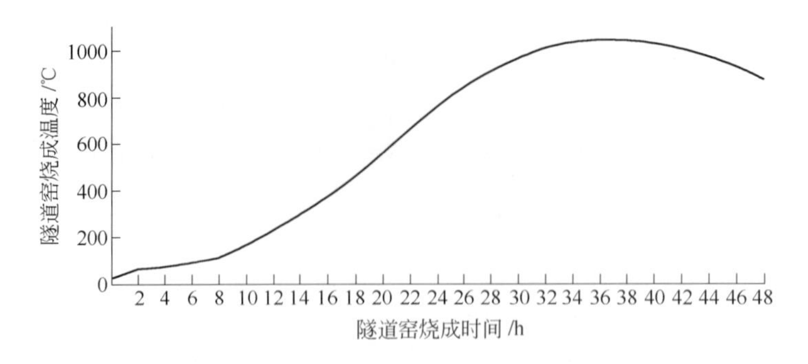

图 3－35 24m 隧道窑的烧成曲线

因此，要根据大多数制品的高度合理设计窑的高度。对于少数较高的制品，配置一定数量的梭式窑来烧成制品，是比较合理的。梭式窑的烧成制度，可以根据不同的制品灵活更改，更适合烧成一些特殊制品，而且在隧道窑出故障停窑时，还可以临时顶替隧道窑进行生产。

在窑内的压力分布，无论是从负压过渡到正压，还是从正压渐变到负压，中间都存在一个“零压”位。“零压”的位移，会影响到烟囱抽力的大小和气氛性质的变化，还会影响到烧成带长度的压缩和延伸。这个问题对于烧成陶瓷产品而言是十分重要的。但对于烧成铝碳制品来说，窑内的气氛就不像烧成陶瓷产品那么严格，只要在烧成带保持微正压，能保证有 4 小时以上的保温时间就行，因为窑的“零压”位置也不是那么容易确定和可控的。

作者认为，虽然窑内的“零压”位置不好控制，但对于隧道窑而言，除了要关注烧成曲线和窑内温度的均匀性外，还要控制好窑内的压力制度。在预热带，在窑左右两边的窑墙下方分布有若干个排烟口，要调整排烟口闸板的开启程度，保持预热带处于微负压状态，这样排烟比较顺畅；在烧成带，尽管毛坯在匣钵中埋炭烧成，但也希望烧成带保持微正压，防止外界空气的吸入，避免燃料在燃烧后有剩余的空气，以稳定窑内的还原气氛；在冷却带，余热抽出口的位置，要离烧成带稍远一些，不要靠得过近，防止抽余热时造成负压，使烧成带的烟气倒流，影响冷却效果，也会影响烧成带后端的气氛。

总之，隧道窑是一种连续烧成铝碳制品的、比较经济和效率较高的窑炉，与其他窑炉相比具有以下一些优点：

（1）生产连续化，生产周期短，产量大。

（2）隧道窑的三个带的温度制度，始终保持在一个较为稳定的范围内，毛坯烧成的质量较稳定。

（3）烧成带燃烧的高温烟气，不仅可以进入预热带加热毛坯，还可以通过换热器得到干净的热空气，可作他用，如干燥毛坯、助燃用空气等；同样，在冷却带，用空气冷却窑车后的热空气，被抽出利用，节省燃料，热能利用好。

（4）装出窑采用装焦机和出焦机，操作简便，避免粉尘飞扬，大大改善了操作人员的劳动条件，并减轻了劳动强度，提高了工作效率。

（5）由于隧道窑是连续生产的，窑内温度变化较小，不受急冷急热的影响，窑体使用寿命长，降低了生产成本。

隧道窑的缺点是：

（1）隧道窑建造所需材料和设备较多，一次性投资较大。

（2）隧道窑是连续生产的，生产技术要求严格，只适合烧成大批量的，烧成制度基本一致的制品。因此，烧成制度改变的灵活性较差，不宜烧成一些特殊要求的制品。

（3）窑车和匣钵易损坏，维修工作量大。

3.13 烧成后的毛坯加工

3.13.1 加工前的准备

烧成后的毛坯要根据用户提供的图纸进行机加工，并经过尺寸、理化指标和无损探伤等检测合格后，才能正式成为产品供钢厂使用。烧成后的毛坯的机加工主要包含外形尺寸、长度切割、钻孔和铣孔，使用的设备主要有普通车床、数控车床、仿形车床、摇臂钻床、平面磨床和切割机等。对于直通型制品，如长水口和小方坯连铸用浸入式水口没有侧孔，主要进行外形加工和出口端的切割，水口实物外形和加工用模具，如图3－36所示。

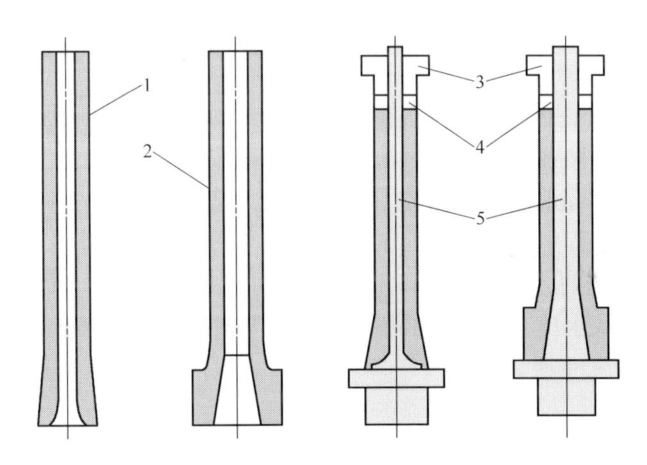

图3－36 水口实物外形和加工模具示意图

1—直通型浸入式水口；2—长水口；3—螺母紧固件；4—硬质垫圈；5—钢质模芯杆

毛坯加工前的准备如下：

（1）毛坯在加工前，必须更换成型用钢质模芯杆，原因是毛坯在等静压缸体中成型减压后会有一定程度的体积膨胀，水口内孔的尺寸发生变化。另一方面，原有的钢质模具也与车床不匹配，不能很好地固定毛坯。

（2）将钢质模芯杆，固定到车床上，如图3－37所示。其要点是，首先将毛坯10、硬质垫圈8和紧固螺母9，依次套入钢质模芯杆2上；然后将组合好的工件水平放置，再把定位段4插入到车床卡盘6的中心孔内，定位段的外径比车床卡盘的中心孔内径略小几十丝，做到紧密配合；然后再调节卡盘6上的三个紧固爪，紧紧卡住模芯杆上的圆盘3；移动车床顶尖7顶入模芯杆上的中心孔1并紧固，最后检查水口是否紧固恰到好处，即既不损伤毛坯尾部，又可防止毛坯在模芯杆上自转，到此车加工的工件便安装完成。

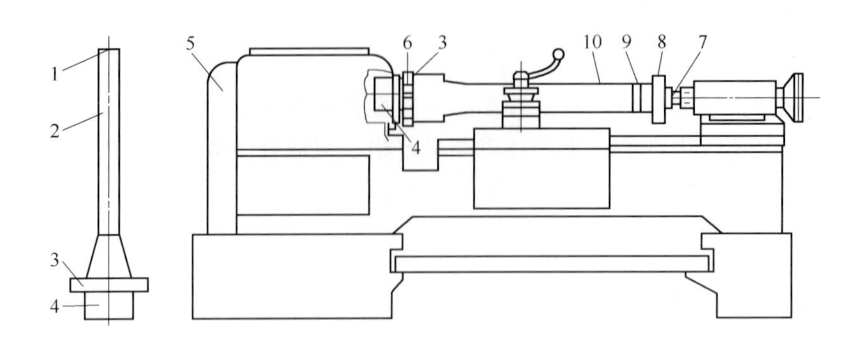

图 3－37 钢质模芯杆的安装示意图

1—中心孔；2—模芯杆；3—圆盘；4—定位段；5—普通车床；6—车床卡盘；7—车床顶尖；8—缓冲垫圈；9—紧固螺母；10—毛坯

3.13.2 毛坯外形的加工

毛坯外形加工的要点是：

（1）在车加工前，应对车床的电源、润滑、传动系统以及车刀进行检查，确认无误后才能操作。

（2）检查加工图纸是否与被加工件的名称、型号和加工要求一致，确认无误后方能加工。毛坯表面有折线交接处，应圆弧过渡，所有尺寸按正公差加工。

（3）严格控制进刀量和车刀的行走速度，控制加工工件的转速不超过500r/min。目的是为了防止在车加工过程中，不良的加工状态会使车刀产生振动伤及毛坯。

（4）对于带有侧孔的，浸入式水口毛坯的外形车加工与长水口毛坯的外形加工基本一致，但不同的是浸入式水口毛坯12的尾部与顶尖7相接触的不是模芯杆，而是带有中心孔的钢垫11，如图3－38所示。

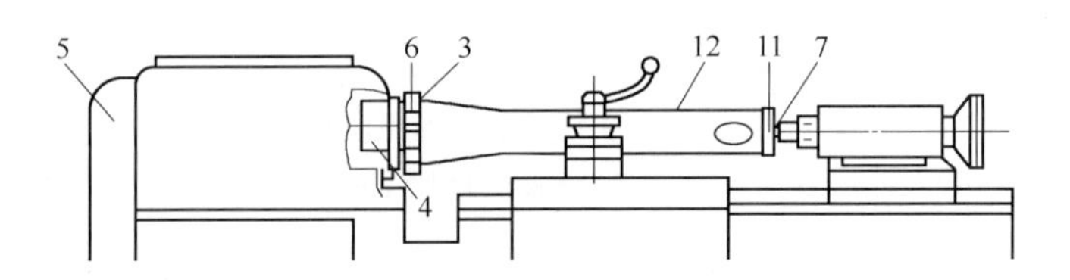

图 3－38 带有侧孔的浸入式水口的车加工示意图

11—带有中心孔的钢垫；12—带有侧孔的浸入式水口毛坯（余见图3－37注）

3.13.3 水口侧孔的加工

浸入式水口和快换水口，在钢水出口端，通常有两个对称的侧孔，也有四个孔的，孔的角度大都为向下15°，角度向上的较少，侧孔的形状从垂直于侧孔断面方向看一般为圆形或长方形，而长方形的四个角均为圆角。

水口侧孔加工的要点是：

（1）对于浸入式水口和快换水口侧孔的加工，只要严格按照操作规程去做，使用普通钻铣床加工的侧孔的精度，完全可以满足钢厂连铸浇注的要求，如图 3－39 所示[2]。

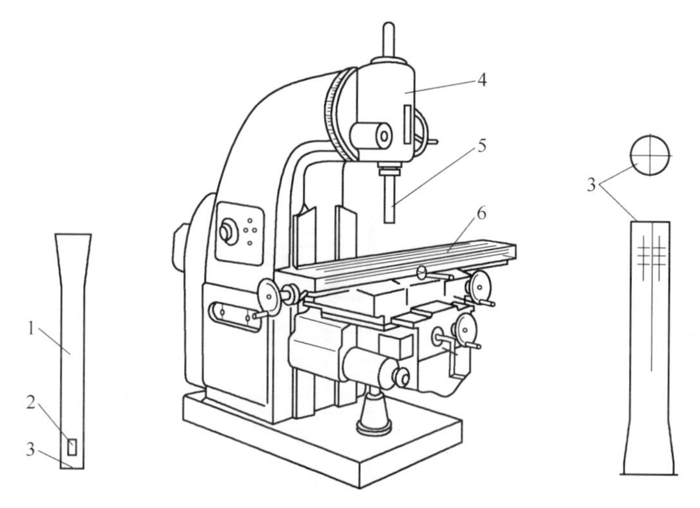

图 3－39 侧孔加工示意图

1—浸入式水口；2—侧孔；3—水口端面；4—普通钻铣床；5—钻头或铣刀；6—工作台

（2）首先将水口外围按图纸要求加工完成，再按长度尺寸切割，要求水口端面 3 平整，并与水口纵向轴线垂直。

（3）在车加工水口的侧孔前，先将水口的碗部放置在划线平台上，即水口的端面 3 向上。另外，将水口水平放置划线也是可以的。

（4）找出端面的圆心，并通过圆心用滑石笔画出一条贯通直线，也就是水口端面的直径。

（5）以直线的两个端点为基准，用直角靠尺沿水口纵向画出两条正反对称的直线。

（6）以端面 3 为基准面，按侧孔离端面的距离尺寸，画出侧孔的第一条基准线。

（7）画出侧孔的中心点。

（8）按照侧孔的尺寸，画出其他三条边，到此划线结束。

（9）如果铣刀是固定的，要使用专用夹具，按照角度要求，将划好线的水口夹稳，并固定在工作平台 6 上；如果铣刀是可以转动角度的，则被加工的工件要水平放置，并固定在工作平台上。

（10）首先用小直径钻头，在水口侧孔的中心点上，钻一个小孔；然后用铣刀 5 从小孔开始，逐渐靠向侧孔划线，直到铣孔完成。

3.13.4 整体塞棒外形的加工

由于整体塞棒比较长，重量大，棒芯较细。如果用普通车床，按照传统的水平安装进行外形加工，存在的问题为：车床的顶针力量有限，在加工外形时，在重力和离心力的作用下，快速转动的塞棒会下垂和向外甩，影响到塞棒加工。

因此，采用立式仿形车床加工塞棒外形，如图 3－40 所示，与普通车床卧式加工塞棒相比，立式仿形车床克服了普通车床找正、固定困难和加工精度差以及对环境设备污染等问题，而且还减轻了操作人员的劳动强度，提高了工作效率。另外，在加工过程中，由于塞棒的摆动减弱，大大降低了车加工对棒头尖的伤害，有利于提高塞棒的使用性能。

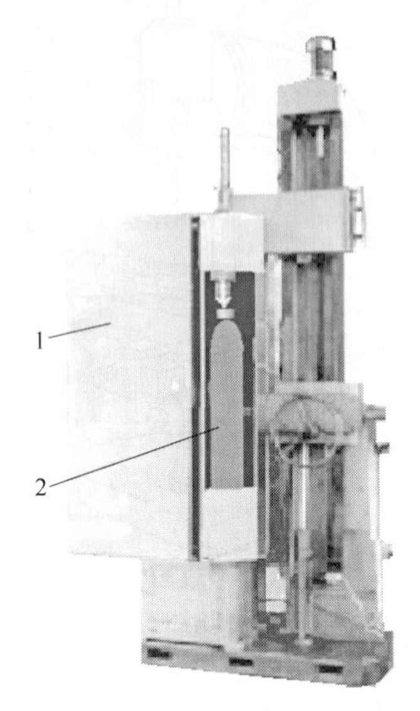

图 3－40 整体塞棒外形加工示意图

1—立式仿形车床；2—整体塞棒

整体塞棒的加工要点是：

（1）整体塞棒在进行外形加工前，按照图纸要求切割掉超长的部分。

（2）更换钢质模芯杆。

（3）将烧成后的塞棒毛坯，插入更换后的钢质模芯杆，并固定在转盘上，再用立式垂直液压夹紧装置压住塞棒，启动仿形走刀机构进行外形加工。

3.14 涂防氧化涂层

烧成加工后的成品，在发往钢厂之前要涂防氧化釉料，工序要点是：

（1）在涂防氧化釉料前，用压缩空气将成品表面吹洗干净，并不许黏附任何油污。

（2）为了更好地使防氧化釉料黏附到成品表面，应将成品加热到 60～80℃。

（3）涂防氧化涂层的方法主要有人工刷、浸渍和用喷枪喷涂。

（4）对于成品的内孔，可以用海绵浸釉涂抹，也可以浸渍。

（5）成品的外表面，可以人工刷釉或喷涂。

（6）防氧化涂层的厚度控制在 0.5～1.0mm 之间。

（7）釉层的干燥温度控制在 80～120℃范围内，干燥时间约 8h。

3.15 成品的理化检测和无损探伤

3.15.1 无损探伤图像

成品在出厂前，必须经过物理化学和无损探伤检验，检验合格后方能成为产品，提供给钢厂使用。连铸“三大件”的无损探伤的部分图像如图 3－41 所示。

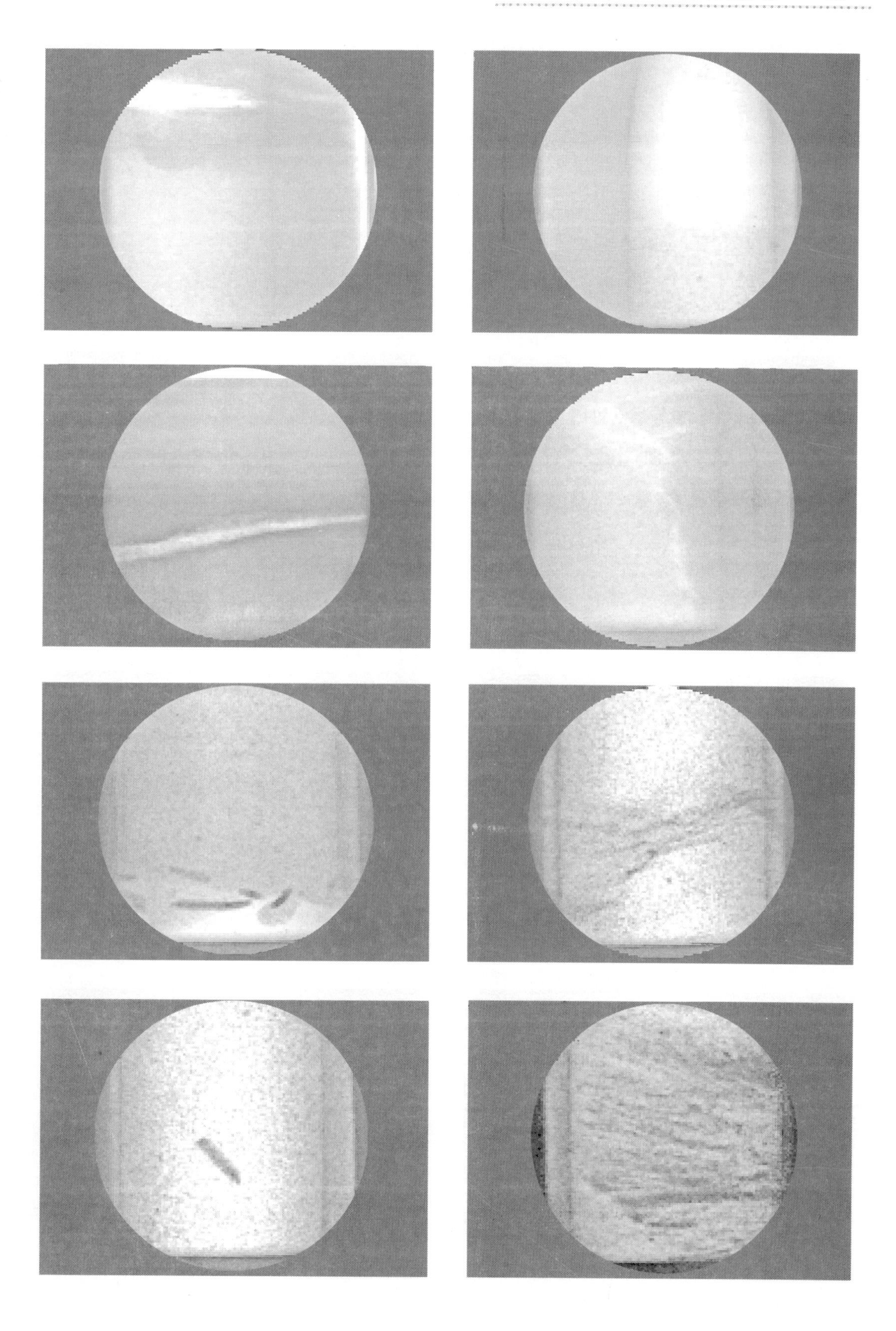

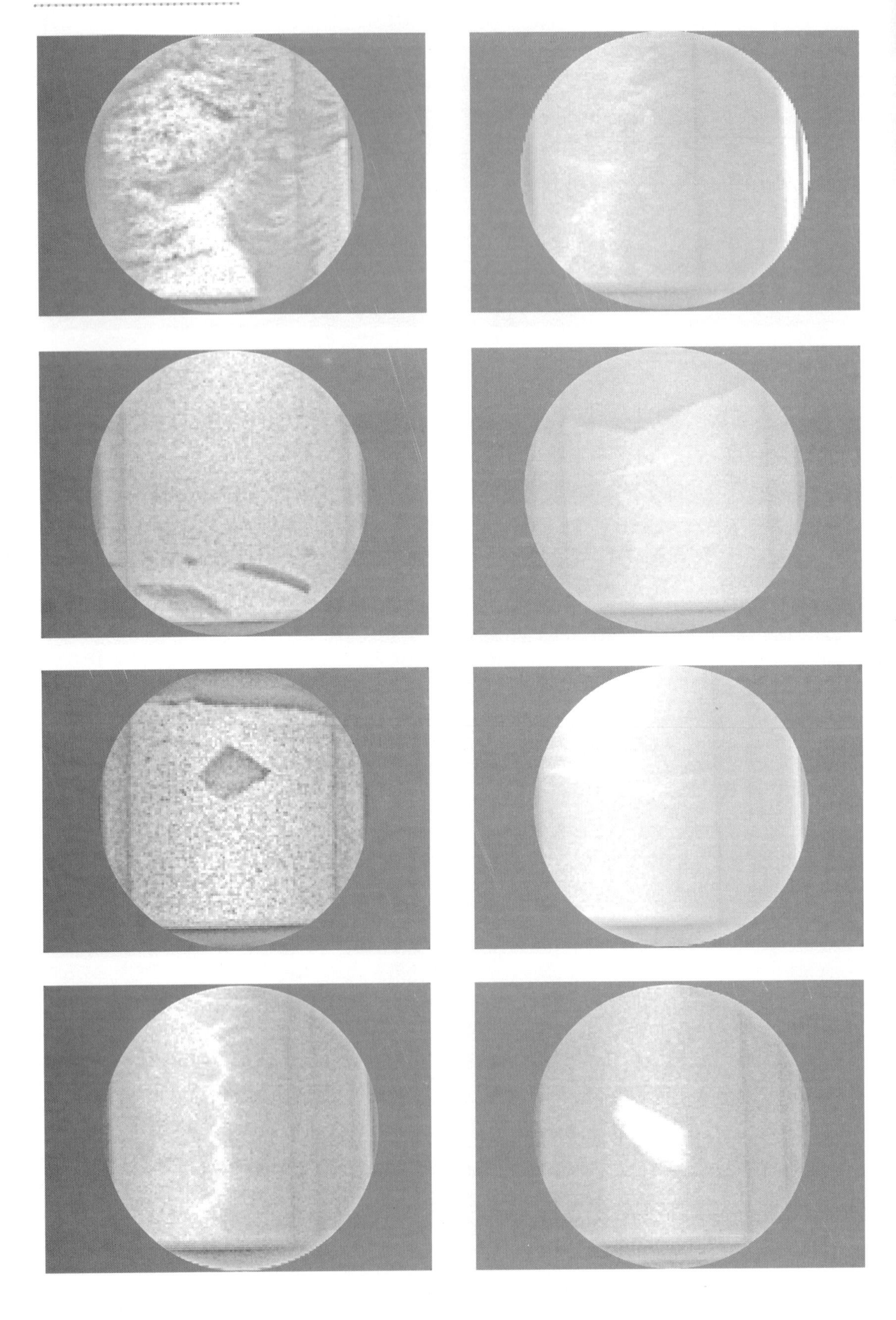

图 3-41 连铸“三大件”的无损探伤图像

产品在出厂前对成品的物理化学检测，主要是为了向用户提供产品的化学成分、密度、显气孔率、耐压和抗折强度，必要时还可以提供高温抗折强度和热稳定性次数。而对成品的无损探伤检测，是通过无损探伤仪，探测成品中可能存在的缺陷，如裂纹、金属夹杂物和物料夹杂等，并将有问题的或可疑度很高的成品剔除，尽可能地保证出厂产品的使用安全性和可靠性。

3.15.2　成品中的缺陷

成品中主要要探测的缺陷有：

（1）无处不在的裂纹；

（2）两种不同的物料相接之间的裂纹，如棒头料与棒身料相接；

（3）两种不同的物料与过渡料之间的裂纹；

（4）两种不同的物料互相混杂在一起，如渣线料和本体料混合在一起；

（5）在单一的物料中，夹杂少量的其他异物；

（6）可能存在的空洞；

（7）确定从成品外表看不到渣线位置的位置；

（8）其他。

在无损探伤的图像中：

（1）裂纹表现为一条或几条亮线。

（2）渣线料在图像中显示为黑色，其他料为白色。但要注意的是，不仅仅是渣线料与本体料会出现这样的现象，只要有两种不同密度的物料在一起，无损探伤的图像就会呈现颜色深浅的界面，密度大的颜色较深，密度小的色浅，以示区分。

（3）在渣线料中混有本体料，则图像显示为在黑色区域中有白色的亮带；反之，在白色的亮区出现黑色的条带。

（4）如果混入异物，在图像中显示为斑块形。

（5）如果存在空洞，则显示为白色斑点形。

作者观察到，在现实的操作中，无损探伤探测到的以上情况，并不都一定反映出成品有某种缺陷存在，如出现亮线，不一定有裂纹存在。但是，在物料中混有其他的物料或异物，是可以确认的。但不管怎样说，无损探伤对成品缺陷的检出率还是很高的。为了确保产品的使用安全性，对于探测结果存疑度较大的成品，必须弃之销毁。

3.16　生产过程的质量管理

为了保证连铸“三大件”的产品的质量，就必须对产品的生产全过程进行严格的监控和检测。生产过程的质量管理要点见表 3－15。

表 3－15　生产过程的质量管理要点

监控项目	管　理　要　点
购进原料	1. 采购的所有原料要检测化学成分，用标准筛进行粒度分析。 2. 测定熔融石英的方石英含量、电熔氧化锆的钙含量和稳定度、α－氧化铝的转化率、D_{50}值和比表面积以及石墨的固定碳含量。 3. 添加剂的主成分和细度。

续表 3－15

监控项目	管 理 要 点
购进原料	4. 树脂的软化点，残碳量和水分。 5. 测定防氧化釉料的比重。 6. 做好记录。
配料系统	1. 根据配方中不同物料的称重，配置称量范围适当的衡器，如台秤或磅秤。 2. 设置标准衡器，定期校对使用后的衡器的精确度。 3. 不同配方的配料，要分区堆放，标识明确。 4. 记录环境的温度和湿度。 5. 做好记录。
造粒系统	1. 严格部分用料的预混合和进入混碾机的加料顺序。 2. 控制混碾机在不同的加料段的转子速度和混炼时间。 3. 在加入树脂和酒精的混合溶液时，要考虑到黏附在容器上的残余量。 4. 对于毛坯本体料和锆碳渣线料的混碾，最佳条件是分别用两台混碾机完成。 5. 测定环境的温度和湿度，测定造粒料出料温度、堆积密度和“水分”。 6. 做好记录。
干燥和筛分系统	1. 严格控制造粒料进入干燥器的物流量。 2. 严格控制干燥温度和干燥时间，定期校验热电偶。 3. 定时取样，测定干燥后的造粒料的粒度、堆积密度和“水分”。 4. 如发现造粒料的“水分”不合格，应及时调整回转干燥窑或沸腾干燥床的有关参数，如进料量、回转转速和工作温度等。 5. 定期检查和更换筛网。 6. 做好记录。
毛坯成型系统	1. 设定最高成型压力、保压时间和泄压时间。 2. 严格复合体成型的加料顺序和定量加入不同的造粒料。 3. 严格检查胶套和钢质模芯的外观和尺寸。 4. 观察和测量毛坯的尺寸、称重和确认渣线的位置。 5. 记录所用造粒料的堆积密度和“水分”。 6. 做好记录。
毛坯干燥系统	1. 严格控制干燥窑的进出口温度和干燥时间。 2. 对于高大毛坯，如整体塞棒，必须垂直放置或插入固定的钢质棒芯中，防止弯曲。 3. 随机抽查毛坯，测定毛坯干燥前后的尺寸、重量和“水分”。 4. 做好记录。
毛坯烧成系统	1. 严格按照烧成制度进行烧成。 2. 密切关注窑内压力变化。 3. 定期校验和更换热电偶。 4. 做好毛坯装出窑车的记录。
烧后毛坯加工系统	1. 长水口：逐支检查成品的外形尺寸和吹氩装置及通气状况。 2. 直通型浸入式水口：逐支检查成品的外形尺寸、渣线位置和尺寸。 3. 带侧孔的浸入式水口：逐支检查成品的外形尺寸、渣线位置和尺寸、侧孔位置和孔形尺寸及壁厚。 4. 带有内复合体的水口：除常规检查外，重点检查内复合体的位置和有无裂纹。 5. 快换上水口：逐支检查成品的外形尺寸和吹氩孔位置及通气状况。 6. 快换浸入式水口：检查滑动面的平整度、尺寸和有无异常情况。 7. 整体塞棒：逐支检查成品的外形尺寸和内置连接螺母的位置以及棒头的外形和棒尖半径的尺寸。
产品检查系统	1. 采用抽查的方式，用无损探伤机检查产品内部可能存在的缺陷。 2. 采用抽查的方式，检查产品的物理化学指标。 3. 逐支检查浸入式水口的外纤维保温层的位置和厚度。 4. 逐支检查成品的防氧化涂层的状况。 5. 逐箱检查包装状况。 6. 做好记录。

3.17　生产用术语

在连铸“三大件”的生产过程中，为了便于技术管理，有必要就有关技术用语进行规范化，见表3－16。

表3－16　术语规范用语

序号	术语名称	说　明
1	原　料	凡是用于生产连铸“三大件”毛坯的物料和矿物及其衍生品，均称为原料。
2	主　料	在配料中加入量大于10%的原料，称为主料，如刚玉、石墨等。
3	辅　料	在配料中加入量小于10%的原料，称为辅料。
4	结合剂	在混碾中起结合作用的原料，称为结合剂，如液体状和粉状的酚醛树脂等。
5	溶　剂	调节树脂黏度和流动性的液体，称为溶剂，如工业酒精、糠醛和乙二醇等。
6	添加剂	在配料中加入量较小的，对制品性能影响较大的原料，称为添加剂，如Si、B_4C等。
7	预混合料	配料在未进入混碾机之前，事先混合好的部分原料，称为预混合料。
8	造粒料	经混碾机混炼后的料，称为造粒料。
9	成型用料	经干燥和筛分后的造粒料，称为成型用料。
10	毛　坯	成型后未经加工的原始粗坯，称为毛坯。
11	毛坯精坯	毛坯按制品图纸实际尺寸加工后的坯体，称为毛坯精坯，烧成后不再车加工。
12	半成品	毛坯精坯和按制品放尺后加工的毛坯，称为半成品。
13	成　品	烧成后的毛坯精坯和按制品图纸实际尺寸车加工的烧后毛坯，称为成品。
14	制　品	经检验合格的未发货的产品，称为制品。
15	产　品	经无损探伤检验合格的，包装发货的制品，称为产品。
16	产品指标	从产品或制品上取样，经物理化学或其他设备检测后得到的数据。
17	监控试样	使用生产线上的造粒料，再用实验室小模具制作的试样，称为监控试样。
18	监控指标	使用监控试样，经正常烧成后，检测得到的数据。
19	试验小样	使用实验室制小型混碾机制得的造粒料，再用小模具制作的试样，称为试验小样。
20	小样指标	使用试验小样，经电炉或生产用窑炉烧成，检测得到的数据，称为试验小样的指标。
21	小样用料	用实验室小混碾机，制得的造粒料，称为试验小样用料。
22	小样水分	在规定的条件下，检测得到的小样的残余挥发分，称为小样的水分。
23	试样水分	在规定的条件下，检测得到的试样的残余挥发分，称为试样的水分。
24	大样指标	从毛坯上取样，经正常烧成后，检测得到的数据。
25	釉　料	市售的和自配制的防氧化涂料，称为釉料。
26	滴　釉	防氧化涂层在烧后的成品上，形成的滴状物，称为滴釉。
27	挂　釉	防氧化涂层在烧后的成品上，形成的条状物，称为挂釉。
28	干　釉	防氧化涂层在烧后的成品上，形成的疤状的或成片的氧化区域，称为干釉。
29	车削熟料	从烧后的毛坯上，经车削和铣孔加工得到的物料，称为车削熟料。
30	车削生料	从未烧的毛坯上，经车削和铣孔加工得到的物料，称为车削生料。
31	回收熟料	从烧后的整支毛坯废品，或断裂的或切割剩余的部分，经破碎筛分得到的物料。
32	回收生料	从未烧的整支毛坯废品，或断裂的或切割剩余的部分，经破碎筛分得到的物料。
33	水　分	在规定的条件下，检测得到的造粒料或毛坯的残余挥发分，称为水分。
34	堆积密度	造粒料或原料，从固定高度自由落入定容杯中，并刮平，所得到的重量与容积比值。
35	直接复合	使用一层或两层套筒，加入不同的原料与水口本体成型在一起，称为直接复合成型。
36	二次复合	将事先成型好的内复合体与水口本体成型在一起，称为二次复合成型。

3.18 检测方法

3.18.1 水分检测

在连铸“三大件”的生产过程中，造粒料的水分是一个十分重要的工艺参数，直接影响到造粒料的成型性能。因此，必须测定造粒料的水分，而测水分实质上是在检测造粒料的残余挥发分。但是，到目前为止，还没有一个统一的检测方法。在不同的工厂，有各自的检测方法，有的使用干燥箱在110℃下烘干的方法测定水分；有的采用自动快速水分测定仪测定水分。因测定方法不同，故各自测得的数据，没有可比性和参考性。

在本书中提到的所谓的造粒料水分，是在自动恒温烘箱中，在110±5℃下，烘60min后测定的水分值。检测条件为：从装造粒料的密封袋或铁桶中，按不同的位置取三份样品，每份不少于100g，用电子天平称量后进行水分测定。造粒料的最终水分值，以三份样品的水分平均值为准。

计算式为：

$$W = [(W_1 - W_2)/W_1] \times 100\%$$

式中 W——水分,%；

W_1——烘前重量，g；

W_2——烘后重量，g。

3.18.2 堆积密度测定

在连铸“三大件”的生产中，另一个重要的参数是造粒料的堆积密度。该参数与毛坯的压缩比、制品的密度和性能有密切关系。造粒料的堆积密度，可以按照JB/T 7984.2—1999标准所规定的方法测定，也可以参照该标准，自行设计测定装置测定，如图3-42所示。

堆积密度测定仪的使用方法是，首先从储料袋中随机取三份造粒料，再将造粒料分次倒入漏斗2内，打开阀门3，造粒料从漏斗出口，并在一定高度自由落下，充满测量杯4，再将冒尖的造粒料，沿测量杯口边缘刮平到溢料盘5；最后测定自然堆积状态下测量杯内单位体积造粒料的重量，即造粒料堆积密度。造粒料的堆积密度，以三次测定的平均值为准。

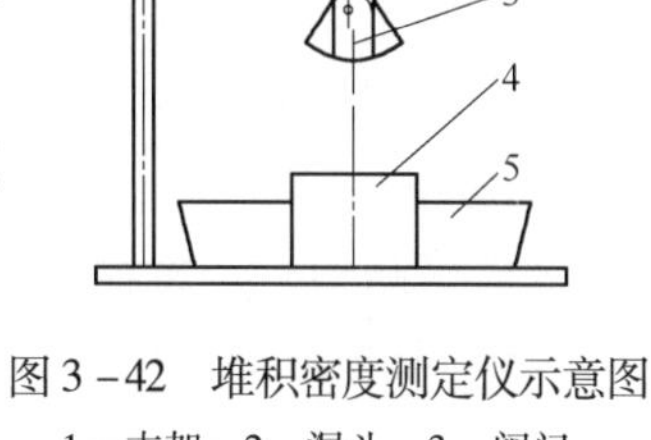

图3-42 堆积密度测定仪示意图
1—支架；2—漏斗；3—阀门；4—测量杯；5—溢料盘

计算式为：

$$\rho_{ap} = m_1/V$$

式中 ρ_{ap}——堆积密度，g/cm^3；

m_1——测量杯中的造粒料重量，g；

V——测量杯的容积，cm^3。

3.19 废料的来源

在连铸“三大件”的生产过程中，从配方配料进入混碾机开始，直到成为制品的全过程中，都会产生所谓的“废料”，而废料的主要来源有：

（1）造粒工序产生的废料。

1）在清扫和定期检修混碾机和螺旋给料器时，搜集到的造粒料。

2）收尘器中的粉尘料。

（2）造粒料干燥工序和筛分工序产生的废料。

1）在清扫和定期检修干燥窑时，得到的残剩的造粒料。

2）筛分过程中收尘器中的粉尘料。

（3）成型工序产生的废料。

1）在向胶套内加料时，洒落在地面上的造粒料。

2）毛坯经等静压成型后，出缸脱模的毛坯出现开裂、断裂和缺角掉边严重造成的废品。

3）毛坯因摆放和运输不到位，造成倒塌和碰撞产生的废品。

4）毛坯成型后，在胶套内留下的飞边料。

（4）毛坯干燥工序产生的废料。

1）毛坯在装出窑车和搬运过程中产生的废品。

2）由于干燥不当造成毛坯弯曲或开裂造成的废品。

（5）烧成工序产生的废料。

1）毛坯在装出匣钵的过程中，在吊入、吊出和搬运中产生的废品。

2）在烧成过程中，因各种因素造成的废品，如弯曲和开裂等。

3）因砖砌匣钵在烧成中倒塌产生的废品。

4）因匣钵密封不严，造成烧后的毛坯局部氧化严重产生的废品。

（6）车加工工序产生的废料。

1）所有品种的毛坯的外形加工产生的车削料。

2）所有品种的毛坯的钻孔和铣孔落下的料屑。

3）在切割毛坯时，掉下的毛坯碎块。

4）人为因素造成的废品，如毛坯摆放、搬运、碰撞和切割尺寸不符等。

（7）无损探伤工序产生的废料。

1）经无损探伤确认有裂纹的制品，作为废品处理。

2）在制品内部发现有明显的、面积较大的或条状的明暗区域，经检查能确认加错料的判为废品。

3）探测到有金属物的，如铁丝、铁钉、螺丝和螺帽等造成的废品。

（8）其他方面产生的废料，即由于自然条件和不明原因造成的废品。

3.20 废料的回收利用

3.20.1 废料回收利用原则

连铸“三大件”废料回收利用的部位如图 3－43 所示。在图中所标注的部位，如上段本体 2 和下段本体 5 的材质，有可能是一致的，也可能是不同的，要分别对待。

在浸入式水口本体材质相同的情况下，内复合层 3 的材质可以是多种多样的，其侧孔可以有内复合层，也可以没有内复合层，这也要区分对待。

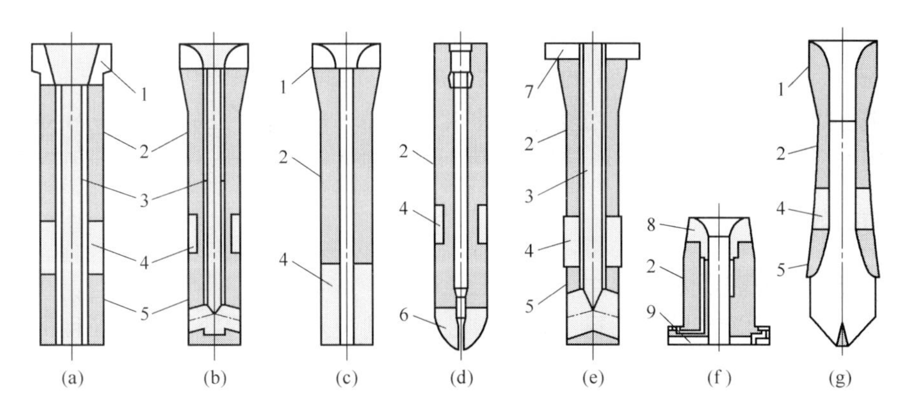

图3-43 废料回收利用的部位示意图
(a) 长水口；(b) 带侧孔的浸入式水口；(c) 直通孔浸入式水口；(d) 整体塞棒；
(e) 快换下水口；(f) 吹氩上水口；(g) 薄板坯浸入式水口
1—碗部；2—上段本体；3—内复合层；4—渣线；5—下段本体；
6—塞棒棒头；7—上滑动面；8—透气层；9—下滑动面

而渣线4的材质可以是含锆的，也可以是不含锆的，即使是含锆，其中的锆含量也可以是不同的。

总而言之，废料的情况是繁杂的，即使是同一种制品，也可能因用户不同，材质就可能会有差异。因此，在处理不同品种的废品时，要严格按品种、部位和材质区分处理，分别装袋存放并标明类别和处理日期。

3.20.2 废料具体回收利用

废料具体回收利用的方法为：

(1) 长水口、浸入式水口和快换水口毛坯的车削料，主要分为：水口上段料，即水口碗口至渣线处的车削料；渣线段车削料和渣线段以下部分，即浸入钢水段的车削料。

(2) 整体塞棒的毛坯的车削料与长水口等毛坯的车削料部分相同，但多一个棒头车削料。

(3) 对于同一个品种的毛坯，从不同部位得到的车削料，视工厂工艺要求，也可以把所有的车削料混装在一起使用。

(4) 如果车削料是新鲜的，即从正在生产的、未经烧成的毛坯上得到的车削料，经筛分合格后，可以直接加入到配料中使用，其加入量不宜超过10%。如果是陈旧的车削料，则应筛分均化，再加入适量的结合剂调整车削料的“水分”，使其与造粒料的“水分”相当，其使用量也不应大于10%。

(5) 如果是烧成后的毛坯的车削料，应积存到一定数量后，经筛分均化后，作为原料适量加入到配料中使用。

(6) 从钢厂退回的产品，其表面有防氧化涂层，在回收利用前要将涂层车削掉并将涂层收集后弃置，不能使用。

(7) 烧成前和烧成后的毛坯废品或块状物，应按品种和部位分别破碎、筛分和均化，并装袋备用。

(8) 从除尘器搜集到的粉尘料，由于除尘器并不是经常清理的。因此，在粉尘中含有不同品种的、各种各样的物料，杂质较多，可以弃置。在混碾机加料系统中，加料完毕后收集到的粉尘，多半含有密度较小的添加剂，应及时返回到混碾机中使用。

（9）特别要说明的是，带有内复合层的水口废品，由于复合层只有3～5mm，很难进行剥离，因此破碎后只能作混合料使用。

3.20.3 废料的储存

废料的储存环节需要注意：

（1）不同品种的毛坯的车削料，收集后必须分别装入密封的容器内。并且都要标明毛坯名称、车削日期、车削部位。并且要注明是烧前料还是烧后料，如果是烧前料，还应标明毛坯的残余挥发分，即所谓的“水分”，并分别存放在不同的地方，以示区别。

（2）以产品和毛坯形式出现的整支的或块状的废品，在未车加工前，应按品种分格堆放，并挂牌明示。

3.21 生产过程中的质量监测制度

为了保证工厂生产的连铸“三大件”产品能满足钢厂洁净钢连铸生产的需要，对于连铸耐火材料生产厂，必须得到生产许可的认证，并且还要建立一套完整产品质量管理体系并进行实时的监测管理。

生产过程中的质量监测内容见表3－17。

表3－17 生产过程中的质量监测

<table>
<tr><th>名　称</th><th>监测内容</th><th>检测项目</th><th>检测标准</th><th>检测次数</th><th>记录形式</th><th>检测人员</th><th>异常处理</th></tr>
<tr><td rowspan="3">进厂原料</td><td>所有原料</td><td>粒度成分</td><td rowspan="3">企业标准</td><td rowspan="3">每次进料</td><td rowspan="3">表格形式</td><td rowspan="3">质检人员</td><td rowspan="3">退货处理</td></tr>
<tr><td>粉状树脂</td><td>软化起点</td></tr>
<tr><td>液体树脂</td><td>黏　　度</td></tr>
<tr><td>配料称量</td><td>品名重量</td><td>准确计量</td><td>企业自定</td><td>每次配料</td><td>表格形式</td><td>操作人员</td><td>复查重称</td></tr>
<tr><td rowspan="8">混碾造粒</td><td rowspan="8">混碾过程</td><td>环境温度</td><td rowspan="2">实测</td><td rowspan="2">每天</td><td rowspan="8">表格形式</td><td rowspan="5">操作人员</td><td rowspan="8">备案处理</td></tr>
<tr><td>环境湿度</td></tr>
<tr><td>加料重量</td><td rowspan="6">企业自定</td><td rowspan="6">每盘泥料</td></tr>
<tr><td>混碾时间</td></tr>
<tr><td>出料温度</td></tr>
<tr><td>堆积密度</td><td rowspan="3">质检人员</td></tr>
<tr><td>造粒水分</td></tr>
<tr><td>造粒粒度</td></tr>
<tr><td rowspan="3">造粒料
干燥</td><td rowspan="3">干燥过程</td><td>进口温度</td><td rowspan="3">企业自定</td><td rowspan="3">每个批次</td><td rowspan="3">表格形式</td><td rowspan="3">操作人员</td><td rowspan="3">调整温度</td></tr>
<tr><td>出口温度</td></tr>
<tr><td>干燥时间</td></tr>
<tr><td rowspan="3">造粒料
筛　分</td><td rowspan="3">筛分过程</td><td>造粒粒度</td><td rowspan="3">企业自定</td><td rowspan="3">每个批次</td><td rowspan="3">表格形式</td><td rowspan="3">质检人员</td><td>检查筛网</td></tr>
<tr><td>堆积密度</td><td>重测</td></tr>
<tr><td>造粒水分</td><td>备案处理</td></tr>
</table>

续表3－17

名　称	监测内容	检测项目	检测标准	检测次数	记录形式	检测人员	异常处理
造粒料储存	储存期间	环境温度	企业自定	每天实测 每个批次	表格形式	质检人员	重测 备案处理
		环境湿度					
		造粒粒度					
		堆积密度					
		造粒水分					
	使用期间	环境温度	企业自定	每天实测 每个批次	表格形式	质检人员	重测 备案处理
		环境湿度					
		造粒粒度					
		堆积密度					
		造粒水分					
毛坯成型	成型系统	最高压力	企业自定	每次成型 每个品种	自动记录 表格形式	操作人员 质检人员	检查设备 备案处理
		升压时间					
		保压时间					
		泄压时间					
		泥料粒度					
		堆积密度					
		泥料水分					
		毛坯单重	实测	全部配件 特定品种 每天	表格形式	质检人员	更换配件 报废
		胶套尺寸					
		模芯尺寸					
		毛坯尺寸					
		渣线位置					
		环境温度					
		环境湿度					
毛坯干燥	干燥系统	干燥温度	企业自定 批量抽检	每个批次	表格形式	操作人员	严重变形 报废处理
		进口温度					
		出口温度					
		干燥时间					
		毛坯外形					
		干前重量					
		干后重量					
毛坯烧成	烧成系统	烧成温度	企业自定	自动记录 每台	表格形式	操作人员	窑车倒塌 停窑处理
		推车制度					
		推车台数					
		每台品种					

续表 3-17

名　称	监测内容	检测项目	检测标准	检测次数	记录形式	检测人员	异常处理
烧后加工	车铣磨切	外形尺寸	企业自定	每支	表格形式	操作人员	尺寸偏差严重不符报废处理
		内孔尺寸					
		侧孔尺寸					
		侧孔角度					
		滑面精度					
防氧化釉	球磨喷釉	原料用量	企业自定	每罐	表格形式	操作人员	重新调整
		加入水量					
		球磨时间					
		釉料密度					

参 考 文 献

[1] 尹高，曹旗．连铸“三大件”生产线专用设备的研制与应用 [J]．耐火材料，2000，34 (1)：51~53.

[2] 罗丽萍，张如华．常用机械加工设备图册 [A]．南昌大学工程训练中心，2006.

4 产品设计

4.1 长水口配方的设计依据

根据黑色冶金行业 YB/T 007—2003 标准，铝碳质长水口按 Al_2O_3 的含量划分为三个档次，其物理化学指标见表 4－1。铝碳质长水口的行业标准，是根据当时国内连铸“三大件”生产厂的实际情况和产品在钢厂的使用效果制定的，具有一定的指导意义。

目前，随着连铸技术的发展的同时，也促进了铝碳质长水口的生产技术进步和品质的提升，基本上满足了钢厂洁净钢连铸和长时间连浇的要求。

表 4－1 铝碳质长水口的物料化学指标（YB/T 007—2003 标准）

项目		指标		
		C_{45}	C_{40}	C_{35}
化学组成/%	Al_2O_3	≥45	≥40	≥35
	F. C	≥20	≥25	≥30
密度/$g\cdot cm^{-3}$		≥2.18	≥2.16	≥2.13
显气孔率/%		≤19.0	≤19.0	≤20.0
常温耐压强度/MPa		≥19	≥18	≥19
常温抗折强度/MPa		≥5.5	≥5.5	≥4.5
抗热震性（1100℃，水冷）/次		≥5	≥5	≥5

4.2 长水口类型

目前，在国内主要使用不预热型的长水口，主要有三种形式，如图 4－1 所示。

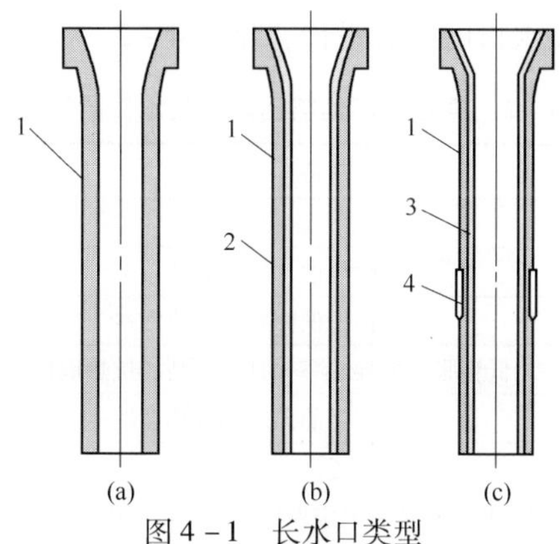

图 4－1 长水口类型

（a）普通型；（b）内孔脱碳型；（c）内复合型

1—本体；2—脱碳层；3—复合层；4—渣线层

4.2.1 普通型长水口

水口通体为铝碳质，没有渣线层，主要表现为 Al_2O_3 含量较低，通常为40%；而 SiO_2 和 C 含量较高，分别为 15% ~25% 和 25% ~30%。尽管此类型的长水口具有很高的抗热震性，但由于化学成分的关系，不耐钢水和熔渣的侵蚀，使用寿命较短，现在只能作为事故水口备用。

4.2.2 内孔脱碳型长水口

此类长水口的特点是，在长水口的本体中，Al_2O_3 含量较高，而 C 和 SiO_2 的含量均分别下降。长水口内孔体的脱碳层，是通过特殊方法形成轻质层的。在连铸浇注时，在钢水接触到长水口内孔的瞬间可以起到热缓冲和保温作用，提高了长水口的抗热冲击性。

本类型的长水口的优点是，由于长水口中的 Al_2O_3 含量较高，SiO_2 的含量较低，在较大程度上提高了水口的抗钢水和熔渣的侵蚀，使用寿命得到提高；另一方面，还由于内孔脱碳层是在烧成工序中采取特殊方法自然形成的，生产成本较低。因此，该类型水口在国内使用了很长一段时期。

4.2.3 内孔复合型长水口

由于长水口内孔脱碳层受到烧成条件和操作技术的限制，不易掌握，使脱碳层的厚度不稳定，影响使用。因此，目前长水口比较流行的制作方法是，在铝碳质长水口的内通道，使用轻质的和耐侵蚀的材料，直接复合或二次成型复合一层轻质层，同样可以起到保温和热缓冲作用，提高长水口的抗热震性。

4.3 长水口配方设计

4.3.1 原始型不预热铝碳质长水口的配方设计

YB/T 007—2003 标准，只是对不预热型铝碳长水口的物理化学性能，提出一个最基本的要求，但要做到长水口不预热即可使用，就必须从原料选择做起。20 世纪 90 年代，制作原始型不预热铝碳质长水口的配方设计，见表 4 -2。

表 4 -2 原始型不预热铝碳质长水口的配方设计

主要原料	特性	加入量/%
白刚玉	耐侵蚀	35 ~40
鳞片石墨	耐侵蚀，抗热震性	20 ~30
锆莫来石	耐侵蚀，低膨胀，抗热震性	5 ~10
熔融石英	低膨胀，低导热率，具有极高的抗热震性	15 ~20
α-氧化铝微粉	提高产品的强度和抗热震性	20 ~30
金属硅粉	提高产品强度	1 ~3
酚醛树脂粉	结合剂，焦化后体积稳定性好，提高产品强度和抗热震性	11 ~13
乌洛托品	硬化剂，可以提高毛坯成型强度	0.5 ~1

注：早期使用白刚玉，现在一般使用棕刚玉替代白刚玉。

4.3.2 内孔脱碳型不预热铝碳质长水口的配方设计

到2000年以后，国内出现了内孔脱碳型不预热铝碳质长水口，其配方特点为：提高了长水口本体中的Al_2O_3含量，达到60%以上，C含量降低到25%以下，取消或减少熔融石英用量，最大程度地降低了水口中的SiO_2的含量，并使用B_4C添加剂。

改进后的长水口，依托内孔脱碳层的优良的抗热震性，并在抗侵蚀和强度方面得到全面提升，在钢厂的使用有良好的表现。

内孔脱碳型不预热铝碳质长水口的配方设计见表4-3。

表4-3 内孔脱碳型不预热铝碳质长水口的配方设计

主要原料	特　性	加入量/%
白刚玉	耐侵蚀	50~55
鳞片石墨	耐侵蚀，抗热震性	20~23
锆莫来石	耐侵蚀，低膨胀，抗热震性	8~10
α-氧化铝微粉	提高产品的强度和抗热震性	15~20
金属硅粉	提高产品强度	1~3
B_4C	提高产品强度和抗氧化性	1~2
树脂粉	结合剂，焦化后体积稳定性好，提高产品强度和抗热震性	10~12
乌洛托品	硬化剂，可以提高毛坯成型强度	0.5~1.0

4.3.3 内孔复合型不预热铝碳质长水口的配方设计

目前，在国内使用较多的是，内孔复合型不预热铝碳质长水口，其特点为：本体较多地使用棕刚玉，Al_2O_3的含量为40%~60%；根据浇注钢种和浇注时间的要求，还可以使用板状刚玉、白刚玉、尖晶石和部分稳定氧化锆为原料制作长水口的渣线层和长水口浸入钢水部分，以提高抗中间包覆盖剂的侵蚀和钢水的冲刷能力，延长长水口的使用寿命。

为了提高长水口的抗热冲击性，在其内孔使用漂珠、含Al_2O_3和ZrO_2空心球、锆莫来石和尖晶石等原料，制作一层轻质的耐侵蚀的复合层。

内孔复合型不预热铝碳质长水口的配方设计见表4-4。

表4-4 内孔复合型不预热铝碳质长水口的配方设计

主要原料		特　性	加入量/%
本体	棕刚玉	氧化铝含量较高，具有良好的抗侵蚀性，价格相对低	40~55
渣线	板状刚玉	耐侵蚀，抗热震性好	45~50
	部分稳定氧化锆	耐侵蚀性高	70~80
	镁铝尖晶石	耐侵蚀，抗热震性好	50~75
	鳞片石墨	耐侵蚀，抗热震性好	15~20
	金属硅粉	提高产品强度	1~3
	B_4C	提高产品强度和抗氧化性	1~2
	树脂粉	结合剂，焦化后体积稳定性好，提高产品强度和抗热震性	10~12

续表 4-4

主要原料		特　　性	加入量/%
复合层	熔融石英	低膨胀，低导热率，具有极高的抗热震性	30~80
	锆莫来石	耐侵蚀，低膨胀，抗热震性	5~10
	棕刚玉	氧化铝含量较高，具有良好的抗热震性，价格相对低	20~30
	漂　珠		20~30
	鳞片石墨	耐侵蚀，抗热震性	1~5
	树脂粉	结合剂，焦化后体积稳定性好，提高产品强度和抗热震性	5~10

注：1. 本体的主要原料与原始型和内孔脱碳型长水口类似，可用棕刚玉替代白刚玉。
2. 渣线可以根据钢种和浇注时间，可选择板状刚玉、氧化锆和尖晶石中的一种为主要原料制作。
3. 内复合层所用的漂珠和熔融石英，都是导热率很低的材料，可以根据浇铸的钢种和连浇时间选择加入，还可以加入氧化铝或氧化锆空心球。

特别要注意的是，用于连铸浇注超低碳钢和其他优质钢的水口，钢厂不希望水口中的 C 和 SiO_2 使钢水增碳增硅，要求使用无碳无硅质水口。

为了满足钢厂的浇注要求，长水口的内复合层，一般以尖晶石为主要原料制作，并配有 α-氧化铝微粉和少量的电熔锆莫来石等材料，尽可能地提高内复合层的抗侵蚀性和抗热冲击性，使长水口的内复合层不含或少含碳和硅。

在这种情况下，为了保证长水口有足够的抗热震性，其本体材料基本上与原始型长水口类似。

另外，对于以上三种类型的长水口，所选用的酚醛树脂结合剂，可以是粉状的，也可以是液体的；在生产过程中，视工艺要求可以使用其中一种或两种混合使用。

对于在现用的酚醛树脂中是否要加入乌洛托品的问题，则要根据所选用的酚醛树脂的属性，是热塑性的还是热固性的，以及在市售的粉状树脂中的乌洛托品的实际含量来确定。

4.4 长水口的结构设计

作者曾经为某些钢厂设计和修改过连铸“三大件”制品，设计方案被钢厂采用，产品使用情况良好。有关设计的理念和方法，作如下叙述，仅供参考。

4.4.1 长水口的碗口设计

4.4.1.1 长水口的碗口类型

目前，把长水口头部 1 的内部叫做碗口，而碗口的结构主要有以下几种，如图4-2 所示，分为 4 种类型。

A 型：表示在碗口内，碗口由两个斜面 2 和 3 组成，斜面 3 的底面，即为碗口底面。

B 型：在碗口内，碗口由一个斜面 2 组成，并且形成一个平底台阶 4。

C 型：其碗口结构与 A 型基本相似，但斜面 3 的底面已越过碗口底面，形成一个漏斗形。

D 型：在碗口内，碗口由一个斜面 2 组成，并且其底面已越过碗口的底面，形成一个喇叭形。

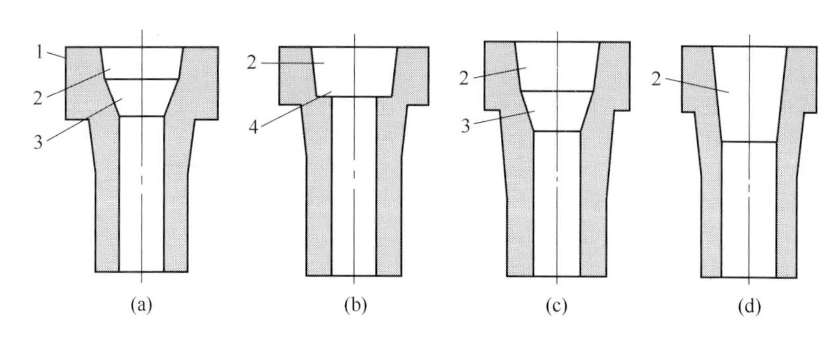

图 4-2　长水口碗口结构示意图

（a）A 型；（b）B 型；（c）C 型；（d）D 型

1—水口头部；2—第一斜面；3—第二斜面；4—平底台阶

在设计时，长水口碗口的开口度尺寸和斜面长度及锥度数值，完全取决于与其所配合使用的大包滑动水口下水口的外形尺寸，而下水口的尺寸又与大包（钢包，盛钢桶）的容量有关。在一般情况下，下水口插入长水口碗口的深度为 35 ~ 50mm，第一斜面的高度通常为 60 ~ 70mm。

在设计长水口碗口结构时，主要依据大包滑动水口下水口下端锥体部分的尺寸。下水口锥体部分如图 4-3 所示。在图中，ϕ_1 为下水口锥体上口的外径，相当于长水口碗口的开口度；ϕ_2 为下水口锥体下口的外径；h 为锥体的高度，也就是下水口插入长水口碗口的最大深度。

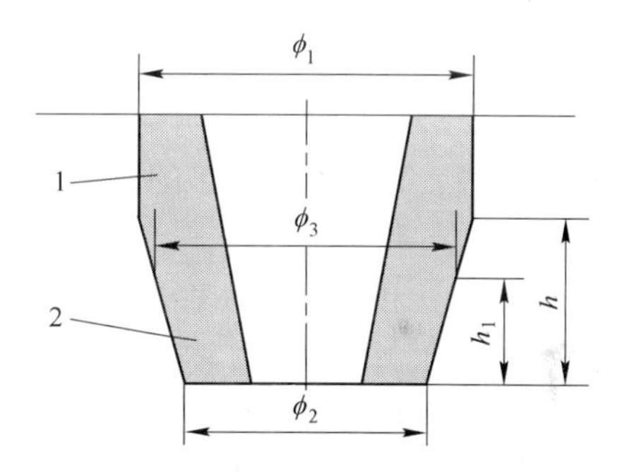

图 4-3　大包滑动水口下水口出口端示意图

1—下水口；2—下水口锥体部分；

ϕ_1—下水口锥体上口外径；

ϕ_2—下水口锥体下口外径；h—斜面高度

由图 4-3 可见，所要设计的长水口的内孔内径，最大可与 ϕ_2 相等，但只有在极端的情况下才有可能。因此，所设计的长水口内孔的内径比 ϕ_2 要小得多，总的原则是大包的容量越大，长水口内孔的内径就越大，一般内径为 ϕ60 ~ 110mm，壁厚为 15 ~ 30mm。大口径的内径，可以防止或减少大包在开浇时，可能由于大包滑动水口未能满流浇注，造成钢水发散，飞溅到长水口内孔的内壁上，对长水口的使用带来的不利影响。碗口的具体设计步骤如图 4-4 所示。

4.4.1.2　长水口碗口的内部尺寸的设计步骤

设计步骤：本案例按最大插入深度 h 设计。如果选择插入深度 h_1 设计，则将以下计算中的 ϕ_1 和 h，更换为图 4-3 中的 ϕ_3 和 h_1 即可。

长水口碗口内部尺寸的确定步骤为：

（1）以大包滑动水口下水口出口端的尺寸为依据，如图 4-3 所示。

（2）画一条基准线，如图 4-4（a）中 1 所示。

（3）画一条中心线，如图 4-4（a）中 2 所示。

（4）根据图 4-3 标示的 ϕ_1、ϕ_2 和 h 值绘图，如图 4-4（a）所示，图中上部浅灰色

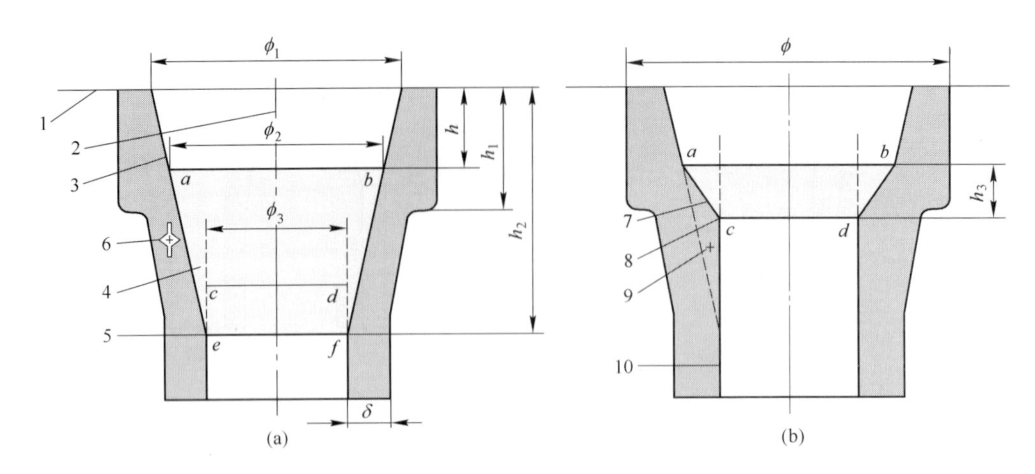

图 4－4　长水口碗口设计示意图

部分，其中的 $a-b$ 线为其底边，也就是大包滑动水口下水口插入长水口碗口的位置。

（5）以中心线为基准，根据大包的容量，选择一个长水口内孔的内径 ϕ_3，其值一般为 60～100mm，画出 $c-d$ 线，如图 4－4（a）所示。

在任何情况下，长水口的内径都要比滑动水口下水口的内径大得多。对于长水口，其主要功能是防止钢水二次氧化和钢水飞溅，没有控制钢水流量的作用。因此，在设计其内径时，只要钢厂有足够的操作空间，在考虑到长水口壁厚的情况下，其内径的尺寸可以尽量选大一些，有利于长水口的使用。

（6）以 c 和 d 为基点，画两条与中心线的平行线，如图 4－4（a）中 4 所示。

（7）以 a 和 b 两点为基点，向下延伸两个斜面线 3，与 c 和 d 的平行线相交于 e、f 点，如图 4－4（a）中 5 所示，连接 e 和 f，至此长水口碗口内部结构已完全确定。

但要注意的是延伸两个斜面线 3，在一般情况下，其长度不超过 170mm。这是因为延伸线越长，就意味着颈部内腔越长，在大包开浇时，因长水口安装不正或钢水偏流，容易引起颈部受损。

4.4.1.3　长水口头部的外形尺寸的设计步骤

长水口头部的外形尺寸的确定步骤为：

（1）长水口头部直径 ϕ 的尺寸，一般为：$\phi=\phi_1+(30\sim60)$（mm），如图 4－4（b）所示。

（2）长水口头部的高度 h_1 的尺寸，通常为 60～110mm，如图 4－4（a）所示。

（3）长水口的壁厚 δ 为 15～30mm，如图 4－4（a）所示。

（4）长水口碗口内的斜面 3 的高度（习惯叫长度）h_2，如图 4－4（a）所示，一般为 60～170mm，而外部的斜面高度在国内有的可达到 250mm。

4.4.1.4　设计尺寸的修正

设计尺寸的修正：

（1）从图 4－4（a）可见，图中 6 是一个薄弱区，壁厚相对薄一点，其强度可能会比其他区域低一些，不利于在钢厂的使用。因此，有必要进行有关尺寸的修正。

（2）将 $a-b$ 线向下移动，使 h 值增大，如加大到60mm，如图4－4(b) 所示。

（3）从 $a-b$ 线向下挪动 h_3 距离，如向下移动30mm，与两条平行线相交得到 c、d 两点，如图4－4(b) 中8所示。

（4）上一个步骤，也可以不设定 h_3 的距离，可以试着从 a 或 b 点向内画一条斜线，寻找与平行线10相交，得到一个最佳的 c 点或 d 点，如图4－4(b) 所示。

（5）设计修改后，使原来的薄弱区6的厚度增加了，其强度也会随之得到提高，如图4－4(b) 中9所示。

（6）关于设计修改，有关数据的变化不是一成不变的，是要根据钢厂的条件和实际使用情况而定。除此之外，为了增加薄弱区的厚度，还可以用改变长水口外形尺寸来实现。

4.4.2 长水口头部外形结构设计

长水口头部外形的结构，基本上有三种类型，如图4－5所示，但它们的碗口可以由一个斜面或两个斜面组成。

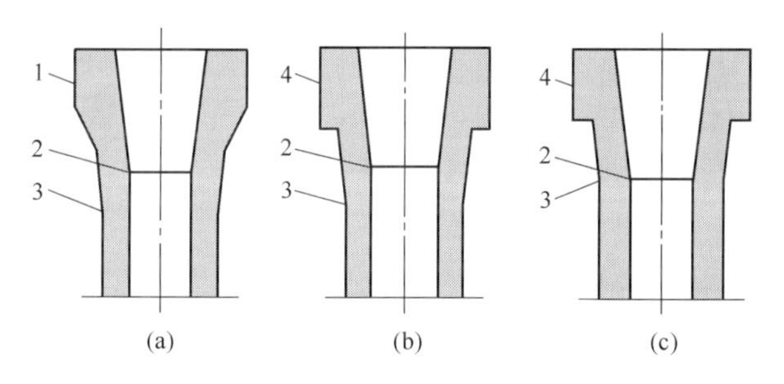

图4－5 长水口头部外形结构示意图

(a) A型；(b) B型；(c) C型

1，4—长水口头部；2—第一拐点；3—第二拐点

A型：长水口的头部由一个圆柱体与一个倒锥体组成，并且与另一个锥体相连接，这个部分也叫做长水口的颈部。其倒锥形部分是安放长水口锥形托环的位置。

B型：长水口的头部为圆柱形，与一个外径比其小的倒锥体相连接，并形成一个倒凸字形的台阶，该处也是放置长水口托环的地方。

C型：与B型类似，但碗口内的斜面与外部的斜面的拐点2和3，在同一个基面上。

从目前长水口的实际应用中，长水口头部的外形以B型和C型较多，其中B型的两个拐点距离为15～80mm。一般认为，该两点之间的距离不宜小于50mm，这是因为两者差距过小，毛坯在成型、烧成和加工过程中，在两个拐点处产生的应力集中在一起，可能不利于长水口在钢厂的使用，容易产生断裂。不过在连铸浇注过程中，造成长水口颈部断裂的因素还有很多。因此，关于两个拐点的距离问题，是不是一定会对长水口的使用产生不良影响，还没有足够的依据。但是在长水口的外形设计中，还是应该考虑到这些问题。

4.4.3 长水口总长度和下段外形结构的确定

目前主要有三种形式：直筒形（A型）、喇叭形（B型）和桶形（C型），如图4－6

所示。但在钢厂使用较多的是A型，其他两种较少采用，使用喇叭形和桶形的主要目的是，可以减轻大包下注的钢水，冲击中间包钢水产生的钢水扰动，减少钢水对长水口钢水出口端内壁的冲刷和侵蚀。

在长水口的头部和颈部的外形和碗口内部尺寸确定后，要确定长水口的总长度，这项工作也可以在长水口设计之初做。长水口的总长度 h 等于大包滑动水口下水口锥形端上面，即插入长水口碗口的部分，再加上至中间包正常浇注位置时，长水口插入的中间包钢水的部分，如图4－7所示。由图可见，所设计的长水口下段的长度等于长水口的总长度 h 减去所设计的长水口的头部和颈部的长度 h_1。

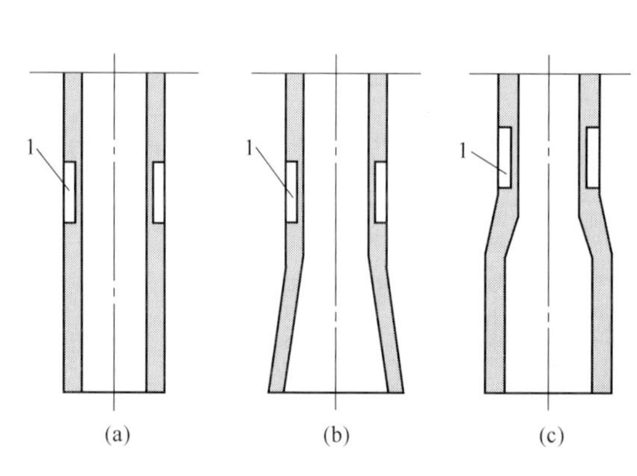

图4－6 长水口下段结构示意图
（a）直筒形；（b）喇叭形；（c）桶形
1—渣线

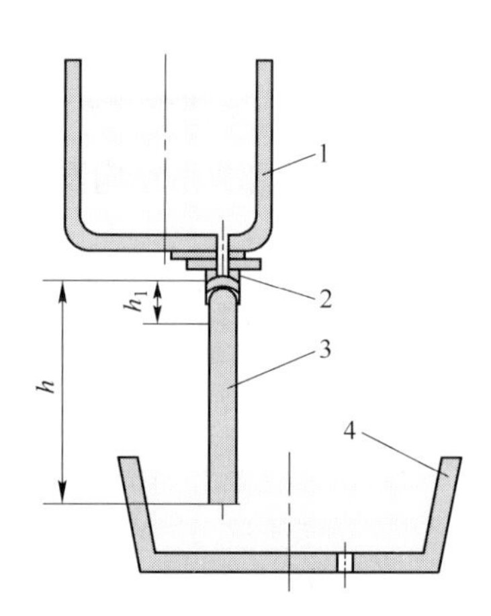

图4－7 长水口总长度示意图
1—大包；2—滑动水口下水口；
3—长水口；4—中间包

4.5 长水口的吹氩密封结构

4.5.1 第一类长水口的吹氩密封结构

长水口的碗口与大包滑动水口的下水口相连接。由于钢水的快速流动，将在该处产生负压吸入空气，使钢水受到二次氧化形成氧化物夹杂物，污染钢水。有资料表明，在该处采取氩气密封后，可使周围环境氧含量降至0.2%，钢水中的氧含量降到0.001%以下。因此，长水口的密封结构，对长水口的保护浇注是至关重要的。

长水口吹氩密封结构发展至今，已由以前的十几种吹氩密封结构，经过优化淘汰到现在只剩下以下几种，其中常见的吹氩密封结构如图4－8所示。

A型是目前钢厂使用最广泛的一种吹氩密封结构，其主要特点为吹氩密封结构制作简单，密封有效。在长水口浇注时，氩气由吹氩管2吹入，进入由厚度为2～3mm的密封钢壳3和4叠焊形成的缝隙，最后从长水口头部端面的通气槽吹出，形成氩气幕，隔绝空气，防止长水口吸入空气，避免钢水二次氧化。

可在长水口毛坯成型时，直接在水口头部的端面上压出12条径向均匀分布的长水口的通气槽；也可在约2mm厚的钢环上，压制或点焊上波形铁片，形成通气槽。

B型是铝碳质密封环，图中密封环5与铝碳质碗口在长水口制作时已一次成型压入，

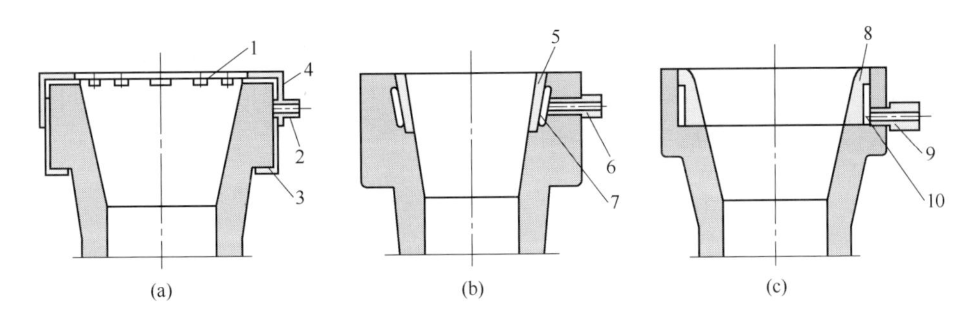

图 4-8 第一类吹氩密封结构

(a) A 型；(b) B 型；(c) C 型

1，7，10—通气槽；2，6，9—吹氩管；3，4—密封钢壳；5—铝碳质密封环；8—高铝质密封环

与长水口成一整体，吹氩通道用失蜡法制成，其特点是：

（1）密封环为弥散型；

（2）密封环整体性好，没有任何连接缝，吹气时不会有漏气现象；

（3）长水口碗口尺寸准确，不存在水口碗口与密封环安装时发生的偏差。

铝碳质密封环与长水口本体虽然为同一材质，但与长水口本体相比，密封环中的 Al_2O_3 含量较高，达到60%～70%，而 C 含量较低，一般小于15%，并含有适量的抗氧化剂。

密封环的使用环境为：

（1）由于密封环在长水口的碗口位置，使用杠杆或液压装置，特别是在液压作用下，直接与大包滑动水口下水口相连接，使密封环承受很大的压力。要求密封环具有较高的耐压强度，避免在安装和使用中损坏。

（2）密封环在浇注一个或几个炉次后，要用氧气清洗其表面，如果抗氧化能力不够，会使其表面变得凹凸不平，密封效果差。

因此，使用高铝低碳材质制作密封环，由于其具有较高的强度和抗氧化性，可以满足连铸多炉连浇的要求。

C 型是高铝质密封环，属镶嵌型。密封环 8 单独制作，并用胶泥与长水口的碗口黏结在一起使用。其特点是：

（1）密封环为弥散型；

（2）如果黏结不好，吹气时，有漏气现象存在；

（3）制作公差大时，安装有偏离现象；

（4）由于密封环是单独制作的，不受成型压力和烧成温度制度的影响，可以根据钢厂的使用条件自由决定。因此，其性能特别是透气性和强度可以灵活调整。

高铝质密封环 Al_2O_3 含量为65%～70%，C 含量为3%～5%。其高度与大包滑动水口下水口的插入深度相当，为30～50mm，厚度为8～12mm，通气槽 10 宽度为3～5mm，槽高为20～30mm。

高铝密封环的特点是：

（1）由于密封环 Al_2O_3 含量高，石墨含量低，因此耐氧清洗，使用寿命长。

（2）密封环的气孔率高达26%～29%，吹气压力低，透气量大，透气性能好，在0.1～0.2MPa 压力下即可吹透，操作方便。

4.5.2 第二类长水口的吹氩密封结构

除了第一类长水口的吹氩密封结构，在少数钢厂还可以看到第二类吹氩密封结构，如图 4－9 所示，此类结构今后有可能被淘汰。

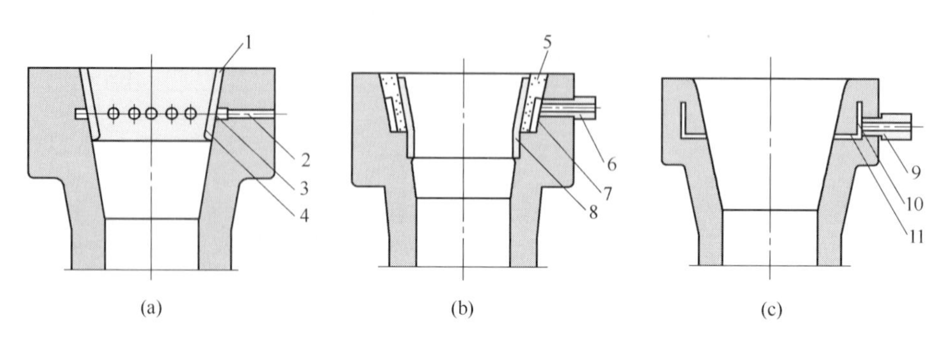

图 4－9 第二类吹氩密封结构

（a）D 型；（b）E 型；（c）F 型

1—纤维密封环；2，6，9—吹氩管；3—环形槽；4—带有圆孔的纤维密封环；5—透气环；7，10—通气槽；8—纤维套；11—吹氩狭缝

D 型是纤维密封环，材质为硅酸铝纤维，成分为 $Al_2O_3 > 48.0\%$，$Al_2O_3 + SiO_2 > 96\%$，纤维直径为 3～5μm，长度约为 50mm，密度为 80～100kg/m^3。

其特点是：

（1）在长水口碗口内，开一条环形槽 3，槽宽为 10～12mm，深为 5～10mm，其断面可以是矩形、三角形或梯形。

（2）在长水口碗口内，套一个纤维密封环 1 压在环形槽 3 上，氩气由吹氩管 2 进入环形槽，并透过纤维密封环的气孔吹出进行密封，也可以通过在纤维密封环 4 上事先开好的 10～16 个小孔吹出。

在实际使用中，基本上是每浇注一炉钢水，必须更换一个纤维密封环，特别是在使用带有圆孔的密封环时，要注意观察中间包内长水口出钢口处的钢水是否有沸腾现象，如果有这种现象就必须降低吹氩压力。

E 型是复合型吹氩密封结构，与图 4－8 中的 B 型类似，其特点是在铝碳质或高铝质密封环上，再加上一个厚度为 2～3mm 的纤维套，进行吹氩密封。在长水口的碗口部位加上纤维套后，在安装长水口时，可以实现长水口的碗部与滑动水口下水口的软对接，并且还增强了密封性，使用效果较好。

F 型是狭缝型密封结构，采用失蜡法制作，并在碗口内放置纤维套。纤维套与大包滑动水口下水口相接触，密封性比较好，使用寿命相对长一些。使用时氩气由吹氩管 9 进入通气槽 10，最后从吹氩狭缝 11 吹出进行保护浇注。由于狭缝型密封，其吹气量比弥散型大，因此更有利于密封，对钢水保护效果较好。

4.6 浸入式水口的设计依据

根据黑色冶金行业 YB/T 007—2003 标准，铝碳质浸入式水口根据 Al_2O_3 含量分为四个档次，复合部位即渣线部位按 ZrO_2 加入量分为三个等级，其物理化学指标见表 4－5。

表 4－5 铝碳质浸入式水口的化学指标（YB/T 007—2003 标准）

项目		本体				复合层			
		铝碳质				锆碳质			镁碳质
		R_{50}	R_{45}	R_{40}	R_{35}	Z_{70}	Z_{65}	Z_{55}	M
化学组成/%	Al_2O_3	≥50	≥45	≥40	≥35				
	F. C	≥18	≥20	≥22	≥25	≥12	≥15	≥18	≥15
	MgO								≥58
	ZrO_2					≥70	≥65	≥55	
密度/g·cm^{-3}		≥2.36	≥2.28	≥2.25	≥2.18	≥3.50	≥3.44	≥3.20	≥2.45
显气孔率/%		≤19.0	≤19.0	≤19.0	≤19.0	≤21.0	≤21.0	≤22.0	≤18.0
常温耐压强度/MPa		≥19.0	≥19.0	≥19.0	≥18.0				
常温抗折强度/MPa		≥5.5	≥5.5	≥5.0	≥4.0				
抗热震性（1100℃，水冷）/次		5	5	5	5				

4.6.1 浸入式水口的配料和加入量的设计

目前，随着连铸技术的发展，铝碳质浸入式水口的生产技术和品质得到提升，浸入式水口的品种已从早期的单一的铝碳质浸入式水口，发展到现在的多种材质组合的浸入式水口，基本上满足了钢厂洁净钢连铸和长时间连浇的生产要求。浸入式水口的配料所用原料和加入量见表 4－6。

表 4－6 浸入式水口的配料和加入量

项目		本体		渣线	内复合层		
		事故备用	通用	通用	防堵塞型	无碳无硅型	滑动面
主料/%	棕刚玉	35～40	50～60				
	白刚玉						80～85
	熔融石英	15～20	5～10				
	锆莫来石	5～10	5～15				10～15
	α－氧化铝		10～15				
	尖晶石					90～95	
	锆酸钙				65～80		
	鳞片石墨	25～35		12～15	20～25		10～20
渣线料/%	钙稳定氧化锆			75～85			
	炭黑			1～3			
添加剂/%	硅粉	1～3	3～4	1～3			1～3
	B_4C 粉		1～3				1～3
	SiC 粉	1～3	1～3				1～3
	铝粉						
	BN 粉			1～3			

续表 4-6

项　目		本　体		渣　线	内复合层		
		事故备用	通　用	通　用	防堵塞型	无碳无硅型	滑动面
结合剂/%	酚醛树脂粉	10～12	10～12	4～5	8～10		10～12
	液体树脂			5～6			
	无机结合剂					5～10	
	乌洛托品	0.5～1.0	0.5～1.0		0.5～1.0		0.5～1.0
适用产品		1. 铝碳质浸入式水口；2. 铝锆碳质浸入式水口；3. 锆钙碳质浸入式水口；4. 无碳无硅质浸入式水口；5. 薄板坯用浸入式水口；6. 快换浸入式水口					
备　注		1. 水口的碗口部位根据所浇注的钢种，可以复合高铝碳质或镁碳质料或预制件。 2. 为了满足优质洁净钢的浇注要求，内复合层所选用的材料，不局限于锆质、锆钙和尖晶石等材料，还可以使用赛隆、特殊氧化物和其他一些合成材料。 3. 根据浇注钢种需要，棕刚玉、白刚玉和板状刚玉可以灵活替代。 4. 添加剂金属硅粉、SiC 粉、铝粉和 B_4C 粉等，可根据产品的性能要求，选用一种或多种联合使用。 5. 粉状和液体树脂视工艺需要，可以单独或两种混合使用。					

目前，我国连铸技术和生产工艺以及多炉连浇和浇注的钢种之多，已达到一个新的历史水平。在此形势下，连铸用耐火材料也得到了飞速发展，有必要对原有的铝碳质浸入式水口的材质进行新的设计。

目前，制造铝碳质浸入式水口所用的原料主要有：电熔白刚玉、板状刚玉、棕刚玉、尖晶石、氧化锆、高纯氧化镁、高纯石墨等；添加剂有 Al、Mg、Si、B_4C、SiC、氮化物和硼化物等；以及一些新型的酚醛树脂结合剂等。

下面就有关品种的浸入式水口的设计，简要说明如下。

4.6.2 普通铝碳质水口的成分设计

根据浇注的钢种和连浇时间要求，将普通铝碳质浸入式水口（图 4-10(a)）中的 Al_2O_3，设计为两个等级：

（1）Al_2O_3 35%～40%；

（2）Al_2O_3 50%～60%。

普通铝碳质浸入式水口中的 C 含量，可以在 20%～25% 的范围内调整。通常选用酚醛树脂作为铝碳质浸入式水口的结合剂。

4.6.3 铝锆碳质水口的成分设计

为了解决铝碳质水口（图 4-10(b)）不耐侵蚀的问题，研究开发了铝锆碳质水口，即在其渣线部位复合一层锆碳质材料，提高水口的抗侵蚀能力。渣线部位的 ZrO_2 含量的多少，直接影响到水口的抗侵蚀能力，ZrO_2 含量越高，则抗侵蚀能力越大。

铝锆碳水口渣线部位的 ZrO_2 含量设计为三档：

（1）ZrO_2 65%～70%；

（2）ZrO_2 70%～75%；

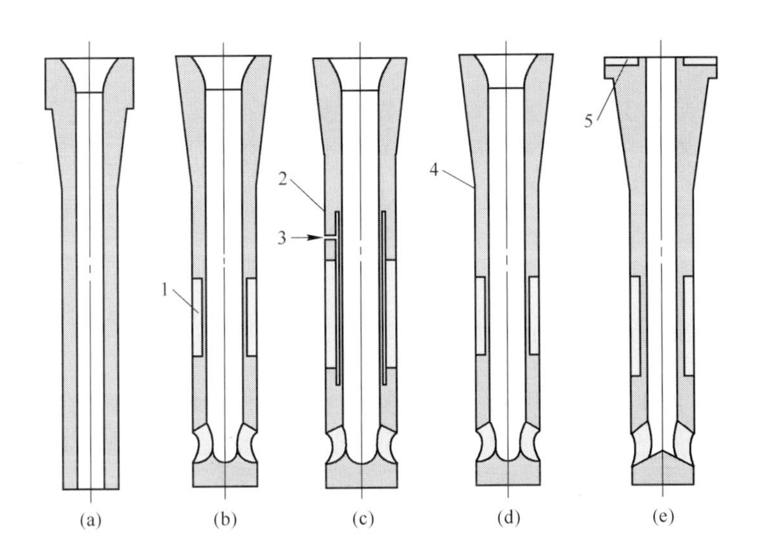

图 4-10 不同品种类型的浸入式水口示意图

(a) 普通铝碳水口；(b) 铝锆碳水口；(c) 狭缝型水口；(d) 不吹氩防堵塞水口；(e) 快换水口
1—锆碳层；2—吹氩环缝；3—吹氩管；4—锆钙或尖晶石复合层；5—滑动面

(3) ZrO_2 75% ~80%。

铝锆碳水口渣线部位的 C 含量为 12% ~17%。

4.6.4 狭缝型水口的设计

为了防止钢水中析出的 Al_2O_3 附着在水口内壁上引起水口的堵塞，钢厂使用狭缝型水口（见图 4-10(c)）时，采用吹氩的方法解决水口的堵塞问题。其工作原理是在水口本体与内孔体之间，有一条 1 ~2mm 的环缝，本体是不透气的，而内孔体是透气的。在连铸浇注时，通过安装在本体的吹氩管，向环缝吹入氩气，透过内孔透气层，并在内壁形成一层气膜，防止钢水中的 Al_2O_3 附着在内壁上，并被钢水带走，从而防止水口的堵塞。

狭缝型水口的本体和渣线部位，其材质与铝锆碳浸入式水口相似，而透气层的材质为普通的铝碳质，其中 Al_2O_3 含量为 46% ~50%，C 含量为 18% ~20%。

4.6.5 不吹氩防堵塞水口的成分设计

由于狭缝型水口，还存在许多不足之处，需要通过改变水口内孔的材质来防止水口堵塞。目前，主要使用锆酸钙材料作为水口的内衬，实现水口的防堵塞。其工作原理是在浇注时，水口材料中的 CaO、SiO_2 与钢水中析出的 Al_2O_3 生成低熔物，并被钢水冲刷掉。

不吹氩防堵塞水口（图 4-10(d)）中防堵塞层的锆钙碳含量设计为：

(1) Zr_2O_3 40% ~45%；

(2) CaO 20% ~22%；

(3) C 18% ~22%。

不吹氩防堵塞水口的本体和渣线部位的材质，同铝锆碳水口。

4.6.6 无碳无硅质水口的成分设计

所谓无碳无硅质水口（图4-10(d)），即在水口内孔体上复合一层不含碳和硅的尖晶石材料，既可以防堵塞，还可以防止钢水增碳增硅，适合于洁净钢连铸使用。

无碳无硅质浸水口中的防堵层的成分设计为：

（1）Al_2O_3 55%～65%；

（2）MgO 18%～22%。

4.6.7 快换水口的特点成分设计

随着连铸工艺的不断发展和完善，连铸多炉连浇水平得到极大的提高。而浸入式水口的使用寿命有限，而且在使用过程中不能更换，已经不能满足连铸生产的要求。另外由于中间包的使用寿命远大于浸入式水口的使用寿命，因此限制了单只中间包最大化的多炉连浇。

因此，快速更换水口（图4-10(e)）在钢厂得到广泛的应用，其主要特点是：

（1）在中间包连浇过程中，可以在线快速更换水口一次或多次，实现单只中间包二次或多次使用，极大地提高了单只中间包的使用寿命。

（2）在快速更换过程中，不停机，不断流，不影响连铸生产，可在几秒钟内更换完毕。

（3）使用快速更换装置，可以减少停浇事故，改善操作环境并减轻作业强度。

（4）水口的更换操作，安全可靠，快捷简便，劳动强度小。

在钢厂使用快速更换水口的效果是：

（1）由于单只中间包的使用寿命的提高，相应的耐火材料消耗大幅下降。

（2）中间包的使用数量可减少一半，有利于中间包作业区的施工作业和调度。

（3）由于在浇过程中，只更换水口，而不更换中间包。因此，相应多回收一次包底剩余残留钢水，提高了钢水的收得率。

（4）在浇过程中，当塞棒或浸入式水口出现事故时，可以快速关闭，防止事故发生，实现安全生产，避免造成人员和设备的重大损失。

（5）连铸机作业率和连浇率提高，降低连铸生产成本，提升经济效益。

快速更换水口的滑动面，通常其 Al_2O_3 含量设计为80%～85%，C含量设计为8%～10%。而与其相配的吹氩透气上水口，其 Al_2O_3 含量设计为55%～70%，C含量设计为18%～26%。

4.7 浸入式水口的结构类型

浸入式水口的类型，按其外形和内部结构来分，基本上可以分为下列几种，如图4-11所示。

如图4-11所示，A型带有侧孔的浸入式水口，侧孔为两个孔或四孔；B型为直通型浸入式水口；C型碗口为半球形的浸入式水口，为组合式水口，与中间包水口配合使用；D型外形为异形薄壁的浸入式水口，一般为薄板坯连铸用水口；E型端面为平面的浸入式水口，通常为快速更换水口；F型内部镶嵌有锆质内芯的浸入式水口，为小方坯连铸所采用。

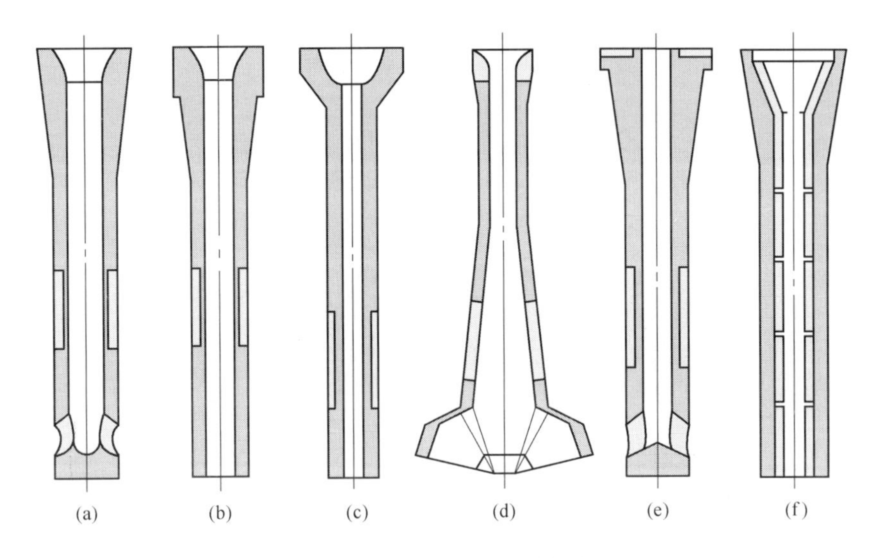

图4-11 浸入式水口的结构类型

(a) 带有侧孔的浸入式水口（A型）；(b) 直通型浸入式水口（B型）；(c) 分体式浸入式水口（C型）；(d) 薄壁板坯浸入式水口（D型）；(e) 快换浸入式水口（E型）；(f) 小方坯浸入式水口（F型）

4.8 浸入式水口结构设计

4.8.1 浸入式水口的头部外形和碗口结构设计

浸入式水口头部的外形和碗口的形状，主要有两种形式，如图4-12所示。图4-12(a) 所示的浸入式水口头部外形为圆锥体，图4-12(b) 所示为圆柱体与圆锥体的组合，而碗口均为喇叭形。

在图4-12中：

ϕ_1 为水口圆锥体或圆柱体上口端面的外径，即浸入式水口头部的外形尺寸；

ϕ_2 为碗口的开口度，即 c 和 d 的连线，由碗口两条圆弧与基准线 mn 相交得到；

ϕ_3 为水口内孔的直径，并与碗口的圆弧相切，得到两个切点 a 和 b，a、b 的连线称为喉线；

ϕ_4 为水口圆锥体终端外径；

R 为水口碗口圆弧半径；

h 为水口圆柱体圆锥体的总高度；

h_1 为喉线深度，其顶端 mn 为基准线；

h_2 为水口碗口圆柱体高度。

作者认为，对连铸耐火材料厂而言，要运用水力学模型和复杂的数学计算来设计浸入式水口是一件非常困难的事。因此，作者在浸入式水口的设计过程中，运用已有的实践经验，并提供有关计算数据来进行设计，是很有效的。

设计的浸入式水口头部的外形尺寸，必须要与钢厂所用的中间包座砖的碗口尺寸相匹配。作者认为，浸入式水口碗口的基本尺寸源于水口内孔的直径，即一切从水口内孔直径开始。首先要根据钢厂大包的容量、中间包容量和流数、连浇炉数和单炉浇注时间等诸多因素，确定水口内孔的直径。

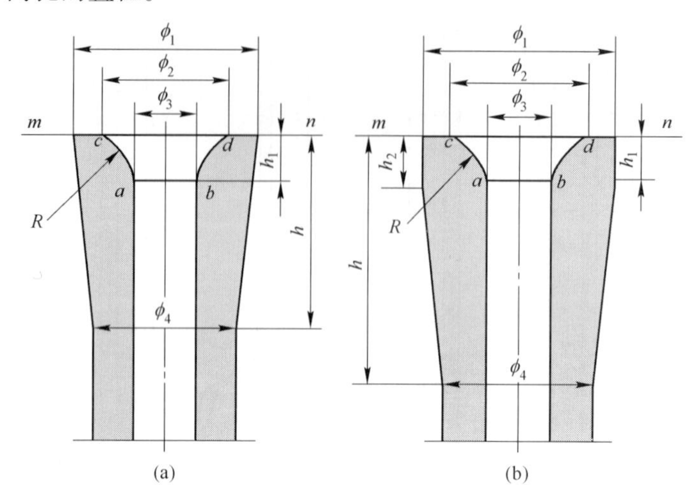

图 4 - 12　浸入式水口的头部和碗口示意图

关于水口内孔的直径的计算，推导如下。

根据流量公式，在单位时间内，钢水通过浸入式水口直径为 d（即图 4 - 12 中 ϕ_3）的内孔的流量 Q_1 为：

$$Q_1 = C\frac{\pi d^2}{4}\rho\sqrt{2gh} \tag{4-1}$$

在相同的单位时间内，钢水进入结晶器断面尺寸为 a、b 的流量 Q_2 为：

$$Q_2 = abv\rho \tag{4-2}$$

式中　a，b——结晶器断面尺寸；

d——孔径；

v——拉坯速度；

C——修正系数；

π——圆周率；

g——重力加速度；

h——中间包钢水液面高度；

ρ——钢水密度。

显然，$Q_1 = Q_2$，即：

$$C\frac{\pi d^2}{4}\rho\sqrt{2gh} = abv\rho$$

对上式整理后，水口流钢中孔的直径 d，可用下式表示：

$$d = \sqrt{\frac{4abv}{c\pi\sqrt{2gh}}} \tag{4-3}$$

由上式计算直径 d 实际上是有困难的，因为在式中修正系数 C 是无法确定的。因此，如何确定 C 值，就成为浸入式水口设计的关键问题。

将式（4 - 3）变换成下式，以便计算 C 值。

$$C = \frac{4abv}{\pi d^2 \sqrt{2gh}} \tag{4-4}$$

在钢厂连铸浇注过程中，进入水口的钢水流量要通过塞棒来调节。因此，水口的内径尺寸要比按公式计算的大，这样才能起到调节钢水流量的作用。因此，钢水通过水口内孔的流量要远大于钢水进入结晶器的流量。

实际上在钢厂连铸浇注过程中，拉坯速度 v 不是恒定的，而是有一定的波动范围；还由于中间包容量较小，其钢水液面高度 h 也不是恒定的，要分多次补充钢水，才能使钢水压力维持在一个较稳定的范围内。

因此，为了保证连铸浇注过程中 Q_1 和 Q_2 之间的动态平衡，还必须在连铸中间包中，采用塞棒系统或塞棒加滑动水口系统，控制进入结晶器的钢水流量。

只有在小方坯连铸浇注系统中，由于采用了高耐侵蚀的锆质定径水口，因此能保持一个较稳定的拉速，可以不使用塞棒控流，达到定径水口的通钢量与铸坯的拉速保持平衡。

作者认为，可以根据国内钢厂现有的数据来推算 C 值。例如：假设国内有若干个钢厂在使用尺寸为 $a \times b$ 的结晶器进行连铸浇注，可将钢厂采用的拉速 v，中间包内钢水液面高度 h 和水口的内孔直径 d 的数值代入式（4－4）中，可以得到若干个修正系数 C 值。

应该说明的是，不同的钢厂即使在使用相同的结晶器断面时，所采用的拉速、中间包内钢水液面高度和水口的内孔直径，也会存在一定的差异。

因此，虽然计算会得到众多的数值不同的 C 值，但可取其平均值或以最大值和最小值，确定其取值范围，作为今后设计的计算值。

有关 C 值的计算，假设 $4abv = K$，$\frac{1}{\pi d^2 \sqrt{2gh}} = M$，数值见表4－7，仅供参考。

表4－7 有关 C 值的计算表

项　目	假设：$C = \frac{4abv}{\pi d^2 \sqrt{2gh}} = K/M$							
水口内径 d/m(mm)	0.015（15）		0.020（20）		0.025（25）		0.030（30）	
中间包钢水深度/m	0.60	0.80	0.60	0.80	0.60	0.80	0.60	0.80
M 值/$m^3 \cdot s^{-1}$	0.0024	0.0028	0.0043	0.0050	0.0067	0.0078	0.0097	0.0112
水口内径 d/m(mm)	0.035（35）		0.040（40）		0.045（45）		0.050（50）	
中间包钢水深度/m	0.60	0.80	0.60	0.80	0.60	0.80	0.60	0.80
M 值/$m^3 \cdot s^{-1}$	0.0132	0.0152	0.0172	0.0199	0.0218	0.0252	0.0269	0.0311
水口内径 d/m(mm)	0.055（55）		0.060（60）		0.065（65）		0.070（70）	
中间包钢水深度/m	0.60	0.80	0.60	0.80	0.60	0.80	0.60	0.80
M 值/$m^3 \cdot s^{-1}$	0.0326	0.0376	0.0388	0.0448	0.0455	0.0525	0.0528	0.0609
水口内径 d/m(mm)	0.075（75）		0.080（80）		0.085（85）		0.090（90）	
中间包钢水深度/m	0.60	0.80	0.60	0.80	0.60	0.80	0.60	0.80
M 值/$m^3 \cdot s^{-1}$	0.0606	0.0699	0.0689	0.0796	0.0778	0.0898	0.0872	0.1007

在国内，铸坯尺寸与拉坯速度的关系见表4－8[1]。根据钢厂实际的铸坯断面尺寸和拉坯速度，就可以计算出 K 值（m^3/s），并得到相应的 C 值。

表 4－8　国内连铸机拉速状况

方坯		板坯	
铸坯断面尺寸/mm	拉坯速度/m·min^{-1}	铸坯断面尺寸/mm	拉坯速度/m·min^{-1}
150×150	2.2～2.6	(50～90)×(1200～1500)	3.5～4.5
200×200	1.6～2.1	(120～150)×(1200～1500)	1.8～3.0
		(150～200)×(1200～1800)	1.6～2.0
		(220～300)×(675～2100)	1.2～1.8
		(230～280)×(1800～2100)	1.2～1.7

在钢厂浇注不同断面的铸坯，使用不同内径的浸入式水口，早已顺理成章。因此，根据修正系数 C 公式，可以计算出相应的 C 值，将不同钢厂得到的 C 值积累起来，为浸入式水口的设计打下基础。

在国内，大圆坯和板坯连铸所用的浸入式水口内孔的直径，大多数在 ϕ45～85mm 之间，其他类型为 ϕ30～45mm，如果小方坯连铸，改用浸入式水口浇注，则水口的内径会更小，一般在 ϕ30mm 以下。

无论 ϕ_3 值在什么范围内，除小方坯连铸外，浸入式水口的喉线深度 h_1（见图 4－13）一般均在 40～60mm 之间。确定了水口的喉线深度，也就确定了浸入式水口碗口上口的基准面 $m-n$。

浸入式水口碗口的圆弧半径 R（见图 4－13），据统计 R 值大多数落在 40～70mm 的范围内，其中以半径 R 值等于 50mm 的为主。

水口碗口的圆弧与水口碗口的基准面 $m-n$ 可以相切或相割。在平面图上显示出两个切点或割点 c 和 d，$c-d$ 连线即碗口的开口度 ϕ_2，即 ϕ_2 的直径值。

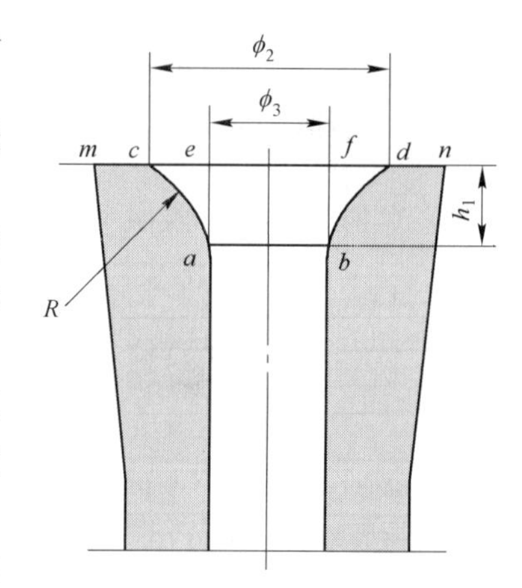

图 4－13　开口度的计算用示意图

mn—基准面；cd—开口度；ef—水口内径

开口度 ϕ_2 的值，可以事先计算得到，如图 4－13 所示。图中 $a-b$ 为水口内孔直径，设为 ϕ_3；e 点和 f 点分别为 a 点和 b 点的垂直延长线与基准线 $m-n$ 的交点。

假设 $c-e$ 或 $f-d$ 为 ΔA，则开口度可以用下式表示：

$$\phi_2 = \phi_3 + 2\Delta A$$

有关 ΔA 值与喉线深度（h_1）及圆弧半径（R）的关系见表 4－9。

表 4－9　ΔA 值与喉线深度 h_1 及圆弧半径 R 的关系

喉线深度 h_1/mm	圆弧半径 R/mm					
	50	60	70	80	90	100
40	20.0	15.3	12.6	11.9	9.4	8.3
45	28.7	20.6	16.2	13.9	12.1	10.7

续表 4－9

喉线深度 h_1/mm	圆弧半径 R/mm					
	50	60	70	80	90	100
50	50.0	26.8	21.0	17.6	15.2	13.4
55		36.0	26.7	21.9	18.8	16.5
60		60.0	33.9	27.1	22.9	20.0
65			44.0	33.4	27.8	24.0

在国内，浸入式水口碗口的开口度 cd 值，一般为 90～140mm，大多数为 115mm 或 125mm。而浸入式水口头部的外形尺寸 ϕ_1（图 4－12），等于碗口的开口度 cd 加上 20～45mm。即：

$$\phi_1 = cd + (20 \sim 45)\text{mm}$$

具体应加多少为好，待整个浸入式水口设计完后，应与现有座砖碗口尺寸匹配，否则会出现头重脚轻的现象。就一般而言，ϕ_1 的尺寸应比座砖碗口尺寸小 4～5mm，这个差值即间隙，是留作浸入式水口安装时敷耐火泥用的。

在浸入式水口喉线深度 h_1 值不变的条件下，水口碗口开口度的 cd 值，随着水口碗口圆弧半径 R 增大而减少；在水口碗口开口度 cd 值保持不变的情况下，水口喉线深度 h_1 值随水口碗口圆弧半径 R 扩大而增加。

浸入式水口圆锥体终端，也就是水口头部的下口，其外径为 ϕ_4（图 4－12），通常 ϕ_4 等于水口内孔的直径 ϕ_3 加上 40～75mm。即：

$$\phi_4 = \phi_3 + (40 \sim 75)\text{mm}$$

由此可以推定水口头部下口的壁厚为：（40～75）/2mm，即壁厚为 20～37.5mm。在一般情况下，此值应不小于 25mm 为好。但是，最终的水口壁厚，还要与所用的结晶器的宽度协调一致才行。

关于浸入式水口头部的高度，如图 4－12(a) 所示，圆锥体高度 h 值一般在 150～260mm 之间；而在图 4－12(b) 中，水口圆柱体与圆锥体的总高度 h 值为 140～300mm，其中圆柱体高度 h_2 值落在 20～80mm 之间，而大多数取值为 30～50mm。

4.8.2 浸入式水口尾部设计

所谓浸入式水口尾部，即浸入式水口插入结晶器的部分。该部分的外形尺寸完全取决于结晶器窄面 a 的宽度，即铸坯的厚度方向，如图 4－14 中 a 所示。目前，在国内与浸入式水口配套使用的结晶器主要有：

（1）小方坯连铸用结晶器，尺寸为 120mm×120mm～150mm×150mm；

（2）大方坯、矩形坯连铸用结晶器，窄面尺寸为 160～380mm；

（3）圆坯连铸用结晶器，尺寸为 ϕ150～310mm；

（4）板坯连铸用结晶器，窄面尺寸为 140～300mm。

在设计浸入式水口尾部时，还要考虑到水口尾部插入结晶器后，要给结晶器边缘预留足够的空隙，如图 4－14 中 b 所示，以保证在结晶器中的保护渣有良好的流动性，并不会在结晶器边缘产生结壳和搭桥现象。一般来说，在结晶器两个相对的边缘，至少各预留

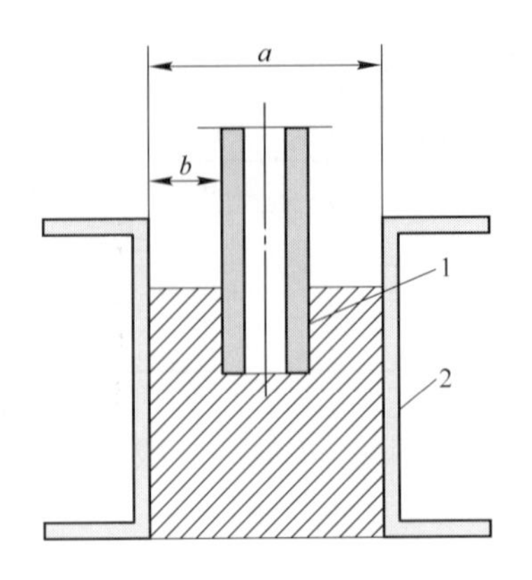

图4－14　水口尾部在结晶器中的位置

1—浸入式水口尾部；2—结晶器；a—结晶器窄面；b—结晶器边缘间隙

30mm的空隙即可。由此可见，可大致确定浸入式水口尾部的外径为：

水口尾部的外径＝结晶器窄面尺寸－2×(30～40) mm

问题到此并未结束，还要根据水口尾部的壁厚和水口内孔的直径尺寸，修正水口尾部的外径尺寸。

水口尾部的壁厚可用下式表示：

水口尾部壁厚＝（水口尾部外径－水口内孔直径）/2

目前国内浸入式水口尾部的壁厚一般为17～30mm，建议选择20～25mm为好。在此基础上可以修正水口尾部的外径，即：

修正后水口尾部外径＝水口内孔直径＋2×(20～25) mm

对于小断面结晶器，水口的壁厚在20mm以下，在结晶器尺寸允许的条件下，水口尾部外径还可以适当增大一些，这对延长水口的使用寿命有一定的作用。

4.8.3　浸入式水口渣线长度的确定

浸入式水口渣线位置，由结晶器内的保护渣位置确定，如图4－15所示。处在保护渣位置的水口部分，由于受到结晶器振动频率和振幅的影响，该部分反复交替地受到保护渣溶液和钢水的侵蚀，并在该处形成一个宽度在50～60mm的月牙状的凹槽，如图4－15中2所示。

考虑到水口的多渣位操作和安全因素，水口的渣线长度h设计为：

渣线长度h＝3×(50～60) mm，即渣线长度为150～180mm。国内浸入式水口的渣线长度为140～200mm，设计的渣线长度可以根据钢厂的具体情况而定。浸入式水口渣线层的厚度b（即图4－15中b）一般为8～15mm，对于薄壁水口而言，其渣线层的厚度即水口壁厚。

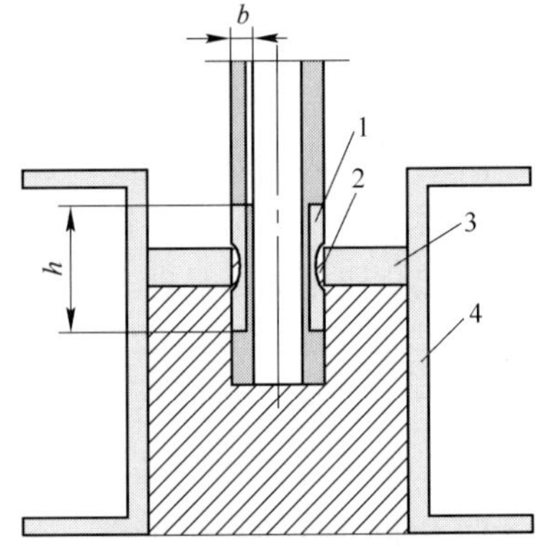

图4－15　浸入式水口渣线位置

1—水口渣线；2—月牙形凹槽；3—保护渣；4—结晶器

4.8.4 浸入式水口出钢口结构的设计

目前在钢厂，使用的浸入式水口的出钢口的结构类型主要有以下几种，如图4－16所示。图4－16(a) 所示为直通孔型，主要用于小断面结晶器；而图4－16(b) 和图4－16(c) 分别为带有长方形和圆形侧孔的出钢口，侧孔数量绝大多数为对称的两个；图4－16(d) 所示为四孔；图4－16(e) 所示为异形出钢口，为薄板坯水口所用。

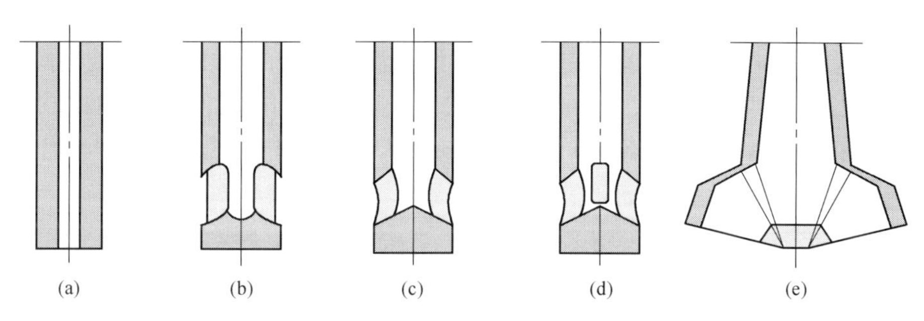

图4－16 浸入式水口钢水出口类型

(a) 直通孔；(b) 长方形两侧孔；(c) 圆形两侧孔；(d) 长方形四侧孔；(e) 异形侧孔

在设计浸入式水口的侧孔时，根据以往的经验，两个侧孔的截面积，应稍大于或等于两倍水口最上端内孔 ϕ_3（见图4－12）的截面积。这样钢流稳定，扩径速度缓慢。对于侧孔的倾角，有水平方向的、向上倾的和向下倾的，倾角为15°～30°，目前向下倾15°的较多。

在通常情况下，浸入式水口最下端的出钢口内径，要比水口最上端的内孔直径 ϕ_3（见图4－12）小5mm左右，其目的是便于在成型时模芯杆能顺利脱模。

浸入式水口的侧孔底部厚度，一般控制在25～40mm之间。浸入式水口的底部形状如图4－17所示，其形状主要有凸三角形、平底凹形和半球形等。从水力学模拟实验来看，对钢水的流出有一定的影响。

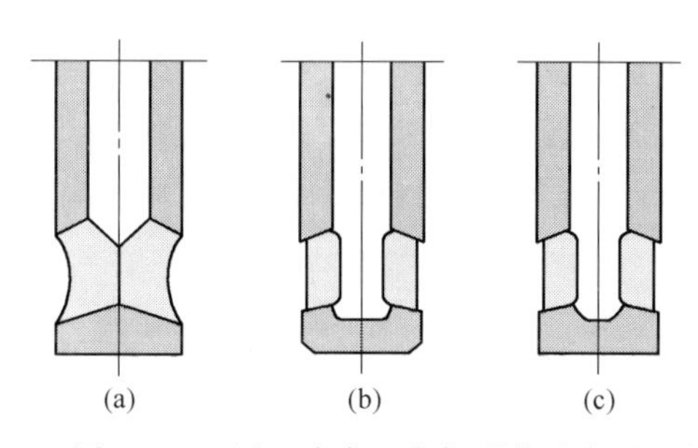

图4－17 浸入式水口底部形状示意图

(a) 三角形；(b) 平底形；(c) 半球形

但在实际的应用中，不容易看出出口底部形状对铸坯的质量有多大的影响。浸入式水口出钢口侧孔的数目一般为两孔，根据连铸工艺需要，还可以由两个侧孔增加到四个侧孔。这样可以改善钢水在结晶器中的流动状态，并可降低钢水卷渣的可能性。

浸入式水口出钢口的侧孔形状，除上述几种以外，还有扁矩形水平槽状的，但这种形状的出钢口侧孔极少见。

4.8.5 浸入式水口长度的确定

整体式浸入式水口，即一次性直接从中间包内向外安装的水口，其长度计算过程为：当中间包处于正常浇注位置时，如图 4－18 所示，水口的总长度 h 为 h_1 和 h_2 之和。h_1 为水口高出中间包的距离，通常为 10～20mm；h_2 为包衬底面至结晶器内水口末端的距离。

对于组合式和快换浸入式水口，它们是分两次安装的，即事先在中间包内安装好中间包水口或吹氩上水口，在浇注前再使用杠杆系统或滑动机构，安装分体式或快换浸入式水口。这时候浸入式水口的总长度 h 为 h_1 和 h_2 之和。其中 h_1 为中间包水口，插入分体式浸入式水口碗口内的距离；h_2 为分体式水口碗口底面至水口下端面的长度，如图 4－19 所示。

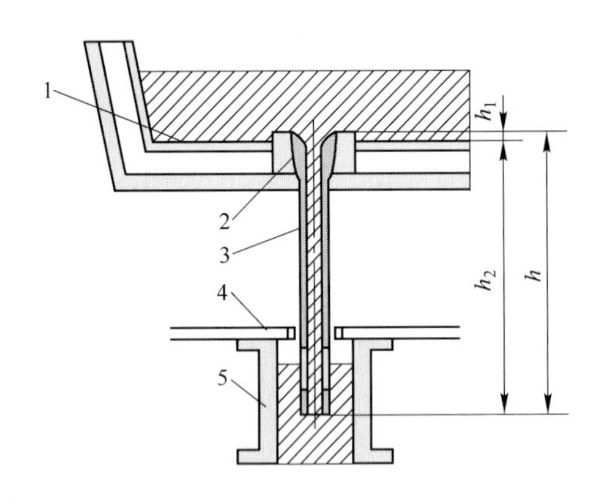

图 4－18　整体式浸入式水口的位置示意图
1—中间包包底；2—座砖；3—整体式浸入式水口；4—结晶器盖板；5—结晶器

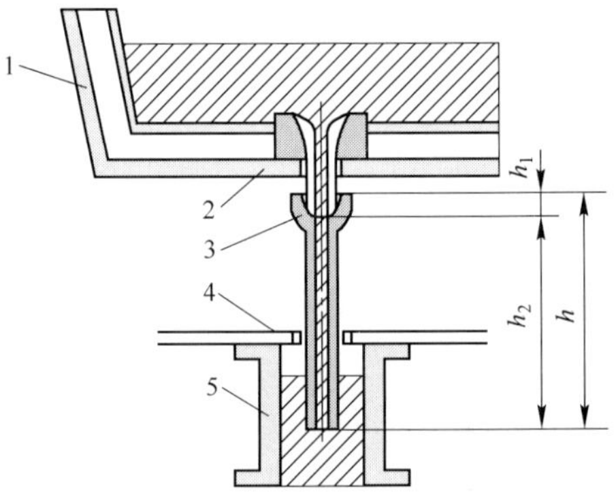

图 4－19　分体式浸入式水口的位置示意图
1—中间包；2—中间包水口；3—分体式浸入式水口；4—结晶器盖板；5—结晶器

应该注意的是，所设计的浸入式水口的长度必须考虑到中间包的升降高度。在中间包上升到最高位置时，浸入式水口的末端必须高于结晶器盖板。否则当中间包从水口烘烤工位移动到浇注位置时，易碰到结晶器盖板，造成水口断裂。

总之，在浸入式水口的设计过程中，必须与钢厂的有关技术人员密切结合，根据钢厂的实际情况和操作习惯来设计，这样才能避免或少走弯路，设计出符合钢厂实际使用情况的产品。

4.9 整体塞棒设计依据

根据黑色冶金行业 YB/T 007—2003 标准，铝碳质整体塞棒根据 Al_2O_3 含量分为三个档次，其物理化学指标见表 4－10。

表 4－10　铝碳质整体塞棒的物料化学指标（YB/T 007—2003 标准）

项　目		S_{60}	S_{55}	S_{45}
化学组成/%	Al_2O_3	≥60	≥55	≥45
	F. C	≥10	≥15	≥20

续表 4－10

项　目	S_{60}	S_{55}	S_{45}
密度/$g \cdot cm^{-3}$	≥2.60	≥2.44	≥2.36
显气孔率/%	≤18.0	≤19.0	≤19.0
常温耐压强度/MPa	≥23.0	≥22.0	≥20.0
常温抗折强度/MPa	≥5.0	≥5.5	≥4.0
抗热震性（1100℃，水冷）/次	5	5	5
备　注	1. 根据用户需要，对制品需采用复合材质等特殊要求时，供需双方协商。 2. 无损探伤，供需双方协商。		

4.10 整体塞棒的配方设计

目前，就整体塞棒而言，塞棒棒身仍为铝碳质，但其渣线和棒头部位的材质，得到很大的提升，主要表现在渣线为刚玉碳质、锆碳质和尖晶石碳，棒头主要为刚玉碳质、尖晶石碳质、镁碳质和锆碳质。

早期使用的整体塞棒，通体为高铝矾土铝石墨质，没有专门的渣线用料。这是因为在以前，中间包覆盖剂，主要为干馏后的稻壳灰，质轻保温性好，呈酸性，对塞棒的侵蚀并不十分严重，再加上浇注的炉数不多，基本满足了当时连铸生产要求。

目前，为了满足洁净钢连铸生产的需要，中间包主要采用镁钙型覆盖剂和钢水的精炼处理，对铝碳质整体塞棒的渣线和棒头侵蚀严重，影响到整体塞棒的使用寿命。因此，要求使用耐侵蚀的材质，制作整体塞棒的渣线和棒头。

铝碳质整体塞棒的配方和所用原料如表 4－11 所示。

表 4－11　整体塞棒配方的设计

<table>
<tr><td colspan="2" rowspan="2">主要原料</td><td>本　体</td><td colspan="2">渣　线</td><td colspan="4">棒　头</td></tr>
<tr><td>铝碳质</td><td>高铝碳质</td><td>锆碳质</td><td>高铝碳质</td><td>镁碳质</td><td>尖晶石质</td><td>锆碳质</td></tr>
<tr><td rowspan="5">主要原料/%</td><td>刚玉类</td><td>50～60</td><td>65～70</td><td></td><td>70～85</td><td></td><td></td><td></td></tr>
<tr><td>电熔镁砂</td><td></td><td></td><td></td><td></td><td>75～85</td><td></td><td></td></tr>
<tr><td>熔融石英</td><td>0～30</td><td></td><td></td><td></td><td></td><td></td><td></td></tr>
<tr><td>MA 尖晶石</td><td></td><td></td><td></td><td></td><td></td><td></td><td></td></tr>
<tr><td>氧化锆</td><td></td><td></td><td>60～75</td><td></td><td></td><td></td><td>75～80</td></tr>
<tr><td>石墨类原料/%</td><td>鳞片石墨</td><td colspan="7">一般选用 95 鳞片石墨，棒身加入量小于 25%，其他部位不大于 15%。</td></tr>
<tr><td>添加剂/%</td><td>Si、SiC、B_4C 等</td><td colspan="7">可选择一种或两种以上组合，还可以使用硼硅类添加剂，一般用量不超过 5%。</td></tr>
<tr><td rowspan="2">结合剂/%</td><td>酚醛树脂</td><td colspan="7">可以根据工艺需要，使用粉状或液体树脂，也可混合使用，一般加入量不大于 10%。</td></tr>
<tr><td>乌洛托品</td><td colspan="7">乌洛托品的加入与否，要根据所使用的酚醛树脂的属性确定。</td></tr>
<tr><td colspan="2">说　明</td><td colspan="7">1. 刚玉类可以是棕刚玉、白刚玉或板状刚玉，甚至还可以选择特级矾土。
2. 在实际配料中，除了主要原料外，还可以适当加入一些其他物料，如 α－氧化铝和锆莫来石等原料。</td></tr>
</table>

4.11　整体塞棒设计的基础

在连铸浇注过程中，整体塞棒的主要功能是：控制进入结晶器的钢水流量；在吹氩气作用下，产生大量的微气泡，使钢水中的夹杂物上浮，净化钢水，以及防止水口堵塞。在浇注之前，塞棒棒头的圆弧面与水口碗口的圆弧面相接触，它们之间的间隙为零；当塞棒向上抬起的一瞬间，在棒头与碗口之间产生间隙，钢水进入水口的内孔，并从水口的出钢口注入结晶器，连铸浇注就开始了。

由此可见，塞棒向上抬升的距离的多少，直接控制着棒头与碗口之间的间隙大小，进而控制着钢水进入浸入式水口的流量的大小。显而易见，塞棒棒头与水口碗口之间的间隙距离的变化，与它们本身的圆弧曲线半径的大小有关。

4.11.1　整体塞棒的结构类型

目前，整体塞棒的结构类型，主要有三种，如图4－20所示。

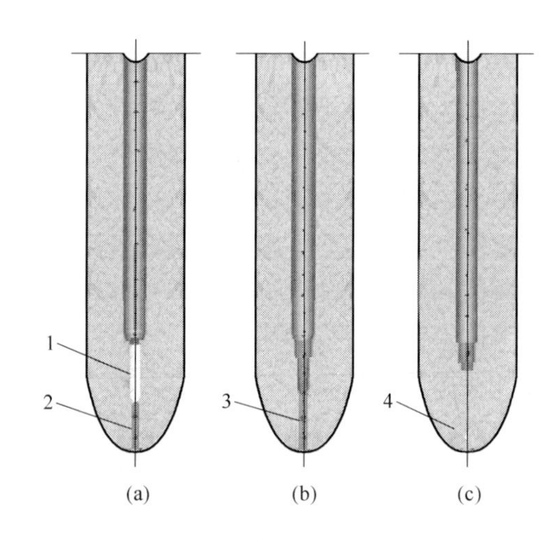

图4－20　整体塞棒实物纵剖面

（a）带有透气塞的吹氩塞棒；（b）普通吹氩塞棒；（c）盲头塞棒

1—透气塞和内腔；2，3—吹氩通道；4—盲头

4.11.2　塞棒棒头的形状类型

目前，在国内连铸用塞棒棒头的形状有以下几种，如图4－21所示。图4－21(a)为棒头外形由单个半径为R的半圆头形；图4－21(b)为棒头外形由两个半径为R_1和R_2相切组成；图4－21(c)为棒头外形由两个半径为R_3和R_4与斜线相切组成。现在，棒头形状以图4－21(a)和图4－21(b)中的形状为主，以前还有由三个圆弧组成的棒头，由于加工复杂，没有实质性意义，已基本不采用。

4.11.3　塞棒棒头的基本尺寸

塞棒棒头外形的基本尺寸如图4－22所示。塞棒棒头高度h一般为70～120mm，大多数为100～110mm；塞棒头的端面直径ϕA为90～130mm，其值可以等同于塞棒棒身上端

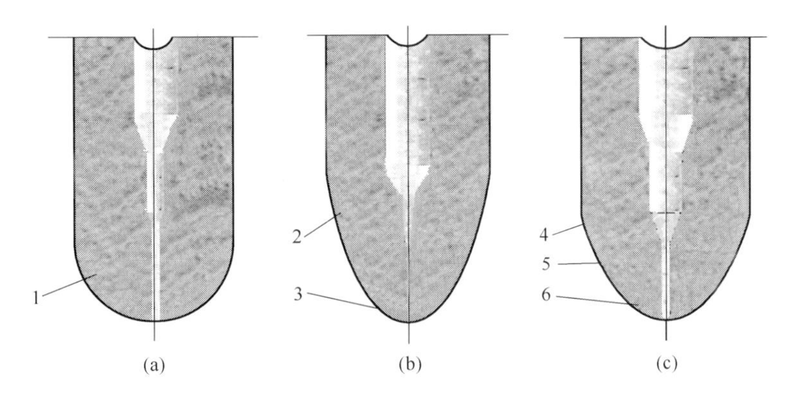

图 4－21 整体塞棒棒头形状

1—半圆头 R；2—棒头尾圆弧 R_1；3—棒尖圆弧 R_2；4—棒头尾圆弧 R_3；5—斜线段；6—棒尖圆弧 R_4

面的尺寸，但在大多数情况下，棒身上端面的直径要比塞棒头的端面直径大 10～30mm。对于棒头的棒尖高度 h_1，在大多数情况下，其高度小于 R_1 的值。

所谓棒头的棒尖高度 h_1，是指棒头最前面的 R_1 的圆弧（棒尖圆弧）与斜线或第二圆弧（棒尾圆弧）R_2 的相切点 D 至棒尖端点的距离。塞棒棒尖 R_1 与浸入式水口内孔直径之间，有如下对应关系：即 R_1 为 15～25mm，则水口内孔直径为30～40mm；R_1 为 25～30mm，则水口内孔直径为 40～50mm；R_1 为 40～45mm，则水口内孔直径≥50mm。

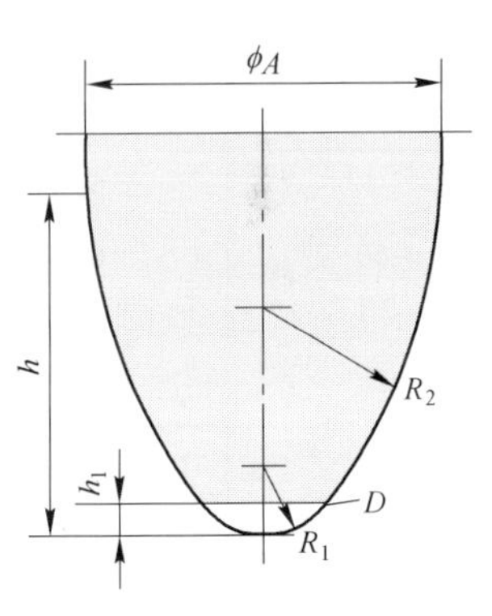

图 4－22 塞棒棒头外形的基本尺寸

以上数据仅供参考，因为影响 R_1 与水口内孔直径之间的关系的因素除了水口内孔直径外，还有其他的因素，如浸入式水口碗口的圆弧半径的大小，塞棒棒尖的插入深度等。

4.12 塞棒棒头设计

4.12.1 半圆头形棒头的设计

半圆头形棒头的外形如图 4－21（a）所示。其圆弧半径 R 一般为 60～70mm，主要配合水口内孔直径在 60mm 以上的水口使用。塞棒与水口处于关闭位置时，某钢厂的半圆头形塞棒头与水口的配合，如图 4－23 所示。

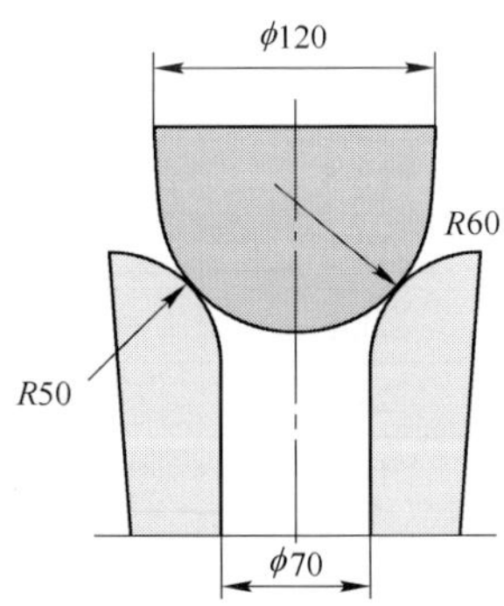

图 4－23 半圆头形塞棒头与水口的配合

半圆头形塞棒头与水口配合的有关参数见图 4－24 和表 4－12。图 4－24 中塞棒处于关闭状态，在与水口碗口接触的位置形成一条环状的接触线，称为开闭线，用 L 表示，也就是棒头的接触线处横断面的直径；h_1 为开闭线的高度，h 为塞棒头的插入深度，碗口的圆弧半径为 R，水口内孔的直径为 ϕA，有关数据仅供参考。

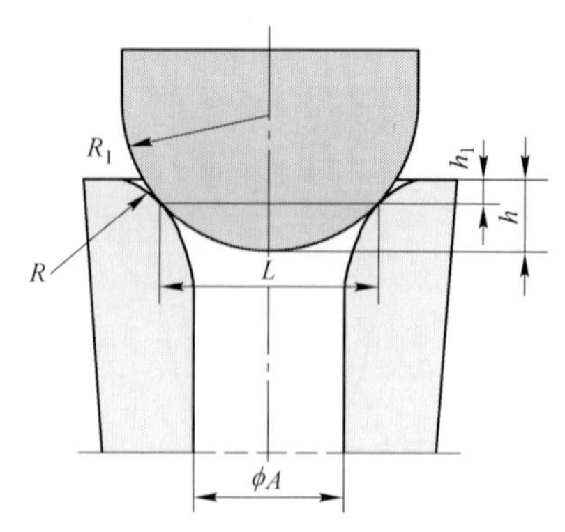

图 4 – 24　半圆头形塞棒头与水口的配合

表 4 – 12　整体塞棒处于关闭位置的有关数据

浸入式水口碗口		整体塞棒处于关闭位置			
水口内孔直径 ϕA/mm	圆弧半径 R /mm	棒头半径 R_1 /mm	开闭线长度 L /mm	开闭线高度 h_1 /mm	棒头插入深度 h /mm
50	50	60	79.6	14.5	22.9
	60		85.3	17.5	35.3
	70		88.6	21.7	42.1
60	50	60	86.1	16.8	35.0
	60		90.6	20.0	40.0
	70		92.7	25.0	46.7
70	50	60	92.9	18.0	40.0
	60		94.7	23.2	46.3
	70		97.8	28.2	52.9
80	50	60	97.5	21.8	47.3
	60		100.2	25.9	52.8
	70		103.5	31.2	60.0
50	50	65	81.5	13.6	28.4
	60		89.3	15.6	33.8
	70		91.4	19.8	38.6
60	50	65	89.4	14.6	32.8
	60		93.1	17.8	37.4
	70		97.2	22.5	45.1
70	50	65	94.1	17.0	37.1
	60		97.6	21.5	43.6
	70		101.1	26.0	50.8
80	50	65	102.9	18.4	42.6
	60		104.0	22.9	48.9
	70		105.5	28.7	55.7

续表 4－12

浸入式水口碗口		整体塞棒处于关闭位置			
水口内孔直径 ϕA/mm	圆弧半径 R /mm	棒头半径 R_1 /mm	开闭线长度 L /mm	开闭线高度 h_1 /mm	棒头插入深度 h /mm
50	50	70	87.1	11.1	26.2
	60		91.5	15.0	31.3
	70		94.0	18.6	36.7
60	50	70	93.0	12.3	29.3
	60		94.6	17.6	35.7
	70		99.3	21.4	41.1
70	50	70	98.5	12.4	34.4
	60		102.8	18.5	40.9
	70		103.7	24.2	47.2
80	50	70	106.5	16.1	39.8
	60		107.2	21.8	46.8
	70		109.5	27.7	54.1

4.12.2 由两个不相等半径组成的棒头设计

由两个不相等半径组成的棒头与水口的配合如图 4－25 所示。棒头尖的圆弧面半径 R_1 的值为 12～50mm，对于大多数小断面方坯和圆坯来说，R_1 的值为 12～35mm；对于大板坯则 R_1 值为 35～50mm。

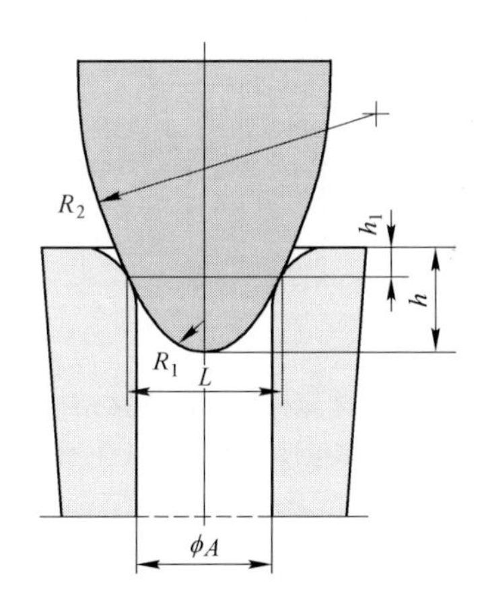

图 4－25 由两个不相等半径组成的棒头与水口的配合

棒头头体的圆弧面半径 R_2 的值一般为 120～200mm，此值的大小与塞棒棒身的尺寸相关，决定了棒头体形的胖与瘦，而塞棒棒身的直径通常为 100～150mm。

此类塞棒棒头与水口碗口的接触部分，通常由棒头半径为 R_2 的圆弧面与其相接触。

棒头的插入深度 h 一般大于 35mm；开闭线 L 的高度 h_1 为 15～25mm。

4.12.3 由两个半径为 R_1 和 R_2 与斜线相切组成的棒头设计

由两个半径为 R_1 和 R_2 形成的圆弧面和斜线 K 形成的圆锥面相切组成的棒头，与水口碗口的配合，如图 4－26 所示。

在大多情况下，整体塞棒棒头的圆锥面与水口碗口相接触。R_1 一般为 15～45mm，R_2 为 45～70mm；棒头的插入深度 h 一般为 35～65mm；开闭线 h_1 的高度为 15～25mm。

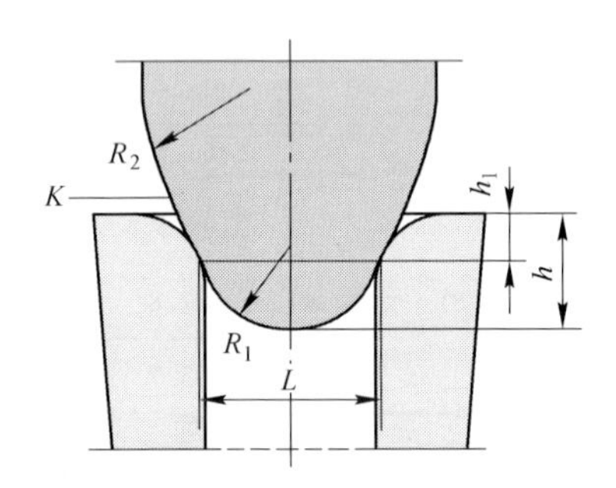

图 4－26 由两个半径为 R_1 和 R_2 与斜线相切组成的棒头与水口配合

4.12.4 整体塞棒尾部的连接结构

目前，整体塞棒尾部的连接部分，主要有三种方式：预埋金属螺纹连接件（见图 4－27(a)）、石墨电极或高铝矾土螺纹连接件（见图 4－27(b)）和穿金属销子连接件（见图 4－27(c)）。

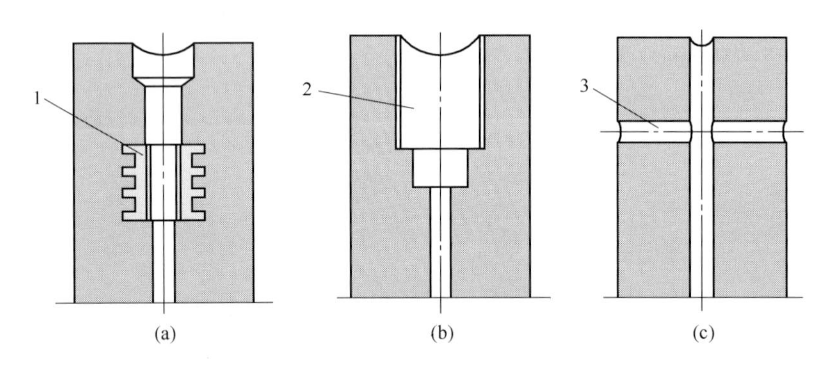

图 4－27 整体塞棒尾部的连接结构示意图

1—金属螺纹连接件；2—石墨电极或高铝矾土连接件；3—金属销子连接件

4.13 塞棒总长度的确定

整体塞棒的总长度 h 等于从插入中间包水口碗口的棒头尖位置算起，直至中间包包盖顶面的距离 h_2，加上超出包盖部分的长度 h_1，即 $h = h_1 + h_2$。由于中间包内的温度是很高的，因此，整体塞棒超出中间包包盖部分的长度不宜过短，否则会烧坏与塞棒连接的金属件，一般应超出 50～100mm，如图 4－28 所示。

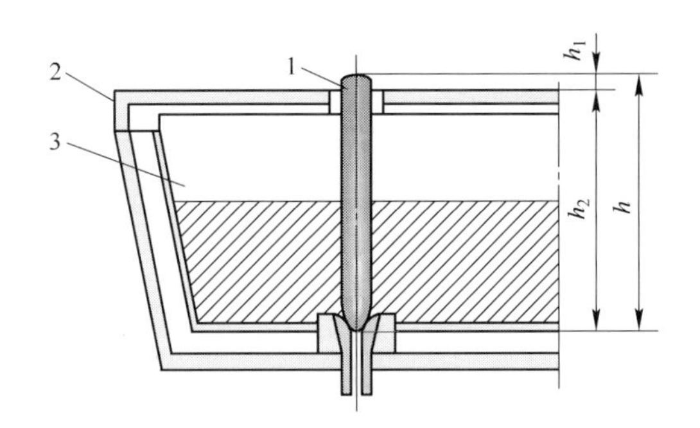

图4－28　整体塞棒的总长度

1—整体塞棒；2—中间包包盖；3—中间包

4.14　塞棒棒头设计示例

4.14.1　棒头设计示例1

拟设计的塞棒棒头的有关参数和设计（未按比例作图），如图4－29所示：

（1）棒头体的直径为ϕ100mm，也就是棒身的外径，即图4－29(a)中线段ef。

（2）棒头高度为108mm，即图4－29(a)中线段dg。

（3）棒头尖的半径为25mm，即图4－29(a)中R。

（4）棒尖高为10mm，即图4－29(a)中线段dp。

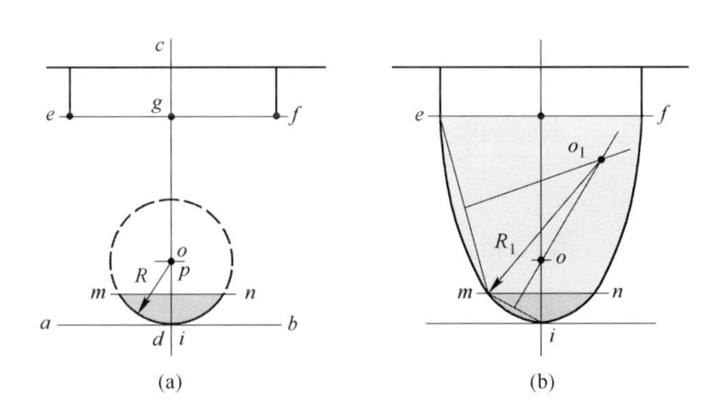

图4－29　塞棒棒头设计示例1示意图

设计步骤：

（1）首先画一条水平线ab，如图4－29(a)所示。

（2）作线段ab的垂直线cd，并与其相交于i点。

（3）过i点，在cd线上截取oi线，并等于25mm，即棒头尖的半径R。

（4）以o为圆心，R为半径画圆。

（5）在cd上截取ip，并令其等于10mm，即棒头尖的高度，如图4－29(a)中深色阴影部分。

（6）过p点，作ab的平行线，并与圆相交，交点分别为m和n。

（7）在cd上截取ig，并令其等于108mm，即棒头的高度。

（8）过 g 点，作 ab 的平行线，并取 ge 和 gf 分别等于50mm，其总和为100mm，即棒头体直径。

（9）连接 e 和 m，m 和 i，并分别作线段 em 和线段 mi 的垂直平分线，并相交于 o_1 点，如图4－29（b）所示。

（10）以 o_1 点为圆心，o_1m 为半径画圆，得到弧线 em。

（11）以同样的方法得到弧线 fn，塞棒棒头设计完成，如图4－29（b）中所有阴影部分。

4.14.2 棒头设计示例2

在已知浸入式水口碗口尺寸的条件下进行设计。水口碗口的尺寸，如图4－30（a）所示。拟设计的棒头体的直径为 ϕ120mm，棒头高度为100mm，棒头尖的半径为30mm，其棒尖高 h_1 为7.5mm，塞棒头插入浸入式水口碗口的深度 h 为34mm。

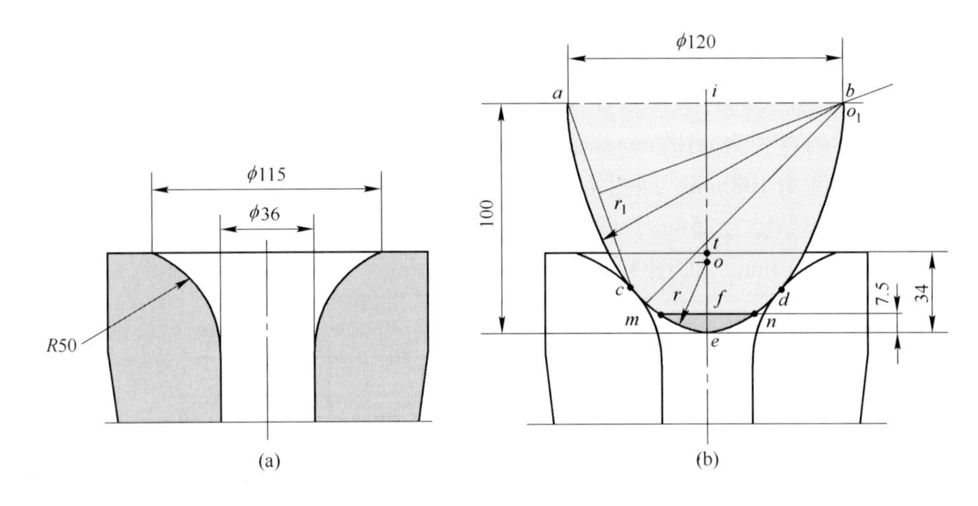

图4－30 塞棒棒头设计示例2示意图

设计步骤如图4－30（b）所示。具体步骤为：

（1）以浸入式水口碗口的端面为基准线。

（2）作水口内孔的中心线 ie，并与端面线相交于 t 点。

（3）由 t 点向下取 te 等于34mm，即棒头插入深度。

（4）以 e 为起点，向上取 eo 等于30mm，即棒头尖的半径 r。

（5）以 o 为圆心，r 为半径画圆。

（6）以 e 为起点，向上取 f 点，使 ef 等于7.5mm，并作水平线与以 r 为半径圆弧相交于 m 和 n 点，则 men 区域为棒头棒尖部分，即图中深色阴影部分。

（7）以 e 为起点，向上取 ei 等于100mm，即棒头高度。

（8）以 i 为原点作水平线，使 ai 与 ib 相等，总和为120mm，即棒头直径。

（9）由图可见，棒头的第二条圆弧 am，必须与水口的圆弧线相切，即塞棒处于关闭位置。但是，与水口圆弧的相切点，要经过多次试画才能最后确定 c 和 d 点，在本案中，确定 c 和 d 点，也可以利用制图软件，画出通过 a、c 和 m 三点的弧线。

（10）在确定 c 和 d 点后，连接 ac 和 cm，分别作他们的垂直平分线，并相交于 o_1 点，即第二条圆弧的圆心。

（11）以 o_1 点为圆心，以 o_1c 为半径，实测为125mm，即以 r_1 为半径画圆，并经过 a、c 和 m 点；用同样的方法画出 bdn 圆弧，到此棒头设计完成。

4.15 塞棒棒头设计说明

关于塞棒棒头的设计作如下说明：

（1）为了方便棒头的设计，作者提供下列参数供参考，见图4－31和表4－13[2]。

（2）据国内连铸用整体塞棒的不完全统计，塞棒棒头的高度一般为90～110mm，棒头上端面的直径一般为 ϕ90～130mm，而棒头尖的半径通常为15～45mm，但是棒头尖的半径小于15mm的或大于40mm的，比较少见。

（3）如果采用手工绘制设计塞棒棒头，由于圆弧的圆心的坐标和圆弧半径的值不完全是整数，有小数点存在，不易精确定位。因此，手工绘制与使用电子图版设计相比，有一定的误差存在。

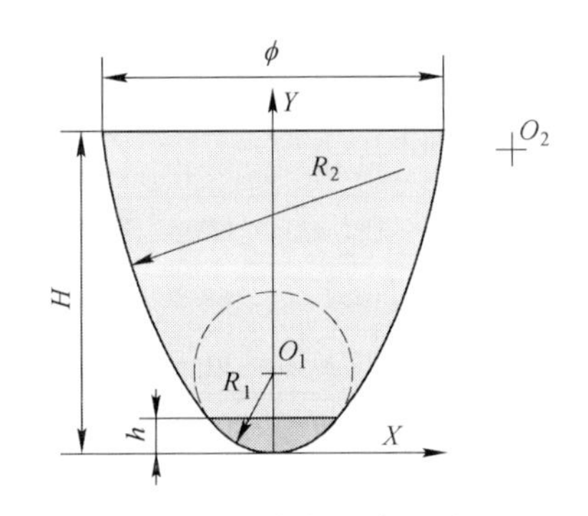

图4－31 棒头设计用图示

ϕ—棒头端面直径；H—棒头高度；h—棒尖高度；R_1—棒头半径；R_2—棒头体半径；O_1—棒尖圆心；O_2—棒头体圆心；X—横坐标；Y—纵坐标

表4－13 整体塞棒棒头设计参考数据

项　目	棒头端面直径 ϕ100 棒头高度 H（90mm）								
R_1/h	15/5	20/10	25/10	30/10	35/10	40/15	40/20	45/2.5	45/5
R_2	142.3	147.3	104	104.1	103.3	122	119.4	124.8	126.5
X	91.7	96.7	53.8	53.7	52.6	71.7	68.9	74.8	76.4
Y	103.4	103.2	83.3	81	78.7	80.6	79.4	89.4	86.1
项　目	棒头端面直径 ϕ110 棒头高度 H（90mm）								
R_1/h	15/5	20/10	25/10	30/10	35/10	40/15	40/20	45/2.5	45/5
R_2	166.4	150.8	127	120.9	103	117.7	119.4	117.1	120.4
X	108.5	94.3	71.7	65.9	47.8	62.6	64.3	62.1	65.4
Y	120.5	111.4	97.8	92.7	83.4	86	86.7	90.8	89.2

续表 4－13

项　目	棒头端面直径 ϕ100 棒头高度 H（100mm）								
R_1/h	15/5	20/10	25/10	30/10	35/10	40/15	40/20	45/2.5	45/5
R_2	112.1	171.6	137.4	129.5	147.5	120.2	140	142.4	137.8
X	61.7	121.3	87.3	79.1	97.4	68.8	89.2	92.4	87.5
Y	90.2	111.3	95.8	90.4	93.2	81.7	85.3	96.3	90.5
项　目	棒头端面直径 ϕ105 棒头高度 H（100mm）								
R_1/h	15/5	20/10	25/10	30/10	35/10	40/15	40/20	45/2.5	45/5
R_2	196.1	208.3	165.9	141.7	132	131.8	173.7	125	157.9
X	141.6	153.8	113.1	89.2	79.2	78.7	121.1	72.2	105.4
Y	127.9	128.8	108.9	97.4	91.6	87.7	96.8	92.2	100.1
项　目	棒头端面直径 ϕ110 棒头高度 H（100mm）								
R_1/h	15/5	20/10	25/10	30/10	35/10	40/15	40/20	45/2.5	45/5
R_2	127.4	176.0	151.9	122.3	123.5	123.9	128.6	140.5	138.7
X	72.4	119.9	96.7	67.1	68.2	68.4	73.3	85.5	83.6
Y	101.2	120.3	107.2	93.4	91.6	88.7	90	100.9	96.4
项　目	棒头端面直径 ϕ115 棒头高度 H（100mm）								
R_1/h	15/5	20/10	25/10	30/10	35/10	40/15	40/20	45/2.5	45/5
R_2	116.1	151.8	160.4	147.8	132.9	148.2	137.3	122.2	144.6
X	58.6	93.7	102.3	90.2	75.4	90.7	79.7	64.6	87.1
Y	97.8	113.5	113.8	105.8	97.7	99.2	95.9	95	100.6
项　目	棒头端面直径 ϕ120 棒头高度 H（100mm）								
R_1/h	15/5	20/10	25/10	30/10	35/10	40/15	40/20	45/2.5	45/5
R_2	133.5	140.5	160	147.8	134.5	155.2	184	136.7	134
X	73.2	80.1	99.1	87.5	74.5	95.1	123.5	76.6	74.0
Y	108.4	111.3	116.8	108.8	101.1	105.1	114.1	104.1	100.0
项　目	棒头端面直径 ϕ125 棒头高度 H（100mm）								
R_1/h	15/5	20/10	25/10	30/10	35/10	40/15	40/20	45/2.5	45/5
R_2	179.2	236.1	170.1	154.1	132.6	136.6	164.5	105.4	118.1
X	114.2	166.3	105.9	94	70.1	74.1	101.5	42.5	55.5
Y	129.9	158.5	124.5	111	103	102	112.3	91	95.3

续表 4-13

项　目	棒头端面直径 ϕ130 棒头高度 H（100mm）								
R_1/h	15/5	20/10	25/10	30/10	35/10	40/15	40/20	45/2.5	45/5
R_2	161.8	259.1	190.8	183.2	172.3	161	148.2	110.2	135
X	94.4	183.4	122.1	115.6	105.8	95.4	82.9	45.1	69.9
Y	127.6	173.9	137.3	130.5	122.8	114.5	110.4	95	105.2
项　目	棒头端面直径 ϕ100 棒头高度 H（110mm）								
R_1/h	15/5	20/10	25/10	30/10	35/10	40/20	40/25	45/2.5	45/5
R_2	149.4	150.8	154	166.5	181.5	189.9	214.5	170.6	171.3
X	99.3	100.7	103.8	116.3	131.4	139.4	164.2	120.5	121.1
Y	105.5	103.9	101.6	102.1	103	96	99.1	106.3	101.3
项　目	棒头端面直径 ϕ105 棒头高度 H（110mm）								
R_1/h	15/5	20/10	25/10	30/10	35/10	40/20	40/25	45/2.5	45/5
R_2	158.3	143.7	156.4	178.4	174.9	212.3	208.2	157.5	166.8
X	105.7	91.1	103.9	125.9	122.3	159.7	155.6	104.9	114.2
Y	111.6	104.3	105.5	109.2	105	105.3	103.8	104.8	103.3
项　目	棒头端面直径 ϕ110 棒头高度 H（110mm）								
R_1/h	15/5	20/10	25/10	30/10	35/10	40/20	40/25	45/2.5	45/5
R_2	243.6	166.9	175.9	191.2	161.7	223.5	233.3	173.5	223
X	185.5	111.8	120.5	136.1	106.6	115.5	178.2	118.4	167.6
Y	148.7	115.8	118.9	117	104.6	104.3	114.8	113.6	124.7
项　目	棒头端面直径 ϕ115 棒头高度 H（110mm）								
R_1/h	15/5	20/10	25/10	30/10	35/10	40/20	40/25	45/2.5	45/5
R_2	166.4	159.1	185.4	190.7	224.8	170.1	315.6	135.8	131.9
X	108.7	101.5	127.5	132.9	166	112.6	255.9	78.2	75.3
Y	118.4	115.8	122.3	120.7	129.5	105.3	142.5	105	99.9
项　目	棒头端面直径 ϕ120 棒头高度 H（110mm）								
R_1/h	15/5	20/10	25/10	30/10	35/10	40/20	40/25	45/2.5	45/5
R_2	183	147.2	188.7	188.5	145	205.7	164.4	137.9	191.8
X	121.8	87.1	126.5	128	85	145	104.4	77.8	131.2
Y	130.7	113.7	129	123.7	105.2	120.1	108.7	104.7	122.2

续表 4－13

项　目	棒头端面直径 $\phi125$ 棒头高度 H（110mm）								
R_1/h	15/5	20/10	25/10	30/10	35/10	40/20	40/25	45/2.5	45/5
R_2	155.9	156.3	172.9	181.1	146.2	155.6	259.4	163.9	197.5
X	93	93.5	109.3	118	83.7	93.1	193.6	101.2	134.2
Y	121	120.3	124.9	124.4	108.3	108.9	143.5	118.3	127.6
项　目	棒头端面直径 $\phi130$ 棒头高度 H（110mm）								
R_1/h	15/5	20/10	25/10	30/10	35/10	40/20	40/25	45/2.5	45/5
R_2	150.1	179.1	190.3	175.7	142.9	170.2	160.2	170.7	172.4
X	84.7	112.6	123.7	110.1	77.9	105	95.1	105.2	107
Y	120.5	113.3	134.8	125.5	109.7	117.2	115.5	124	120.8

注：以上表格数据，是作者通过电子图版设计获得。

4.16　塞棒行程计算

4.16.1　塞棒行程计算依据

目前，连铸耐火材料企业生产的整体塞棒和浸入式水口，是根据钢厂提供的图纸制成的。塞棒与水口碗口之间的配合，作者认为不一定是最佳的配合。

这是因为，最佳的配合必须要考虑到塞棒在连铸浇注过程中的行程，也就是所谓的塞棒的临界有效提升高度，即塞棒提升到这个高度，浸入式水口处于满流浇注，再提升塞棒就不再起调控作用。

因此，在设计塞棒棒头时，应尽可能地使塞棒具有较高的提升距离，这对于控制钢水的流量和塞棒提升的自动控制具有较大的意义。

关于整体塞棒提升的临界有效行程的计算，已有文献报道[3]，即当塞棒处于关闭状态时，如图 4－32(a) 中 2 所示的浅色阴影部分，此时塞棒棒头与浸入式水口碗口紧密接触，ab 为关闭线；当塞棒逐渐向上提升时，塞棒棒头与水口碗口之间的间隙逐渐增大，当环隙面积增大至与浸入式水口内孔的截面积相等时，则认为塞棒处于全开状态，如图 4－32(b) 中所示的浅色阴影部分为环隙面积，与水口内径的截面积相等。

但是，根据文献资料提供公式计算塞棒的行程，比较麻烦。为此，作者发表了新的计算方法，表述如下。

对图 4－32 中的标注作如下说明：

（1）y_a 为塞棒的临界有效行程，即棒头圆心从 O_1 提升到 O_2 的距离。

（2）r_1 为塞棒棒头的半径，圆心为 O_1，$r_1 = O_1 - b = O_2 - d$。

（3）r_2 为塞棒处于关闭位置时，棒头的横截面半径，即圆心为 O，$r_2 = O - b$，如图 4－32(b) 所示。

（4）r_3 为塞棒提升到临界有效行程时，棒头的横截面半径，即圆心为 O，$r_3 = O - d$，

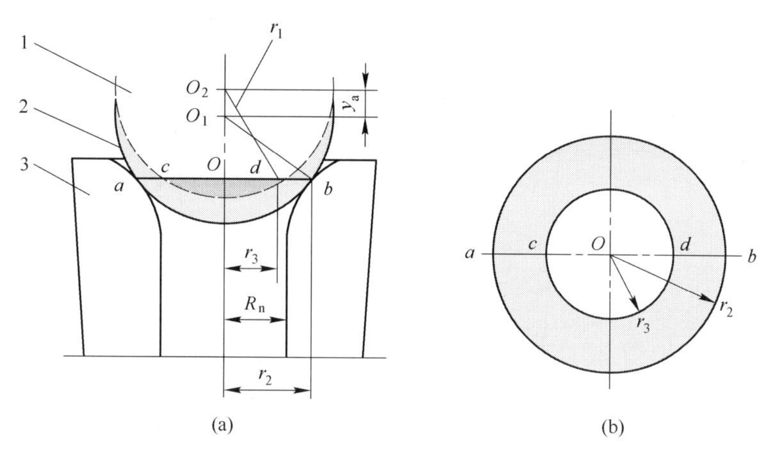

图 4-32 塞棒处于关闭位置示意图

1—处于有效行程的棒头；2—处于关闭位置的棒头；3—浸入式水口

如图 4-32(b) 所示。

(5) R_n 为浸入式水口内孔的横截面半径。

整体塞棒的临界有效行程 r_3 的计算公式如下：

$$y_a = \sqrt{r_1^2 - r_3^2} - \sqrt{r_1^2 - r_2^2} \tag{4-5}$$

$$\pi R_n^2 = \pi r_2^2 - \pi r_3^2$$

$$r_3 = \sqrt{r_2^2 - R_n^2} \tag{4-6}$$

从计算公式可见，在水口内孔半径 R_n 不变的条件下，适当地减少棒尖的半径，也就是使棒头变尖一些，使塞棒的关闭线下降一些，相应的 r_2 会减小，那么塞棒的临界有效行程 y_a 会得到提升。

在钢厂现场和塞棒生产厂，在只有塞棒棒头和水口实物的情况下，如何得知塞棒的临界行程？作者有一个简便的方法，就是将塞棒棒头垂直放置在水口碗口上，然后左右旋转几圈，就可以看到在塞棒棒头上有一个圆形痕迹，再测量其直径，就可以得到 r_3 值，根据公式计算出 y_a 值。

4.16.2 塞棒行程计算示例

塞棒有效行程计算示例如图 4-33 所示。

以国内某钢厂塞棒为例，浸入式水口内孔的半径 $R_n=35$mm；测得塞棒棒头处于关闭状态时的横截面半径 r_2 为 48mm（图 4-33 中 A）；塞棒棒尖的半径为 $r_1=63.5$mm（图 4-33 中 A）。由公式计算得到塞棒的临界有效行程为 12.59mm。

同样以上述示例为例，假设将塞棒棒尖的半径为 r_1 由 63.5mm 改为 50mm（图 4-33 中 B），测得塞棒棒头处于关闭状态时的横截面半径 $r_2=44$mm（图 4-33 中 B）。由公式计算得到塞棒的临界有效行程为 18.55mm。

也就是说适当地改变棒头棒尖的半径，可以改变塞棒的临界有效行程。要注意的是上述示例是一个极端的举例。因为，这样会使塞棒的棒径变细，这是在塞棒的设计过程中必须要慎重考虑到的问题。

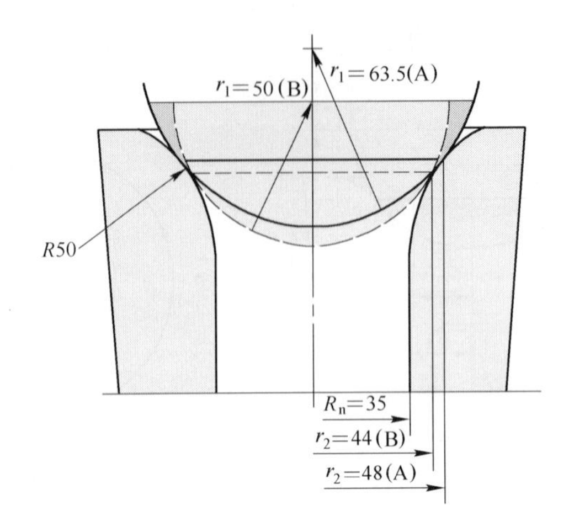

图 4－33 塞棒临界有效行程计算实例示意图
A—原始棒头（实线部分）；B—假设棒头（虚线部分）

4.17 连铸“三大件”配料的基本粒度组成

配料中的粒度组成，犹如建造大厦的框架结构，粒度的配置是否合理，将直接影响到造粒的粒度组成和堆积密度、毛坯的成型性能、制品的密度和强度。从传统的耐火砖的生产角度看，配料的粒度组成，通常采用三级配料，即分为粗颗粒、中颗粒和细粉三档。临界粒度为3mm，其中粗颗粒为3～0.5mm，中颗粒为0.5～0.1mm，细粉为小于0.1mm。

在耐火砖的配料中，要考虑到颗粒的最佳堆积密度和成型后毛坯的平滑程度，在耐火材料制品的生产中，所采用的粗、中和细各级颗粒所占的比重大体为4∶1∶5，但这个比例不是绝对的，可以根据不同制品的工艺要求，在一定范围内是可调的。

在连铸用耐火材料中，连铸“三大件”的特点是它们都是含碳制品，在配料中含有大量的鳞片石墨，使用酚醛树脂作为结合剂，这与传统的耐火材料制品有极大的区别。另外，在使用条件方面，传统的耐火材料制品无论是作为炼钢炉衬或钢包内衬，还是用作窑炉或热工设备内衬，基本上都是单面受热；而连铸“三大件”制品，一头暴露在大气中，另一头插入到钢水中，使用条件十分苛刻。

因此，作者认为在设计配料中的粒度组成时，首先要考虑到设计的粒度组成，要有利于提高制品的热稳定性；其次由于配料中有石墨的存在，要考虑到毛坯的成型性能和弹性后效，通常石墨含量越高，弹性后效就越大，毛坯容易出现裂纹；细粉含量越大，则毛坯越易产生层裂。最后还要考虑到毛坯或毛坯烧成后的机加工性能，一般而言，如果配料中的颗粒越粗，越会对制品的组织结构的均匀性产生不良影响，还会使机加工后的表面越粗糙，影响到制品表面的喷釉质量。

在连铸“三大件”中，配料的粒度组成可以由单一的原料（如棕刚玉）组成，也可以由两种或两种以上的原料组成。对于“三大件”的本体，临界粒度为0.5mm，其中粗颗粒为0.5～0.212mm，中颗粒为0.212～0.106mm，细颗粒为小于0.106mm。

作为连铸“三大件”制品的本体，通过大量的使用试验，确定本体中比较合理的粗、中、细颗粒的比例，见表4－14。表中每个粒级允许有3%～5%的波动。

表4-14 本体通用基本的粒度组成

项　目	基本粒级								
	0.50~0.212mm				0.212~0.106mm		<0.106mm		
比例/%	55~60				25~30		10~15		
粒级/mm	>0.5	0.50~0.425	0.425~0.30	0.30~0.212	0.212~0.15	0.15~0.106	0.106~0.075	0.075~0.045	<0.045
实例1	2	6	25	24	17	13	7	5	1
实例2	2	8	27	27	15	10	5	5	1

作者通过试验表明，上述的粒度组成具有很大的包容性，即在这个基础上，再额外加入0~30%的粒度小于0.075mm的细粉，对制品的密度和强度影响较小。这个特点的意义在于，只要以这个粒度组成为基础，可以根据工艺需要，可以在配料中加入0~30%的细粉，改善配料的成型功能或其他特性，而不影响到制品的性能。

在这样的条件下，粗颗粒和中颗粒的比例会相应变小，但是0.5~0.212mm和0.212~0.106mm所拥有的曲线的形状基本上是不会改变的，而小于0.106mm的细粉的曲线会上翘得很高，如图4-34所示。在图4-34中，实线为本体通用基本的粒度组成曲线，虚线为加有25%粒度小于0.045mm细粉的粒度曲线。

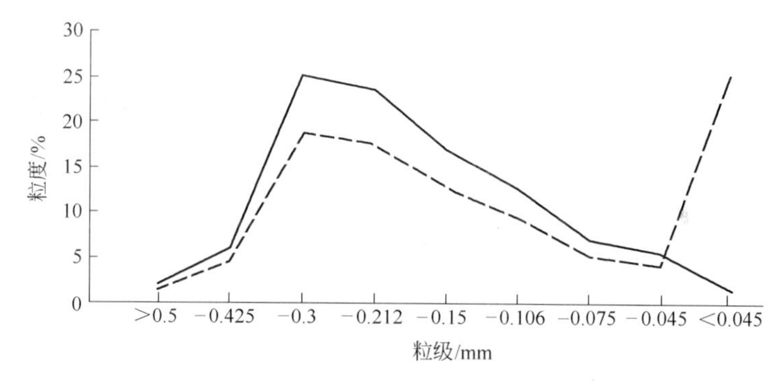

图4-34 本体的基本粒度组成曲线

对于如何稳定原料的粒度组成，作者的观点是明确的，即市售的原料的粒度组成是不稳定的，有时候波动性还是比较大的。这对于透气上水口透气层来说，显得特别敏感，经常会发现不同批次的上水口的透气性能差别很大，有的甚至几乎不透气。我们往往总认为制作用的原料并没有改变，还是那种原料，就是找不到是什么原因引起的。其实是市售的原料的粒度不稳定造成的，因为对上水口的透气层而言，对其粒度组成的要求很严，如果稍有变化，就会影响到透气层的透气性。

因此，采用市售原料配置出来的粒度组成也是不稳定的，不利于制品性能的稳定，也会影响到制品在钢厂的使用。目前比较好的解决办法是将市售的原料的颗粒，进行二次筛分重新分级配制，这样才有可能做到每个批次生产的制品的粒度组成基本一致，才有可能保证得到一个质量稳定的产品。

关于配料的粒度组成，由于每个生产厂所选用的原料、临界粒度和工艺条件存在很大的差异。因此，就配料的临界粒度而言，一般在0.5~1.0mm之间，但每个生产厂都有自己设定的临界粒度范围、粒级和配料的粒度组成，但未必都是最合理的。

4.18 长水口的粒度组成

在连铸“三大件”的生产中，不同制品和不同部位的配料是各不相同的。因此，所采用的临界粒度和粒度组成也是各个相异的，以下提供一些在钢厂使用的产品的粒度组成曲线，仅供参考。为了制图标注方便并使坐标清晰，对粒级标注符号作如下变更，见表4－15。

表4－15 粒级标注符号变更对照表

原粒级符号	>0.85	0.85～0.71	0.71～0.50	0.50～0.425	0.425～0.30
制图替代符号	>0.85	－0.71	－0.50	－0.425	－0.30
原粒级符号	0.30～0.212	0.212～0.106	0.106～0.075	0.075～0.045	<0.045
制图替代符号	－0.212	－0.106	－0.075	－0.045	<0.045

4.18.1 长水口本体的粒度组成

长水口本体的粒度组成曲线实例如图4－35所示。

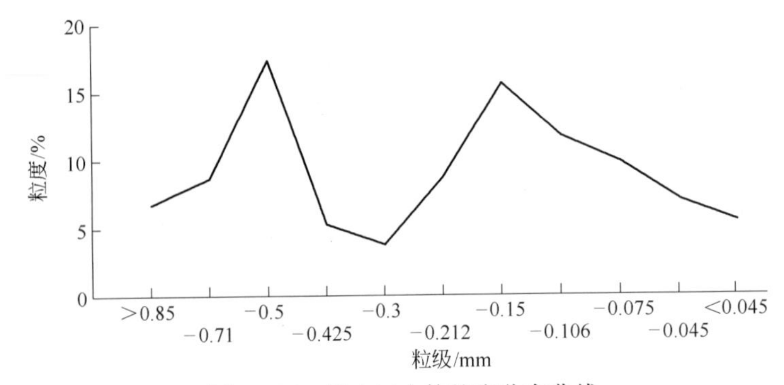

图4－35 长水口本体粒度分布曲线

4.18.2 长水口渣线的粒度组成

长水口渣线的粒度组成曲线实例如图4－36所示。

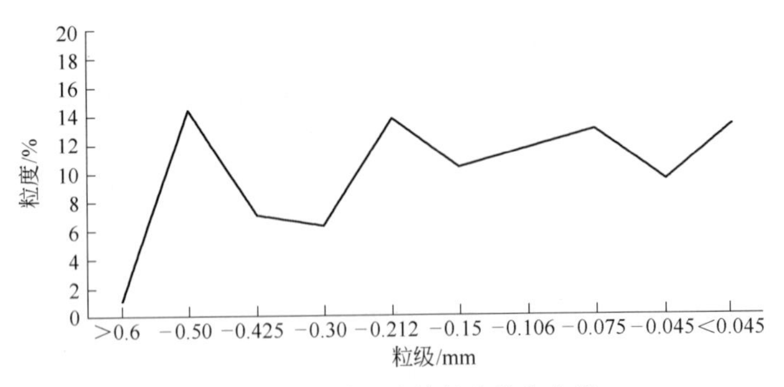

图4－36 长水口渣线粒度分布曲线

4.18.3 长水口内复合层的粒度组成

长水口内复合层的粒度组成曲线实例如图4－37所示。

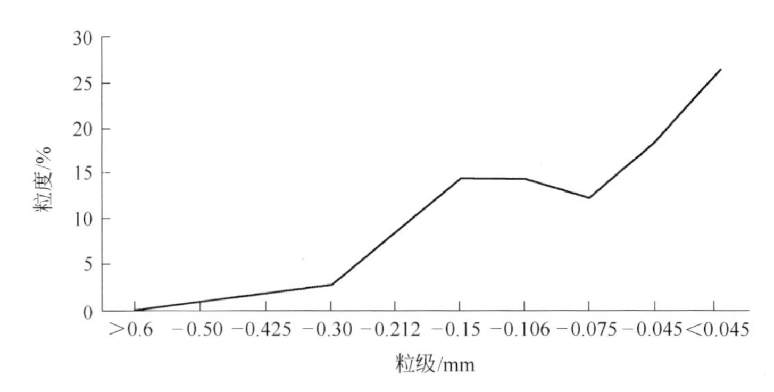

图 4－37 长水口内复合层粒度分布曲线

4.19 浸入式水口的粒度组成

4.19.1 浸入式水口本体的粒度组成

浸入式水口本体的粒度组成曲线实例如图 4－38 所示。

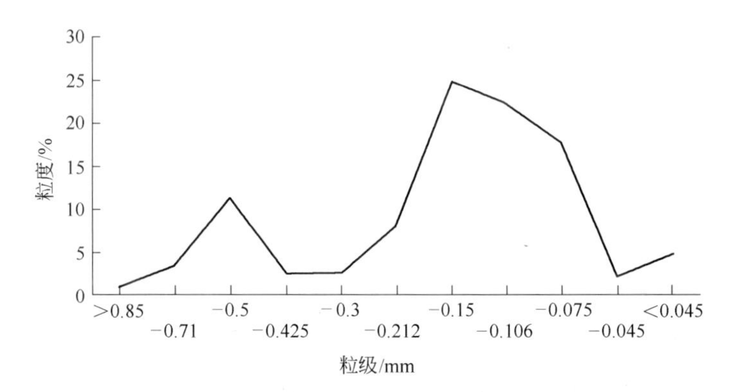

图 4－38 浸入式水口本体粒度分布曲线

4.19.2 浸入式水口渣线的粒度组成

浸入式水口渣线的粒度组成曲线实例如图 4－39 所示。

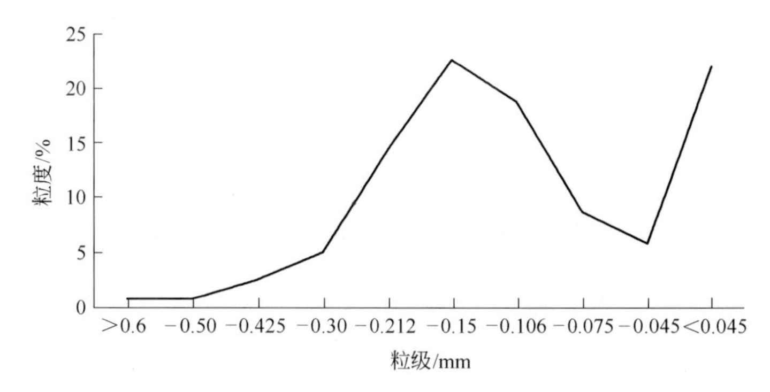

图 4－39 浸入式水口渣线粒度分布曲线

4.20　快换水口的粒度组成

4.20.1　快换水口本体的粒度组成

快换水口本体的粒度组成曲线如图4－40所示。

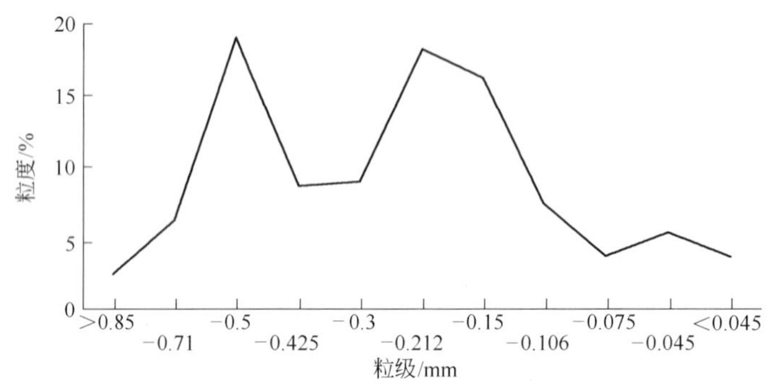

图4－40　快换水口本体粒度分布曲线

4.20.2　快换水口渣线的粒度组成

快换水口渣线的粒度组成曲线实例如图4－41所示。

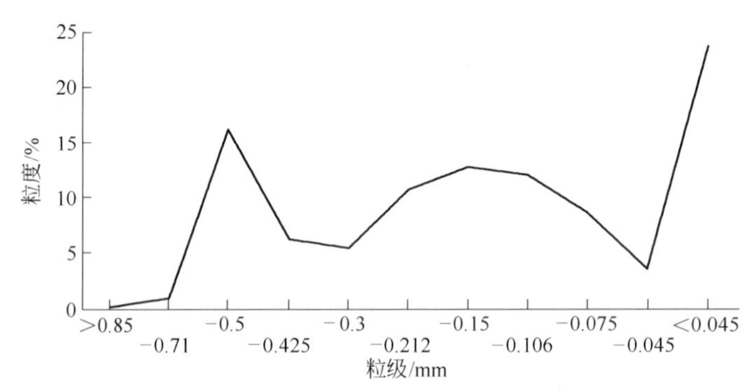

图4－41　快换水口渣线粒度分布曲线

4.20.3　快换水口滑动面的粒度组成

快换水口滑动面的粒度组成曲线实例如图4－42所示。

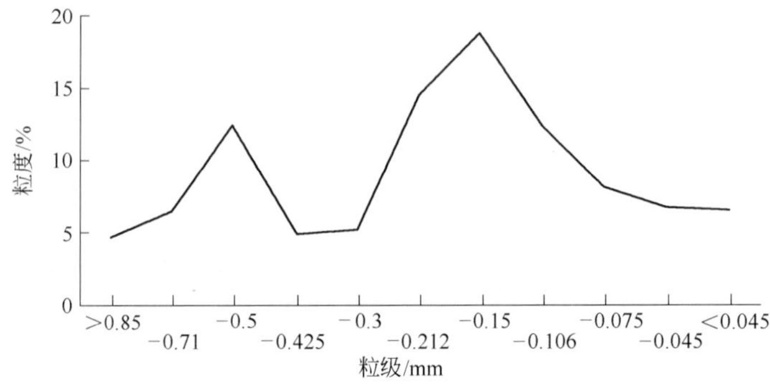

图4－42　快换水口滑动面粒度分布曲线

4.20.4　快换水口内复合层的粒度组成

快换水口内复合层的粒度组成曲线实例如图 4－43 所示。

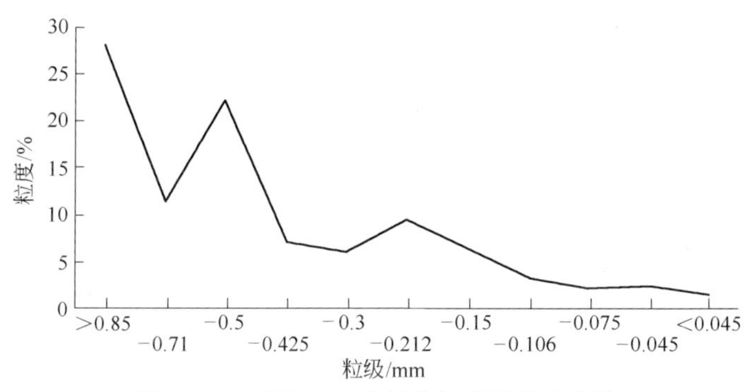

图 4－43　快换水口内复合层粒度分布曲线

4.21　薄板坯浸入式水口的粒度组成

4.21.1　薄板坯浸入式水口本体的粒度组成

薄板坯浸入式水口本体的粒度组成曲线实例如图 4－44 所示。

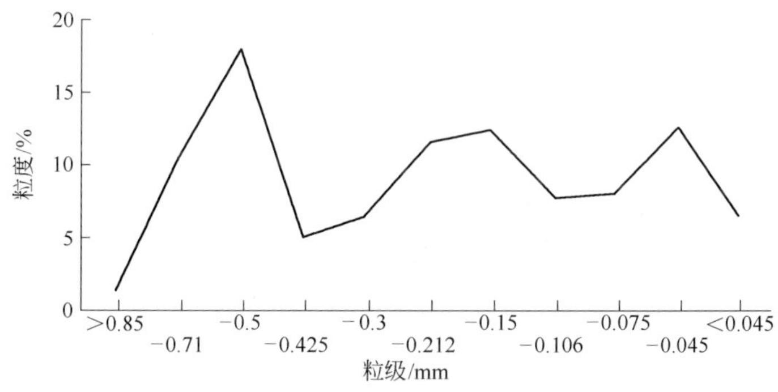

图 4－44　薄板坯浸入式水口本体粒度分布曲线

4.21.2　薄板坯浸入式水口渣线的粒度组成

薄板坯浸入式水口渣线的粒度组成曲线实例如图 4－45 所示。

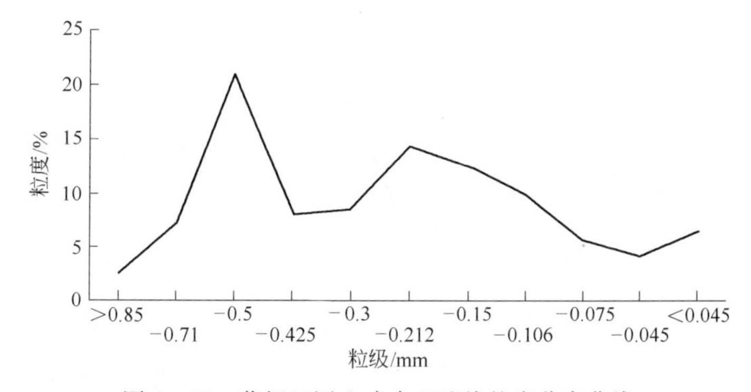

图 4－45　薄板坯浸入式水口渣线粒度分布曲线

4.21.3 薄板坯浸入式水口碗口的粒度组成

薄板坯浸入式水口碗口的粒度组成曲线实例如图 4－46 所示。

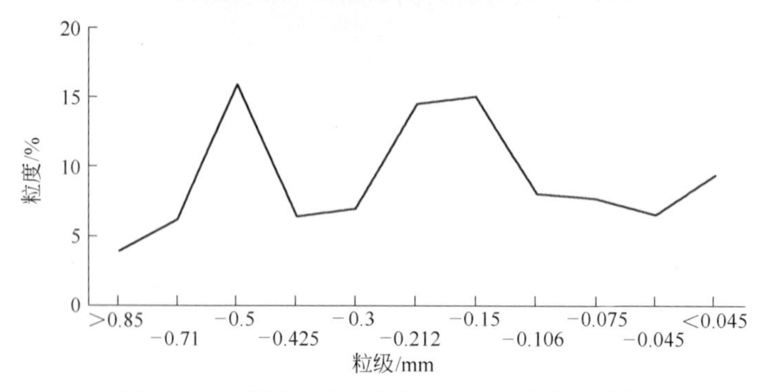

图 4－46　薄板坯浸入式水口碗口粒度分布曲线

4.22 整体塞棒的粒度组成

4.22.1 整体塞棒本体的粒度组成

整体塞棒本体的粒度组成曲线实例如图 4－47 所示。

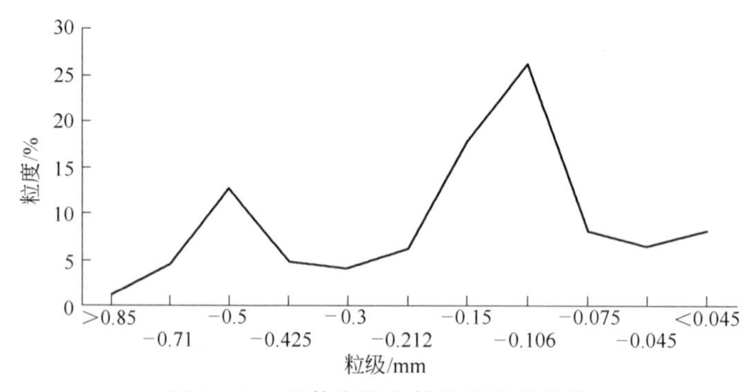

图 4－47　整体塞棒本体粒度分布曲线

4.22.2 整体塞棒棒头的粒度组成

整体塞棒棒头的粒度组成曲线实例如图 4－48 所示。

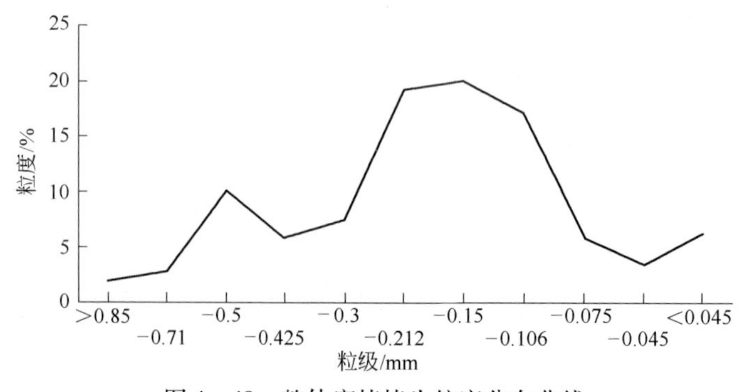

图 4－48　整体塞棒棒头粒度分布曲线

4.23 配料中的有关原则

在连铸“三大件”的生产中，尽管有很多重要的环节得到了重视并受到监控，但在配料中的许多细节经常会被忽视，对制品的性能和使用带来不利影响。因此，对于这些问题，作者认为在很多情况下细节决定成败，作者对待一些细节问题的原则，见如下描述。

4.23.1 关于配料临界粒度的差异原则

配料的临界粒度，要根据不同制品和相互接触的部位，选择不同大小的粒度，如水口和塞棒，前者的临界粒度可以小一些，而后者可以大一些，最大可达1.0mm；又如同一个产品的不同部位，为了使本体、碗口、渣线和内复合层之间，或滑动面与本体之间，或棒头与塞棒棒身之间的连接更牢固，要求各个部分使用的临界粒度不要完全一致，应该有一些差别为好，这样便于不同大小的颗粒能够互相渗透填充，使得不同部位的结合面和复合面牢固地结合在一起。

4.23.2 配方中鳞片石墨粒度的分配原则

不同的制品和同一种制品的各个部位，在很多的情况下，一般使用50目和80目的鳞片石墨，而且鳞片石墨的加入量也是不一样的，有时差别还是很大的。比如长水口中石墨的加入量可以达到25%～30%，甚至更高一些；又如有些制品或复合体中石墨的加入量小于10%，甚至更少。

从以上不难看出，在石墨加入量大的制品中，单位体积中石墨颗粒的含量高，分布密度大，均匀性好。这样的制品在钢厂的使用中导热均匀，抗热冲击性强，有较好的使用性能。反之，石墨含量低的制品或部位，特别是在不含熔融石英的制品中，如果也使用50目和80目的鳞片石墨，则制品中单位体积中的石墨颗粒分布稀少，导热性能差，热稳定性不好，在使用中容易损毁造成事故。因此，在这种情况下，可以使用100目以下的鳞片石墨，甚至还可以使用一些炭黑，增加制品和复合体中的石墨颗粒含量，提高石墨在制品中的分布密度，改善制品的使用性能。

4.23.3 制品不同部位结合剂的平衡原则

在连铸“三大件”制品的配料中，同一种制品的不同部位中结合剂的加入量的差别也是很大的，有的部位酚醛树脂的加入量高达12%以上，而有的部位少到只有百分之几。在这种情况下，各个部位之间的成型性能和结合程度不一致，可能在毛坯的烧成过程中出现问题。因此，要求各个部位中的结合剂的加入量，要尽可能地接近，不宜差别过大。这样做可能会给一些要求无碳的制品带入极少量的残炭，但不会影响到钢水的质量和制品的使用。

4.24 长水口本体造粒料的水分与堆积密度及其他指标之间的规律性

造粒料的特性主要反映在粒度组成、残余挥发分的含量（即所谓的“水分”）和造粒料的堆积密度三个方面。由于生产厂家的不同，对于相同的产品，所用的原料和配方以及生产工艺也不完全一样。因此，造粒后所得到的造粒料的有关数据，也存在一定的差异，但是造粒料具有的统计规律性应该是一样的。

作者对连铸“三大件”制品的造粒料，以年为单位，收集和整理了大量的数据，经分析得到了造粒料水分与堆积密度、堆积密度与毛坯密度和毛坯密度与制品密度之间的规律性。

从这些中可以看到，控制造粒料的水分的重要性，使生产管理者有可能在造粒之初就可以预测到最终成品的性能。还可以帮助生产管理者及早发现问题，并及时进行处理，减少生产过程中的损失。

4.24.1 长水口本体造粒料的水分与堆积密度之间的规律性

分析样本为铝碳质长水口，碳含量为30%～35%。以本体造粒料的水分月平均值的大小顺序从小到大，而不按月份排列，并与其相对应的造粒料的堆积密度一起排序作图。

长水口造粒料的水分与堆积密度的关系如图4－49所示。

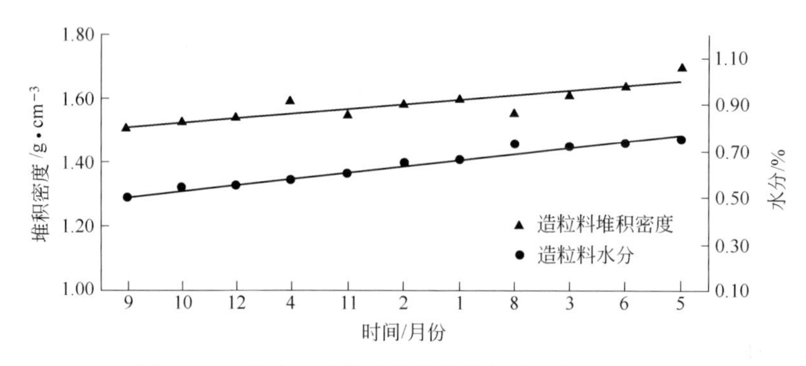

图4－49 长水口本体造粒料水分与堆积密度的关系

规律一：由图4－49可见，造粒料的堆积密度值，从线性（造粒料堆积密度）曲线的趋势看，造粒料的堆积密度随着造粒料水分的增加而增大。

4.24.2 长水口本体造粒料的堆积密度与毛坯密度之间的规律性

分析样本为铝碳质长水口，碳含量为30%～35%。以本体造粒料的堆积密度的月平均值的大小顺序从小到大，而不按月份排列，并与其相对应的造粒料的堆积密度一起排序作图。

长水口本体造粒料的堆积密度与毛坯密度的关系如图4－50所示。

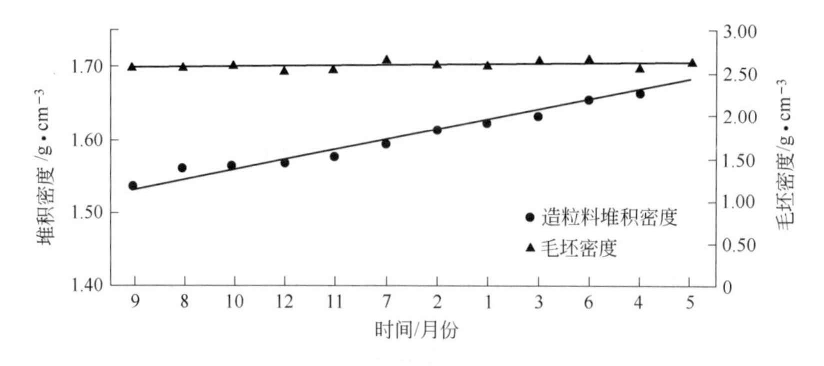

图4－50 长水口本体造粒料堆积密度与毛坯密度的关系

规律二：由图4－50可见，随着本体造粒料的堆积密度的增加，毛坯的密度基本上是恒定的，变化较小。

这说明造粒料的堆积密度的大小，与成型后的毛坯密度的相关性不大。这是因为在一定范围内，无论造粒料的密度有多大的变化，成型后毛坯的体积几乎都是一样大的。因此，成型后的毛坯的密度基本一致，不会有很大的波动。

4.24.3 长水口本体造粒料的堆积密度与制品密度之间的规律性

分析样本为铝碳质长水口，碳含量为30% ~35%。以毛坯的密度值的大小顺序从小到大，而不按月份排列，并与其相对应的制品密度一起排序作图。

长水口本体造粒料的堆积密度与制品密度的关系如图4－51所示。

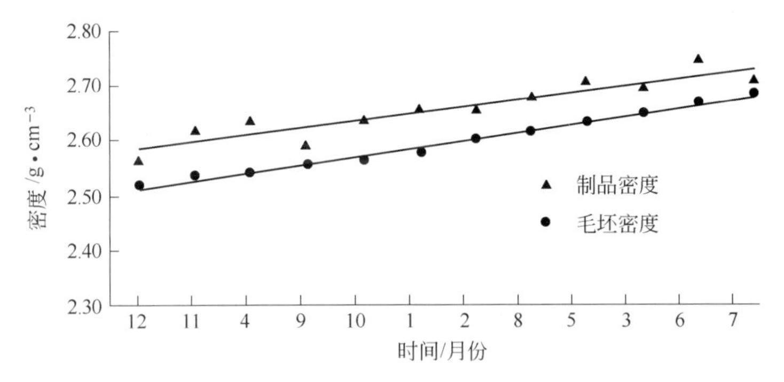

图4－51 长水口制品密度与毛坯密度的关系

规律三：由图4－51可见，从线性（制品密度）曲线的趋势看，制品的密度值随着毛坯的密度增加而提高，但提高幅度不大，从制品和毛坯密度的年平均值的差值看，两者只相差0.06g/cm^3，也就是说，毛坯的密度就是制品的密度。这是因为含碳毛坯，特别是含碳量高的毛坯，烧成后的体积收缩很小的缘故。

4.25 浸入式水口本体造粒料与堆积密度及其他指标之间的规律性

4.25.1 浸入式水口本体造粒料的水分与造粒料堆积密度之间的规律性

分析样本为铝碳质浸入式水口，碳含量为24% ~26%。以本体造粒料的水分月平均值的大小顺序从小到大，而不按月份排列，并与其相对应的造粒料的堆积密度一起排序作图。

浸入式水口本体造粒料的水分与造粒料堆积密度的关系如图4－52所示。

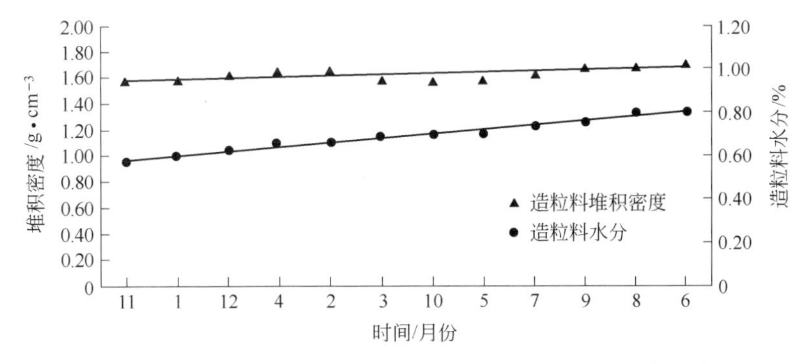

图4－52 浸入式水口本体造粒料水分与造粒料堆积密度的关系

规律一：由图4－52可以看到，造粒料的水分和堆积密度的变化规律，与长水口是一致的。

4.25.2 浸入式水口本体造粒料的堆积密度与毛坯密度之间的规律性

分析样本为铝碳质浸入式水口，碳含量为24%～26%。以本体造粒料的堆积密度的月平均值的大小顺序从小到大，而不按月份排列，并与其相对应的造粒料的堆积密度一起排序作图。

浸入式水口本体造粒料的堆积密度与毛坯密度的关系如图4－53所示。

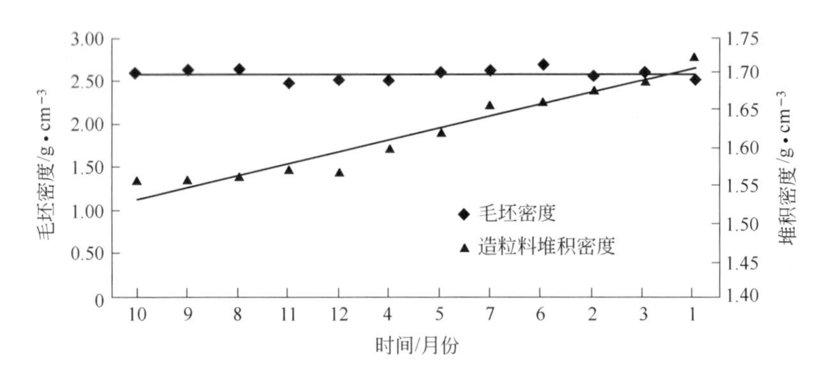

图4－53 浸入式水口本体造粒料堆积密度与毛坯密度的关系

规律二：由图4－53可见，随着造粒料的堆积密度的增加，毛坯的密度变化较小。浸入式水口毛坯密度的月平均值的差值为0.10g/cm^3。

4.25.3 浸入式水口本体毛坯密度与制品密度之间的规律性

分析样本为铝碳质浸入式水口，碳含量为24%～26%。以毛坯的密度值的大小顺序从小到大，而不按月份排列，并与其相对应的制品密度一起排序作图。

浸入式水口毛坯密度与制品密度的关系如图4－54所示。

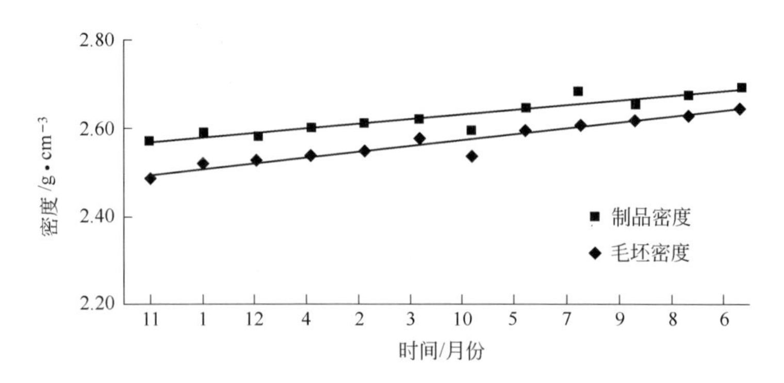

图4－54 浸入式水口本体毛坯密度与制品密度的关系

规律三：由图4－54可见，制品的密度值和毛坯的密度的关系，与长水口一致。制品和毛坯密度的年平均值的差值为0.05g/cm^3。

4.26 浸入式水口渣线造粒料与堆积密度及其他指标之间的规律性

4.26.1 浸入式水口渣线造粒料的水分与堆积密度之间的规律性

分析样本为浸入式水口锆碳质渣线部位，碳含量为16%～18%。以渣线造粒料水分月平均值的大小顺序从小到大，而不按月份排列，并与其相对应的造粒料的堆积密度一起排序作图。浸入式水口渣线造粒料的水分与堆积密度的关系如图4－55所示。

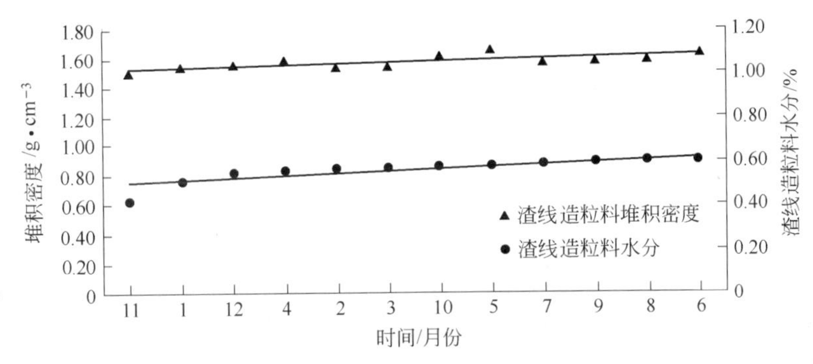

图4－55 浸入式水口渣线造粒料水分与造粒料堆积密度的关系

规律一：图4－55中的曲线所表示的意义同前，即造粒料的堆积密度也是随着水分的增加而增大，但增加幅度很小。

4.26.2 浸入式水口渣线造粒料的堆积密度与毛坯密度之间的规律性

分析样本为浸入式水口锆碳质渣线部位，碳含量为16%～18%。以渣线造粒料的堆积密度的月平均值的大小顺序从小到大，而不按月份排列，并与其相对应的造粒料的堆积密度一起排序作图。浸入式水口渣线造粒料的堆积密度与毛坯密度的关系如图4－56所示。

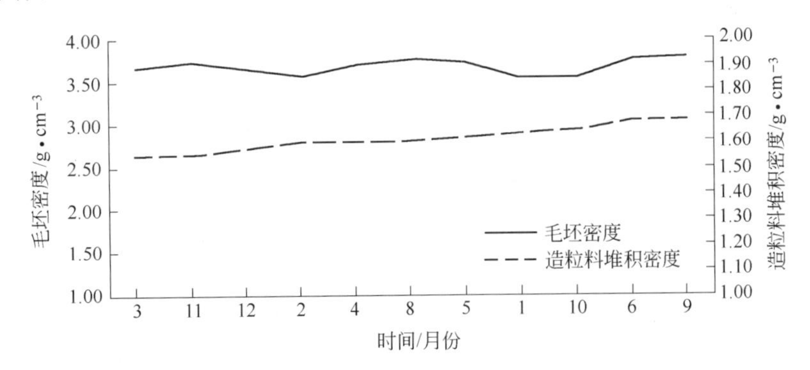

图4－56 浸入式水口渣线造粒料堆积密度和毛坯密度的关系

规律二：由图4－56可见，随着渣线造粒料堆积密度的增加，毛坯的密度变化较小。浸入式水口毛坯密度与渣线造粒料堆积密度年平均值的差值为2.07g/cm^3。

4.26.3 浸入式水口渣线烧前坯体密度与烧后坯体密度之间的规律性

分析样本为浸入式水口锆碳质渣线部位，碳含量为16%～18%。以渣线烧前坯体密度的月平均值的大小顺序从小到大，而不按月份排列，并与其相对应的烧后坯体密度一起排序作图。

浸入式水口渣线烧前坯体密度与烧后坯体密度的关系如图 4 – 57 所示。

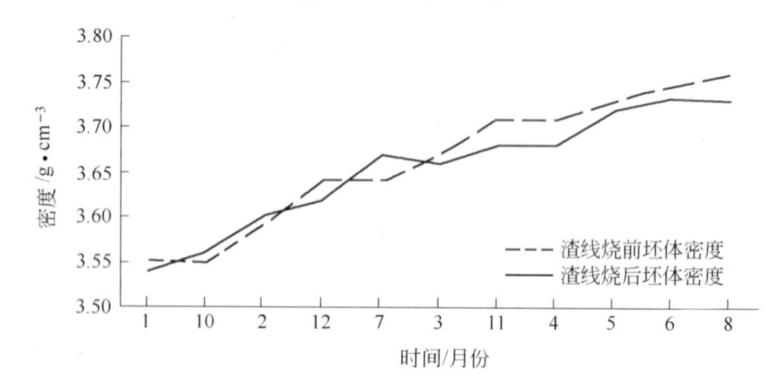

图 4 – 57　浸入式水口渣线烧前坯体密度和烧后坯体密度的关系

规律三：由图 4 – 57 可见，制品的烧后密度值和烧前毛坯的密度的关系与长水口和浸入式水口的变化规律并不一致，而是烧后制品的密度略低于烧前毛坯的密度。可能是由于配料中的氧化锆原料在烧成的过程中体积稍有一些膨胀造成的。

烧后制品密度和烧前毛坯密度的年平均值的差值为 -0.02g/cm^3。

4.27　整体塞棒本体造粒料与堆积密度及其他指标之间的规律性

4.27.1　整体塞棒本体造粒料的水分与堆积密度之间的规律性

分析样本为铝碳质整体塞棒本体，碳含量为 23% ~25%。以造粒料的水分值的大小顺序从小到大，而不按月份排列，并与其相对应的造粒料的堆积密度一起排序作图。

整体塞棒本体造粒料的水分与堆积密度的关系如图 4 – 58 所示。

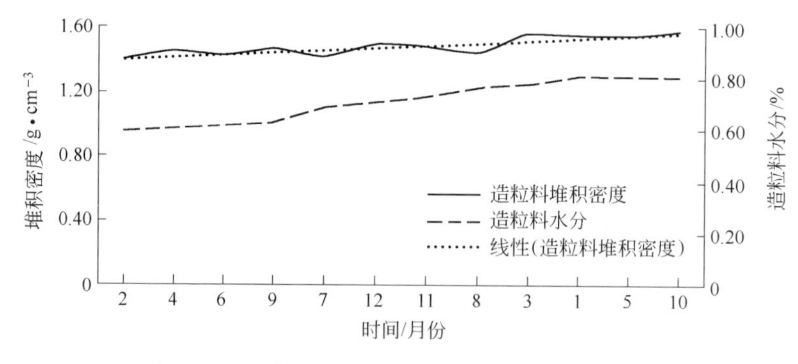

图 4 – 58　整体塞棒造粒料水分与堆积密度的关系

规律一：由图 4 – 58 可以看到，造粒料的水分和堆积密度的变化规律与长水口是一致的。

4.27.2　整体塞棒本体造粒料的堆积密度与毛坯密度之间的规律性

分析样本为铝碳质整体塞棒本体，碳含量为 23% ~25%。以造粒料堆积密度值的大小顺序从小到大，而不按月份排列，并与其相对应的毛坯密度一起排序作图。

整体塞棒本体造粒料的堆积密度与毛坯密度的关系如图4-59所示。

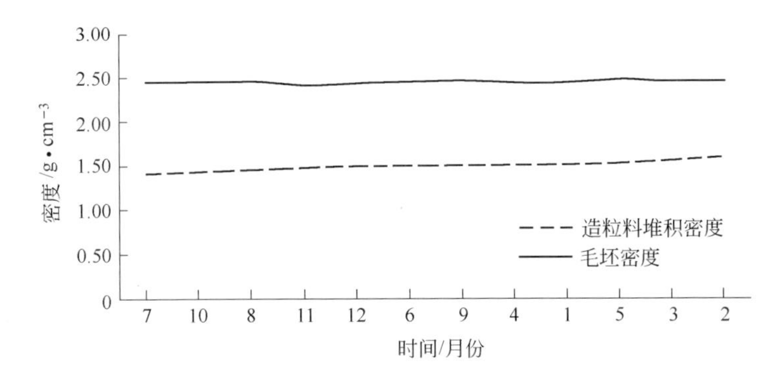

图4-59 整体塞棒造粒料堆积密度与毛坯密度的关系

规律二：由图4-59可见，随着整体塞棒造粒料堆积密度的增加，毛坯的密度变化较小。整体塞棒的毛坯密度与造粒料的堆积密度的年平均值的差值为0.95 g/cm^3。

4.27.3 整体塞棒本体烧前毛坯密度与烧后本体密度之间的规律性

分析样本为铝碳质整体塞棒本体，碳含量为23%～25%。以本体烧前毛坯密度值的大小顺序从小到大，而不按月份排列，并与其相对应的烧后毛坯密度一起排序作图。

整体塞棒本体毛坯密度与烧后本体密度的关系如图4-60所示。

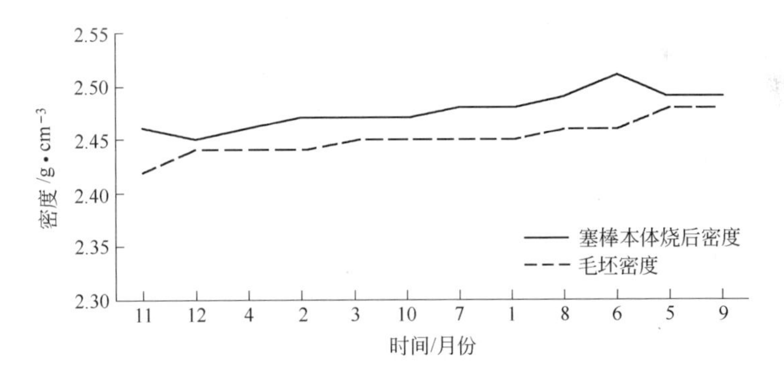

图4-60 整体塞棒本体毛坯密度与烧后本体密度的关系

规律三：由图4-60可见，烧后本体的密度值总的趋势是略大于毛坯的密度，两者密度的年平均值的差值为0.03g/cm^3。

4.28 镁碳质棒头造粒料与堆积密度及其他指标之间的规律性

4.28.1 镁碳质棒头造粒料水分与堆积密度的规律性

分析样本为镁碳质棒头，碳含量为14%～16%。以造粒料的水分值的大小顺序从小到大，而不按月份排列，并与其相对应的造粒料的堆积密度一起排序作图。

镁碳质棒头造粒料水分与堆积密度的关系如图 4 – 61 所示。

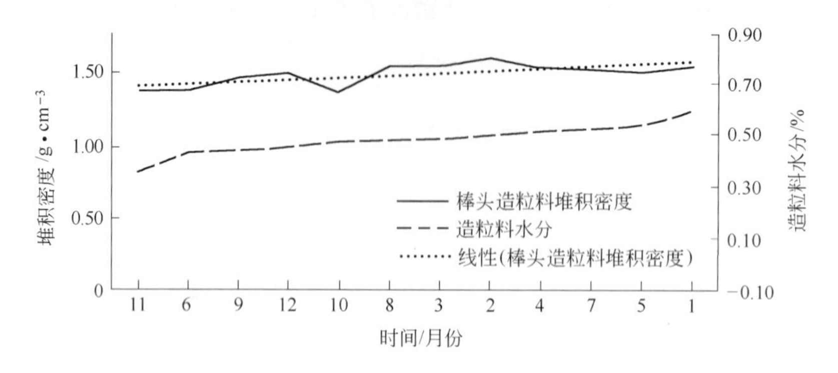

图 4 – 61 镁碳质棒头造粒料水分与堆积密度的关系

规律一：由图 4 – 61 可以看到，随着造粒料的水分的增加，堆积密度随之增大，但增加幅度不大。

4.28.2 镁碳质棒头造粒料的堆积密度与本体毛坯体之间的规律性

分析样本为镁碳质棒头，碳含量为 14% ~16%。以造粒料堆积密度值的大小顺序从小到大，而不按月份排列，并与其相对应的毛坯体密度一起排序作图。

镁碳质棒头造粒料的堆积密度与本体毛坯体密度的关系如图 4 – 62 所示。

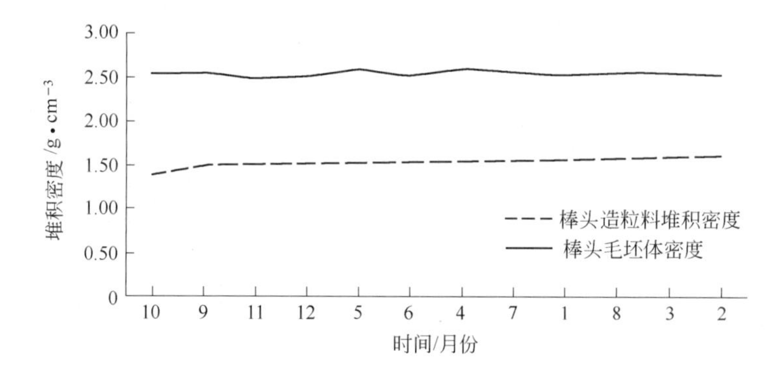

图 4 – 62 镁碳质棒头造粒料堆积密度与毛坯体密度的关系

规律二：由图 4 – 62 可见，塞棒棒头造粒料堆积密度与毛坯的密度变化基本一致。塞棒棒头的毛坯体密度与造粒料的堆积密度的年平均值的差值为 1.0g/cm^3。

4.28.3 镁碳质棒头烧前毛坯密度与烧后坯体密度之间的规律性

分析样本为镁碳质棒头，碳含量为 14% ~16%。以烧前毛坯密度值的大小顺序从小到大，而不按月份排列，并与其相对应的烧后毛坯密度一起排序作图。

镁碳质棒头毛坯密度与烧后坯体密度的关系如图 4 – 63 所示。

规律三：由图 4 – 63 可见，烧后棒头坯体的密度略大于棒头毛坯的密度，两者密度的年平均值的差值为 0.07g/cm^3。

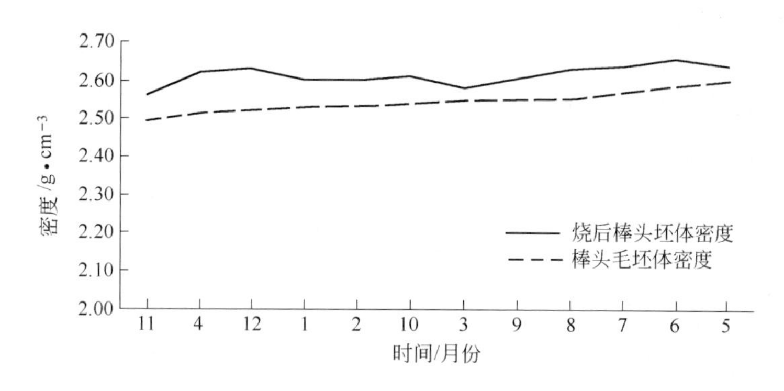

图 4－63 镁碳质棒头毛坯密度与烧后棒头坯体密度的关系

4.29 铝碳质系列造粒料与毛坯和制品密度之间的规律性

所谓配料系列的造粒料，如由众多配方组成的铝碳系列造粒料，不管有多少种配方，只要配料材质是铝碳质的即可，而不考虑配料中原料品种、石墨和结合剂的加入量及其用途。只是单纯地考虑造粒料的堆积密度与相应的毛坯密度和制品密度之间的关系。

作者为了便于考察碳系列造粒料与毛坯和制品密度的规律性，为了作图方便，曲线图的横坐标的取值用 1、2、3、4、5、…、45 表示相应的系列造粒料的堆积密度，见表 4－16。

表 4－16 曲线图的横坐标编号与堆积密度的对照表

坐标编号	堆积密度 /g·cm^{-3}	坐标编号	堆积密度 /g·cm^{-3}	坐标编号	堆积密度 /g·cm^{-3}	坐标编号	堆积密度 /g·cm^{-3}
1	1.19	13	1.37	25	1.52	37	1.66
2	1.20	14	1.39	26	1.54	38	1.67
3	1.21	15	1.40	27	1.55	39	1.68
4	1.22	16	1.41	28	1.56	40	1.69
5	1.23	17	1.42	29	1.57	41	1.70
6	1.24	18	1.43	30	1.58	42	1.71
7	1.25	19	1.44	31	1.59	43	1.72
8	1.27	20	1.45	32	1.60	44	1.73
9	1.29	21	1.46	33	1.61	45	1.76
10	1.33	22	1.48	34	1.62		
11	1.34	23	1.49	35	1.64		
12	1.35	24	1.50	36	1.65		

在表 4－16 中，所有的堆积密度值均为月平均值，并按其值的大小顺序从小到大排列。

铝碳质系列造粒料密度的变化与单独一个配方的造粒料密度不同，前者，主要来自各种不同的配方，可以自成一个系列。因此，在配料中所用的原料种类以及石墨和结合剂的加入量各不相同，由此衍生出众多大大小小的造粒料堆积密度。由此可以观察到堆积密度与毛坯和制品密度之间的关联性。而后者，即单独配方的配料组成是基本一致的，造粒料的堆积密度虽有波动，但变化幅度很小，可以观察到的变化规律有局限性。

4.29.1 铝碳质系列造粒料密度与其毛坯和制品密度的规律性

铝碳质系列造粒料密度与其毛坯和制品密度的关系如图4－64所示。

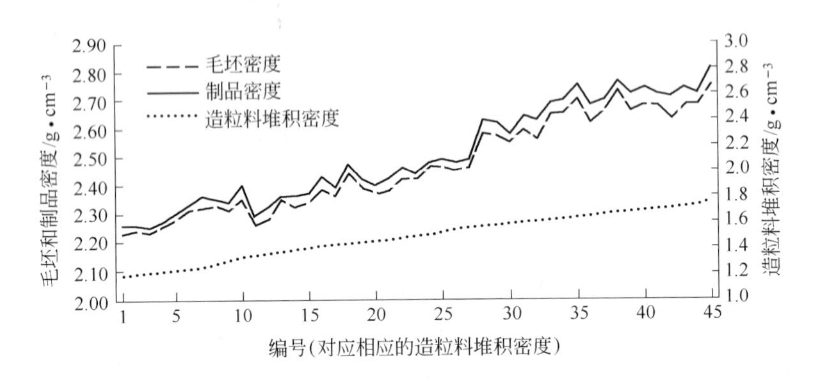

图4－64 铝碳质系列的造粒料密度与其毛坯和制品密度的关系

从图4－64中可以明显地看到，随着造粒料密度值的增加，相应的成型后毛坯的密度值也在增大，而且增大的幅度较大，而毛坯与制品的密度变化规律是基本一致的，两者之间的平均密度差值为0.05g/cm^3。

4.29.2 铝碳质系列毛坯和制品密度比值之间的规律性

在铝碳质系列中，仍然按照粒料堆积密度值的大小顺序从小到大排列，并得到相对应的制品与毛坯密度的比值，即：制品密度/毛坯密度＝比值。制品密度和毛坯密度比值的关系，如图4－65所示。

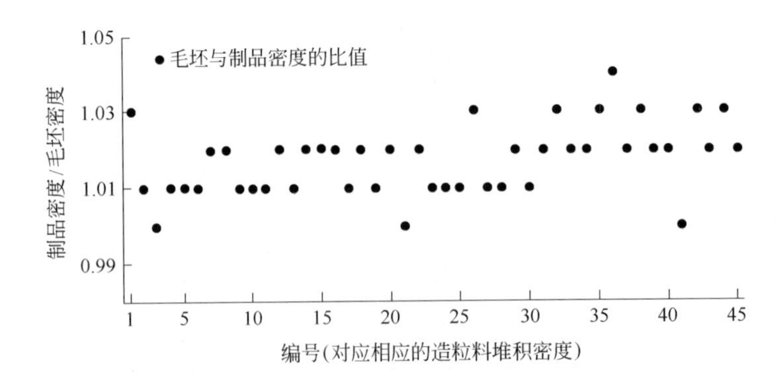

图4－65 铝碳质系列的制品与毛坯密度比值的关系

由图4－65可见，造粒料密度从1.19g/cm^{3}到1.59g/cm^3，即对应横坐标为1～31，制品与毛坯密度的比值主要为1.01和1.02；造粒料密度大于1.60g/cm^{3}以后，即对应横坐标为32～45，制品与毛坯密度的比值主要为1.02和1.03。

4.29.3 铝碳质系列造粒料堆积密度与毛坯密度之间的规律性

铝碳质系列造粒料堆积密度与毛坯密度的关系如图4－66所示。由图4－66可见，造粒料堆积的趋势线与毛坯密度的趋势线，即两条线性线的走向完全一致，存在很大的关联性。

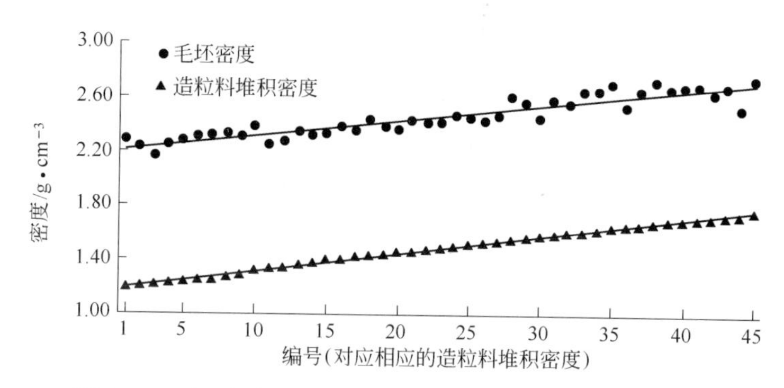

图4－66 铝碳质系列造粒料堆积密度与其毛坯密度的关系

由图4－66可见，两条线性线基本上是平行的，也就是说，任何一个造粒料的密度与对应的毛坯之间的差值，即：毛坯密度－造粒料密度＝定值，基本上都是相等的。

作者认为，这个规律很重要，在产品的生产初期，根据造粒料的堆积密度，就可以大致推测出毛坯的密度，进而推断出制品的密度及其有关性能。

4.29.4 铝碳质系列造粒料堆积密度与毛坯密度的差值之间的规律性

铝碳质系列的毛坯密度与造粒料堆积密度的差值关系曲线图如图4－67所示。由图可见铝碳质系列的毛坯密度与造粒料堆积密度的差值，可分为三个区域，即*AB*、*CD*和*EF*三个区域。

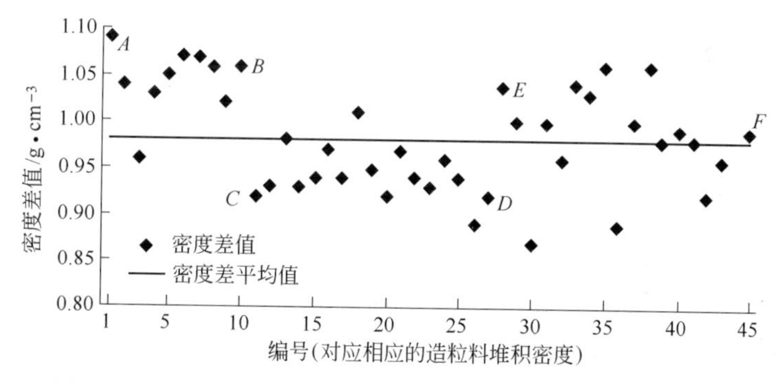

图4－67 铝碳质系列毛坯密度与造粒料堆积密度的差值关系

(1) 在*AB*区域，造粒料的堆积密度值范围为1.19～1.29g/cm^3，平均差值为1.04g/cm^3。

(2) 在*CD*区域，造粒料的堆积密度值范围为1.34～1.55g/cm^3，平均差值为0.9g/cm^3。

(3) 在*EF*区域，造粒料的堆积密度值范围为1.56～1.76g/cm^3，平均差值为

0.98g/cm³。

以上三个范围的总平均密度差值为0.98g/cm³。

4.30 镁碳质系列造粒料与毛坯和制品密度之间的规律性

镁碳质系列造粒料的特性的表述方式与铝碳质的一样，图中的横坐标同样用编号替代造粒料的堆积密度，见表4-17。

表4-17 曲线图的横坐标编号与堆积密度的对照表

坐标编号	堆积密度 /g·cm⁻³	坐标编号	堆积密度 /g·cm⁻³	坐标编号	堆积密度 /g·cm⁻³	坐标编号	堆积密度 /g·cm⁻³
1	1.30	6	1.51	11	1.56	16	1.61
2	1.39	7	1.52	12	1.57	17	1.62
3	1.40	8	1.53	13	1.58	18	1.63
4	1.48	9	1.54	14	1.59	19	1.64
5	1.49	10	1.55	15	1.60	20	1.67

4.30.1 镁碳质系列造粒料密度与其毛坯和制品密度之间的规律性

镁碳质系列造粒料密度与其毛坯和制品密度的关系如图4-68所示。

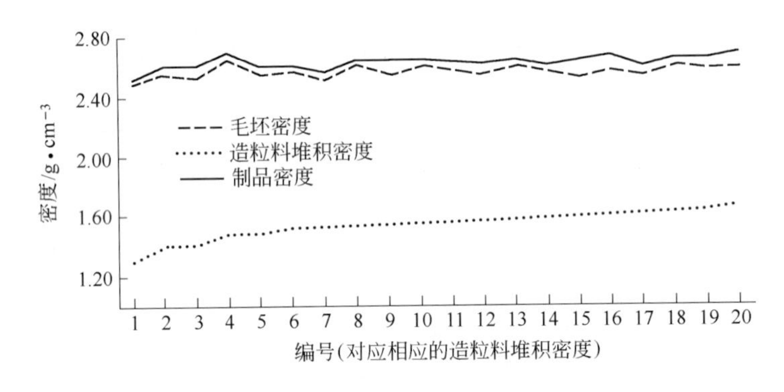

图4-68 镁碳质系列造粒料堆积密度与毛坯和制品密度的关系

由图4-68可见，与铝碳质系列相比，镁碳质系列的毛坯密度随着造粒料堆积密度的增加变化不大，总平均密度值为2.56g/cm³。而制品的密度与毛坯很接近，总平均密度为2.62g/cm³，两者相差仅为0.06g/cm³。

4.30.2 镁碳质系列毛坯和制品密度比值之间的规律性

在本节中，仍然按照粒料堆积密度值的大小顺序从小到大排列，并得到相对应的制品与毛坯密度的比值，即：制品密度/毛坯密度 = 比值。造粒料密度与制品密度和毛坯密度比值的关系如图4-69所示。

由图4-69可见，随着造粒料堆积密度的上升，制品密度与毛坯密度的比值基本上是稳定的，比值在1.00~1.05之间波动，密度比值的总平均值为1.02。

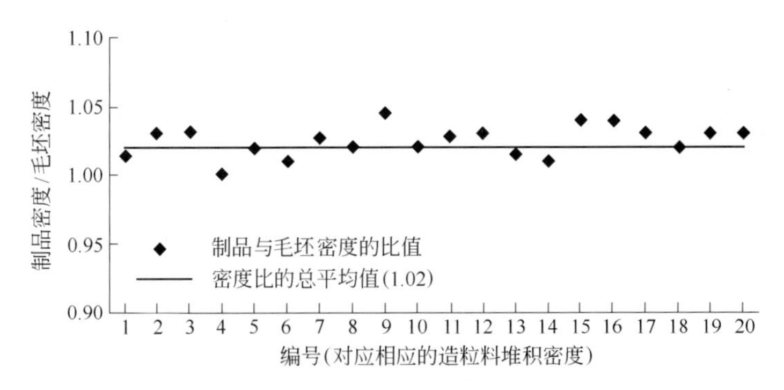

图4-69 镁碳质系列毛坯和制品密度的比值关系

4.30.3 镁碳质系列造粒料堆积密度与毛坯密度之间的规律性

镁碳质系列造粒料堆积密度与毛坯密度的关系如图4-70所示。

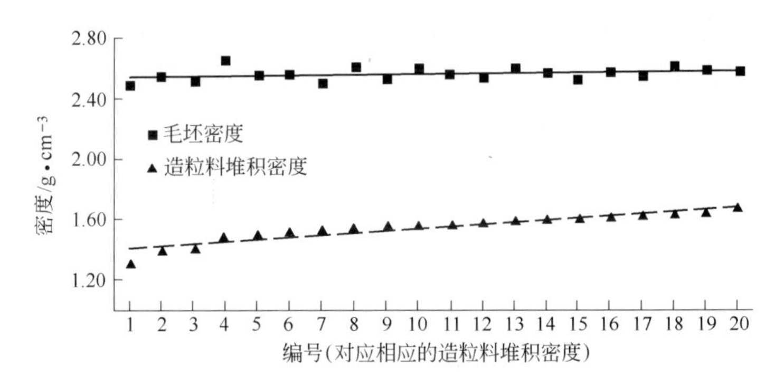

图4-70 镁碳质系列造粒料堆积密度与毛坯密度的关系

由图4-70可见，随着造粒料堆积的趋势线的上升，毛坯密度的变化很小。

4.30.4 镁碳质系列造粒料堆积密度与毛坯密度的差值之间的规律性

镁碳质系列的毛坯密度与造粒料堆积密度的差值关系如图4-71所示。

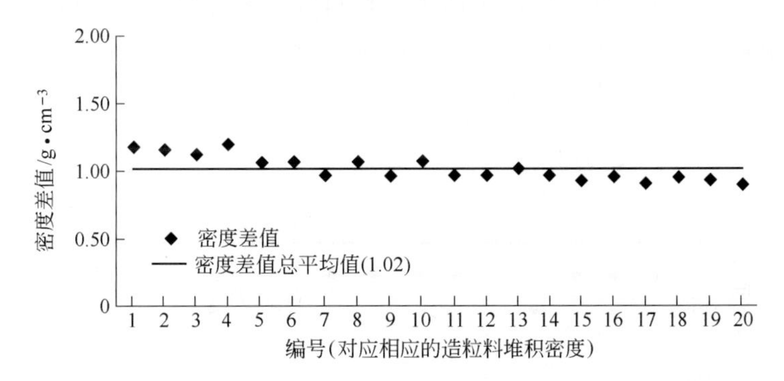

图4-71 镁碳质系列造粒料堆积密度与毛坯密度的差值关系

由图4-71可见，在造粒料堆积密度范围内，造粒料堆积密度与毛坯密度的差值大多数落在差值的总平均值1.02g/cm^{3}附近。

4.31　锆碳质系列造粒料与毛坯和制品密度之间的规律性

锆碳质系列造粒料的特性的表达方式与上述各系列一样，图中的横坐标同样用编号替代造粒料的堆积密度，见表 4－18。

表 4－18　曲线图的横坐标编号与堆积密度的对照表

坐标编号	堆积密度 /g·cm^{-3}	坐标编号	堆积密度 /g·cm^{-3}	坐标编号	堆积密度 /g·cm^{-3}	坐标编号	堆积密度 /g·cm^{-3}
1	1.47	5	1.57	9	1.62	13	1.69
2	1.52	6	1.56	10	1.63	14	1.71
3	1.54	7	1.60	11	1.64	15	1.75
4	1.55	8	1.61	12	1.68	16	1.77

4.31.1　锆碳质系列造粒料密度与其毛坯和制品密度之间的规律性

从锆碳质系列毛坯密度的线性趋势可以看到，毛坯的密度随造粒料的堆积密度的递增而增大；毛坯密度和制品密度很接近，而且略高于制品密度，如图 4－72 所示。

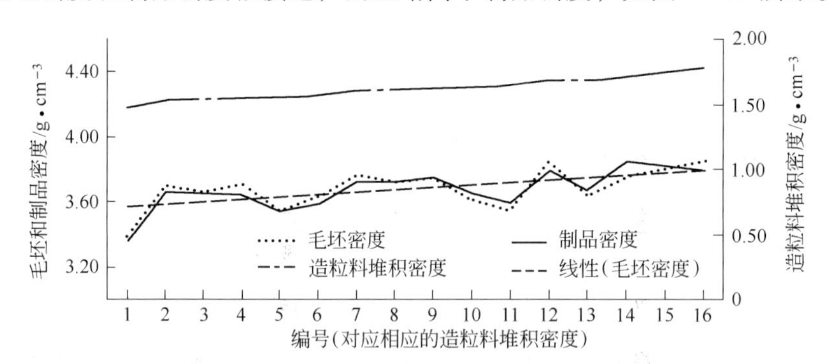

图 4－72　锆碳质造粒料堆积密度与毛坯和制品密度的关系

4.31.2　锆碳质系列毛坯和制品密度比值之间的规律性

与前面所述的各系列一样，仍然按锆碳造粒料堆积密度值的大小顺序从小到大排列，并按相对应的制品与毛坯密度的比值作曲线，即：制品密度/毛坯密度 = 比值。制品密度和毛坯密度比值的关系如图 4－73 所示。

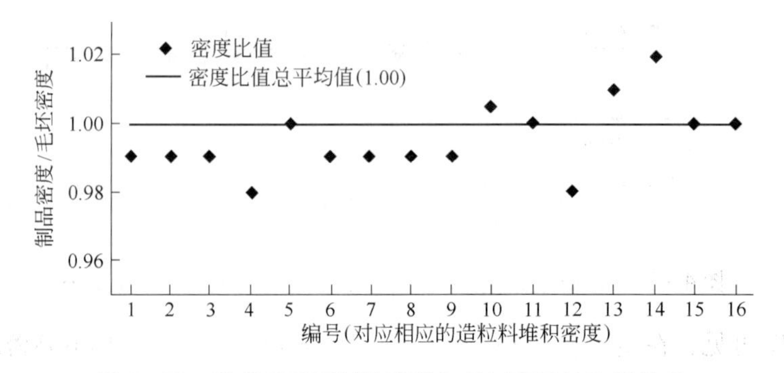

图 4－73　锆碳质系列制品密度与毛坯密度的比值关系

由图4－73可见，制品密度与毛坯密度的比值大部分稳定在0.99左右，密度比值的总平均值为1.0。

4.31.3 锆碳质系列造粒料堆积密度与毛坯密度之间的规律性

锆碳质系列造粒料堆积密度与毛坯密度的关系如图4－74所示。

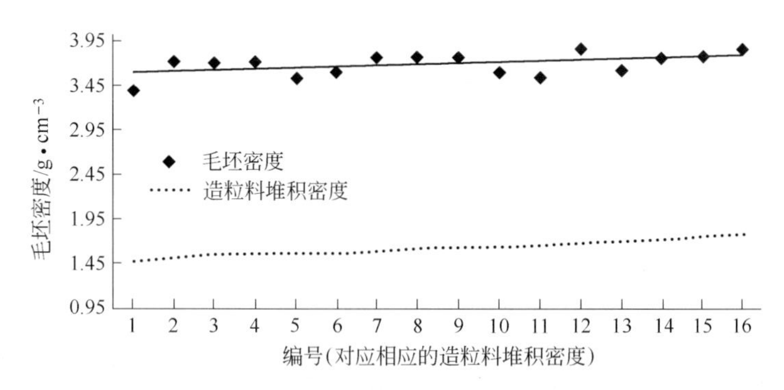

图4－74 锆碳质系列造粒料堆积密度与毛坯密度的关系

由图4－74可见，造粒料堆积的趋势线上升缓慢，毛坯密度变化也很小。

4.31.4 锆碳质系列造粒料堆积密度与毛坯密度之间的规律性差值

锆碳质系列的毛坯密度与造粒料堆积密度的差值关系如图4－75所示。

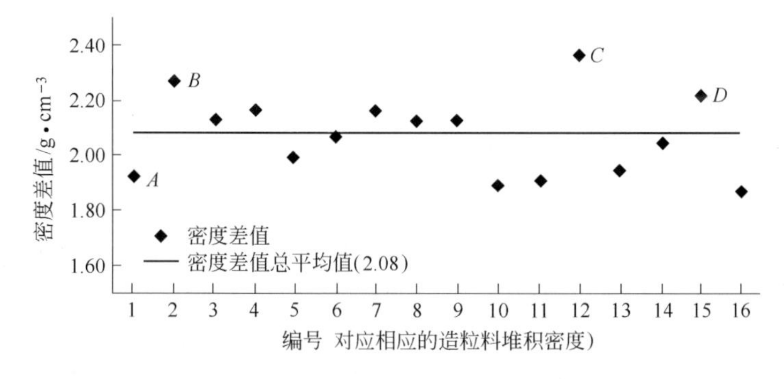

图4－75 锆碳质系列毛坯密度与造粒料堆积密度差值的关系

由图4－75可见，在造粒料堆积密度范围内，造粒料堆积密度与毛坯密度的差值，大多数落在差值的总平均值2.08g/cm^{3}附近。

如果剔除图中离散性较大的A、B、C和D四个点，则造粒料堆积密度在1.62g/cm^{3}以下的密度平均差值为1.93g/cm^3；而密度在1.63g/cm^{3}以上的密度平均差值为2.11g/cm^3。这样处理后，根据造粒料的堆积密度来推测毛坯的密度会更接近一些。

4.32 铝碳质长水口造粒料中的细粉含量对其堆积密度的影响

在使用同一个配料的情况下，每次造粒所含的细粉量是不一样的。造粒料中的细粉含量对其堆积密度的影响，如图4－76～图4－80所示，图中虚线表示造粒料的堆积密度，实线表示造粒料中所含的小于0.1mm颗粒含量。

4.32.1 铝碳质长水口本体造粒料小于 0.1mm 颗粒的含量对其堆积密度的影响

铝碳质长水口本体造粒料小于 0.1mm 颗粒的含量对其堆积密度的影响如图 4－76 所示。图中实线为造粒料小于 0.1mm 颗粒的曲线，虚线为堆积密度曲线（以下均同）。

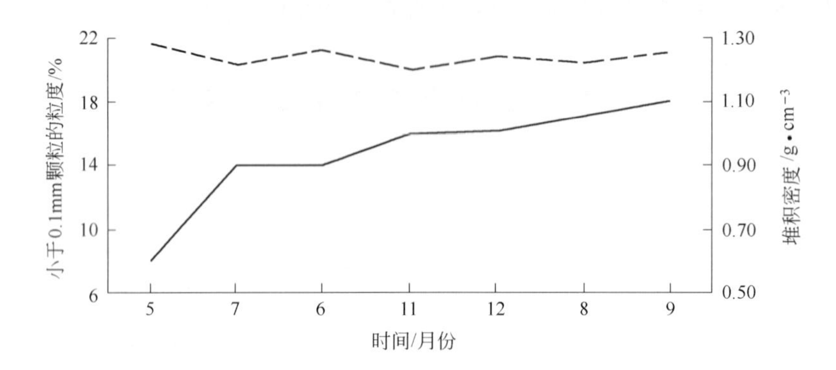

图 4－76 铝碳质长水口本体造粒料小于 0.1mm 颗粒的含量与其堆积密度的关系

由图 4－76 可见，造粒料小于 0.1mm 颗粒的含量，从 8% 变化到 18%，其堆积密度变化不大，稍有下降。

4.32.2 铝碳质长水口渣线造粒料小于 0.1mm 颗粒的含量对其堆积密度的影响

铝碳质水口渣线造粒料小于 0.1mm 颗粒的含量对其堆积密度的影响如图 4－77 所示。

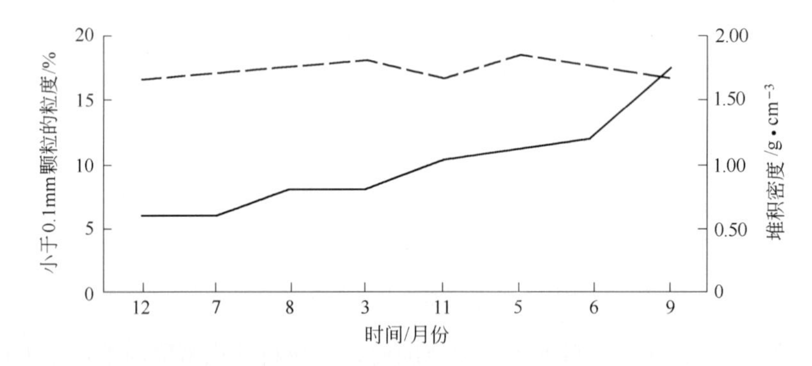

图 4－77 铝碳质长水口渣线造粒料小于 0.1mm 颗粒的含量与其堆积密度的关系

由图 4－77 可见，两者之间的变化规律基本上类似上述情况，也是变化不大。

4.33 铝碳质浸入式水口造粒料中的细粉含量对其堆积密度的影响

铝碳在浸入式水口的本体造粒料小于 0.1mm 颗粒的含量对其堆积密度的影响，如图 4－78 所示，图中虚线表示堆积密度，实线为小于 0.1mm 颗粒的含量。

由图 4－78 可见，随着小于 0.1mm 颗粒的含量的增加，堆积密度呈下降趋势，差值为 0.13 g/cm^3。

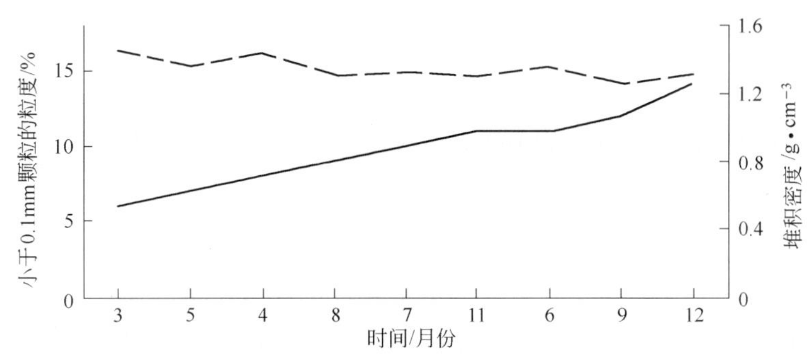

图4－78　铝碳质浸入式水口本体造粒料小于0.1mm颗粒的含量与其堆积密度的关系

4.34　碳质整体塞棒造粒料中的细粉含量对其堆积密度的影响

4.34.1　铝碳质整体塞棒本体造粒料小于0.1mm颗粒的含量对其堆积密度的影响

塞棒本体造粒料小于0.1mm颗粒的含量对其堆积密度的影响如图4－79所示，图中虚线表示堆积密度，实线为小于0.1mm颗粒的含量。

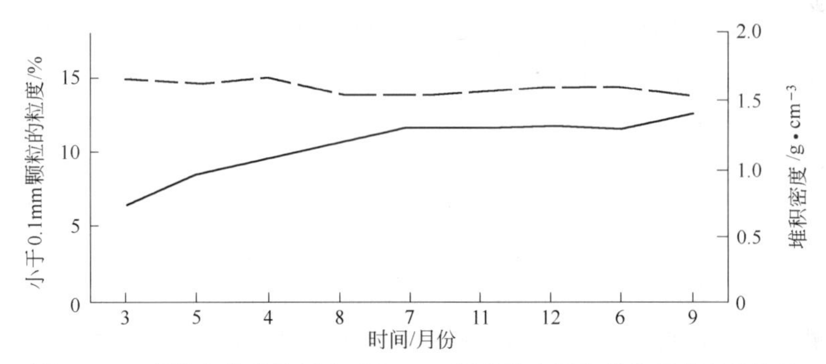

图4－79　塞棒本体造粒料小于0.1mm颗粒的含量与其堆积密度的关系

由图4－79可见，随着小于0.1mm颗粒的含量的增加，堆积密度呈下降趋势，差值为0.12g/cm^3。

4.34.2　镁碳质塞棒棒头造粒料小于0.1mm颗粒的含量对其堆积密度的影响

镁碳质塞棒棒头造粒料小于0.1mm颗粒的含量对其堆积密度的影响如图4－80所示，图中虚线表示堆积密度，实线为小于0.1mm颗粒的含量。

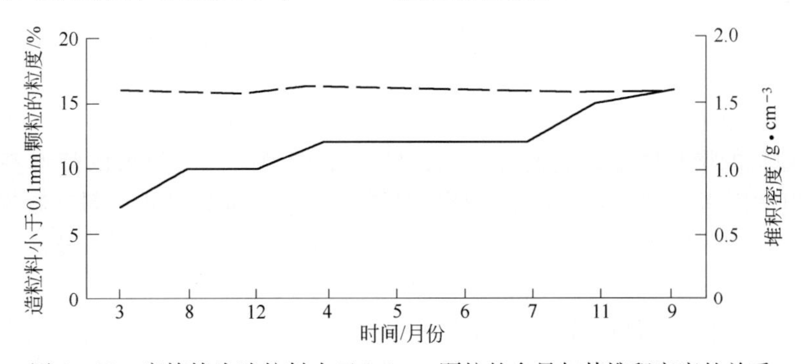

图4－80　塞棒棒头造粒料小于0.1mm颗粒的含量与其堆积密度的关系

由图 4－80 可见，随着小于 0.1mm 颗粒的含量的增加，堆积密度值基本不变，差值仅为 0.01g/cm³。

4.35　对混成料小于 0.1mm 颗粒的含量与其堆积密度的认识

关于造粒料的粒度组成，由于生产厂家的不同，配料用的原料、粒度组成和细粉的加入量会有很大的差异；另外，在造粒料过筛时也不一样，有的厂家采用过 3mm 的筛网，有的采用过 2mm 的筛网。因此，厂家之间的造粒料的粒度组成差别很大，含有 0.1mm 以下的细粉的量也不一样，没有可比性。但是，造粒料的堆积密度、相应的毛坯和制品密度之间的关系，应该是一致的。

通过生产实践，作者得到的结论是：

（1）混成料小于 0.1mm 颗粒的含量，在不大于 18% 的情况下，对混成料的松比重几乎没有多大的影响。其原因是，造粒后的粗、中颗粒所堆积的空间体积，基本上是恒定的，变化很小，而颗粒之间留下的空隙，可容纳相当数量的小于 0.1mm 的混成料，并不会改变或极小改变造粒后的粗、中颗粒所堆积的空间体积。因此，在造粒过程产生的细粉，只要不超过一定的极限，造粒料的堆积密度就不会有较大的变化。

事实上，出现这样的现象并不好，如果在造粒料中小于 0.1mm 的颗粒变化很大，就会对制品的组织结构产生不良影响。

（2）应该注意的是，如果造粒后的颗粒之间的空隙较大，那么所含的空气量也相对要多一些，在成型泄压时排气量要大一些，所产生的膨胀可能会对毛坯留下隐患，如会产生一些毛裂纹。另外，如果配方所用的原料的粒径较大，再加上配比不合适，会影响到制品的组织结构和致密化程度及其性能。

（3）作者认为，如果没有特别的要求，配料的临界粒度选择 0.5mm 和干燥后的造粒料过 2mm 的筛网是比较好的。这是因为造粒料的颗粒变细，堆积紧密，混成料的堆积密度和均化程度可以得到提升，有望使制品的性能获得提高。

（4）如果选择网眼较大的筛，这样将有大量的富集结合剂的假颗粒存在，会降低造粒料的堆积密度和均化程度，进而影响到制品的性能。

（5）在造粒过程中，要考虑到配料量与混碾机的有效容量相匹配。因为，配料的物料的堆积密度，要大于造粒料的堆积密度，在混碾中，混碾料的体积容量会逐渐“膨胀”增大。如果配料量过大，造粒后的体积容量会大于混碾机的有效容量。由于料层的增高，碾机高速转子的碎料混合效率会降低。

（6）由于碾机有一个 10°左右的倾角，在工作时，混碾机的倾斜面既承重又受到物料的高速摩擦。由于混碾机长时间的运转，碾机内衬和高速转子磨损严重，也会影响到造粒效果。因此，要建立一个定期检查保养制度，使碾机始终保持一个良好的工作状态。

（7）造粒料的堆积密度，是连铸“三大件”生产中的一个重要的技术参数。影响造粒料堆积密度的因素，主要有配料中的原料种类（含结合剂）和加入量、临界粒度和粒度组成、混碾方式和混碾造粒制度、造粒料的干燥方式和水分的含量，以及储存方法和环境温湿度等因素。

（8）由于在国内混碾机一次只能混碾 400kg 配料，俗称混碾一盘料，而生产任何一个产品，需要混碾十几盘料，甚至几十盘料。可以想象，几十盘造粒料的堆积密度、粒度组成和水分不可能是一样的。因此，在造粒料使用前，对多盘造粒料的均化是十分重要的，这样才有可能得到参数波动较小的、稳定程度较高的造粒料，才有可能得到最终性能稳定且使用性好的产品。

4.36 制品的近终形设计

早期，国内连铸用铝碳质浸入式水口的长度不足400mm，有以下三种生产加工方式：

（1）摩擦压砖机成型，制品的尺寸一步到位，无需加工。

（2）摩擦压砖机成型后，再用塑料纸包裹密封，再放入冷等静压机的液压缸内进行二次压制，毛坯烧成后，不再进行任何机加工。

（3）直接采用冷等静压机成型，毛坯烧成后，需要再进行机加工。

直到目前为止，在国内生产的连铸“三大件”产品，经冷等静压机成型后，其毛坯或烧成后的毛坯必须经过一系列的机加工，才能使其外形尺寸符合钢厂对产品的要求。

之所以要这样做，主要是由于在早期，混碾机混炼的造粒料的性能不稳定，影响到成型的压缩比变化较大；再加上成型用的橡胶套较软，放尺偏大，使压制出来的毛坯外形不规则，而且尺寸过大，不仅在车加工过程中产生大量的车削料，还破坏了制品原始的致密表面，使表面变得粗糙，增大了与空气接触氧化的表面积，不利于在钢厂的使用。

由于上述原因，目前很多生产厂采用一次不加工技术制作毛坯。所谓一次不加工技术，就是根据不同品种制品的造粒料的压缩比，设计成型用橡胶套，一次成型毛坯，并经烧成后不再进行机加工，或局部进行少量的加工，而制品的外形尺寸基本符合钢厂的要求。

4.36.1 实测造粒料的压缩比

在用造粒料成型毛坯时，首先要考虑的是成型用的橡胶套的尺寸，而这个尺寸取决于造粒料的压缩比。造粒料的压缩比，可以通过计算或实际测量获得。在早期，在没有任何参考资料的情况下，生产厂对造粒料压缩比只能通过试验，用实际测量的方法得到。测量装置如图4-81所示，实测的方法是，按照正常的生产工艺，取一定量的造粒料，装入圆柱形橡胶套内，拍实排气，并测定其径向厚度，设定为A；密封清洗后，置于冷等静压机内压制。成型后，取出圆柱形毛坯，并测定其径向厚度，设定为B。

假设：$A/B=N$，则N即为造粒料的单边压缩比。这样做比较简单，不必考虑制品和模芯的体积和密度。实践表明，知道制品（如长水口）的壁厚B的值后，只要将其乘以造粒料的压缩比N，即为毛坯的单边放尺量，并可由此设计橡胶套的尺寸。但是这样成型出来的毛坯尺寸还是偏大，毛坯的车削量较大，增加生产成本和制作周期，也容易伤及制品。

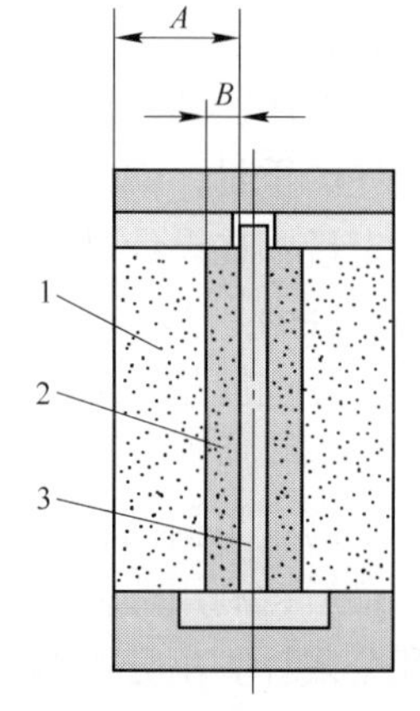

图4-81 造粒料压缩比的实际测量装置示意图
1—压缩前的造粒料；2—压缩后的坯体；3—钢质模芯

实际上，在工厂长期的生产过程中，在此基础上，根据毛坯的尺寸变化，也在不断地修改胶套的尺寸，使设计的橡胶套日趋完善，使毛坯的外形尺寸更接近制品的尺寸，从而使毛坯的加工余量大幅度地减少。

4.36.2 理论计算造粒料的压缩比

为了确定造粒料的压缩比，马文升等[4]提出了如下的泥料（造粒料）成型压缩比的计算公式：

$$C = (V_0 - V_n)/(V - V_n) = (d/d_0)(d_n - d_0)/(d_n - d)$$

式中 C——泥料成型的压缩比；

V_0——模具内腔体积；

V——制品体积；

V_n——制品空隙率 $\delta = 0$ 时的不可压缩体积；

d_0——泥料密度，g/cm^3；

d——制品体积密度，g/cm^3；

d_n——制品空隙率 $\delta = 0$ 时的不可压缩密度，g/cm^3。

文献指出，泥料在压缩比稳定的情况下：

$$V = d/m \times (d_n \times V_0 - m/d_n - d) \times (V_0 - m/d_n) + m/d_n$$

纵观上述造粒料压缩比的计算公式，所谓压缩比 C，实际就是造粒料成型压缩前后的体积比。但是，若要按上述公式计算造粒料的压缩比，涉及的参数较多且难度很大，正如文献所指出的那样，难度还在于制品的形状与胶套的形状直接相关。

4.37 定高定量定容法设计胶套

4.37.1 定高定量定容法的设计原理

作者在实践中，提出使用定高定量定容法设计一次不加工用的橡胶套，以便可以更便捷地设计出一次成型后的毛坯，经烧成后不再进行外形机加工，即可得到尺寸符合钢厂要求的制品。

所谓定高定量定容法的设计原理是运用逆向思维，即在正常情况下，成型毛坯时胶套内放置有钢质模芯，周围充满了造粒料，然后进行等静压成型，得到一个具有一定高度和外形的毛坯，其外形体积包含自身的和钢质模芯占有的空间体积；由此反向考虑，成型后的毛坯的重量，就是所用的造粒料的重量，并由此进行逆向计算，设计毛坯成型用胶套。

定量：在设计过程中，根据毛坯的烧成收缩率，再按照制品的外形正公差尺寸车加工1~3支毛坯。然后，称量毛坯总重量，再按毛坯外形分段切割，并分别称量重量。这些重量实际上就是所用的造粒料的重量。

定容：所谓定容，就是根据造粒料的堆积密度，计算出毛坯分段后各段的体积。

定高：根据毛坯上的不同外形，如圆柱形或锥台形，分段测量高度。

最后，利用造粒料的堆积密度计算出各分段部分的体积，再利用分段部分的高度，由体积公式计算出分段部分的内径。各部分的高度和计算的内径即为成型用胶套的内腔尺寸，再加上胶套的厚度，整个胶套就设计完成。

需要说明的是：毛坯的分段重量还可以通过毛坯的密度计算得到，但计算得到的总重量必须与毛坯实物的总重量一致，否则要以毛坯实物的总重量为基，再折算出毛坯的分段重量。

该方法的要点是：

（1）要求要有一个相对稳定的造粒料的平均堆积密度。

（2）成型用的胶套，最好选用聚酯氨胶套。因为橡胶胶套不耐使用，容易变形、扩张和粘连胶套。

（3）在设计过程中，不再考虑制品和钢质模芯的形状、体积和密度。

4.37.2 定高定量定容法的设计步骤示例（一）

以长水口为例，定高定量定容法的设计方法设计步骤如下。

4.37.2.1 已知条件

（1）长水口外形和基本尺寸，如图4－82(a) 所示。

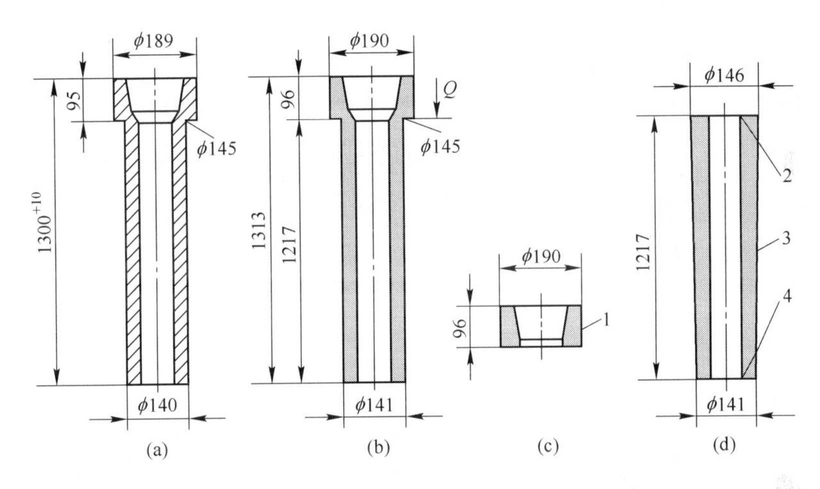

图4－82 长水口一次成型不加工设计计算示意图

1—长水口上段；2—长水口下段上端面；3—长水口下段；4—长水口下段下端面

由图4－82(a) 可见：

1）长水口总高度为1300mm，正公差为10mm。

2）水口上段部分（即大头端）与大包滑动水口下水口相连接的一端，高度为95mm，外径为ϕ189mm。

3）水口下段（即水口上段以下的部分）高度为1205mm，即总高度减去水口上段的高度（1300mm－95mm）；水口下段的上端面的外径为ϕ145mm，下端面的外径为ϕ140mm。

（2）长水口造粒料的月平均堆积密度为1.30g/cm^3。

（3）毛坯经烧成后，高度方向的收缩率接近1%，按1%的收缩率计算；径向的收缩率小于0.5%，按0.5%的收缩率计算。

4.37.2.2 设计步骤

（1）放尺。根据毛坯烧成后的收缩率，将钢厂提供的制品图纸上的所有外形尺寸进行放尺计算，得到一个新的外形尺寸，如图4－82(b) 所示。

（2）毛坯外形加工。将正常生产的长水口毛坯取 1 ~ 3 支，按放尺后的尺寸进行外形车加工，如图 4 - 82(b) 所示。

（3）切割称量。称量加工好的毛坯的总重量为 41.21kg（41210g）。然后，将加工后的毛坯，从长水口上、下段的分界线 Q 处切割成两个部分，如图 4 - 82(c) 和图 4 - 82(d) 所示。

由于切割用的砂轮片有一定的厚度。因此，在切割时，切割的刀口，应该放在长水口的上段内，这样可以确保切割后的长水口下段的长度不变，如图 4 - 83 所示。

称量切割下来的长水口下段的重量为 37.0kg（37000g），则长水口上段的重量为：41.21 - 37.0 = 4.21kg（4210g）。

关于毛坯的切割方法，无论切割哪一头，必须有一头的尺寸是足尺的，另一头的重量由减重方法得到。

应注意的是，有的长水口的外形还包含有一个较短的锥形的颈部。也就是说，长水口的外形是由三个部分组成的，即长水口的上段、长水口中段颈部和长水口下段，如图 4 - 84 所示。在切割时，两个刀口必须留在中段（图 4 - 84 中 2），保证切割下来的两头部分（图 4 - 84 中 1 和 3）的尺寸是符合要求的，而中段的重量用减量法得到。

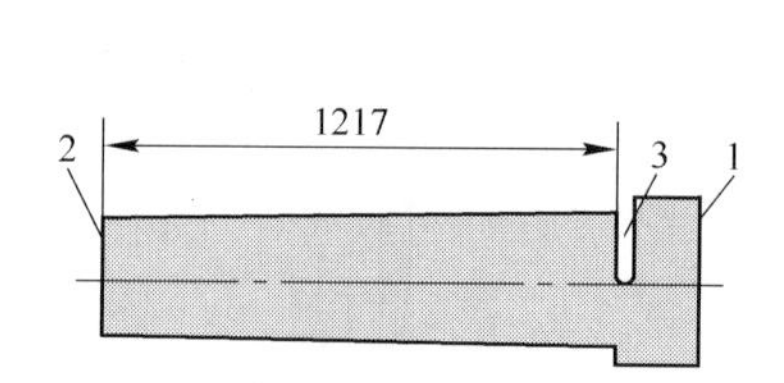

图 4 - 83 毛坯切割示意图

1—长水口上段；2—长水口下段；3—切割刀口

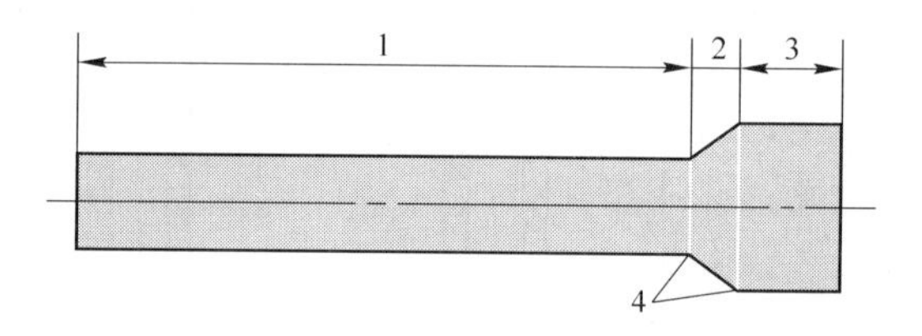

图 4 - 84 长水口外形由三部分组成的切割图

1—水口下段；2—水口中段；3—水口上段；4—切割部位

4.37.2.3 设计计算

A 长水口上段胶套内部尺寸的计算（如图 4 - 82(c) 所示）

$$V_1 = P_1/\rho = 4210/1.30 = 3238.46\text{cm}^3$$

$$V_1 = \pi R_1^2 h_1$$

$$h_1 = 9.6\text{cm}\ (\text{即 } 96\text{mm})$$

$$R_1^2 = V_1/\pi h_1 = 3238.46/3.14 \times 9.6 = 106.42\text{cm}^2$$

$$R_1 = 10.32\text{cm}$$

$$\phi_1 = 2R_1 = 10.32 \times 2 = 20.64\text{cm}\ (\text{即 } 206.4\text{mm})$$

式中 V_1——长水口上段造粒料体积，cm^3；

P_1——长水口上段重量，$P_1 = 4210\text{g}$；

ρ——造粒料月平均堆积密度，$\rho = 1.30\text{g/cm}^3$；

R_1——长水口上段胶套内腔半径，cm；

h_1——长水口上段高度，$h_1 = 9.6\text{cm}$；

ϕ_1——长水口上段胶套内腔直径，cm。

B 长水口下段胶套，上、下端面直径的计算（如图4－82(d) 所示）

长水口的下段为锥台形，纵截面为梯形，取其上、下底直径的中值，设为 ϕ_0，以此将锥台形转化成圆柱形，计算其值。

$$V_2 = P_2/\rho = 37000/1.30 = 28461.54\text{cm}^3$$

$$V_2 = \pi R_2^2 h_2$$

$$h_2 = 121.7\text{cm}\ （即1217\text{mm}）$$

$$R_0^2 = V_2/\pi h_2 = 28461.54/3.14 \times 121.7 = 74.78\text{cm}^2$$

$$R_0 = 8.65\text{cm}$$

$$\phi_0 = 2R_0 = 8.65 \times 2 = 17.3\text{cm}\ （即173\text{mm}）$$

由于长水口下段的毛坯的上、下端面的直径差值为5mm，其平均值为2.5mm。因此，上端面胶套的内径为：

$$\phi_2 = \phi_0 - 2.5 = 173 + 2.5 = 175.5\text{mm}$$

下端面胶套的内径为：

$$\phi_3 = \phi_0 + 2.5 = 173 - 2.5 = 170.5\text{mm}$$

式中 V_2——长水口下段造粒料体积，cm^3；

P_2——长水口下段重量，$P_2 = 37000\text{g}$；

ρ——造粒料月平均堆积密度，$\rho = 1.30\text{g/cm}^3$；

R_0——长水口下段上端面胶套内腔半径的中值，cm；

h_2——长水口下段高度，$h_2 = 121.7\text{cm}$；

ϕ_0——长水口下段毛坯上、下端面直径的中值，cm；

ϕ_2——长水口下段上端面胶套内腔直径，cm；

ϕ_3——长水口下段下端面胶套内腔直径，cm。

C 长水口胶套的最终尺寸

长水口胶套的内腔的净尺寸，即计算后的尺寸，不包含胶套厚度和上、下密封胶垫的尺寸，整理如下，并如图4－85所示。

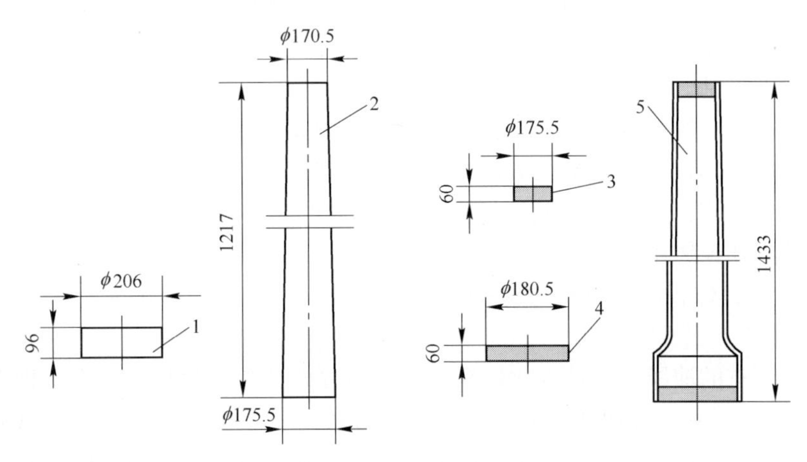

图4－85 胶套设计示意图

1—长水口上段；2—长水口下段；3—长水口下段下端面密封胶垫；4—长水口上段端面密封胶垫；5—设计完成后的胶套

长水口上段胶套内腔的净尺寸为：直径为206.4mm，取206mm；高度为96mm。

长水口下段胶套内腔的净尺寸为：上端面直径为175.5mm；下端面直径为170.5mm；高度为1217mm。

胶套的附加尺寸为：上、下密封胶垫各厚60mm，其外径要求比相对应的胶套内径大5mm，故上胶垫外径为175.5mm，下胶垫外径为180.5mm。因此，胶套的总长度为：96 + 1217 + 60 + 60 = 1433（mm）。胶套壁厚为15mm，则胶套的外形尺寸为：15 + 实际计算的内径尺寸 + 15（单位mm）。

注意事项：

（1）根据需要，还可以加上上、下钢垫。

（2）胶套上的锥形部分的斜率是按照毛坯的锥体部分的斜率设计的。则在成型后，毛坯的锥体部分的倾斜角度会小于设计角度。这是由配料所用的原料品种、成型压力的大小和造粒料的运动状态造成的，锥体的倾斜角度通常会减少0.5°～2°。

如果对水口外形尺寸没有特别的要求，可以不进行修正。折中的办法是，可以按增加1°来调整，简便的方法是将长水口上段端面的直径由175.5mm增加到180.5mm，也就是单边加上2.5mm。

（3）水口胶套的锥体部分与圆柱体部分的连接处通常不能直接相连，要有一个圆弧过渡。

（4）胶套密封胶垫的外径应大于胶套封口处内径5mm，以提高密封效果。

（5）有可能的话，还可以用壁厚较薄的橡胶套罩在胶套的两端，防止液压油或加有乳化剂的水渗透到密封口处。

4.37.3 定高定量定容法的设计步骤示例（二）

在胶套的设计中，还可以使用一些简便的方法来设计形状比较复杂的毛坯，有关的水口外形如图4-86所示。

如图4-86(a)和图4-86(b)所示，水口下段（如图4-86中1所示），无论是圆柱形还是锥台形，按前面叙述的方法，只要计算出上、下段接口端面（如图4-86中2所示）的直径后，其他端面的直径不必再经过繁琐的计算，就可直接推算出来，这就是这个设计方法的简便之处。

如图4-86(c)所示，水口上段（如图4-86中3所示）为半球形，其端面的高度 h 在一般情况下不会超过该球体半径 R，通常会小一些。其造粒料体积 V 的计算方法同前，然后可通过球体公式：$V = 4\pi R^3/3$，计算出该处胶套的半球形的半径 R。

另外，薄板坯连铸用浸入式水口的下段通常是扁平的，其边缘是圆弧形的，如图4-87所示。在计算其体积时，可将边缘的圆弧转化成直线，如图中虚线部分，然后再进行计算。

纵观上述所有的演绎计算过程比较简单，所需要的计算参数只有三个，即造粒料堆积密度的月平均值 ρ、按制品的正公差，并考虑烧成收缩，车削成毛坯。在此基础上，测定水口分段的重量 P，并转化造粒料的体积 V。在计算过程中，会碰到一些特殊的形状，必须经过图形转化，才能进行简化计算。但是，无论怎样转化和简化计算，在最后进行具体设计时，必须按照毛坯原有的外形来设计。

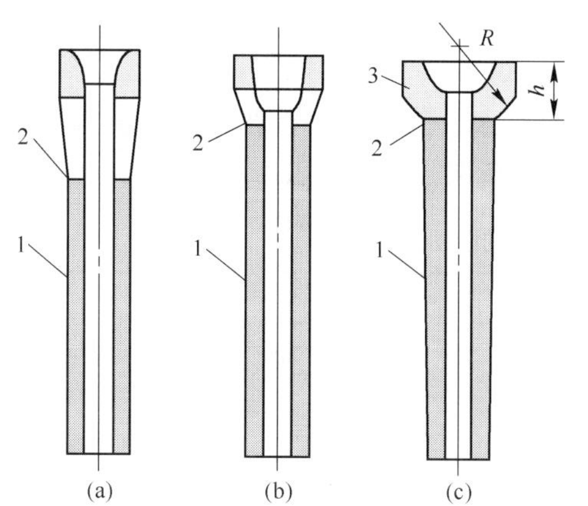

图4-86 其他类型水口的胶套设计示例
(a) 浸入式水口；(b) 长水口；(c) 分体式水口
1—水口下段；2—上、下段接口；3—水口上段

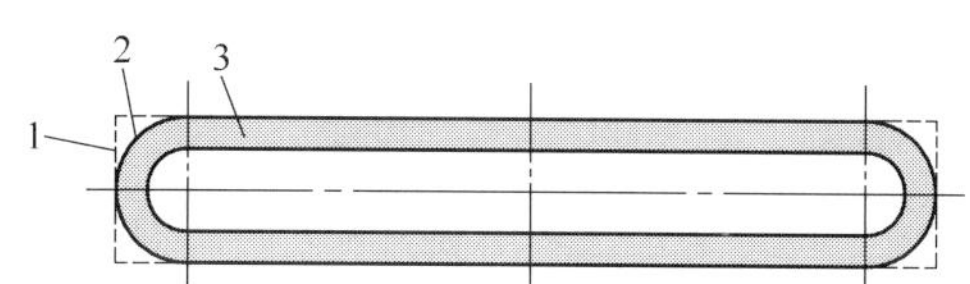

图4-87 薄板坯水口下段横断面示意图
1—圆弧转化后的直线；2—原有的弧线；
3—水口下段的横断面

4.38 常规添加剂加入量的确定

在连铸“三大件”的生产中，所使用的添加剂最常见的有 Al、Si、SiC 和 B_4C，还有一些其他添加剂，如氮化物和硼化物等。关于添加剂在铝碳质耐火材料中的作用，已有大量的文献资料做过描述，总体来说，主要作用是可以降低气孔率，提高体积密度、提高制品强度和提高制品的抗氧化性。

关于添加剂的加入量，作者认为最好的方法是采用正交设计的方法来确定。因为这样做可以减少试验次数，节省大量的人力和物料，即可得到一个比较满意的结果。作者以前曾用正交设计的方法进行确定长水口的添加剂加入量的试验，具体的方法是，首先确定试验选用的添加剂种类和加入量，见表4-19，表中的加入量，可以自由设定。

表4-19 添加剂的种类和加入量

水 平	因 素			
	Al	Si	SiC	B_4C
1	A_1	B_1	C_1	D_1
2	A_2	B_2	C_2	D_2
3	A_3	B_3	C_3	D_3
4	A_4	B_4	C_4	D_4
5	A_5	B_5	C_5	D_5

注：1. 表中 A_1、B_1、…、D_5，表示添加剂的加入量。
2. 加入量按大小，从少到多排列。

如果要将表4-19中的试验做完，则需要做 5^4 次试验，即625次试验，这样做既浪费时间，又要消耗大量的人力、物力和原材料。因此，选择正交设计表中的 $L_{25}(5^4)$[5] 方案做试验，设计表的代号 L_{25} 表示试验的次数，即做25次试验；在（5^4）中，5表示水平，即添加剂加入量的等级，也就是加入量的数量，4表示因素，即表示有4种不同的添加剂。

应说明的是，$L_{25}(5^4)$ 方案在正交设计表中原为 $L_{25}(5^6)$，表示试验因素最多可以选择6个，作者在试验中，只选择了4种添加剂做正交试验。为了消除试验误差，必须将表中的加入量随机排列。具体做法是，将五个等级的加入量分别写在五张纸片或其他物品上，并将卡片盖住打乱顺序，再随机按顺序排列，得到新试验表，见表4－20。

表4－20　添加剂加入量的随机排列

水　平	因　素			
	Al	Si	SiC	B_4C
1	A_1	B_2	C_1	D_2
2	A_4	B_1	C_3	D_3
3	A_2	B_4	C_2	D_4
4	A_5	B_3	C_4	D_5
5	A_3	B_5	C_5	D_1

试验用胶套的有效长度为400mm，内径为40mm。所谓的25次试验，就是要有25种配料。在制备试样时，按正常生产工艺进行，每种配料量必须保证能制备3支试样棒的用量。所有试样原料必须在同一时间段一次配料完成，并分别用小型混碾机造粒；所有的造粒料，在同样的条件下进行干燥，并测定“水分”和堆积密度以及粒度组成，水分合格后待用；全部的25种造粒料，也必须在同一时段内，分别装入管状胶套中，并将其密封和清洗；随后，全部放入冷等静压机液压缸内成型；成型后的圆柱形毛坯，在同一条件下进行干燥，之后在相同的窑炉中烧成；最后统一加工成 ϕ36mm×50mm的试样，并送检测定常规指标和烧失量。

由于每种配料有三组试样，取三组样的平均值作为该组的最终指标。这样就可以得到25种配料的试验结果。

对所有数据的判断有两种选择方式：

（1）直观地选择1～3种密度高的、强度大的和烧失量小的试样，作为生产配料的依据。并以此生产钢厂用的产品，再经钢厂使用后，取使用效果较好的一组作为正式产品。

（2）如果要更精确地对数据进行分析，可选用正交表的方差分析[5]进行数据处理，计算量较大，比较繁杂，但可以确定哪一种添加剂及其加入量，对试样的某一项指标有显著影响。

例如，在上述试验中，添加剂的加入量分别为（%）：

Al　1，2，3，4，5；

SiC　1，2，3，4，5；

Si　1，2，3，4，5；

B_4C　0.1，0.2，0.3，0.4，0.5。

烧成后的试样，经过检测得到相关数据。再对得到的密度、耐压强度、抗折强度和抗氧化性的数据进行方差分析，就本试验而言，得到的结论是：

（1）加入3%的Al粉，对试样密度的提高作用显著；加入4%的Al粉，对抗氧化性的作用一般；对其他指标不显著。

（2）加入3%的SiC粉，对试样的高温抗折强度和抗氧化性作用显著，对耐压强度的作用一般；对其他指标不显著。

（3）加入3%的Si粉，对试样的耐压强度作用显著；加入2%和4%的Si粉，分别对试样密度和抗氧化性的作用一般；对其他指标不显著。

（4）加入0.3%的B_4C，对试样的高温抗折强度的作用一般；对其他指标不显著。

应该说明的是，以前主要是考虑到价格因素，所以B_4C的加入量偏低。从现在的生产实践看，可以根据制品性能的需要，将其加入量控制在1%～5%的范围内。

4.39 炭黑添加剂对试样性能的影响

4.39.1 炭黑添加剂对锆碳质试样性能的影响

在连铸“三大件”中，炭黑主要用于浸入式水口的渣线部位，而该部位为锆碳质，其用量很小，一般用量为0.5%～2%，主要起到着色作用。至于炭黑在锆碳质材料中具体起到什么作用，很难看到有关报道。

炭黑一般用于橡胶（P炭黑）、印刷（Y炭黑）和其他行业。就其制造方法而论，可分为接触法炭黑、炉法炭黑和热解法炭黑三大类。炭黑的显微结构，因制造方法不同而有差异，一般为圆球状的质点，并凝聚成支链状结构。而热解法炭黑则倾向于形成大直径圆球状质点。

为了探索炭黑在锆碳耐火材料中的作用，作者曾选择P炭黑（N330粒径约10μm）和Y炭黑（粒径0.16μm）作为试验用添加剂。设计两组配料：

（1）在配料中使用的原料和配比均相同；

（2）原料主要为电熔刚玉、钙部分稳定氧化锆和鳞片石墨；

（3）两组的添加剂分别为P、Y炭黑和金属硅粉等；

（4）所有的试样均按现有的“三大件”生产工艺制作；

（5）试验用的试样分别在电炉中，在1100℃、1300℃和1500℃下烧成，并保温6h。

试验结果如图4－88～图4－91所示。

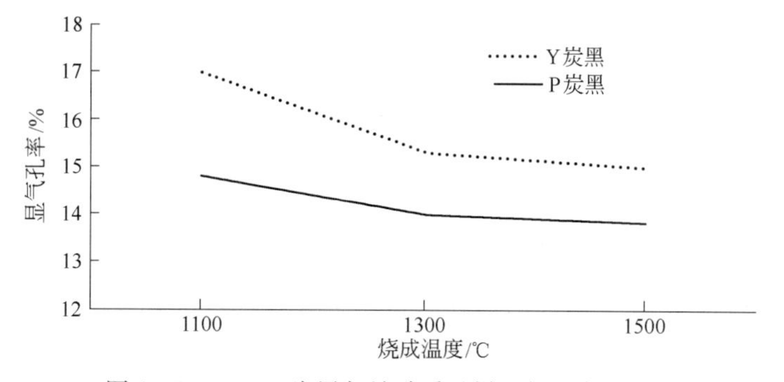

图4－88 P、Y炭黑与锆碳质试样显气孔率的关系

由图4－88可见，加有P、Y炭黑与锆碳质试样显气孔率的变化规律是一致的，都是随着烧成温度的升高而下降，但加有Y炭黑的试样的显气孔率要高于添加P炭黑的试样。

从图4－89可以看到，加有Y炭黑的试样的密度，随着烧成温度的提高而下降；添加P炭黑的试样的密度，反而呈上升趋势，且在1300℃后，密度上升幅度较大。

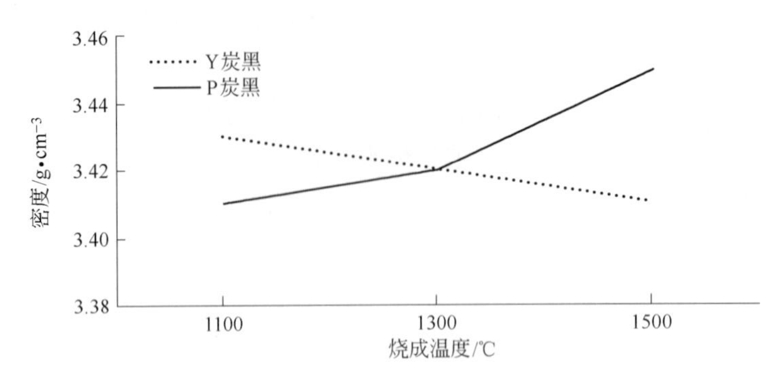

图 4-89 P、Y 炭黑与锆碳质试样密度的关系

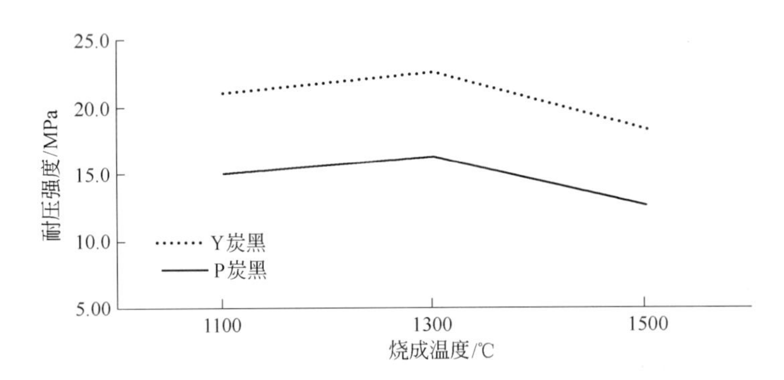

图 4-90 P、Y 炭黑与锆碳质试样耐压强度的关系

由图 4-90 可见，加有 P、Y 炭黑的试样的耐压强度变化规律是一致的，都是随着烧成温度的升高而下降，但加有 Y 炭黑的试样的耐压强度要高于添加 P 炭黑的试样。

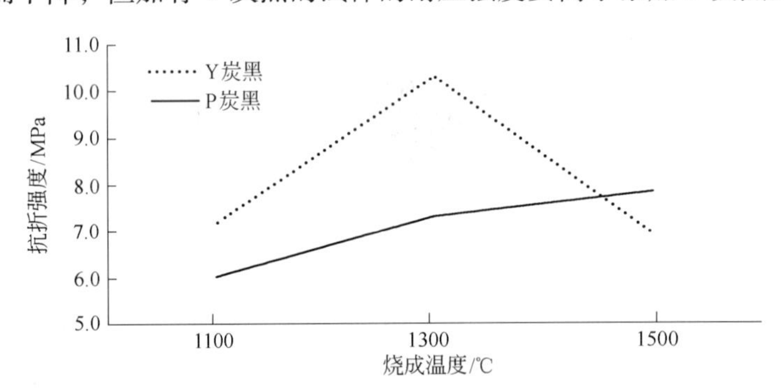

图 4-91 P、Y 炭黑与锆碳质试样抗折强度的关系

由图 4-91 可见，加有 Y 炭黑的试样的抗折强度，随着烧成温度的增加而提高；但加有 P 炭黑的试样的抗折强度，在 1300℃有一个转折点，在这之前抗折强度处于上升状态，在这之后抗折强度快速下降。

总之，从以上各图可见，在试样中，无论使用 P 炭黑，还是采用 Y 炭黑，在不同温度下烧成试样的显气孔率、耐压强度和抗折强度的变化规律不是完全一致的。对于体积密度，两者相差值为 0.02～0.04g/cm^3，变化很小。

在电子显微镜相同的倍率下，观察橡胶用 P 炭黑和印刷用 Y 炭黑，可看到 P 炭黑的粒子（如图4－92所示）比Y炭黑粒子（如图4－93所示）粗。

图4－92 P炭黑的颗粒形态（10000×）

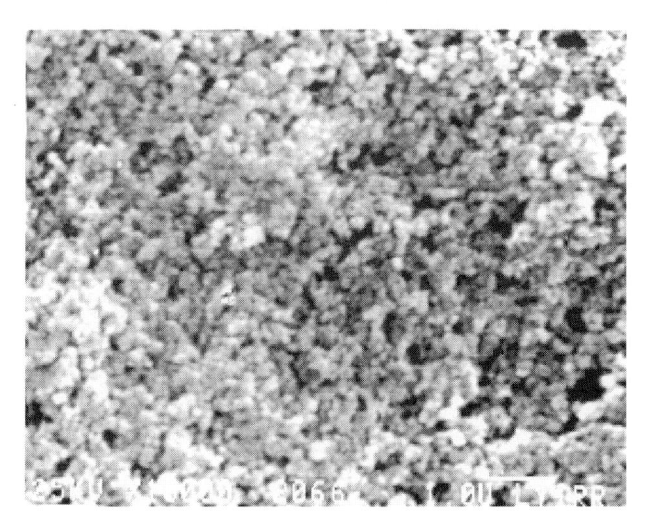

图4－93 Y炭黑的颗粒形态（10000×）

由于Y炭黑的粒子比P炭黑小，在加入量相同的情况下，其单位体积的占有量较大，所以加有Y炭黑的试样的显气孔率，要比加有P炭黑的试样高一些。

加有P炭黑和Y炭黑的试样，热处理温度为1100～1300℃，试样的耐压强度值呈上升趋势，而且加有Y炭黑的试样的强度要更高一些。其原因可能是，Y炭黑颗粒超细(0.15μm)，活性较大，易与试样中的金属硅粉反应，生成碳化硅，使试样强度增加。

当处理温度继续上升到1500℃，两种试样的耐压强度呈下降趋势。其主要原因是，试样中的氧化锆颗粒的膨胀显著增大，使试样的强度下降。

从试样的抗折曲线上同样可以看到，抗折强度的变化与耐压强度相似。当热处理温度从1300℃加热到1500℃，加有Y炭黑试样的抗折强度下降很快，抗折强度从10.3MPa下降到7.0MPa；而含有P炭黑试样的抗折强度，却一直处于上升状态，加热到1500℃时抗折强度达到7.8MPa。

综上所述，从试样检测指标看，作为添加剂，Y炭黑优于P炭黑。但作者从产品的使用角度看，在1500℃温度下进行热处理，添加P炭黑的试样与添加Y炭黑的试样相比较，前者的显气孔率最小，密度最高，抗折强度一直在增加，明显优于Y炭黑的试样。

另外，由于浸入式水口的锆碳质渣线部位是长时间浸入在结晶器钢水中使用的，渣线接触钢水的温度约1500℃，相当于在进行热处理。因此从浸入式水口的使用角度出发，也希望水口渣线的抗折强度在使用中得到增强，而不是下降。

因此，在浸入式水口锆碳质渣线部位，应选择P炭黑作为配料的添加剂。至于最终选择P炭黑还是Y炭黑作为添加剂以及最佳的加入量，可以根据配料的用料、生产工艺和产品的使用要求来决定。

4.39.2 炭黑添加剂对铝碳质试样性能的影响

在铝碳质试样配料完全相同的条件下，两组试验用配料中，除了炭黑分别为等量的P炭黑和Y炭黑外，其余使用的电熔刚玉、硅粉和石墨的加入量相等。两组试样除了在小型混碾机中造粒和在电炉中进行热处理外，其余均按正常生产工艺执行。

两组试样的热处理温度为1100℃、1300℃和1500℃，试验结果如图4－94～图4－97所示。

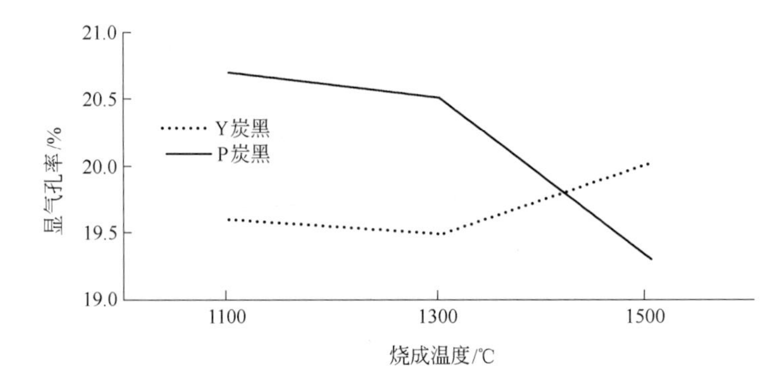

图4－94　P、Y炭黑与铝碳质试样显气孔率的关系

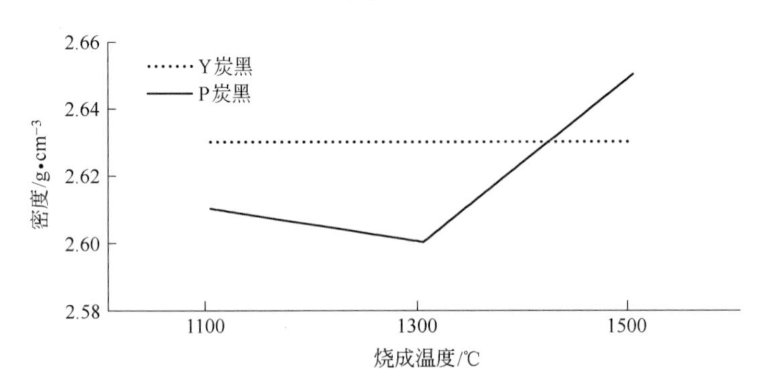

图4－95　P、Y炭黑与铝碳质试样密度的关系

从图4－94和图4－97可见，加有P炭黑和Y炭黑的试样，其显气孔率和抗折强度的变化规律与锆碳质试样不一致。这可能是由于电熔刚玉的热膨胀系数比钙稳定的氧化锆低

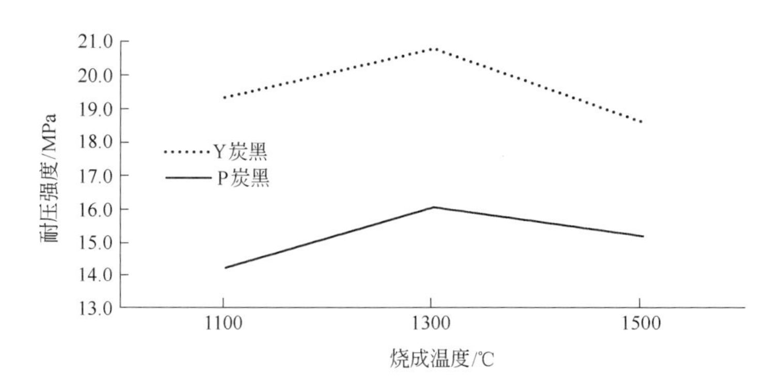

图4－96 P、Y炭黑与铝碳质试样耐压强度的关系

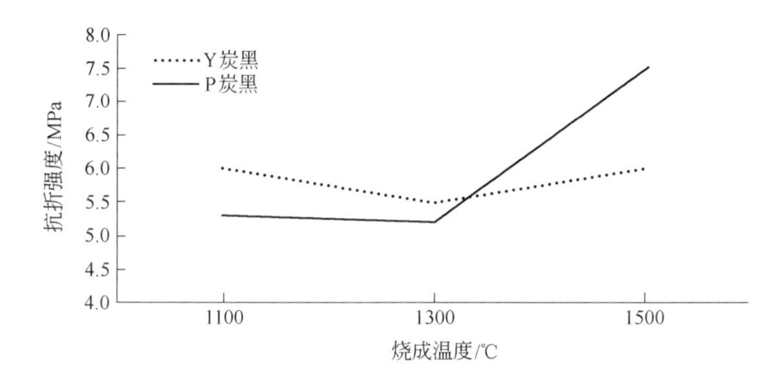

图4－97 P、Y炭黑与铝碳质试样抗折强度的关系

的缘故。在这种条件下，由于Y炭黑比P炭黑细，在试样中填充性好，试样的显气孔率也就相对低一些。使用P炭黑和Y炭黑试样的体积密度差别不大，其绝对值差值为0.01～0.05g/cm^3，总的说来，Y炭黑的试样的体积密度略高一点。

P炭黑和Y炭黑的耐压强度变化规律与锆碳质试样基本一致，在1300℃以前，随着温度的升高，强度值增加；1300℃以后强度值下降，其原因也是因为刚玉骨料膨胀增加，SiC晶体增大，造成强度下降。

由于铝碳材质通常用作连铸“三大件”的本体，使用环境与浸入式水口的渣线部位不同，没有那样苛刻。因此，综合检测指标和使用条件，可以选择Y炭黑作为电熔刚玉为骨料的铝碳质试样的添加剂。应说明的是，P炭黑的高温抗折强度和密度较高，作为长水口和整体塞棒渣线用料的添加剂也是一种很好的选择。

4.39.3 炭黑加入量对试样性能的影响

试验条件：选择Y炭黑作为添加剂，其加入量为0、1%、2%、3%，配料中主要原料为电熔刚玉、石墨和硅粉等。

四组试样的制作过程同前述，并在1100℃、1300℃和1500℃温度下烧成，不同炭黑含量的试样的性能，如图4－98～图4－101所示。

从图4－98～图4－101可见：

（1）在同一烧成温度下，试样的显气孔率随着炭黑加入量的增加而降低。当烧成温度

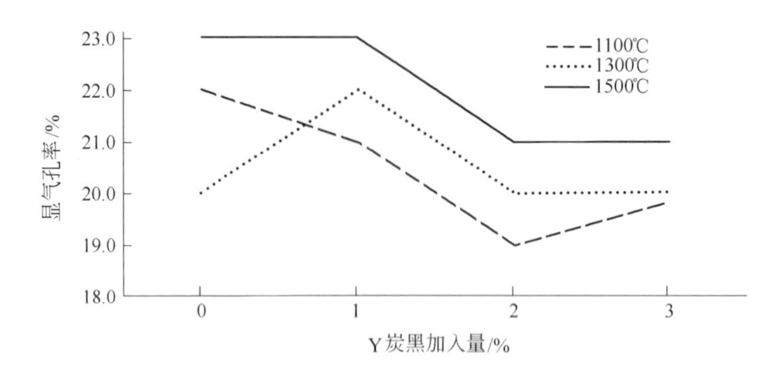

图4-98 Y炭黑加入量与试样显气孔率的关系

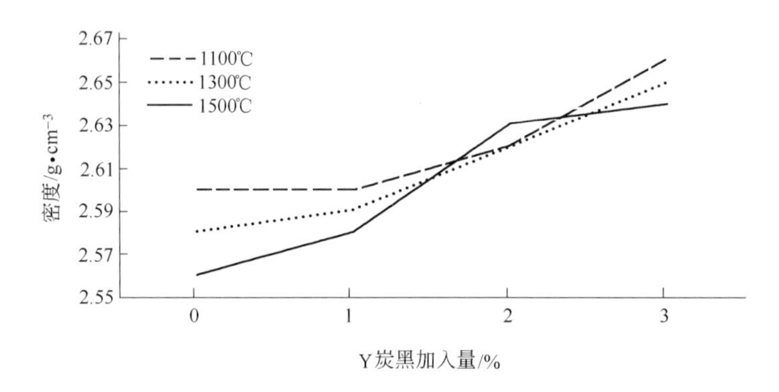

图4-99 Y炭黑加入量与试样密度的关系

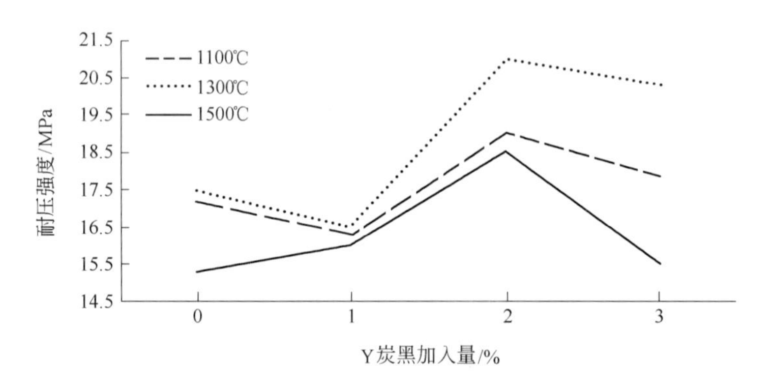

图4-100 Y炭黑加入量与试样耐压强度的关系

提高到1300℃时，显气孔率下降幅度最大。当烧成超过1300℃以后，显气孔率又明显增大。

（2）烧成温度和炭黑的加入量，对试样的体积密度影响不大。

（3）在不同烧成温度下，试样耐压强度的变化规律基本一致。

（4）试样的抗折强度的变化规律与相应的耐压强度变化相一致，均随着炭黑的加入量的增加而提高。

以上试验结果表明，在1300℃下烧成，当炭黑加入量为2%时，其显气孔率最低，密

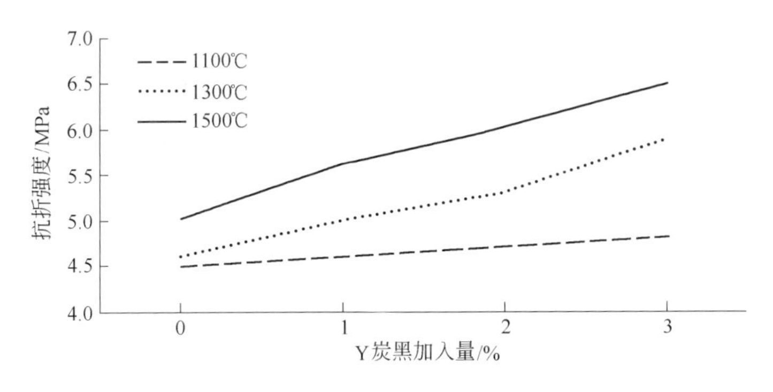

图4-101 Y炭黑加入量与试样抗折强度的关系

度较大，耐压强度和抗折强度也较高。从以上分析中还可以看到，在铝碳质配料中，如果不加入炭黑，其性能是比较低的。加入适量的炭黑后，其性能可以得到改善。这可能是因为加入炭黑后，由于炭黑颗粒超细且活性大，有利于与结合剂中的炭结合，形成更好的网络结构，并有利于 SiC 晶须的形成，使制品强度得到提高。

4.39.4 在Y炭黑的参与下硅粉对试样性能的影响

在本试验中，选择铝碳质配料，主料为电熔刚玉和鳞片石墨，添加剂硅粉的加入量分别为0.5%、1%、3%和5%，Y炭黑加入量均为2%。在配料中不再加入 SiC 和铝粉，避免干扰试验结果。试样的制作工艺条件与之前试验的试样一致，烧成温度分别为1100℃、1300℃和1500℃。

硅粉的加入量与试样性能的关系分别如图4-102~图4-105所示。

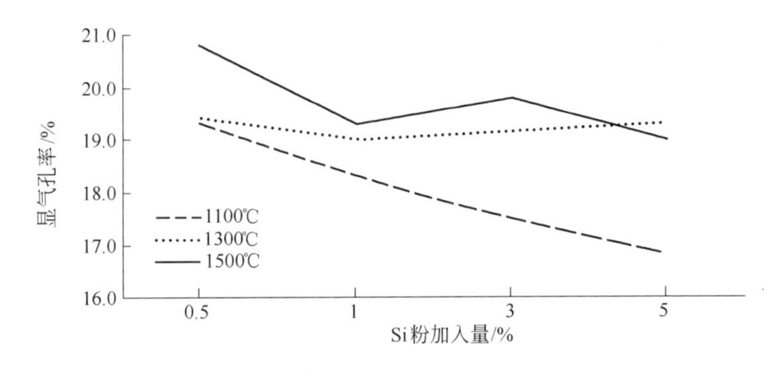

图4-102 硅粉加入量与试样显气孔率的关系

由图4-102可见，在1100℃烧成，试样的显气孔率随着硅粉量的增加而迅速下降。在1300℃和1500℃下烧成的试样，硅粉加入量为0.5%~1%，显气孔率下降较快，之后下降较慢并趋于稳定。在上述三种烧成条件下，硅粉加入量为1%时，是显气孔率变化的转折点。

由图4-103可见，密度的变化与显气孔率的变化相对应。在硅粉加入量为0.5%~1%时，变化较大；硅粉量大于1%以后，上升趋势处于平缓，彼此之间的数值差别不大。

由图4-104可见，在1100℃、1300℃和1500℃的烧成条件下，试样的耐压强度值随试样中的硅粉量增加而提高，没有下降趋势。

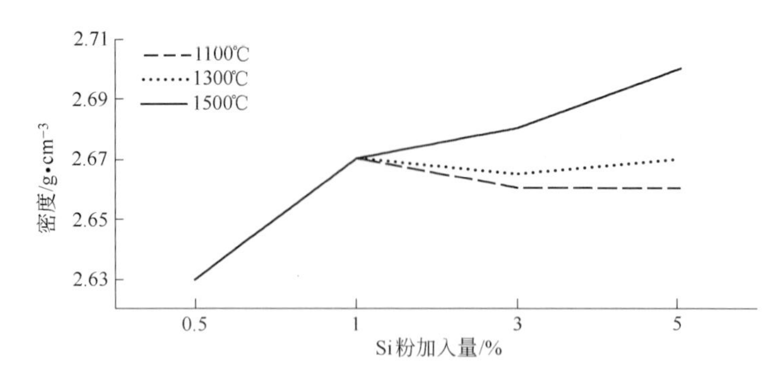

图 4－103 硅粉加入量与试样密度的关系

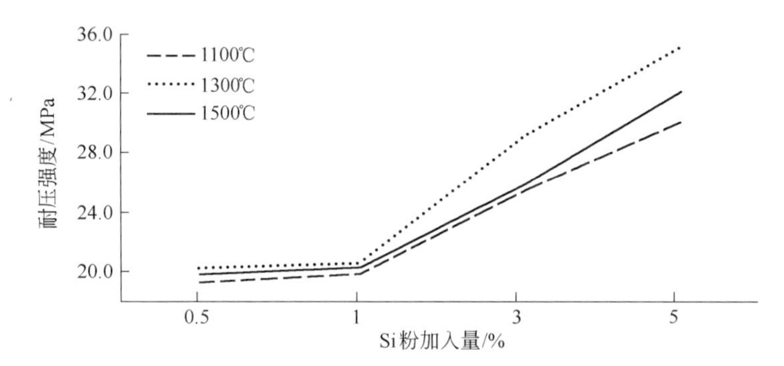

图 4－104 硅粉加入量与试样耐压强度的关系

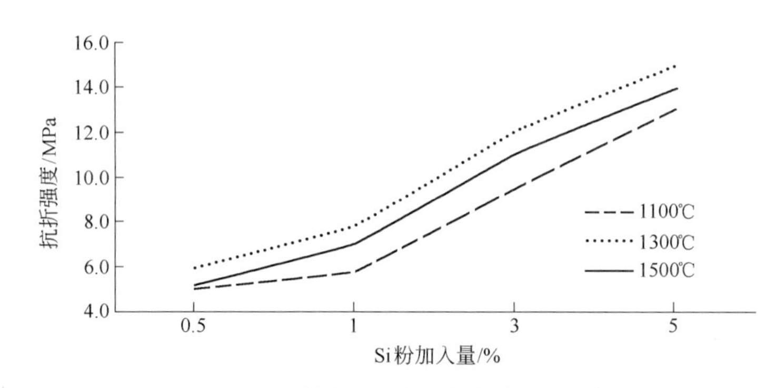

图 4－105 硅粉加入量与试样抗折强度的关系

由图 4－105 可见，试样的抗折强度与耐压强度的变化规律相一致，都表现在 1300℃ 烧成时强度值最高。

在以上所有的试验中，试样性能的测试结果显示，硅粉加入量为 1% 时是一个转折点，可以根据需要，选择硅粉的最佳加入量。在试验中还发现，试样中的硅粉并不与鳞片状石墨反应，只是在鳞片石墨的边缘上才能看到一点絮状 SiC，如图 4－106 所示。

在试样中是否还形成了氮化硅和氧氮化硅？对含硅粉 0.5%、1%、3% 和 5% 的试样作 X 衍射分析，分析结果表明，上述生成物不存在，只有 β－SiC 存在，如图 4－107 所示。根据 X 衍射分析图上的 SiC 的波峰长度，可以相对地确定在某一烧成温度下，不同硅粉加入量条件下 SiC 的生成量的多少。

如果设定硅粉加入量为 0.5%、Y 炭黑加入量为 2% 的试样，在 1300℃烧成，生成β－

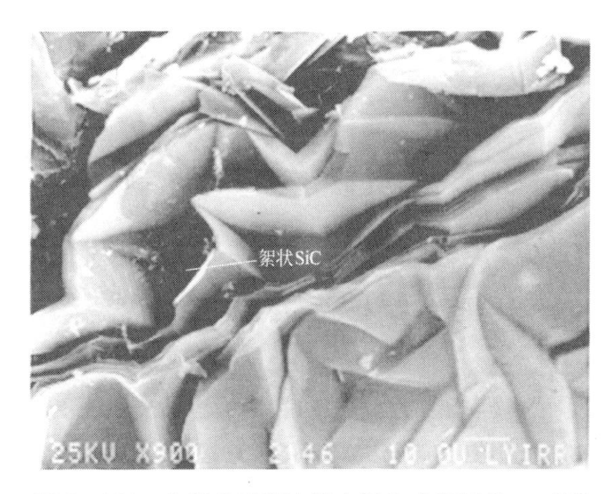

图 4－106　在鳞片石墨边缘之间生成的絮状 β－SiC

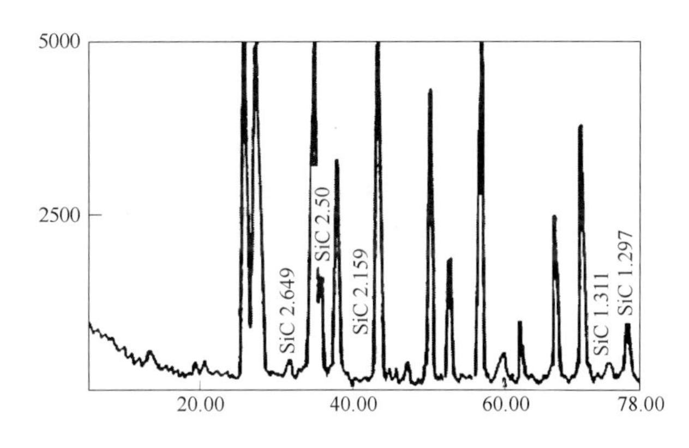

图 4－107　试样的 X 衍射图

SiC 的量的生成指数为 1。那么在同样的条件下，β－SiC 的生成指数与硅粉加入量的关系如图 4－108 所示。从图可以明显看到，在 1300℃下烧成的试样，二次 SiC 的生成量与硅粉的加入量成正比关系。

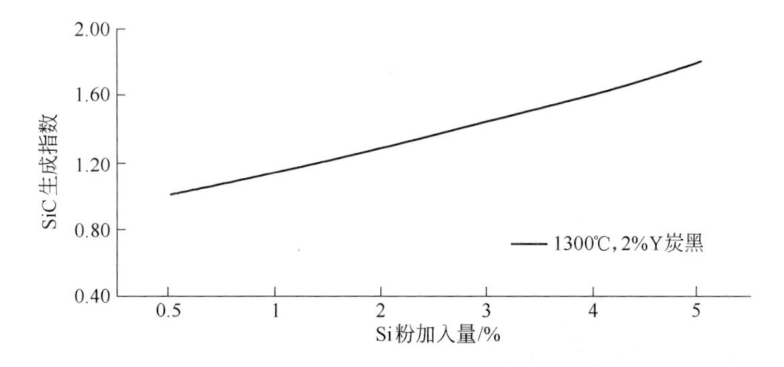

图 4－108　硅粉加入量与 β－SiC 生成指数的关系

在电镜下观察到，在 1300℃下烧成的，加有 0.5% 硅粉的试样中，形成的二次 SiC 量较少，而且呈絮状，如图 4－109 所示。絮状 β－SiC 成团粒形态分布在颗粒间，使试样强度增加。

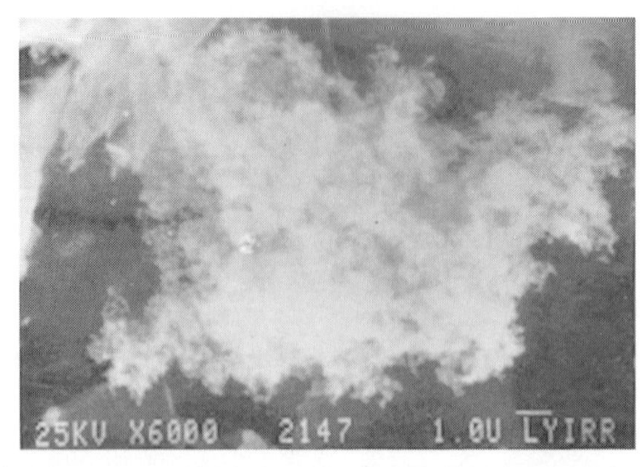

图 4－109 试样中成团粒形态的絮状二次 SiC 形态

在同样烧成温度下，含有 3% 硅粉的试样在电镜下可以看到较多的细针状的、互相交织在一起的二次 SiC，如图 4－110 所示。这些二次 SiC 较大面积地分布于颗粒之间，并形成网状结构，使试样强度得到较大增强。

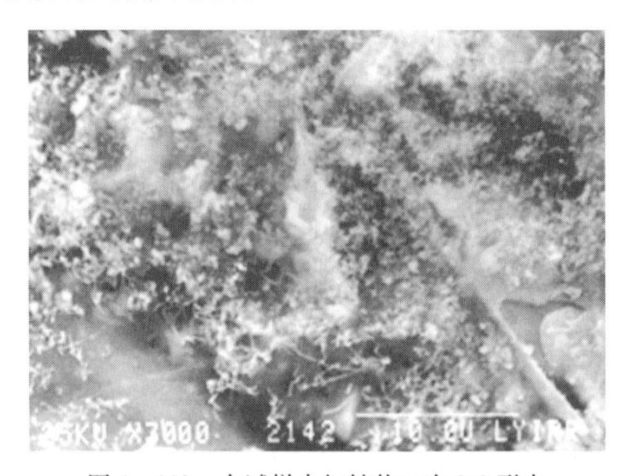

图 4－110 在试样中细针状二次 SiC 形态

在电镜下，我们还可以看到，在相同条件烧成的含有 5% 的硅粉的试样中，二次 SiC 的针状晶体增大，变得十分明显，互相交织成网，如图 4－111 所示。这些发育良好的针状 SiC 紧紧地包裹在颗粒的周围，形成紧密的网状结构，使试样的强度得到最大的提高。

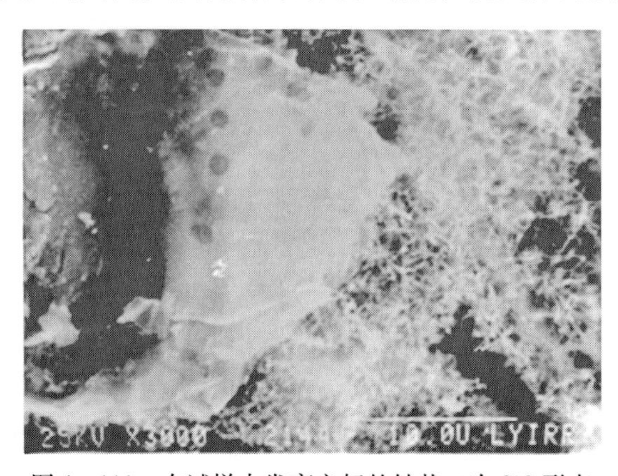

图 4－111 在试样中发育良好的针状二次 SiC 形态

4.40 炭黑添加剂对试样的抗氧化性的影响

4.40.1 P、Y 炭黑的氧化失重率

试样的抗氧化性试验分为两组：A 组为铝碳质，B 组为锆碳质，每组都分别使用等量的 P、Y 炭黑；两组试样的配料，均使用同一种石墨和结合剂，并且加入量也一样。试样的热处理条件是：在大气气氛中，温度 1000℃，保温 0.5h。用试样的失重率，表示其抗氧化性能的好坏。加有 P、Y 炭黑的试样的失重率见表 4－21。

表 4－21 P、Y 炭黑的试样的失重率

项 目	炭黑种类	石 墨	主 料	结合剂	添加剂	失重率/%
A 组	P 炭黑	鳞片石墨	电熔刚玉	酚醛树脂	硅粉	8.05
	Y 炭黑					9.76
B 组	P 炭黑	鳞片石墨	稳定氧化锆	酚醛树脂	硅粉	6.31
	Y 炭黑					7.44

由表 4－21 可见，无论是铝碳质还是锆碳质试样，加有 P 炭黑的试样的失重率，要比添加 Y 炭黑的低。也就是说，P 炭黑的抗氧化性相对要高一些，这有可能与 P 炭黑的颗粒较粗有关。

4.40.2 Y 炭黑加入量对试样抗氧化性能的影响

在铝碳质试样中，分别加入 0、1%、2% 和 3% 的 Y 炭黑，试验条件同之前的试验。炭黑加入量与试样失重率的关系如图 4－112 所示。由图 4－112 可见，试样的失重率随着 Y 炭黑的加入量的增加而下降，也就是说，试样的抗氧化性随 Y 炭黑量的加大而提高。

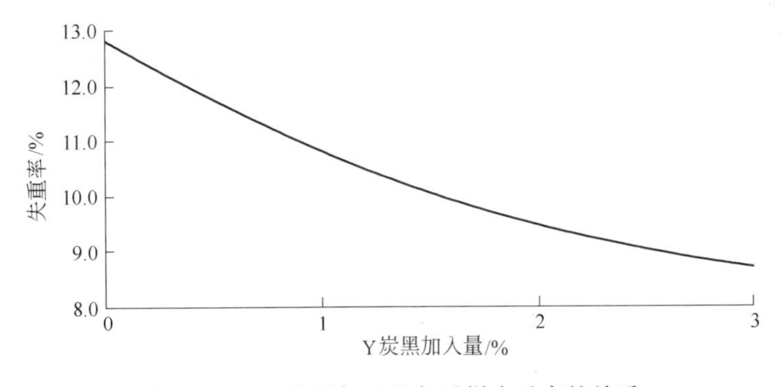

图 4－112 Y 炭黑加入量与试样失重率的关系

4.40.3 硅粉加入量对含有 Y 炭黑试样失重率的影响

试样为铝碳质，加有 2% 的 Y 炭黑，分别加入 0.5%、1%、2%、3%、4% 和 5% 的硅粉，热处理条件同前。硅粉加入量与试样失重率的关系如图 4－113 所示。

由图 4－113 可见，加有 3% 硅粉的试样的失重率最低；当硅粉加入量大于或小于 3% 时，失重率增大。从图 4－113 中还可以看到，在试样中，若硅粉含量小于 1%，其失重率

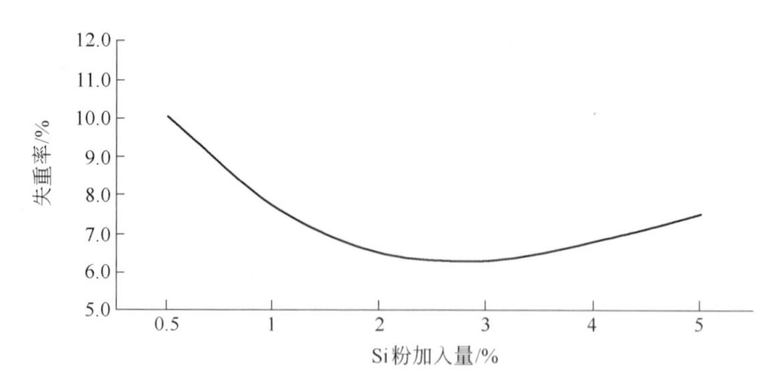

图 4－113 硅粉加入量与含有 Y 炭黑试样失重率的关系

将大幅度增加。在硅粉加入量为 1% ~5% 时，试样失重率彼此相差不大。

一般认为，在试样中形成的 SiC 在高温下氧化生成 SiO，然后挥发扩散；遇到氧气生成 SiO_2 呈玻璃体包裹在颗粒表面，并封闭气孔，防止氧气的进一步渗透，提高了试样的抗氧化性。

观察在 1000℃ 下处理后的试样，可以发现，硅粉加入量小于 1% 的试样，其表面呈浅红色，极其疏松。随着试样中硅粉含量的增加，其表面逐渐呈灰色，并且很坚硬，这就证明了是试样中形成的 SiC 在起作用。

4.40.4 对炭黑添加剂作用的评价

关于炭黑在含碳耐火材料中的作用，可以搜索到的文献资料并不多。文献报道，唐光盛等采用纳米炭黑 N220（粒径约 25nm）作为镁碳耐火材料的添加剂。在镁碳材料中，添加量为 0.4%，成功制作出含碳量为 3% 的低碳镁碳耐火材料，替代传统的用于冶金炉的含碳 16% 的镁碳耐火材料，并且无论是材料的强度，还是抗热震性都优于传统的镁碳耐火材料[6]。

还有一些文献显示，应用中粒子炭黑 N990（粒径约 280nm）作为添加剂制作碱性耐火材料，也得到了很好的结果。

作者通过有关炭黑的一系列试验，对炭黑添加剂作用的评价是：

（1）加入到树脂结合的含碳耐火材料中的炭黑，由于其粒径很小，一般是亚微米或纳米级的，与树脂相结合可形成牢固的碳网络结构和提高树脂的残碳率。

（2）由于炭黑的活性和比表面积大，分散性好，化学反应性强，更易反应形成碳化物结构，容易与添加剂硅粉发生反应，形成稳定的二次 SiC，使含碳耐火材料的密度和强度得到很大的提升。

（3）在含碳耐火材料中，即使是加入少量的炭黑，由于炭黑粒径小，单位体积的炭黑颗粒数量与加入等量的石墨所含的颗粒数相比，简直是一个天文数字。因此，众多的黑粒子，由于分布面积极大，可以提高材料中的含碳分布密度，改善材料的传热速度和均匀性，从而提高材料的抗热冲击性。

（4）由于在含碳耐火材料中，添加的炭黑的化学稳定高，有利于提高材料的抗钢水和熔渣的侵蚀性。

4.41　长水口 A 制品的显微结构

连铸“三大件”制品的显微结构，是从不同的制品、不同的部位取样进行显微结构的分析，其中面分析得到的成分数据仅供参考。

4.41.1　长水口 A 制品本体（烧结氧化铝 + 石墨）的显微结构

在长水口 A 制品本体中的颗粒，以烧结氧化铝和石英为主，锆莫来石的颗粒较细，主料的临界粒度为 0.5mm，石墨为 0.6 ~ 0.7mm。

长水口 A 制品本体显微结构如图 4 – 114 所示。

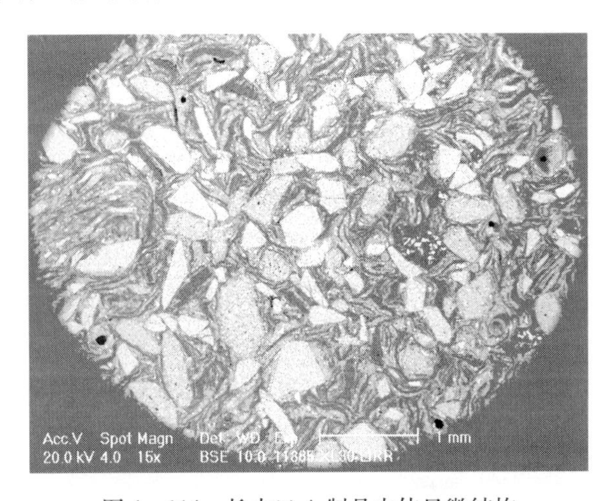

图 4 – 114　长水口 A 制品本体显微结构

基质中以熔融石英为主，含有少量的烧结 Al_2O_3、较多的无定形 Al_2O_3 团聚体以及少量的 Si 和白刚玉细粉。

长水口 A 制品本体基质显微结构如图 4 – 115 所示。

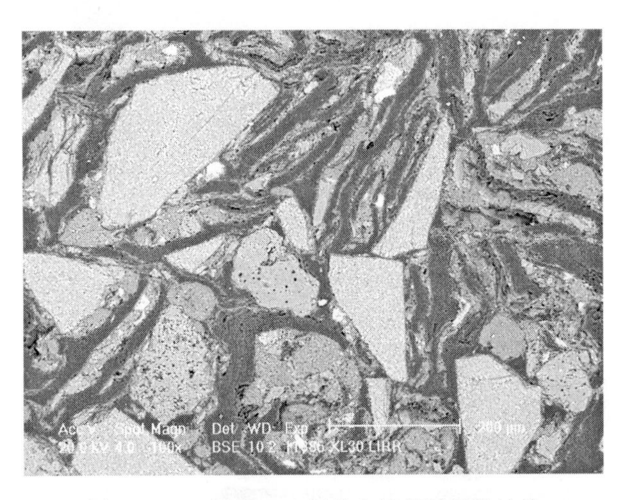

图 4 – 115　长水口 A 制品本体基质显微结构

长水口 A 制品基质中无定形 Al_2O_3 团聚体形貌如图 4 – 116 所示。

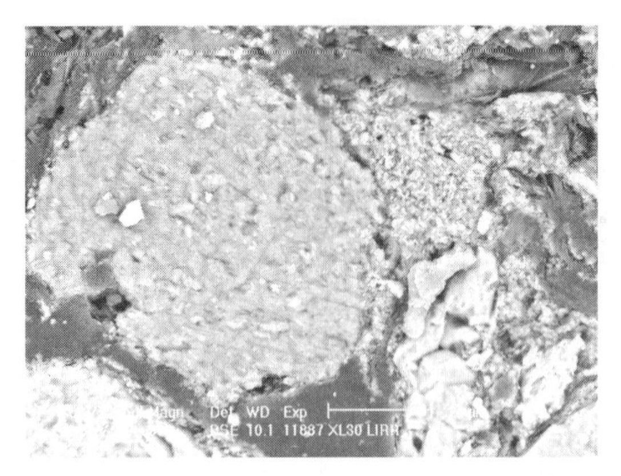

图 4 – 116 长水口 A 制品基质中无定形 Al_2O_3 团聚体形貌

4.41.2 长水口 A 制品渣线（钙部分稳定氧化锆 + 石墨）的显微结构

在长水口 A 制品的渣线中，ZrO_2 的临界粒度为 0.3mm，石墨为 0.5mm。含有较多的 Si 和 SiC，其中 SiC 的粒度小于 50μm，渣线层厚约 5mm。长水口 A 制品渣线显微结构如图 4 – 117 所示。

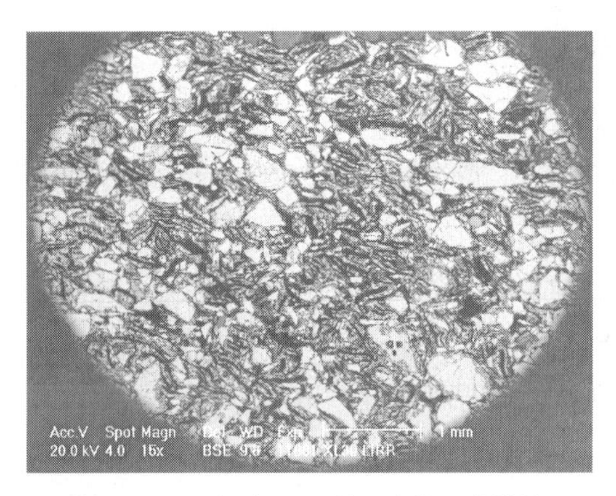

图 4 – 117 长水口 A 制品渣线显微结构

在长水口 A 制品渣线的基质中，含有较多的 SiC，其形貌如图 4 – 118 所示。

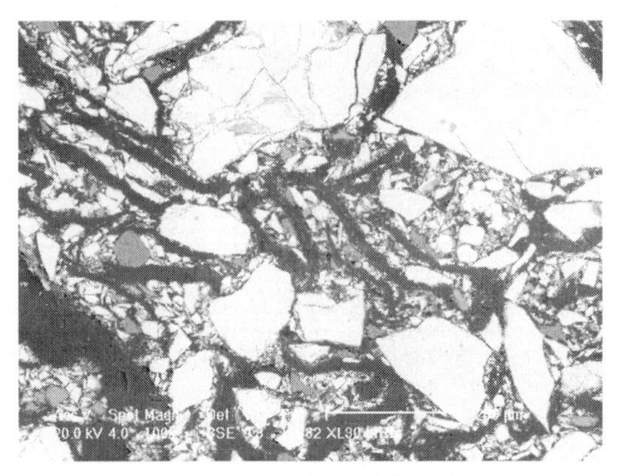

图 4 – 118 在长水口 A 制品渣线的基质中的 SiC 形貌

在长水口A制品渣线的基质中的ZrO_2和石墨的形貌如图4-119所示。

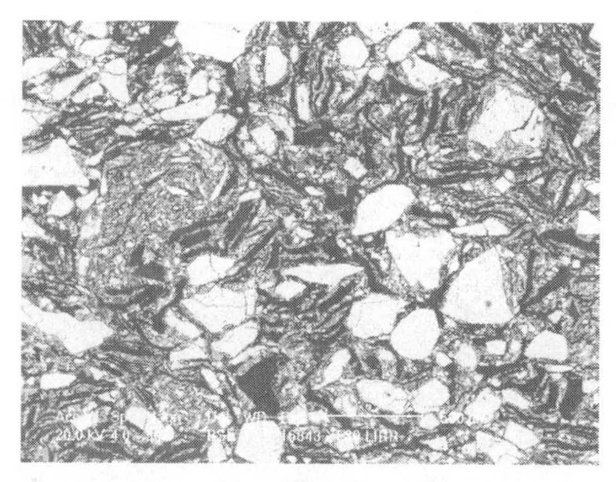

图4-119 在长水口A制品渣线的基质中的ZrO_2和石墨形貌

在长水口A制品渣线的基质中，含有较多的SiC和Si，其形貌如图4-120所示。

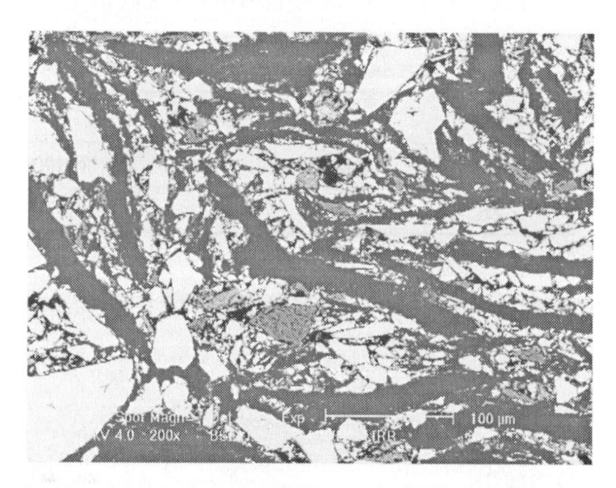

图4-120 在长水口A制品渣线的基质中的SiC和Si的形貌

4.41.3 长水口A制品内复合层（无碳层，板状刚玉+漂珠）的显微结构

在长水口A制品的内复合层中，含有较多的板状刚玉（0.4mm）和电熔刚玉（0.5mm），还有一定量的熔融石英（0.5mm）、锆莫来石（0.25mm）和漂珠（最大0.3mm）。

长水口A制品的内复合层显微结构形貌如图4-121所示。

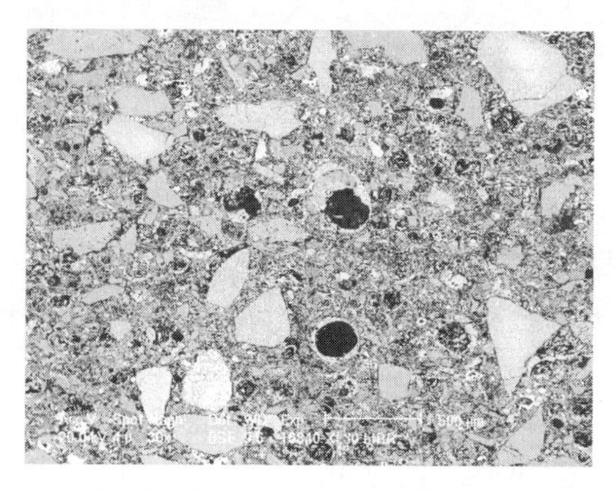

图4-121 长水口A制品内复合层显微结构形貌

在长水口内复合层中的漂珠的低倍形貌如图 4－122 所示，漂珠的化学成分见表 4－22。

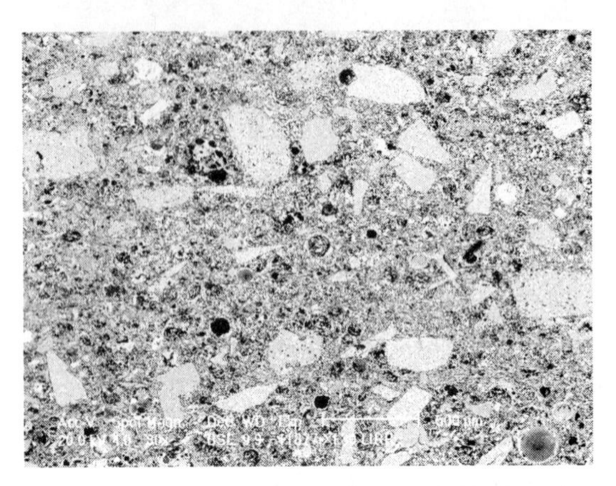

图 4－122 在长水口 A 制品中的漂珠低倍形貌

表 4－22 漂珠成分分析

项目	化学成分/%							
	Al_2O_3	SiO_2	TiO_2	CaO	Fe_2O_3	MgO	Na_2O	K_2O
漂珠	32.31	51.01	2.86	2.55	7.24	1.07	0.77	2.20

在长水口 A 制品内复合层的基质中，含有个别白刚玉颗粒，其余几乎都是漂珠。漂珠的形貌如图 4－123 所示。

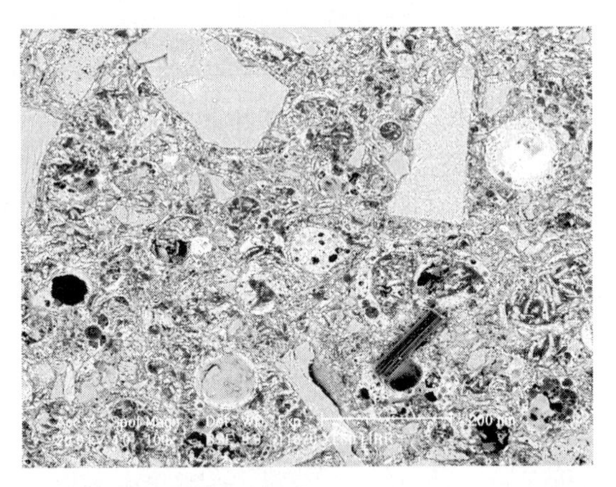

图 4－123 在长水口 A 制品内复合层基质中的漂珠形貌

长水口 A 制品内复合层的基质与本体结合良好，如图 4－124 所示。长水口 A 制品的整个内复合层的试样面分析见表 4－23。

表 4－23 长水口 A 制品整个内复合层的试样面分析

项目	化学成分/%							
	Al_2O_3	SiO_2	TiO_2	CaO	Fe_2O_3	MgO	Na_2O	K_2O
面分析	43.22	49.12	0.83	1.41	2.40	1.0	0.86	1.15

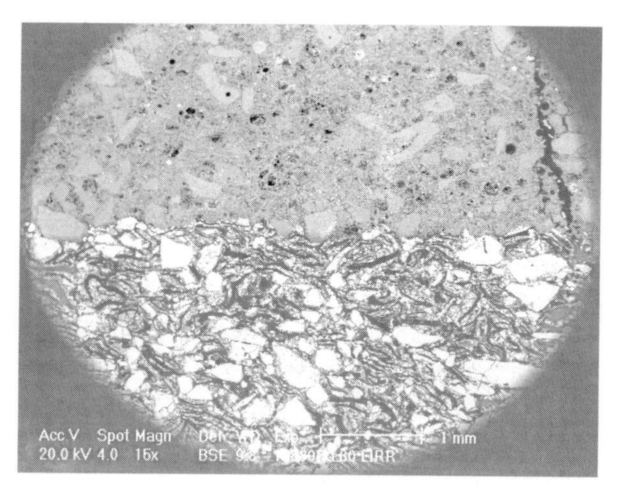

图 4－124　长水口 A 制品内复合层基质与本体的结合形貌

4.42　长水口 B 制品的显微结构

4.42.1　长水口 B 制品本体（棕刚玉＋熔融石英＋石墨）的显微结构

长水口 B 制品的主颗粒为棕刚玉和石英，棕刚玉临界粒度为 0.7mm，石英量较大，临界粒度为 0.6mm，有少量的锆莫来石，临界粒度为 0.6mm。

长水口 B 制品本体的显微结构如图 4－125 所示。

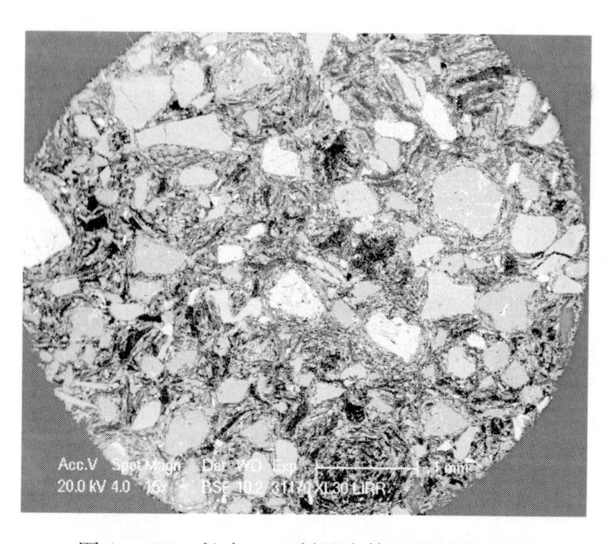

图 4－125　长水口 B 制品本体显微结构形貌

长水口 B 制品基质中的 Si、SiC 和 B_4C 的形貌如图 4－126 所示。

在长水口 B 制品基质中有锆莫来石，其形貌如图 4－127 所示。

在长水口 B 制品本体中的棕刚玉和石英颗粒的形貌如图 4－128 所示。

长水口 B 制品本体的 X 衍射分析结果为：主晶相为刚玉，其余为莫来石 5%～10%，m－ZrO_2 5%，SiC 5%～10%，Si 3%～5%，方石英小于 3%，玻璃相 10%～20%。

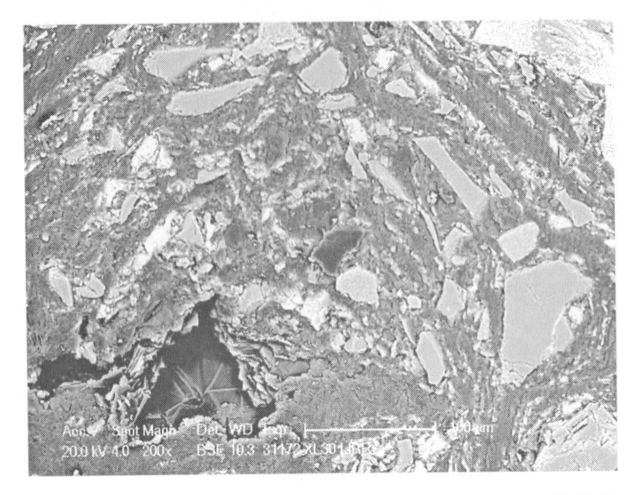

图 4 - 126　长水口 B 制品基质中的 Si、SiC 和 B_4C 的形貌

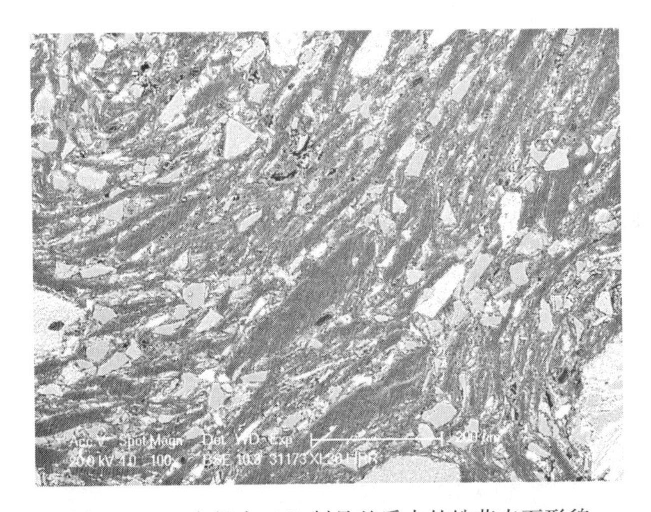

图 4 - 127　在长水口 B 制品基质中的锆莫来石形貌

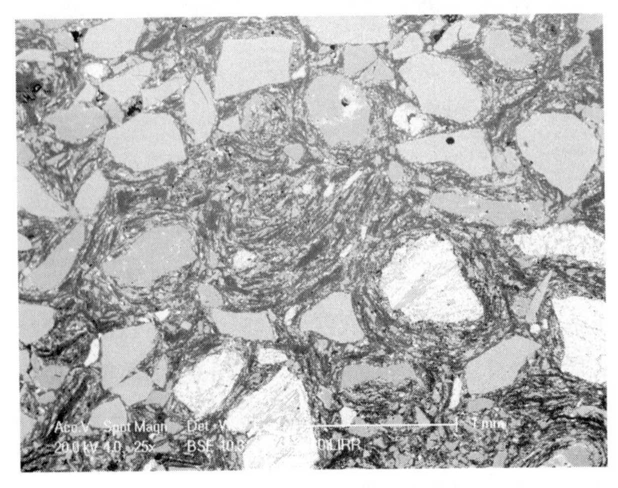

图 4 - 128　在长水口 B 制品本体中的棕刚玉和石英颗粒形貌

4.42.2 长水口 B 制品内复合层（MA 尖晶石 + 石墨）的显微结构

长水口 B 制品内复合层的低倍形貌：主颗粒镁铝尖晶石，临界粒度为 0.7mm。镁铝尖晶石的成分为：MgO 25.35% ~ 25.71%，Al_2O_3 74.65% ~74.29%。

长水口 B 制品内复合层的 X 衍射分析：主相晶为镁铝尖晶石，其余为刚玉 5% ~ 10%，SiC 5% ~10%。长水口 B 制品内复合层显微结构形貌如图 4 – 129 所示。

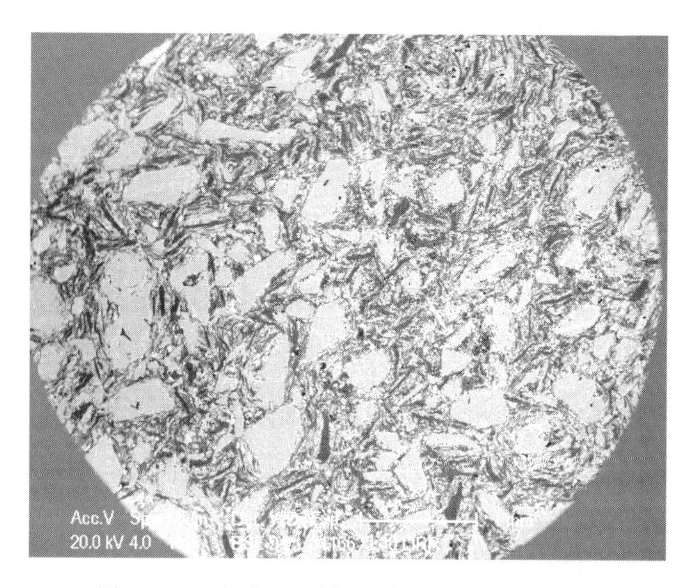

图 4 – 129 长水口 B 制品内复合层显微结构形貌

长水口 B 制品内复合层中的石墨临界粒度为 0.4mm，大部分为 0.2 ~0.3mm。其形貌如图 4 – 130 所示。

图 4 – 130 在长水口 B 制品内复合层中的石墨形貌

在长水口 B 制品内复合层基质中的 SiC 的形貌如图 4 – 131 所示。

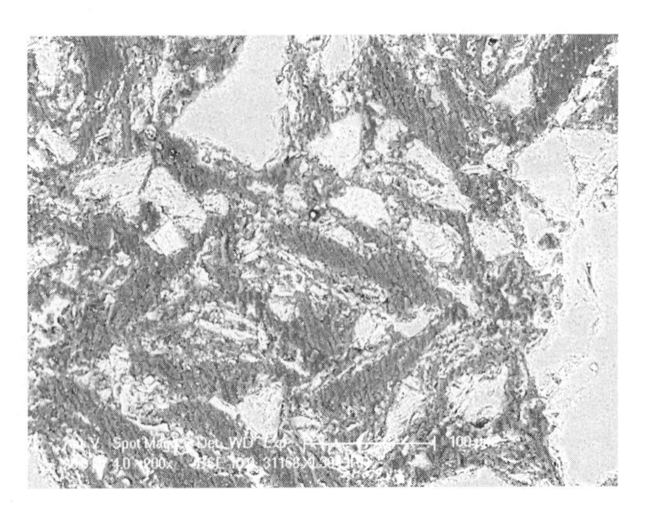

图 4－131 在长水口 B 制品内复合层基质中的 SiC 的形貌

4.43 长水口 C 制品的显微结构

4.43.1 长水口 C 制品本体（棕刚玉＋石墨）的显微结构

在长水口 C 制品本体中，主颗粒为棕刚玉，临界粒度为 0.6mm，熔融石英的临界粒度为 0.5mm，锆莫来石的临界粒度为 0.3mm。

长水口 C 制品本体的低倍形貌如图 4－132 所示。

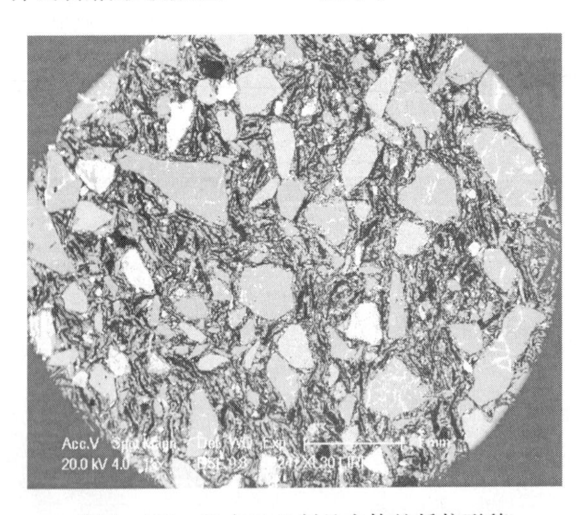

图 4－132 长水口 C 制品本体的低倍形貌

长水口 C 制品本体中的石墨的临界粒度为 0.5mm，石墨形貌如图 4－133 所示。

在长水口 C 制品的本体基质中，未发现熔融石英细粉，但颗粒中含有熔融石英，占大颗粒量的 1/3 弱。在长水口 C 制品本体的基质中含有 B_4C、SiC 和 $\alpha-Al_2O_3$ 微粉，其形貌如图 4－134 所示。

在长水口 C 制品的本体基质中，含有硅粉和少量的 $\alpha-Al_2O_3$ 微粉，其形貌如图 4－135 所示。

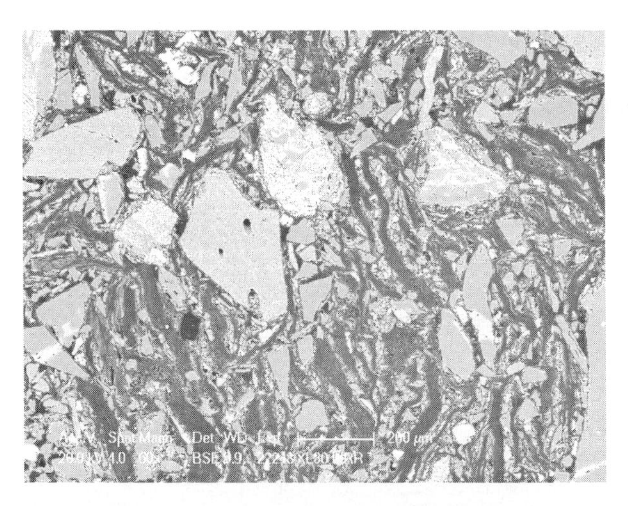

图4-133　长水口C制品本体中的石墨形貌

图4-134　在长水口C制品本体的基质中的B_4C、SiC和$\alpha-Al_2O_3$微粉形貌

图4-135　在长水口C制品本体的基质中的硅粉和少量的$\alpha-Al_2O_3$微粉形貌

4.43.2　长水口 C 制品渣线（MA 尖晶石 + 石墨）的显微结构

在长水口 C 制品渣线中，主颗粒以电熔尖晶石为主，临界粒度为 0.5mm，还有熔融石英颗粒（颜色稍浅）。长水口 C 制品渣线低倍形貌如图 4－136 所示。

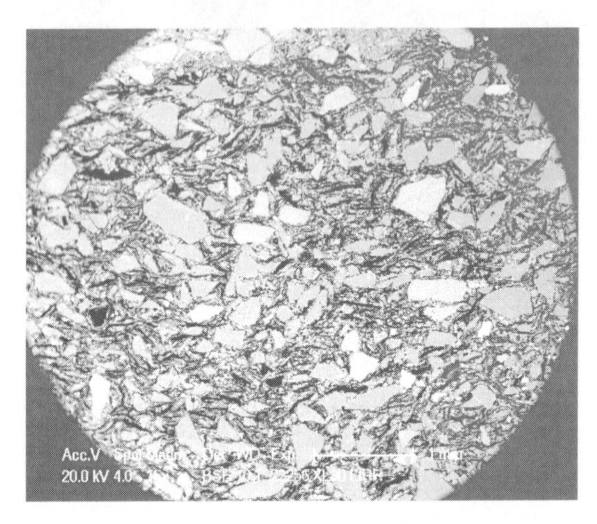

图 4－136　长水口 C 制品渣线低倍形貌

长水口 C 制品渣线显微结构形貌如图 4－137 所示。图 4－137 中石墨临界粒度为 0.5mm，主颗粒为 MA 尖晶石，还有石英和少量刚玉的颗粒。

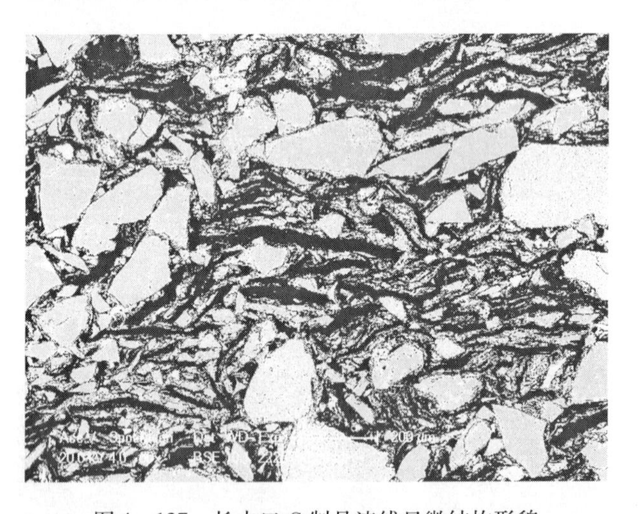

图 4－137　长水口 C 制品渣线显微结构形貌

在长水口 C 制品基质中，添加有 B_4C、SiC 和 Si，还有少量的 $\alpha-Al_2O_3$ 微粉和尖晶石细粉，如图 4－138 所示。

在长水口 C 制品基质中尖晶石形貌如图 4－139 所示。尖晶石颗粒成分为：MgO 18.35%～24.87%，Al_2O_3 77.55%～81.65%。

在长水口 C 制品基质中的 MA 尖晶石和刚玉细颗粒形貌如图 4－140 所示。

长水口 C 制品渣线部位与内复合层的结合部位的形貌如图 4－141 所示。

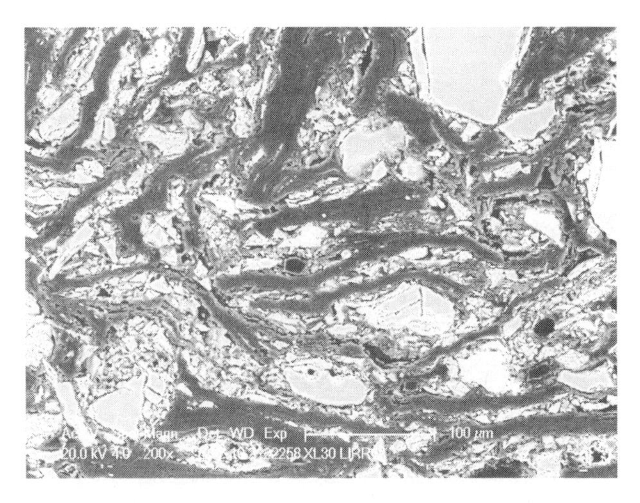

图 4－138　长水口 C 制品基质中的添加剂形貌

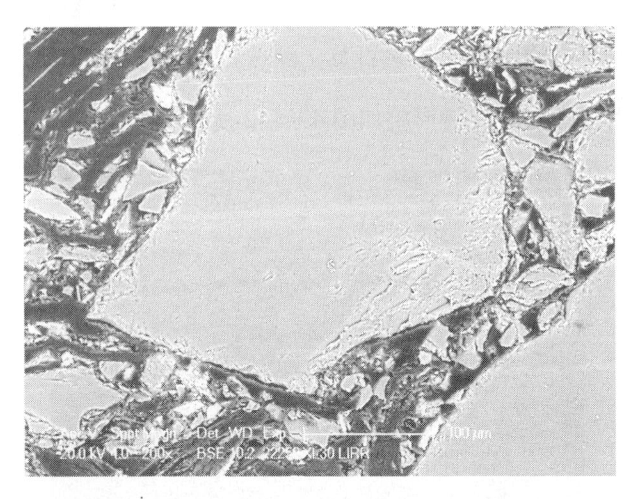

图 4－139　长水口 C 制品基质中的尖晶石形貌

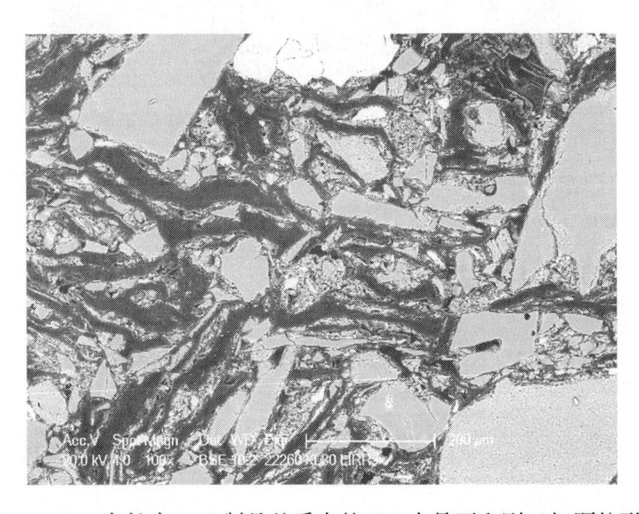

图 4－140　在长水口 C 制品基质中的 MA 尖晶石和刚玉细颗粒形貌

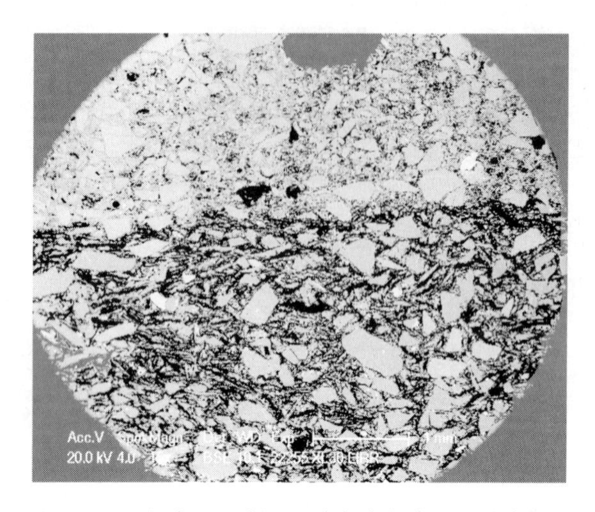

图 4－141 长水口 C 制品渣线与内复合层的结合部位

4.43.3 长水口 C 制品内复合层（熔融石英＋漂珠）的显微结构

长水口 C 制品内复合层的低倍形貌如图 4－142 所示。

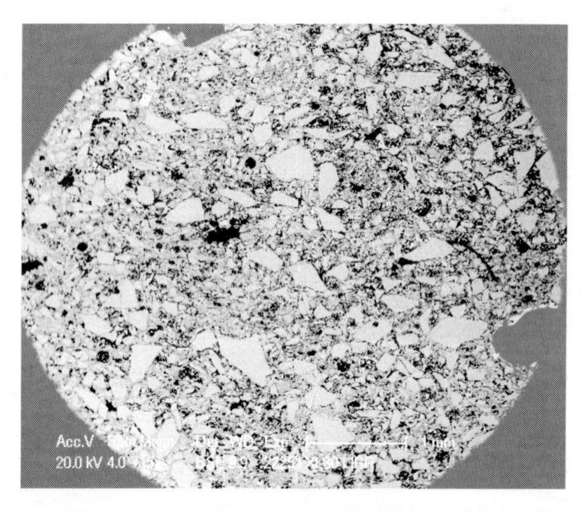

图 4－142 长水口 C 制品内复合层低倍形貌

在长水口 C 制品内复合层中，主颗粒全是熔融石英，临界粒度为 0.3mm，其中含有漂珠，临界粒度为 0.2mm，如图 4－143 所示。

在长水口 C 制品基质中的漂珠、石英和 $\alpha-Al_2O_3$ 微粉形貌如图 4－144 所示。在长水口 C 制品内复合层的漂珠的化学成分见表 4－24。

表 4－24 长水口 C 制品内复合层漂珠的化学成分分析

项目	化学成分/%					
	Al_2O_3	SiO_2	TiO_2	CaO	Fe_2O_3	K_2O
漂珠	24.28～41.54	65.99～53.13	1.30	2.12～0.71	2.96～2.61	3.35～2.01

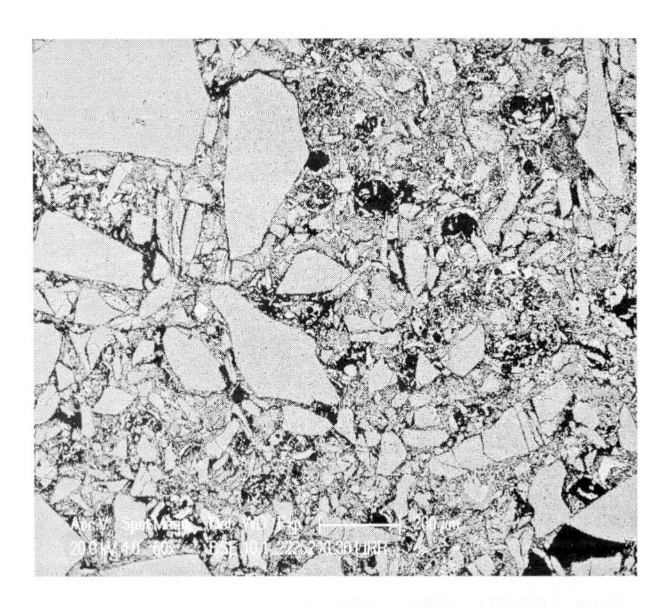

图4-143 长水口C制品内复合层熔融石英颗粒和漂珠形貌

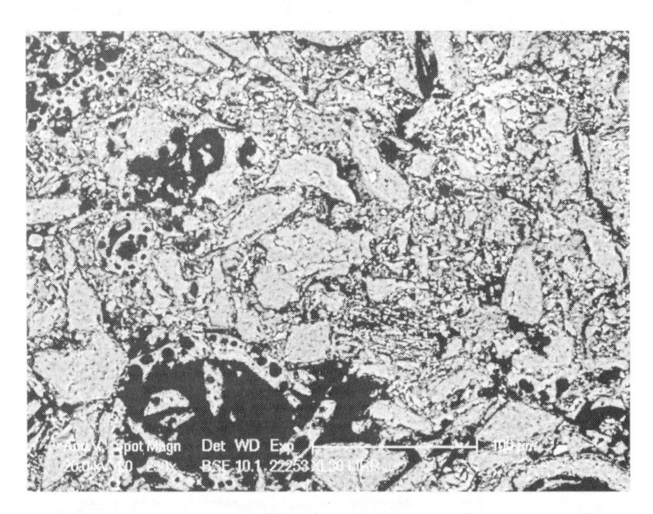

图4-144 基质中的漂珠、石英和α-Al_2O_3微粉形貌

4.44 长水口D制品的显微结构

4.44.1 长水口D制品本体（棕刚玉+石墨）的显微结构

在长水口D制品本体内，主要颗粒为棕刚玉，临界粒度为0.5~0.6mm，还有熔融石英颗粒，临界粒度为0.2mm。长水口D本体的低倍形貌如图4-145所示。

在长水口D制品本体中的熔融石英形貌如图4-146所示。

在长水口D制品本体基质中的Si、SiC和α-Al_2O_3形貌如图4-147所示。

在长水口D制品本体的基质中，主要是棕刚玉细粉，其中含有Si、SiC和少量的α-Al_2O_3微粉。在长水口D制品本体基质中的棕刚玉细粉形貌如图4-148所示。

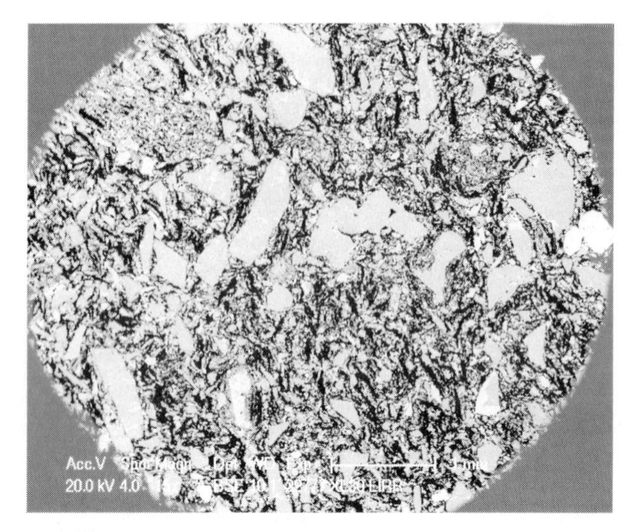

图 4－145 长水口 D 制品本体低倍形貌

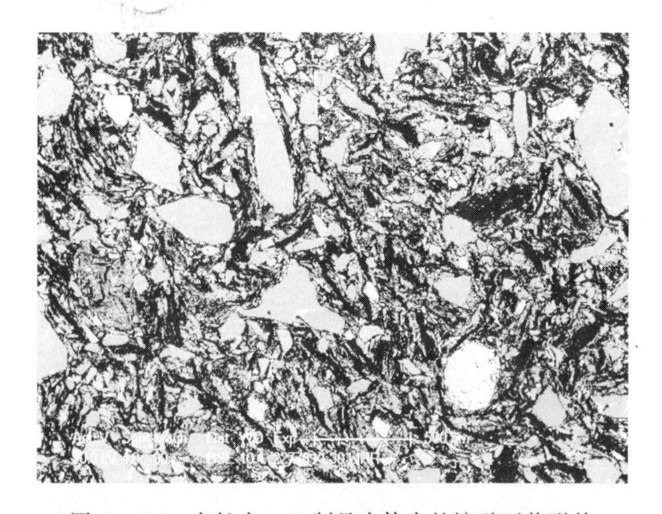

图 4－146 在长水口 D 制品本体中的熔融石英形貌

图 4－147 在长水口 D 制品本体基质中的 Si、SiC 和 $\alpha-Al_2O_3$ 形貌

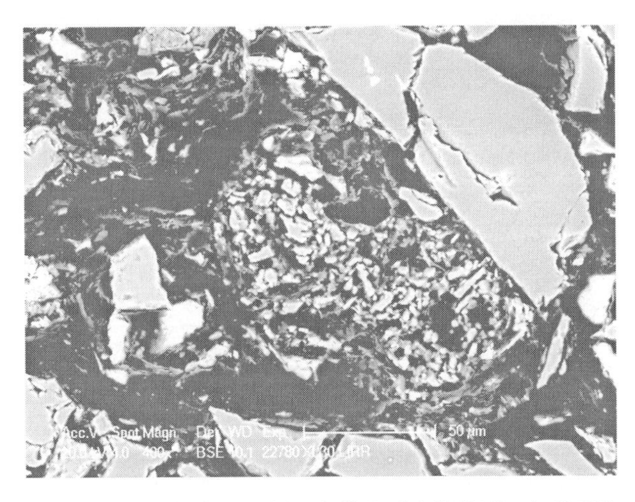

图4－148 在长水口D制品本体基质中的棕刚玉细粉形貌

在长水口D制品本体基质中石墨的临界粒度为0.3～0.4mm，其形貌如图4－149所示，而锆莫来石含量很低。长水口D制品试样的面分析见表4－25。

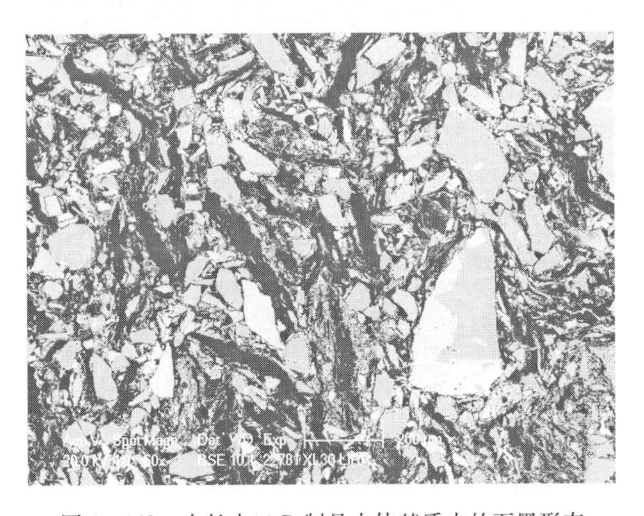

图4－149 在长水口D制品本体基质内的石墨形态

表4－25 长水口D制品试样的面分析

项 目	化学成分/%								
试样面分析	Al_2O_3	SiO_2	ZrO_2	TiO_2	MgO	CaO	Fe_2O_3	K_2O	NaO_2
	45.97	44.47	3.06	1.42	2.25	0.61	1.10	0.56	0.52

4.44.2 长水口D制品内复合层（烧结MA尖晶石＋石墨）的显微结构

长水口D制品内复合层低倍形貌如图4－150所示。

在长水口D制品内复合层中，主颗粒为烧结尖晶石，临界粒度为1mm，还有少量的石墨，其形貌如图4－151所示。

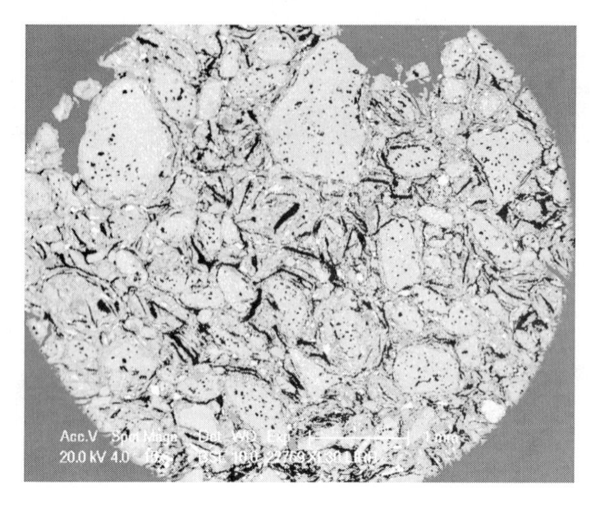

图 4－150 长水口 D 制品内复合层低倍形貌

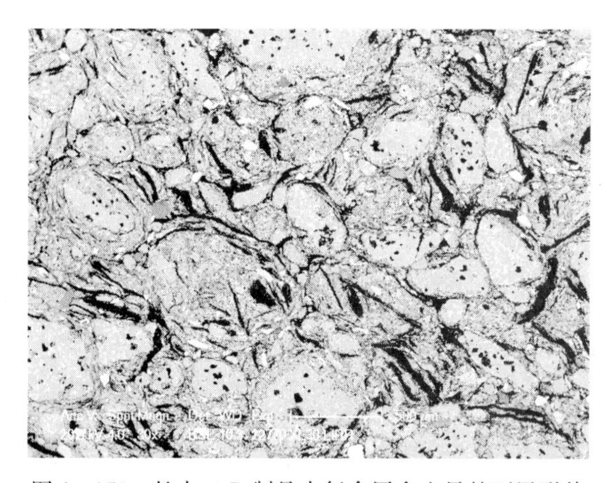

图 4－151 长水口 D 制品内复合层含少量的石墨形貌

在长水口 D 制品内复合层的基质中，主要为 MA 尖晶石，其余为 Si、SiC、无定形 MgO 和少量的 $\alpha-Al_2O_3$ 微粉。物料的形貌如图 4－152 所示。

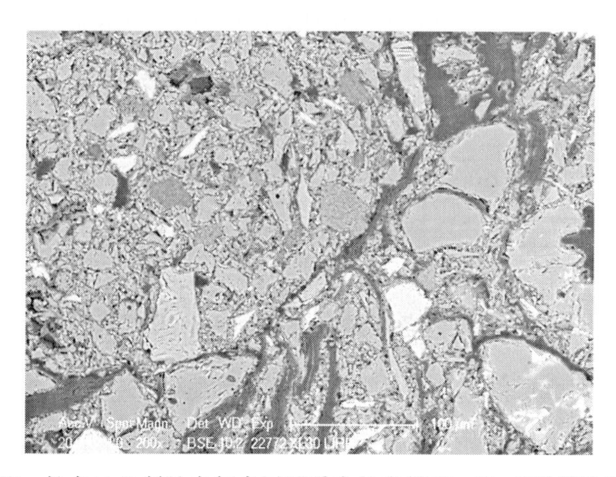

图 4－152 长水口 D 制品内复合层基质中的尖晶石、Si、SiC 等物料的形貌

长水口 D 制品内复合层中的烧结尖晶石的化学组成见表 4－26。

表 4－26 长水口 D 制品内复合层烧结尖晶石的化学组成

项 目	化学成分/%					
	Al_2O_3	SiO_2	TiO_2	MgO	CaO	Fe_2O_3
烧结尖晶石	61.58～61.83	4.05～3.57	3.15～3.34	27.79～27.41	0.60～0.65	2.86～3.21

长水口 D 制品基质中的熔融石英形貌如图 4－153 所示，长水口 D 制品内复合层试样的面分析见表 4－27。

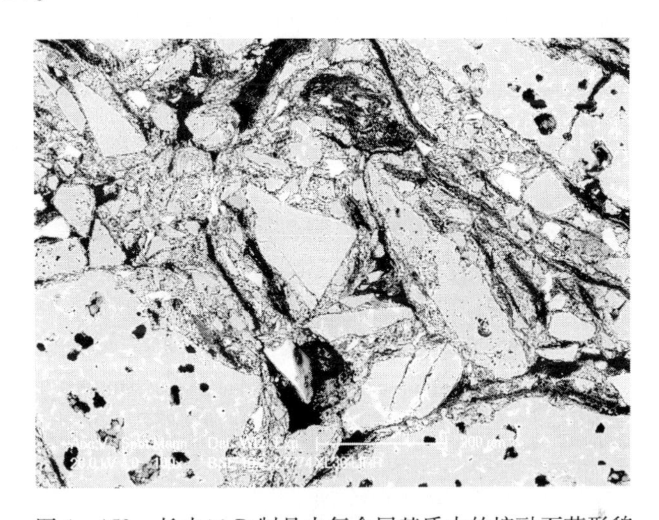

图 4－153 长水口 D 制品内复合层基质中的熔融石英形貌

表 4－27 长水口 D 制品内复合层试样的面分析

项 目	化学成分/%					
	Al_2O_3	SiO_2	TiO_2	MgO	CaO	Fe_2O_3
内复合层	54.35	24.81	1.62	16.69	0.39	1.64

4.45 浸入式水口 A 制品的显微结构

4.45.1 浸入式水口 A 制品本体（棕刚玉＋石墨）的显微结构

在浸入式水口 A 制品本体中，棕刚玉的临界粒度为 0.5mm，锆莫来石颗粒粒径为 0.4mm，石墨的临界粒度为 0.4mm。浸入式水口 A 制品本体的低倍形貌如图 4－154 所示。

浸入式水口 A 制品本体中的石墨形貌如图 4－155 所示。

在浸入式水口 A 制品本体内，加有较大量的玻璃和 $\alpha-Al_2O_3$ 微粉。这些物料的形貌如图 4－156 所示。

在基质中没有 B_4C、SiC 和熔融石英的形貌如图 4－157 所示。本体试样的面分析见表 4－28。

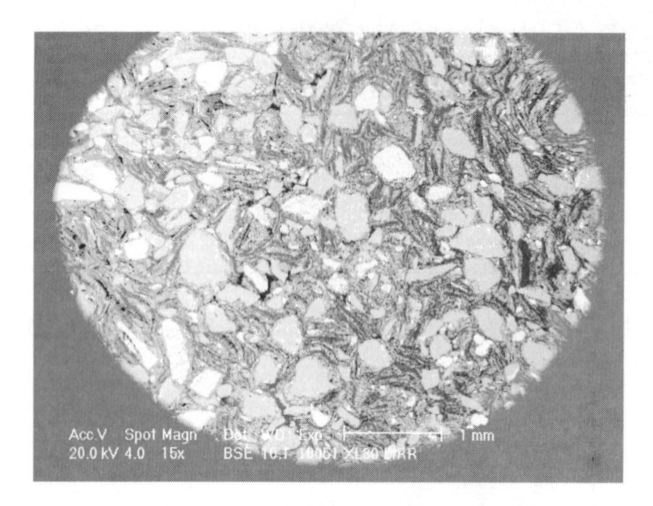

图 4－154 浸入式水口 A 制品本体低倍形貌

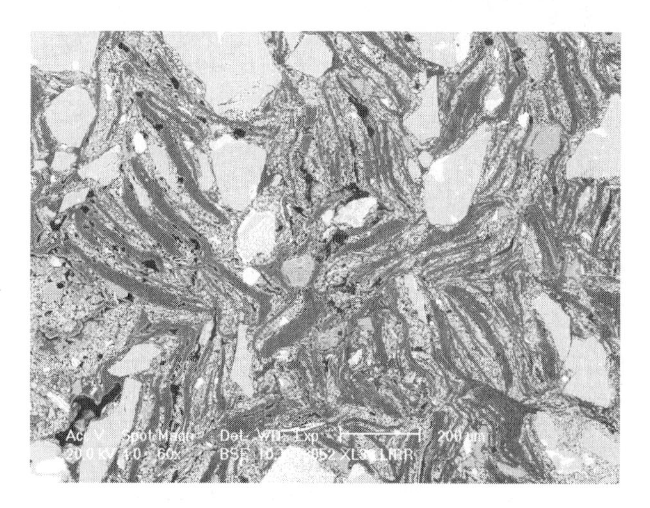

图 4－155 浸入式水口 A 制品本体内石墨形貌

图 4－156 浸入式水口 A 制品本体内玻璃和 $\alpha-Al_2O_3$ 微粉的形貌

图 4－157 在浸入式水口 A 制品本体基质中没有 B_4C、SiC 和熔融石英的形貌

表 4－28 浸入式水口 A 制品本体试样的面分析

项 目	化学成分/%			
本体面分析	Al_2O_3	SiO_2	ZrO_2	Na_2O
	74.72	14.41	9.39	1.48

4.45.2 浸入式水口 A 制品渣线（钙部分稳定氧化锆＋石墨）的显微结构

在浸入式水口 A 制品渣线中，ZrO_2 临界的粒度为 0.8mm，石墨临界粒度为 0.5mm。渣线的低倍形貌如图 4－158 所示，ZrO_2 成分为：ZrO_2 95.42%，CaO 4.58%。

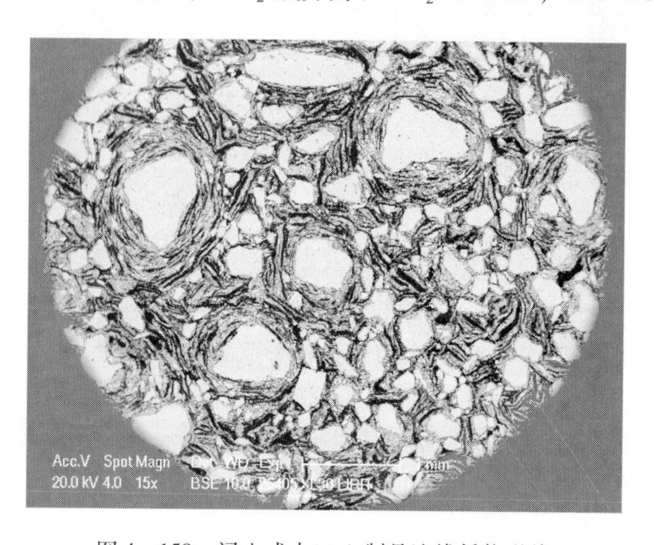

图 4－158 浸入式水口 A 制品渣线低倍形貌

渣线中的 ZrO_2 形貌如图 4－159 所示。

在渣线基质中未发现 Si、SiC 和 B_4C，如图 4－160 所示。

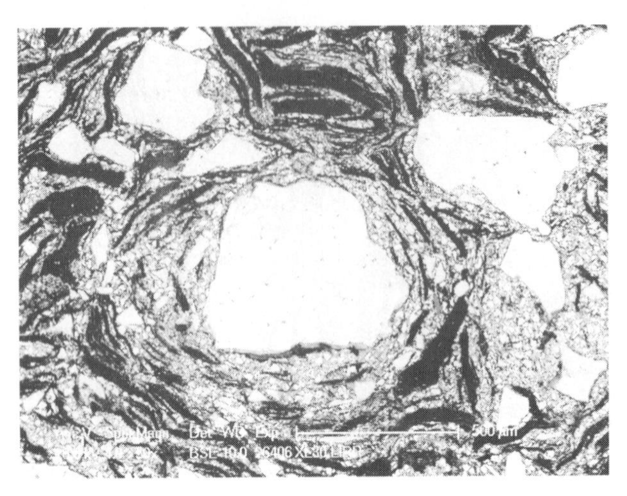

图 4-159 浸入式水口 A 制品渣线中的 ZrO_2 形貌

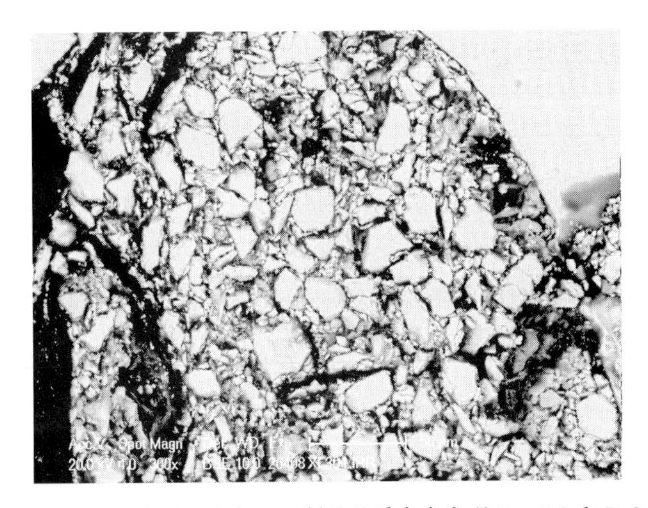

图 4-160 在浸入式水口 A 制品基质中未发现 Si、SiC 和 B_4C

4.46 浸入式水口 B 制品的显微结构

4.46.1 浸入式水口 B 制品碗口（海水镁砂 + 石墨）的显微结构

在浸入式水口 B 制品碗口中，主颗粒为海水镁砂，临界粒度为 0.6mm，基质中 Si 含量较大。石墨临界的粒度为 0.3mm。碗口的低倍形貌如图 4-161 所示。

石墨形貌如图 4-162 所示。

海水镁砂的形貌如图 4-163 所示。由图 4-163 可见，在海水镁砂晶间有封闭微孔，晶体约 60μm。脱碳后样品的面分析为：MgO 73.85%，Al_2O_3 2.33%，SiO_2 21.78%，CaO 0.89%，Fe_2O_3 1.15%。

4.46.2 浸入式水口 B 制品本体（亚白刚玉 + 石墨）的显微结构

浸入式水口 B 制品本体的主颗粒为亚白刚玉，临界粒度为 0.4~0.5mm；锆莫来石，临

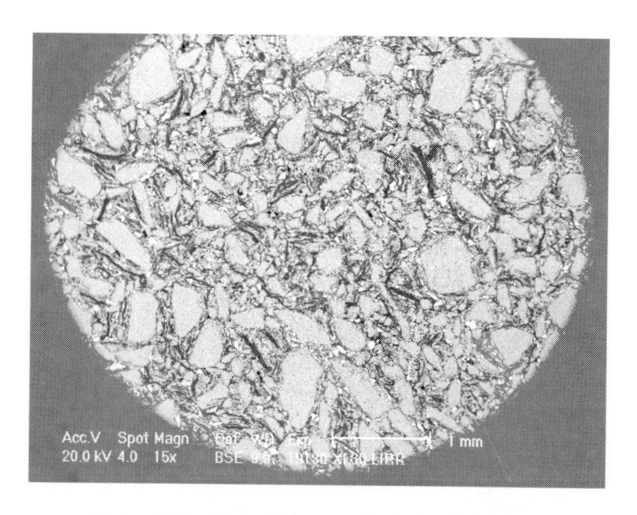

图4－161 浸入式水口B制品碗口低倍形貌

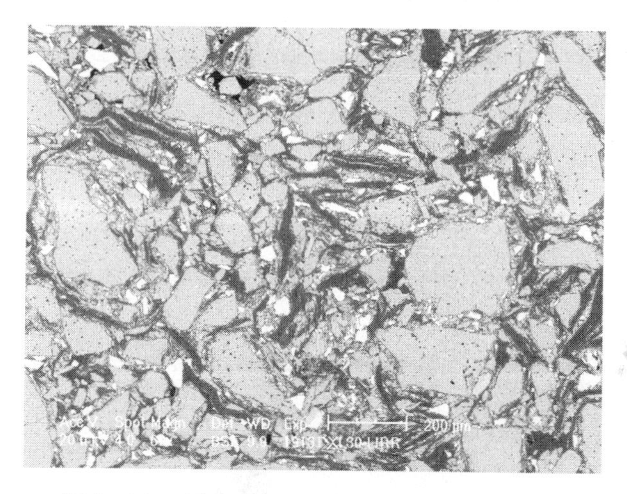

图4－162 浸入式水口B制品碗口中的石墨形貌

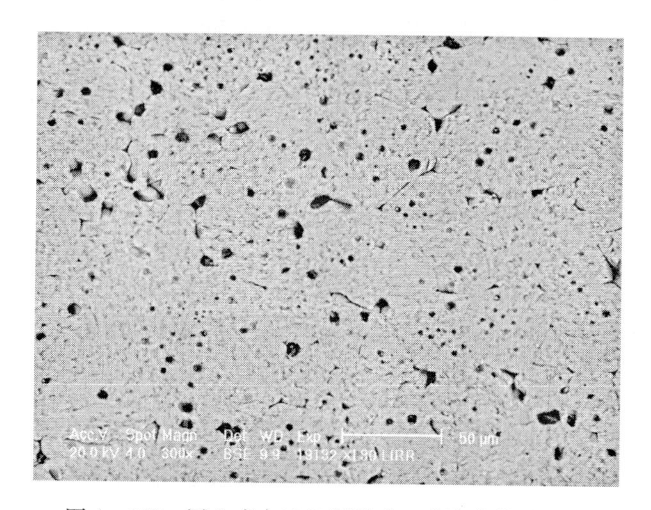

图4－163 浸入式水口B制品碗口内海水镁砂形貌

界粒度为0.6mm；石墨，临界粒度为0.5mm；金属Si，临界粒度为60μm。本体低倍形貌如图4－164所示。

图4－164 浸入式水口B制品本体低倍形貌

基质中的黑块类似玻璃相，其形貌如图4－165所示，玻璃相成分见表4－29。

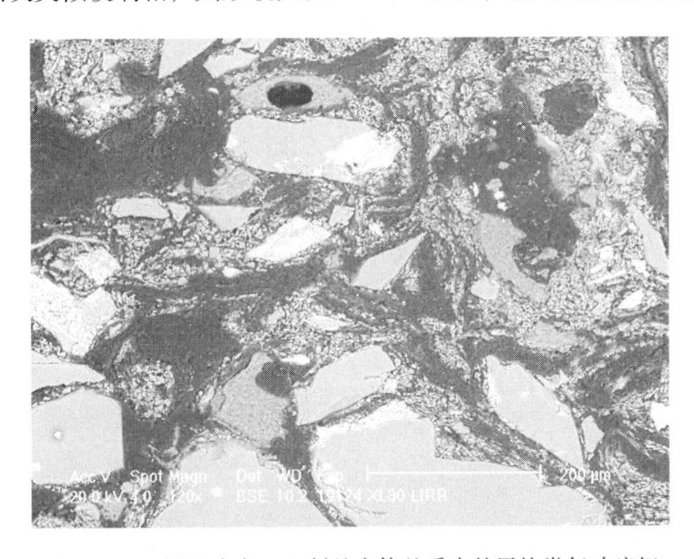

图4－165 浸入式水口B制品本体基质中的黑块类似玻璃相

表4－29 浸入式水口B制品本体基质中的玻璃相成分分析

项 目	化学成分/%				
	Al_2O_3	SiO_2	CaO	Na_2O	K_2O
玻璃相	64.45	6.49	2.0	25.96	1.10

在浸入式水口B制品本体基质内的还有大量$\alpha-Al_2O_3$微粉和锆莫来石细粉，其形貌如图4－166所示。

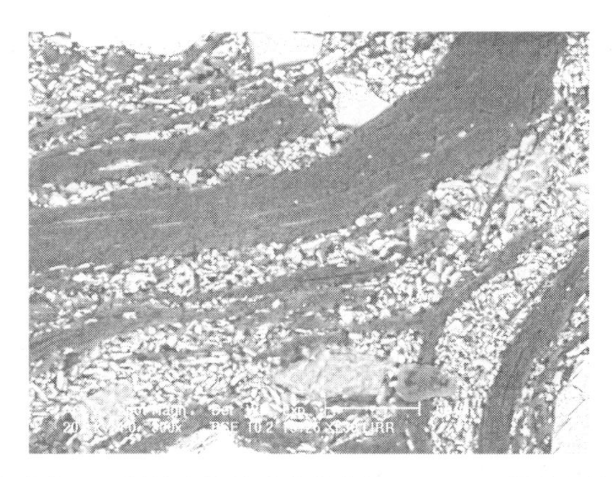

图 4 – 166 浸入式水口 B 制品本体基质内的大量 $\alpha-Al_2O_3$ 微粉和锆莫来石细粉形貌

4.46.3 浸入式水口 B 制品渣线（钙部分稳定氧化锆 + 石墨）的显微结构

在浸入式水口 B 制品本体渣线基质中还有金属 Si，粒度为 60μm，其形貌如图 4 – 167 所示。

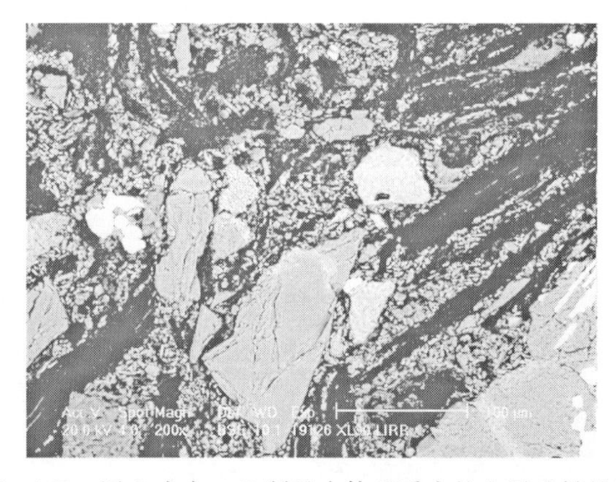

图 4 – 167 浸入式水口 B 制品本体基质中的金属硅粉的形貌

在浸入式水口 B 制品渣线层中，ZrO_2 颗粒裂纹较多，其临界粒度为 0.6mm；石墨临界粒度为 0.5mm。浸入式水口 B 制品渣线中，有裂纹的 ZrO_2 颗粒的低倍形貌如图 4 – 168 所示。

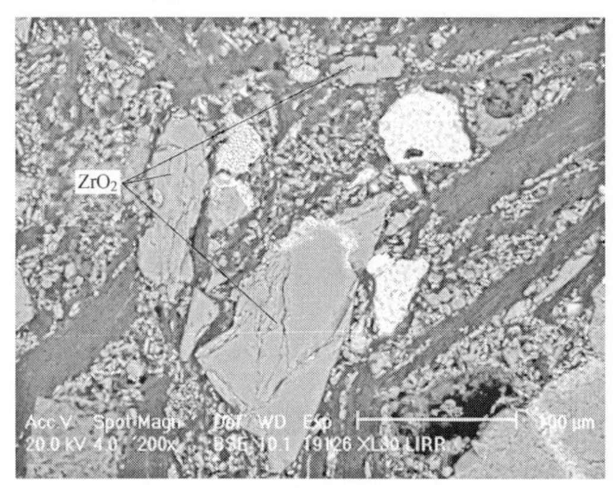

图 4 – 168 浸入式水口 B 制品渣线中有裂纹的 ZrO_2 颗粒的低倍形貌

ZrO_2 颗粒和石墨形貌如图 4 – 169 所示。

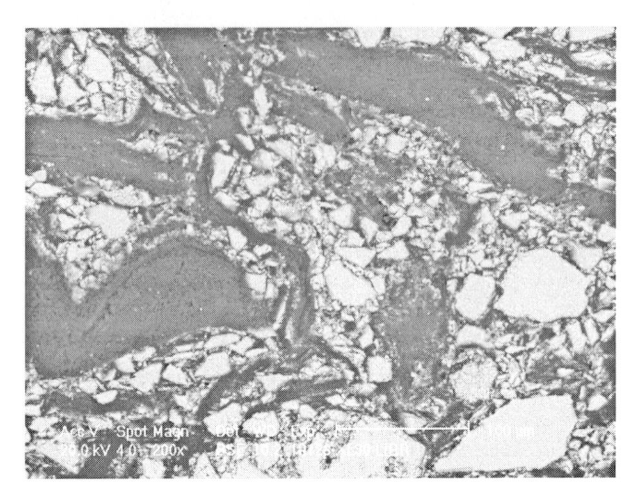

图 4 – 169 浸入式水口 B 制品本体渣线基质中 ZrO_2 颗粒和石墨形貌

4.47 浸入式水口 C 制品的显微结构

4.47.1 浸入式水口 C 制品碗口（电熔镁砂 + 石墨）的显微结构

在浸入式水口 C 制品碗口中，主颗粒为电熔镁砂，临界粒度为 1mm。水口碗口低倍形貌如图 4 – 170 所示。

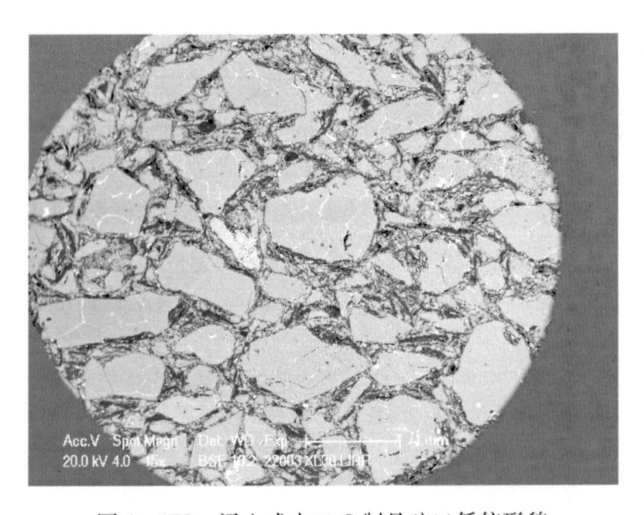

图 4 – 170 浸入式水口 C 制品碗口低倍形貌

浸入式水口 C 制品碗口内石墨的临界粒度为 0.5mm，在碗口内的分布形貌如图 4 – 171 所示。

在浸入式水口 C 制品的碗口基质中，基本上全是 MgO 颗粒，并含有 Si 和 B_4C，试样面分析显示为：MgO 82.43%，SiO_2 16.28%，CaO 1.29%。电熔镁砂中的杂质为 C_3MS_2（钙镁蔷薇辉石）和 CMS（钙镁橄榄石）。

浸入式水口 C 制品碗口基质中的 MgO 颗粒、Si 和 B_4C 的形貌如图 4 – 172 所示。

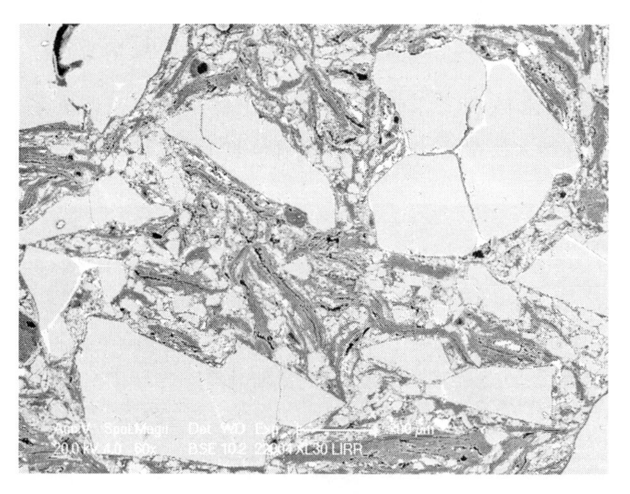

图4－171 浸入式水口C制品碗口内石墨的分布形貌

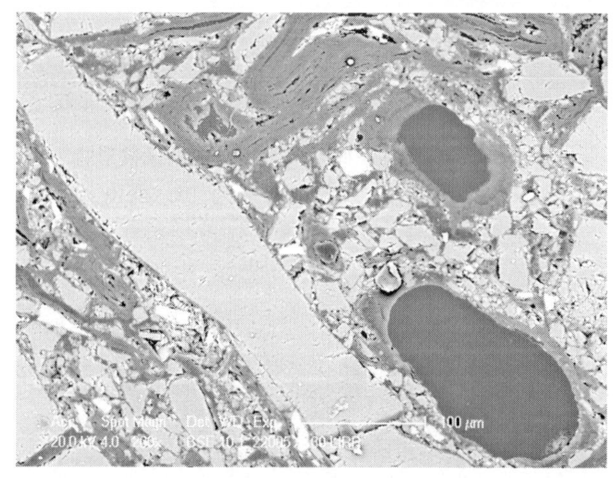

图4－172 浸入式水口C制品碗口基质中的MgO颗粒、Si和B_4C的形貌

在浸入式水口C制品碗口中，放大后的Si和B_4C形貌如图4－173所示。

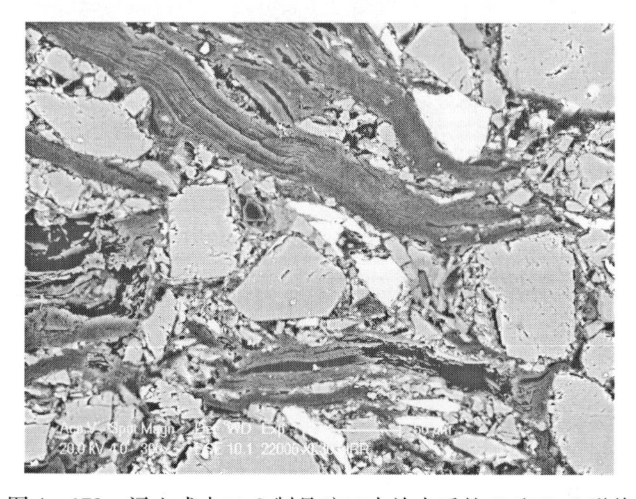

图4－173 浸入式水口C制品碗口中放大后的Si和B_4C形貌

4.47.2 浸入式水口 C 制品本体（电熔白刚玉 + 石墨）的显微结构

在浸入式水口 C 制品本体中，主颗粒为电熔白刚玉，临界粒度为 0.8mm，锆莫来石颗粒的临界粒度为 0.3mm。本体的低倍形貌如图 4 – 174 所示。

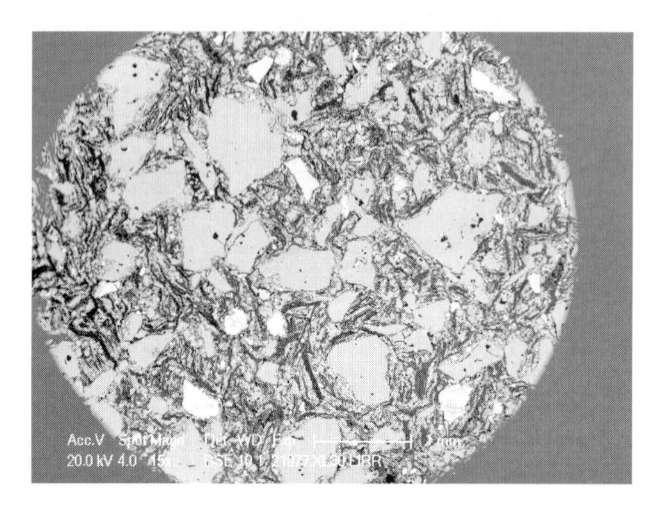

图 4 – 174　浸入式水口 C 制品本体的低倍形貌

浸入式水口 C 制品本体中的石墨临界粒度为 0.5mm，大部分为 0.2mm，其形貌如图 4 – 175 所示。

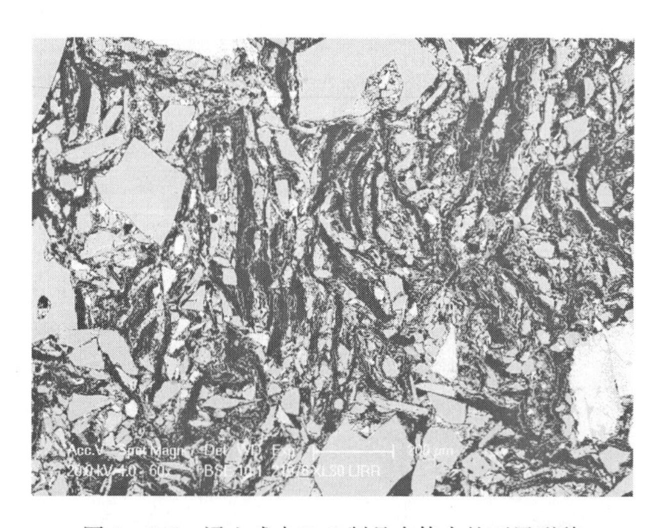

图 4 – 175　浸入式水口 C 制品本体内的石墨形貌

在浸入式水口 C 制品本体基质中，基本上全是刚玉细粉，另外还添加有 Si 和 B_4C。这些物料的形貌如图 4 – 176 所示。

在浸入式水口 B 制品本体基质中含有 SiC，其粒度小于 60μm（图中稍白颗粒），其形貌如图 4 – 177 所示。

基质中还含有少量的 $\alpha-Al_2O_3$ 微粉，其形貌如图 4 – 178 所示。浸入式水口 C 制品本体试样面分析见表 4 – 30。

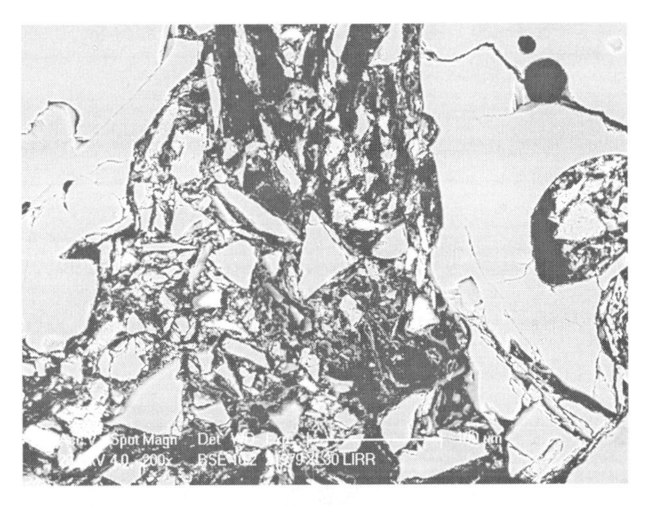

图 4 - 176 浸入式水口 C 制品本体基质内刚玉细粉、Si 和 B_4C 形貌

图 4 - 177 浸入式水口 C 制品本体基质内的 SiC 形貌

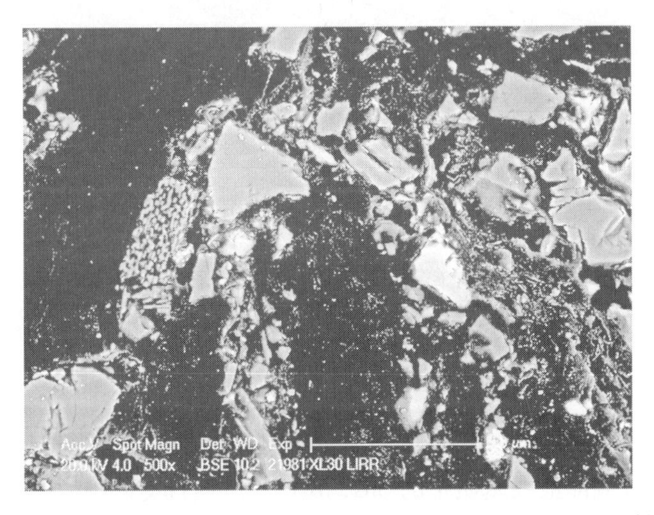

图 4 - 178 浸入式水口 C 制品本体基质中含有少量的 $\alpha-Al_2O_3$ 微粉形貌

表 4－30　浸入式水口 C 制品本体试样面分析

项　目	化学成分/%		
本体面分析	Al_2O_3	SiO_2	ZrO_2
	72.21～70.84	23.85～24.12	3.67～5.32

4.47.3　浸入式水口 C 制品渣线（钙部分稳定氧化锆＋石墨）的显微结构

在浸入式水口 C 制品渣线中，ZrO_2 临界粒度为 0.7～0.8mm，ZrO_2 裂纹较多，石墨临界粒度为 0.3～0.4mm。渣线低倍形貌如图 4－179 所示。

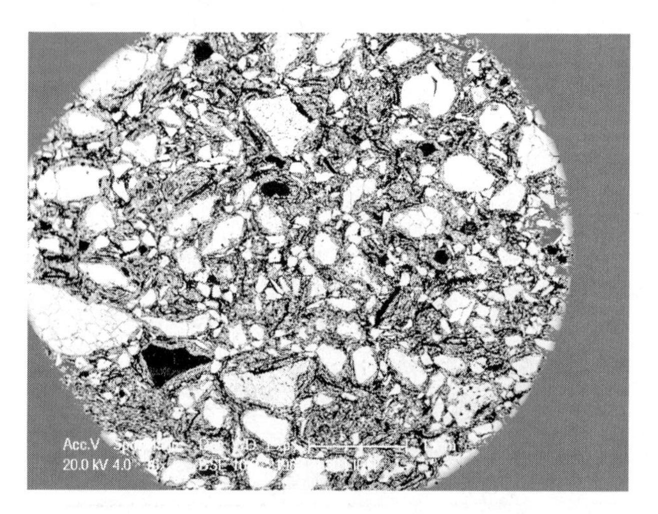

图 4－179　浸入式水口 C 制品渣线低倍形貌

在浸入式水口 C 制品渣线中，石墨低倍形貌如图 4－180 所示。

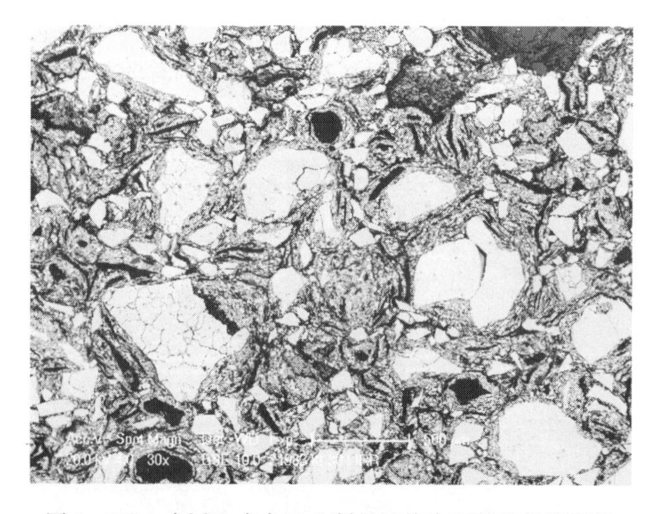

图 4－180　在浸入式水口 C 制品渣线内石墨的低倍形貌

在浸入式水口 C 制品渣线基质中的 SiC、B_4C 和熔融石英形貌如图 4－181 所示。

在浸入式水口 C 制品渣线基质中的 ZrO_2 和石墨的分布形貌如图 4－182 所示。

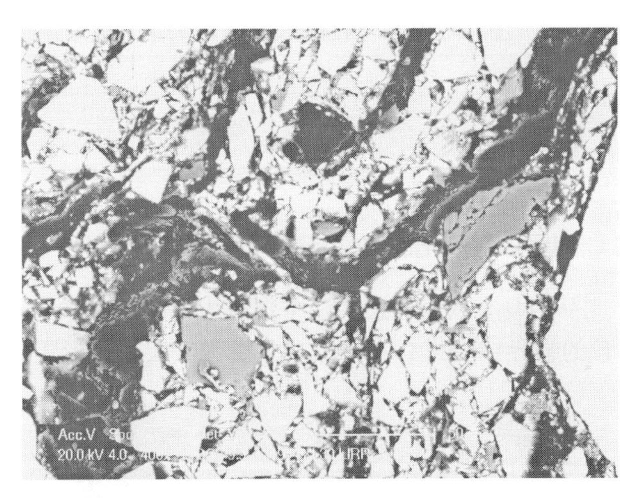

图 4－181　在浸入式水口 C 制品渣线基质中的 SiC、B_4C 和熔融石英形貌

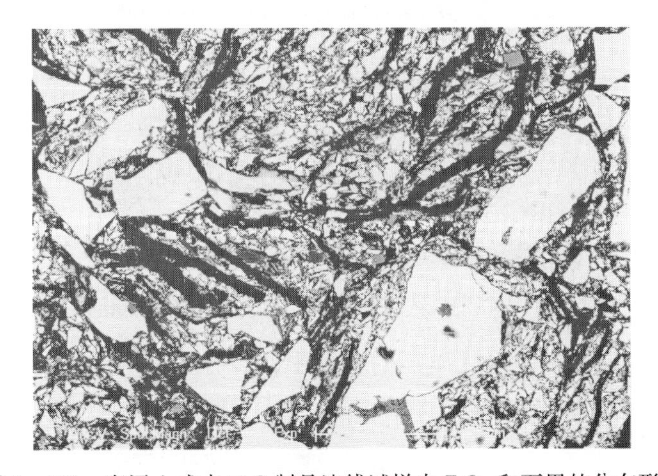

图 4－182　在浸入式水口 C 制品渣线试样中 ZrO_2 和石墨的分布形貌

在浸入式水口 C 制品渣线中，含杂质较多的 ZrO_2 的形貌如图 4－183 所示，ZrO_2 颗粒成分见表 4－31。

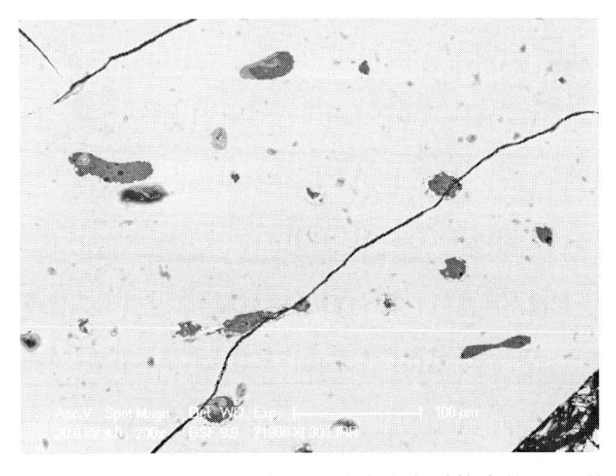

图 4－183　在浸入式水口 C 制品渣线中含杂质较多的 ZrO_2 的形貌

表 4－31 浸入式水口 C 制品渣线中的 ZrO_2 颗粒成分分析

项 目	化学成分/%			
ZrO_2 颗粒	ZrO_2	HfO_2	CaO	SiO_2
	93.67～91.01	2.88～3.19	3.44～4.73	1.07

4.47.4 浸入式水口 C 制品内复合无碳层（板状刚玉＋锆莫来石）的显微结构

在浸入式水口 C 制品内复合的无碳层中，主颗粒为板状刚玉颗粒，临界粒度为 0.4～0.5mm，锆莫来石颗粒的临界粒度为 0.4mm。内复合无碳层低倍形貌如图 4－184 所示。

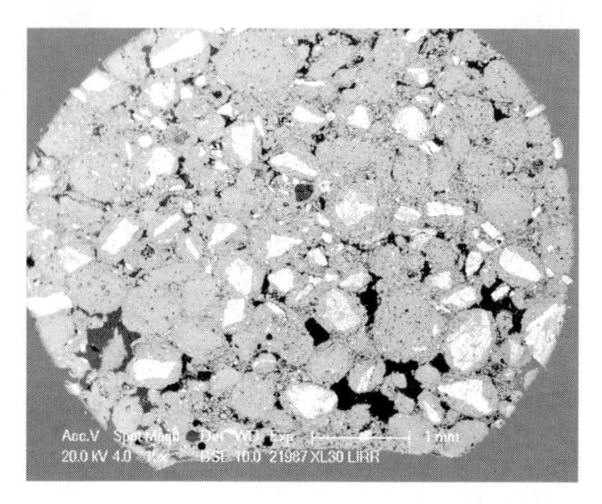

图 4－184 在浸入式水口 C 制品内复合无碳层低倍形貌

在浸入式水口 C 制品内复合无碳层的基质中，含有少量的漂珠，其形貌如图 4－185 所示，漂珠的化学成分见表 4－32。

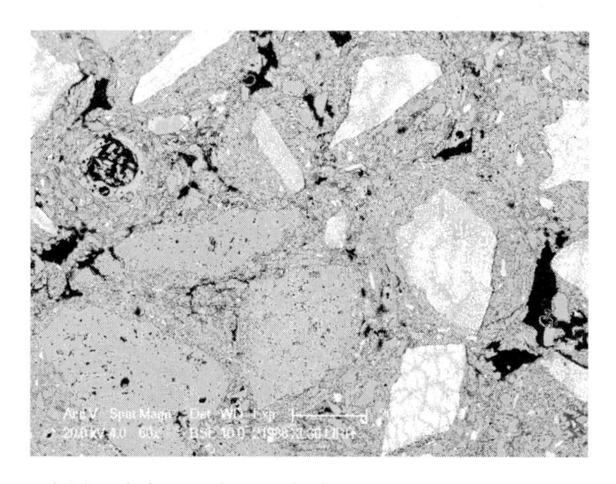

图 4－185 在浸入式水口 C 制品内复合无碳层基质中含有少量漂珠的形貌

表 4－32 浸入式水口 C 制品内复合无碳层漂珠成分分析

项 目	化学成分/%							
漂 珠	SiO_2	Al_2O_3	MgO	CaO	Fe_2O_3	TiO_2	K_2O	MgO
	56.32	33.79	1.01	1.51	2.36	1.63	1.73	1.01

在浸入式水口 C 制品内复合无碳层基质中的白刚玉、Si、B_4C 和少量的漂珠形貌如图 4－186 所示。

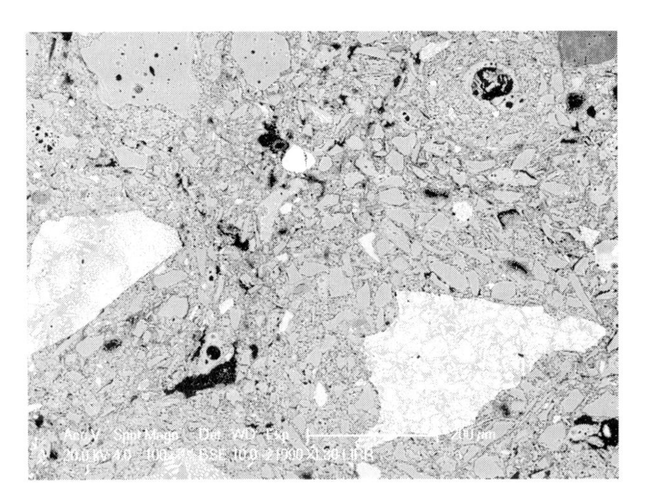

图 4－186　在浸入式水口 C 制品内复合无碳层基质中的白刚玉、Si、B_4C 和少量的漂珠形貌

4.48　无碳无硅质水口的显微结构

4.48.1　无碳无硅质水口 A 制品碗口（电熔氧化镁 + 石墨）的显微结构

在无碳无硅质水口 A 制品碗口中，电熔镁砂大颗粒的临界粒度为 0.4mm；石墨临界粒度为 0.5mm；还有金属 Si，粒度为 －0.045μm。碗口的低倍形貌如图 4－187 所示。

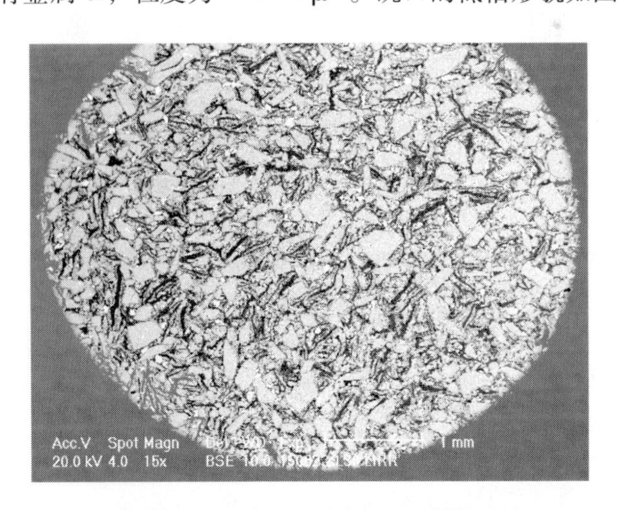

图 4－187　无碳无硅质水口碗口低倍形貌

碗口中的电熔镁砂和金属 Si 的形貌如图 4－188 所示。

在图 4－188 中，大颗粒为电熔镁砂，亮点为金属 Si。

在无碳无硅质水口 A 制品碗口基质中，基本上以镁砂细粉为主，其中还含有较多的 Si 粉，基质中细粉的形貌如图 4－189 所示。

基质的高倍形貌如图 4－190 所示。

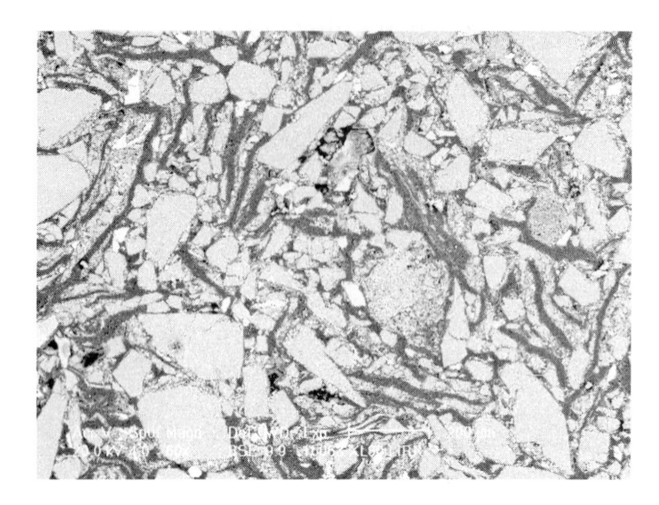

图 4－188　无碳无硅质水口碗口中的电熔镁砂、石墨和 Si 的形貌

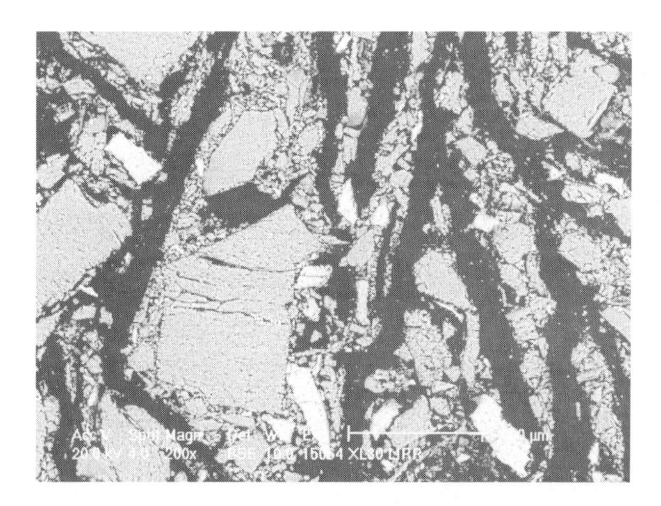

图 4－189　无碳无硅质水口 A 制品碗口基质中的细粉形貌

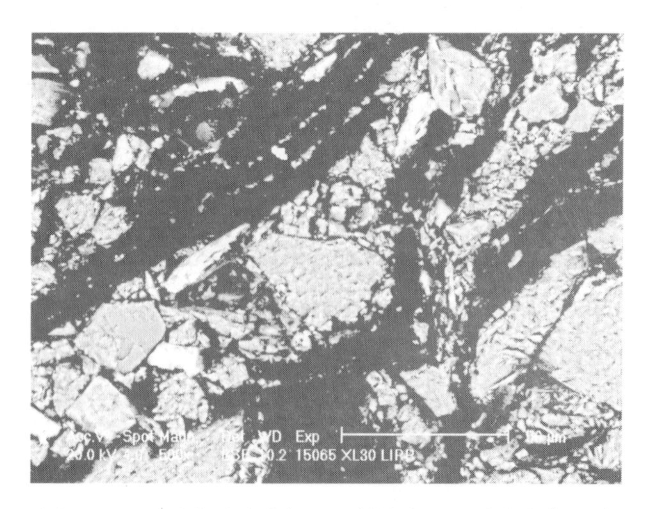

图 4－190　无碳无硅质水口 A 制品碗口基质的高倍形貌

4.48.2 无碳无硅质水口 A 制品碗口（棕刚玉 + 石墨）的显微结构

无碳无硅质水口 A 制品本体碗口为铝碳质，主颗粒为棕刚玉，临界粒度为 0.5mm，另外还含有较多的石墨。基质的大颗粒中有少量的熔融石英颗粒，还有 α - Al_2O_3 微粉团，但含量不大。本体的低倍形貌如图 4 - 191 所示。

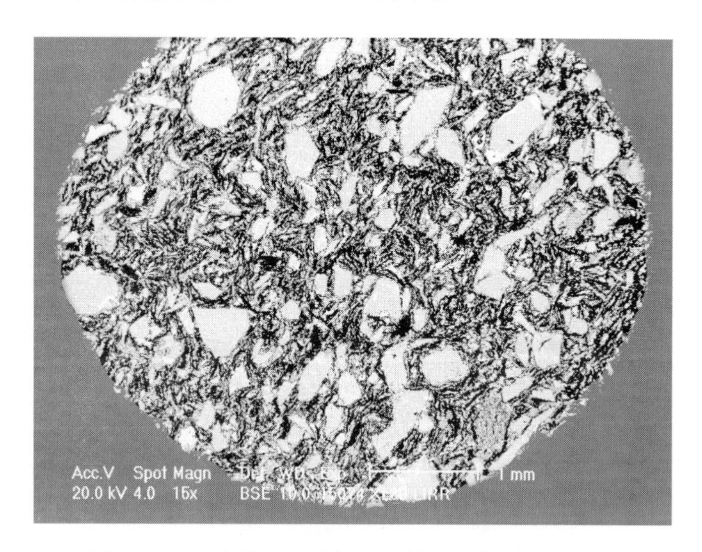

图 4 - 191　无碳无硅质水口 A 制品本体的低倍形貌

碗口的基质中的熔融石英和 α - Al_2O_3 微粉团的形貌如图 4 - 192 所示。

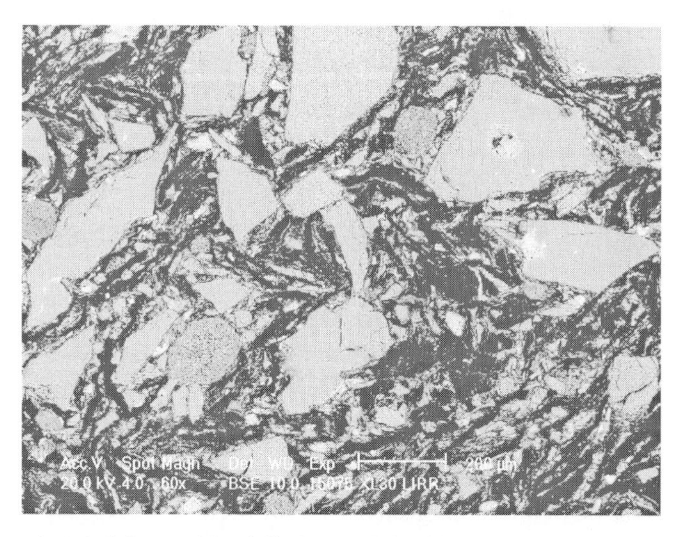

图 4 - 192　无碳无硅质水口 A 制品本体碗口基质中的熔融石英和 α - Al_2O_3 微粉团的形貌

无碳无硅质水口 A 制品本体基质中含有 Si、SiC、熔融石英细粉，粒度大于 0.08mm；另外还含有石墨，临界粒度为 0.4 ~ 0.5mm。这些物料的形貌如图 4 - 193 所示。

在无碳无硅质水口 A 制品本体基质中还存在 α - Al_2O_3 小微粉团聚体，其形貌如图 4 - 194 所示。

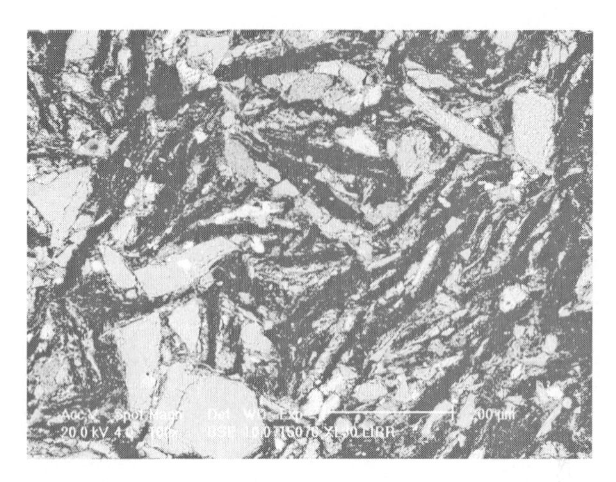

图 4－193　无碳无硅质水口 A 制品本体基质内的 Si、SiC、石英和石墨形貌

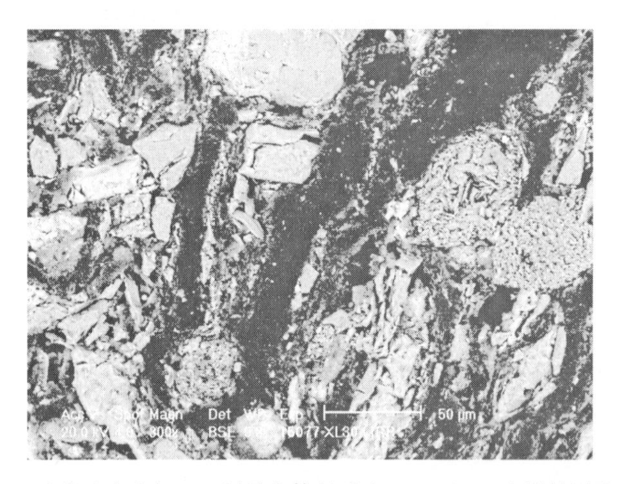

图 4－194　无碳无硅质水口 A 制品本体基质中 α－ Al_2O_3 小微粉团聚体的形貌

4.48.3　无碳无硅质水口 A 制品渣线（钙部分稳定氧化锆＋石墨）的显微结构

在无碳无硅质水口 A 制品渣线层中，ZrO_2 颗粒临界粒度为 0.6mm，且大颗粒较多。渣线层的低倍形貌如图 4－195 所示。

渣线层的 ZrO_2 颗粒和石墨结合状态如图 4－196 所示。

无碳无硅质水口 A 制品渣线层的 ZrO_2 的高倍形貌如图 4－197 所示。ZrO_2 的成分为：HfO_2 4.28%，ZrO_2 92.41%，CaO 3.31%。

在其渣线层中不含 Si 和 SiC 的形貌如图 4－198 所示。

4.48.4　无碳无硅质水口 A 制品内复合层（电熔白刚玉＋石墨）的显微结构

无碳无硅质水口 A 制品的内复合层，厚度为 8～9mm，主颗粒为电熔白刚玉，临界粒度为 0.5mm，锆莫来石的临界粒度为 0.5mm。浸入式水口内复合层的低倍形貌如图 4－199 所示。

无碳无硅质水口 A 制品的内复合层的高倍形貌如图 4－200 所示。

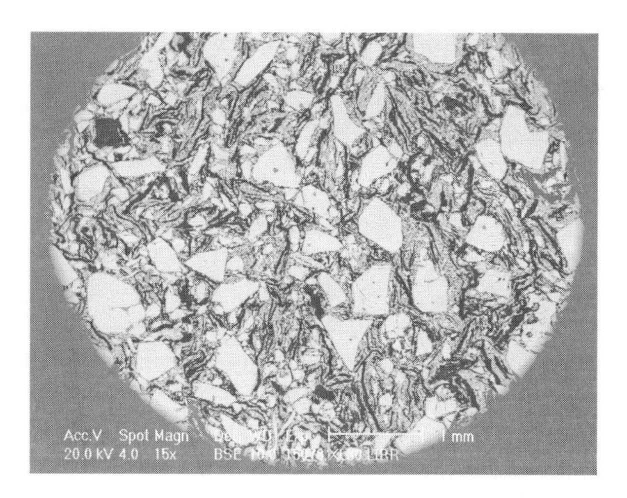

图 4－195 无碳无硅质水口 A 制品渣线层的低倍形貌

图 4－196 无碳无硅质水口 A 制品渣线层的 ZrO_2 颗粒和石墨结合状态

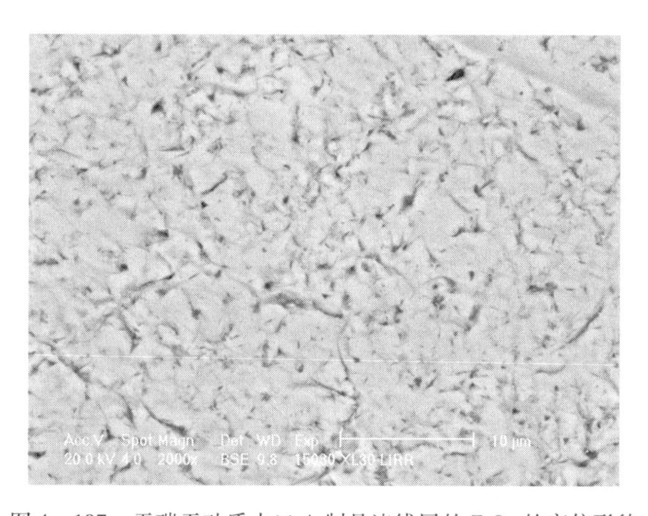

图 4－197 无碳无硅质水口 A 制品渣线层的 ZrO_2 的高倍形貌

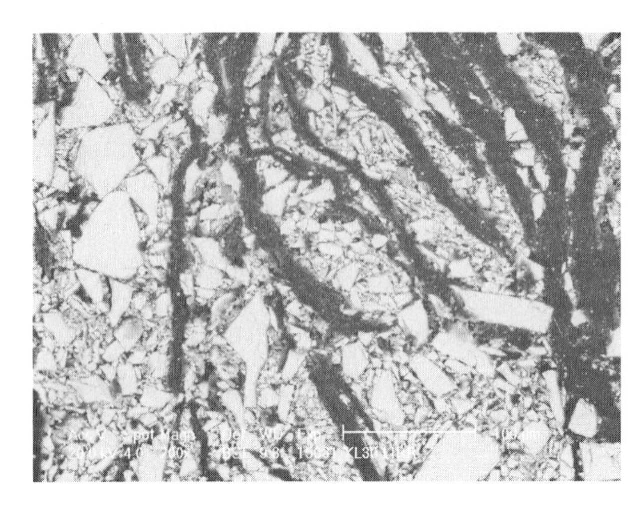

图 4 – 198　在无碳无硅质水口 A 制品渣线层中未加入 Si 和 SiC 的形貌

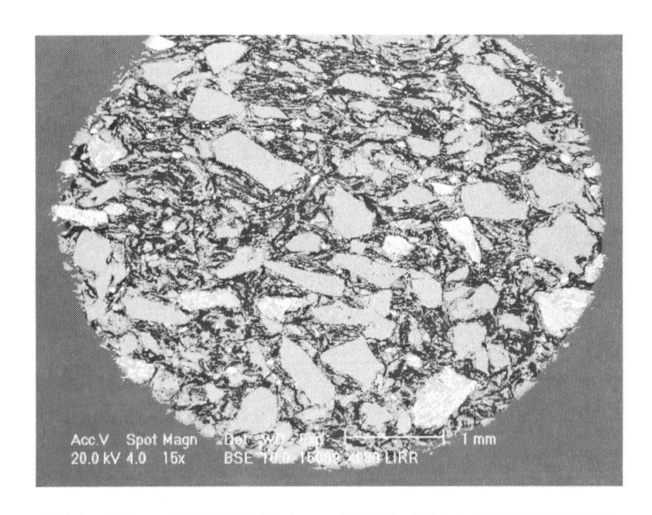

图 4 – 199　无碳无硅质水口 A 制品内复合层的低倍形貌

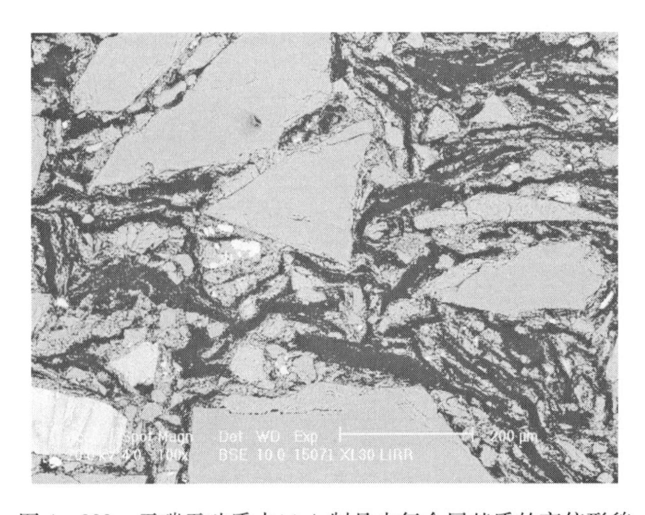

图 4 – 200　无碳无硅质水口 A 制品内复合层基质的高倍形貌

在无碳无硅质水口A制品内复合层的大颗粒中，还有少量的熔融石英颗粒。在内复合层的基质中，加入有熔融石英细粉，临界粒度大于0.05mm，还有Si、SiC和石墨，临界粒度为0.5～0.6mm。

在无碳无硅质水口A制品内复合层基质中的Si、SiC的形貌如图4－201所示。

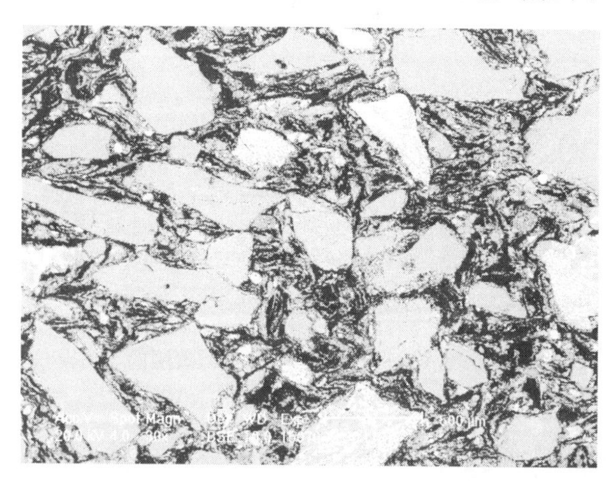

图4－201 无碳无硅质水口A制品内复合层基质中的Si、SiC的形貌

无碳无硅质水口A制品内复合层和渣线层的结合界面形貌如图4－202所示。

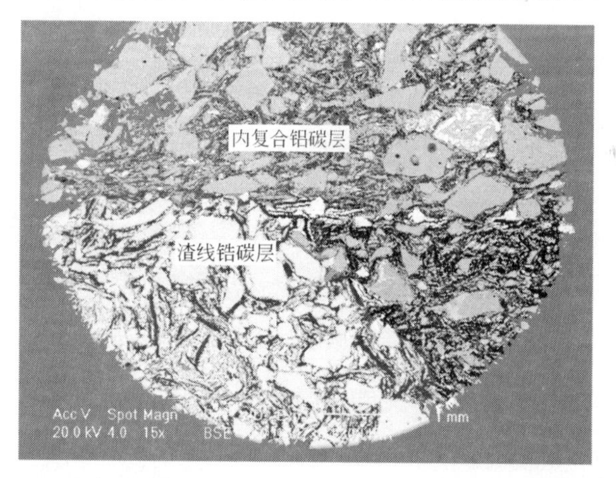

图4－202 无碳无硅质水口A制品内复合层和渣线层的结合界面形貌

4.48.5 无碳无硅质水口A制品无碳层（熔融石英＋氧化铝空心球）的显微结构

无碳无硅质水口A制品的无碳层是内复合层的内衬，在钢厂使用时，直接接触钢水。该层中的大颗粒全是熔融石英，临界粒度为0.5mm，空心球全部为氧化铝空心球，外径为0.4mm，还有一些小的Al_2O_3空心球。基质部分含有大量的熔融石英和Al_2O_3空心球。

无碳无硅质水口A制品无碳层的低倍形貌如图4－203所示。

无碳层基质中的熔融石英和Al_2O_3空心球的形貌如图4－204所示。

在无碳无硅质水口A制品无碳层的基质中，以熔融石英细粉为主，还有少量的Al_2O_3空心球。无碳层的面分析结果为：Al_2O_3 15.4%，SiO_2 84.6%。

无碳无硅质水口A制品无碳层与内复合层的结合形貌如图4－205所示。由图4－205

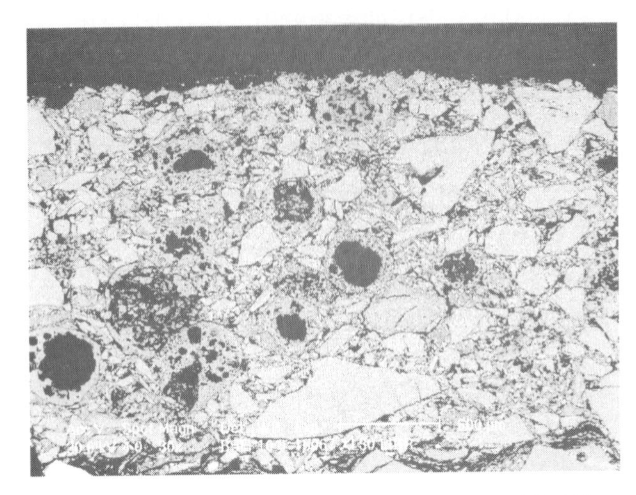

图 4－203　无碳无硅质水口 A 制品无碳层的低倍形貌

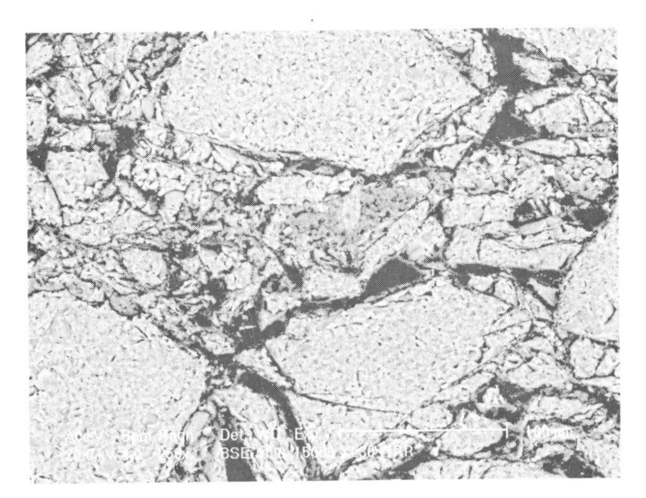

图 4－204　无碳无硅质水口 A 制品无碳层基质中的熔融石英和 Al_2O_3 空心球的形貌

可见，无碳层与内复合层结合良好，无碳层厚约 2.0mm。

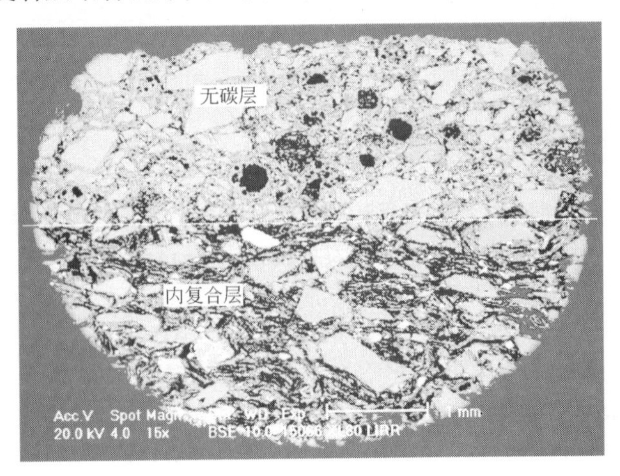

图 4－205　无碳无硅质水口 A 制品无碳层与内复合层的结合形貌

4.49 防堵塞水口的显微结构

4.49.1 防堵塞水口A制品碗口（亚白刚玉 + $\alpha-Al_2O_3$ 微粉）的显微结构

在防堵塞水口A制品碗口中，主颗粒为亚白刚玉，颗粒的临界粒度为0.5mm。碗口的低倍形貌如图4－206所示。

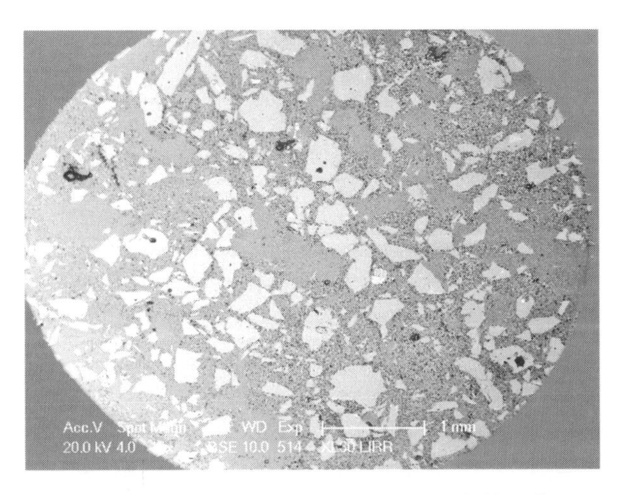

图4－206 防堵塞水口A制品碗口的低倍形貌

在碗口的基质中，含有 $\alpha-Al_2O_3$ 微粉和 B_4C，这些物料的形貌如图4－207所示。

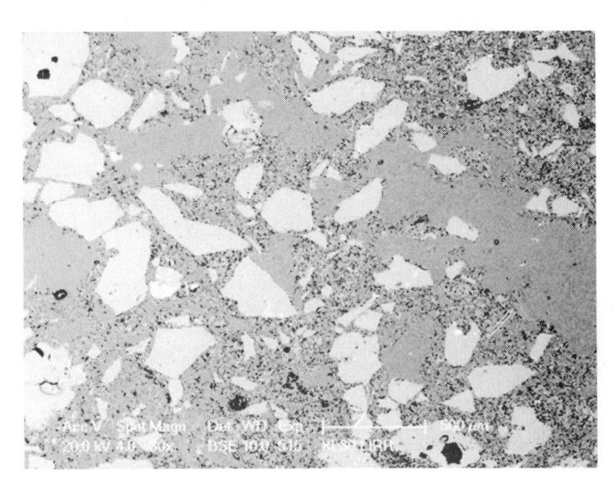

图4－207 防堵塞水口A制品碗口基质中的 $\alpha-Al_2O_3$ 微粉和 B_4C 的形貌

在防堵塞水口A制品碗口基质中，以 $\alpha-Al_2O_3$ 微粉为主，$\alpha-Al_2O_3$ 微粉的高倍形貌如图4－208所示。

在防堵塞水口A制品碗口中，主颗粒亚白刚玉的形貌如图4－209所示。

4.49.2 防堵塞水口A制品本体（棕刚玉 + $\alpha-Al_2O_3$）的显微结构

防堵塞水口A制品本体的主颗粒为棕刚玉，临界粒度为0.5mm，锆莫来石的临界粒度为0.5mm。本体的低倍形貌如图4－210所示，本体的面分析见表4－33。

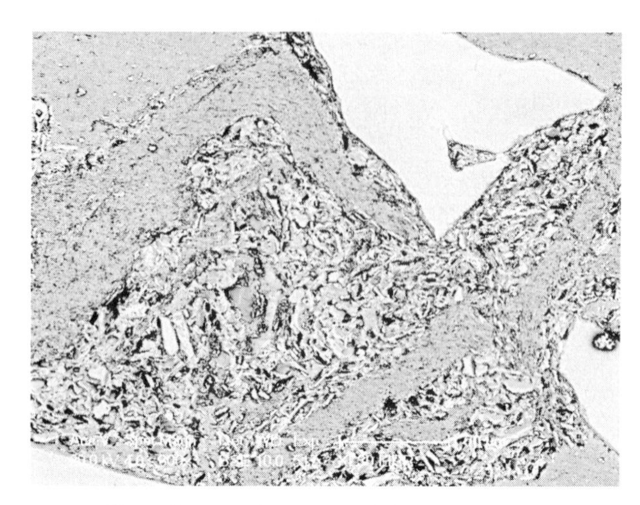

图 4－208　防堵塞水口 A 制品碗口基质中 $\alpha-Al_2O_3$ 微粉的高倍形貌

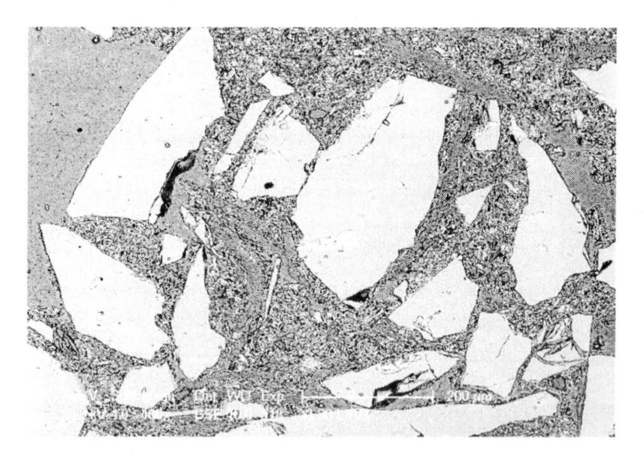

图 4－209　防堵塞水口 A 制品碗口中主颗粒亚白刚玉的形貌

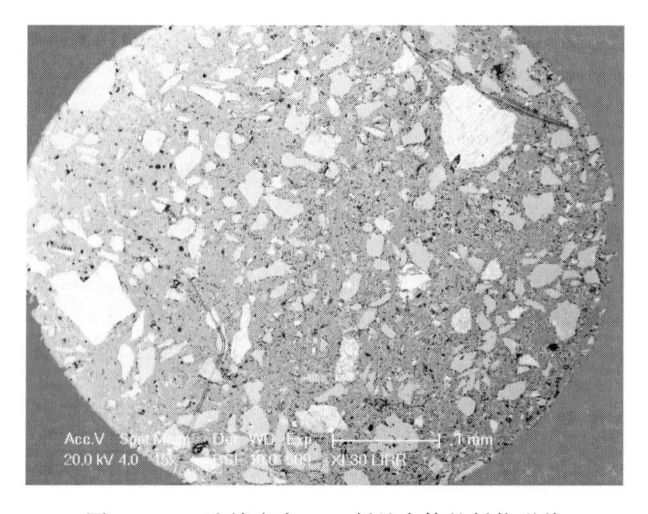

图 4－210　防堵塞水口 A 制品本体的低倍形貌

表 4-33 防堵塞水口 A 制品本体试样的面分析

项 目	化学成分/%			
本体试样	SiO_2	Al_2O_3	ZrO_2	Na_2O
	11.10～13.46	62.41～61.44	21.57～23.73	2.53～2.74

本体基质中的玻璃体和硅粉形貌如图 4-211 所示，其成分见表 4-34。

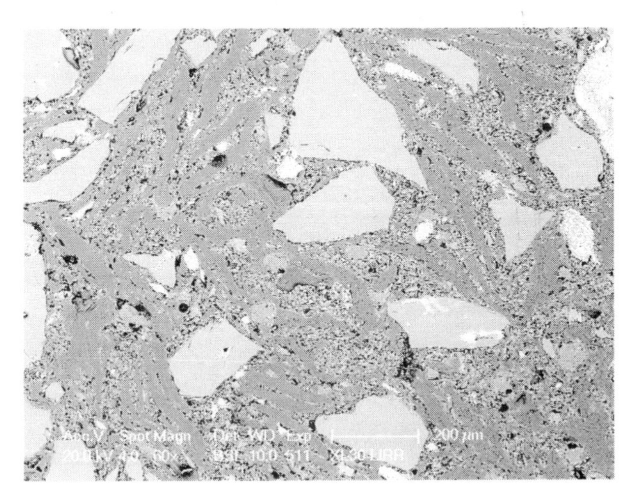

图 4-211 防堵塞水口 A 制品本体基质中的玻璃体（圆颗粒）和硅粉形貌

表 4-34 防堵塞水口 A 制品本体基质中的玻璃体成分分析

项 目	化学组成/%		
玻璃体	Al_2O_3	ZrO_2	SiO_2
	66.40～68.84	22.93～24.43	6.73～10.67

防堵塞水口 A 制品本体基质中，含有大量的 $\alpha-Al_2O_3$ 微粉，其形貌如图 4-212 所示。

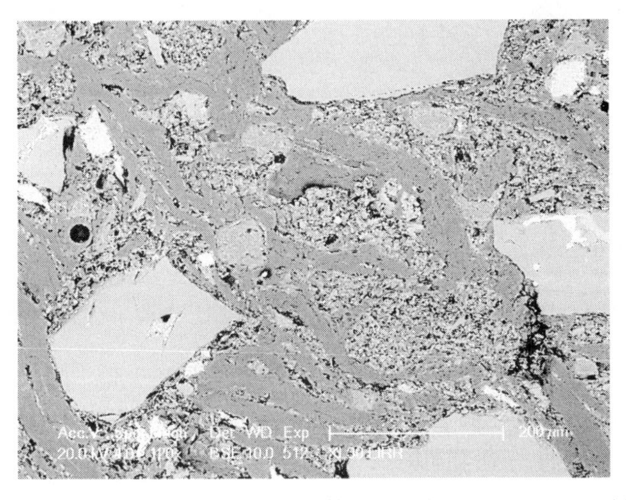

图 4-212 防堵塞水口 A 制品本体基质中大量的 $\alpha-Al_2O_3$ 形貌

4.49.3　防堵塞水口 A 制品渣线（钙部分稳定氧化锆 + 石墨）的显微结构

在防堵塞水口 A 制品渣线中，主要为大颗粒的 ZrO_2，临界粒度为 1mm；另外含石墨较多，临界粒度为 0.5mm。渣线的低倍形貌如图 4 – 213 所示。

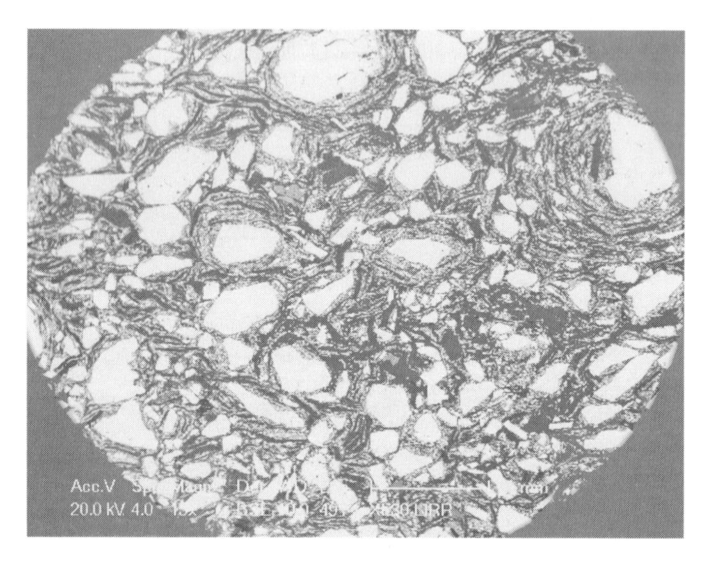

图 4 – 213　防堵塞水口 A 制品渣线低倍形貌

在防堵塞水口 A 制品渣线中，ZrO_2 颗粒与石墨的形貌如图 4 – 214 所示。

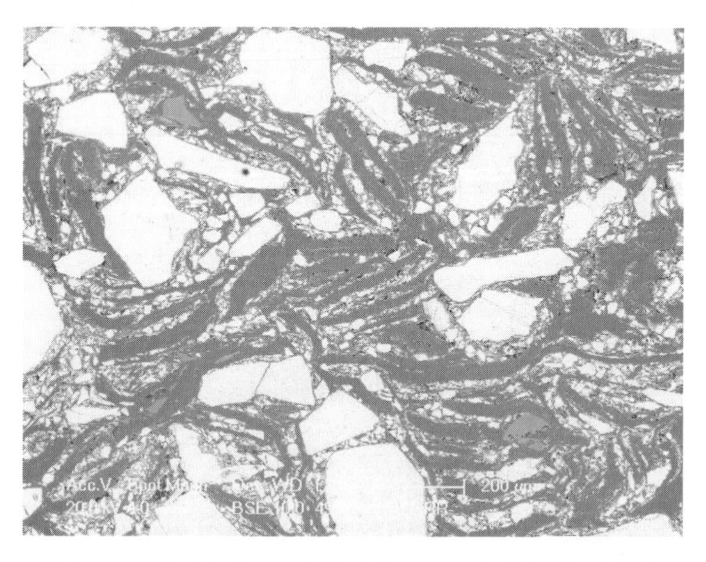

图 4 – 214　防堵塞水口 A 制品渣线中 ZrO_2 颗粒与石墨的形貌

在防堵塞水口 A 制品渣线基质中的细颗粒形貌如图 4 – 215 所示。

防堵塞水口 A 制品渣线中的 ZrO_2 颗粒的高倍形貌如图 4 – 216 所示。在图 4 – 216 中显示 ZrO_2 颗粒品质优良，杂质很少，其化学组成为：ZrO_2 96.62% ~ 96.44%，CaO 3.38% ~ 3.56%。

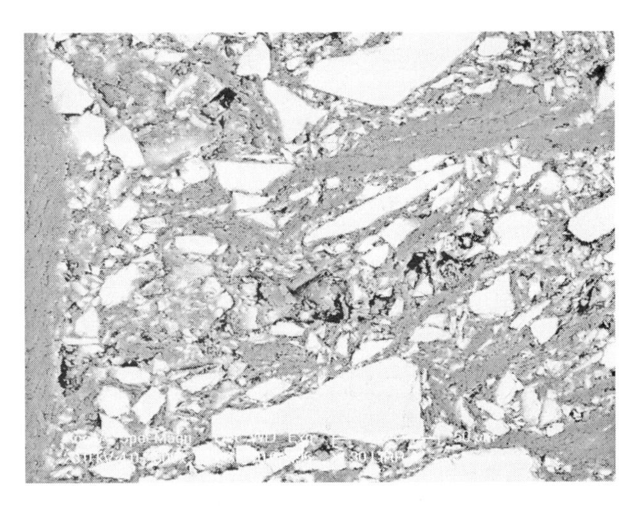

图4－215 防堵塞水口A制品渣线基质中的细颗粒形貌

图4－216 防堵塞水口A制品渣线中的 ZrO_2 颗粒高倍形貌

4.49.4 防堵塞水口A制品内复合层（电熔白刚玉＋长石＋石墨）的显微结构

在防堵塞水口A制品内复合层中，主颗粒和细粉均为电熔白刚玉，含有少量石墨。电熔刚玉的临界粒度为0.4mm，颗粒的气孔特别多。内复合层的低倍形貌如图4－217所示。

在防堵塞水口A制品内复合层中，电熔白刚玉颗粒和细粉形貌如图4－218所示。

在内复合层基质内含有大量的长石，其形貌如图4－219所示。在防堵塞水口A制品内复合层基质中，长石的化学成分见表4－35。

表4－35 防堵塞水口A制品内复合层基质中的长石成分分析

项 目	化学成分/%			
	Al_2O_3	SiO_2	Na_2O	K_2O
长 石	31.70～33.46	49.29～50.08	12.19～13.28	3.97～6.04

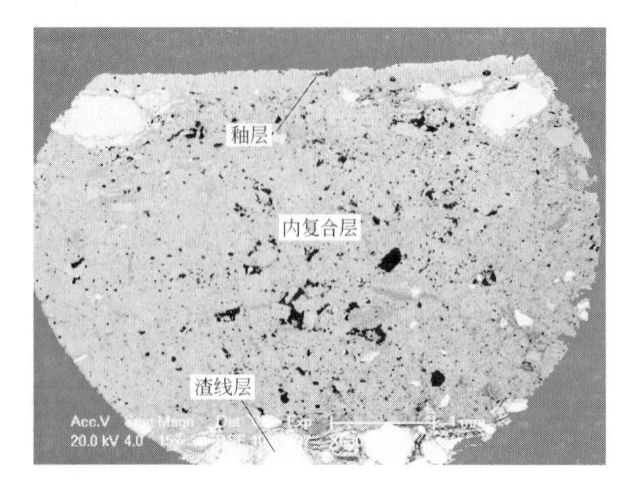

图 4－217　防堵塞水口 A 制品内复合层的低倍形貌

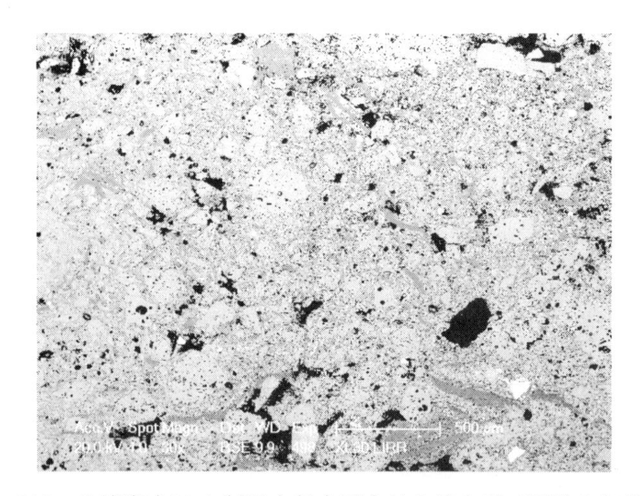

图 4－218　防堵塞水口 A 制品内复合层中的电熔白刚玉颗粒和细粉形貌

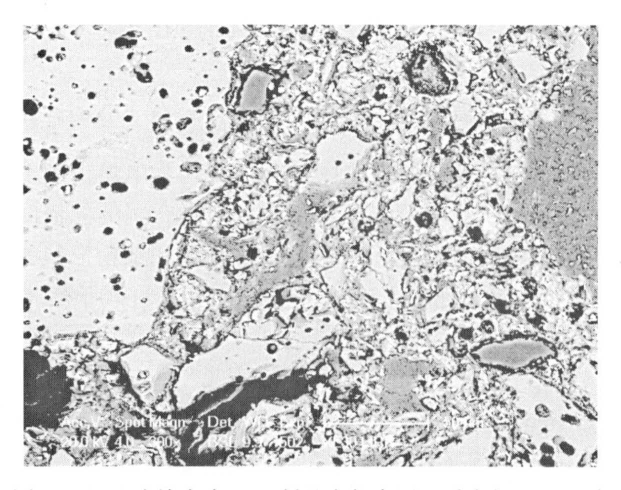

图 4－219　防堵塞水口 A 制品内复合层基质内长石的形貌

在防堵塞水口 A 制品内复合层基质中，长石的分布形貌如图 4－220 所示。

图 4－220　防堵塞水口 A 制品内复合层基质中长石的分布形貌

在基质中 B_4C 的形貌如图 4－221 所示。

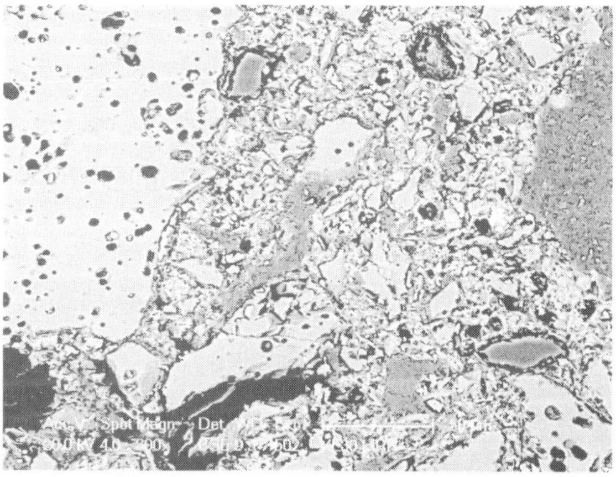

图 4－221　防堵塞水口 A 制品内复合层基质中 B_4C 的形貌

在防堵塞水口 A 制品内复合层基质中，还含有少量的硅粉，其形貌如图 4－222 所示。图中的小白点均为硅粉。

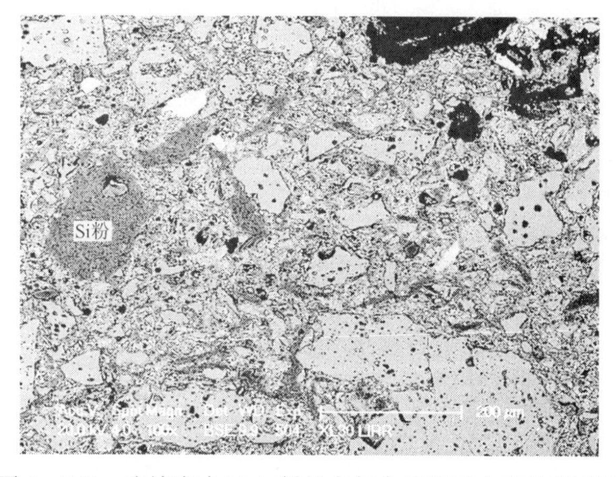

图 4－222　防堵塞水口 A 制品内复合层基质中硅粉的形貌

在防堵塞水口 A 制品内复合层基质中，电熔刚玉颗粒的形貌如图 4－223 所示。

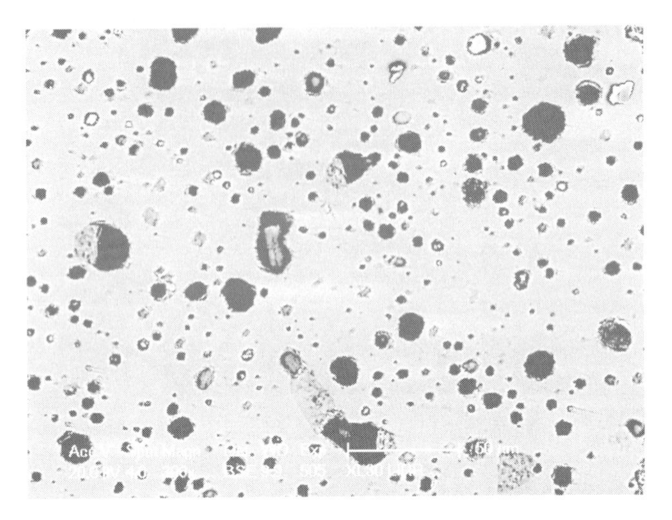

图 4－223 防堵塞水口 A 制品内复合层电熔刚玉的形貌

4.50 快换水口 A 制品的显微结构

4.50.1 快换水口 A 制品滑动面（电熔白刚玉＋石墨）的显微结构

在快换水口 A 制品滑动面中，主颗粒为白刚玉，临界粒度为 0.35～0.40mm，石墨的临界粒度为 0.30～0.40mm。滑动面的低倍形貌如图 4－224 所示。

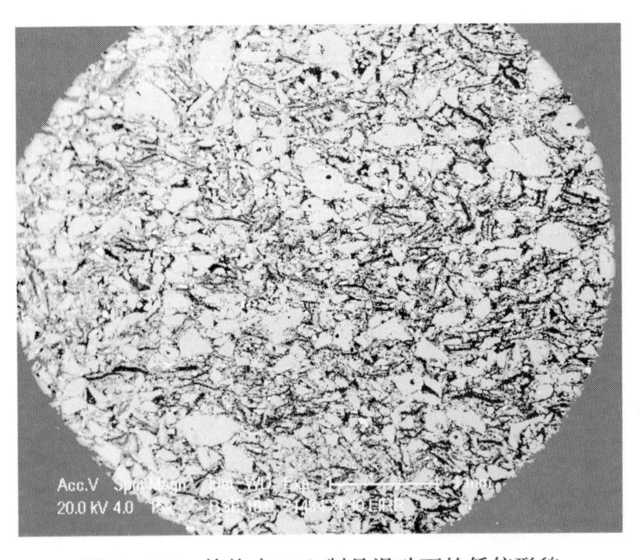

图 4－224 快换水口 A 制品滑动面的低倍形貌

在快换水口 A 制品滑动面中，石墨形貌如图 4－225 所示。

在快换水口 A 制品滑动面基质中，有 Si、SiC、B_4C 和少量 $\alpha-Al_2O_3$ 微粉，这些物料的形貌如图 4－226 所示。

快换水口 A 制品滑动面试样的面分析结果为：Al_2O_3 77.39%，SiO_2 22.61%。

图 4－225　快换水口 A 制品滑动面内的石墨形貌

图 4－226　快换水口 A 制品滑动面中的 Si、SiC、B_4C 及少量 $\alpha-Al_2O_3$ 微粉形貌

4.50.2　快换水口 A 制品本体（板状刚玉＋石墨）的显微结构

在快换水口 A 制品本体中，主颗粒以板状刚玉为主，另有少量的锆莫来石和白刚玉。板状刚玉的临界粒度为 1mm，白刚玉的临界粒度为 0.50mm，锆莫来石的临界粒度为 0.60mm，石墨的临界粒度为 0.60～0.70mm。本体的低倍形貌如图 4－227 所示。

在快换水口 A 制品本体基质中，以 325 目的白刚玉为主，有少量的 Si 和 SiC，还有少量的 $\alpha-Al_2O_3$ 微粉。这些物料的形貌如图 4－228 所示。

在快换水口 A 制品本体基质中，刚玉细粉和 $\alpha-Al_2O_3$ 微粉的形貌如图 4－229 所示。

在快换水口 A 制品本体试样中，大颗粒为板状刚玉，中颗粒为白刚玉，另有少量的锆莫来石以及添加剂 Si、SiC 和 B_4C，还有少量的 $\alpha-Al_2O_3$ 微粉。本体基质内 B_4C 的形貌如图 4－230 所示。本体试样的面分析结果为：Al_2O_3 75.25%，SiO_2 20.12%，ZrO_2 4.63%。

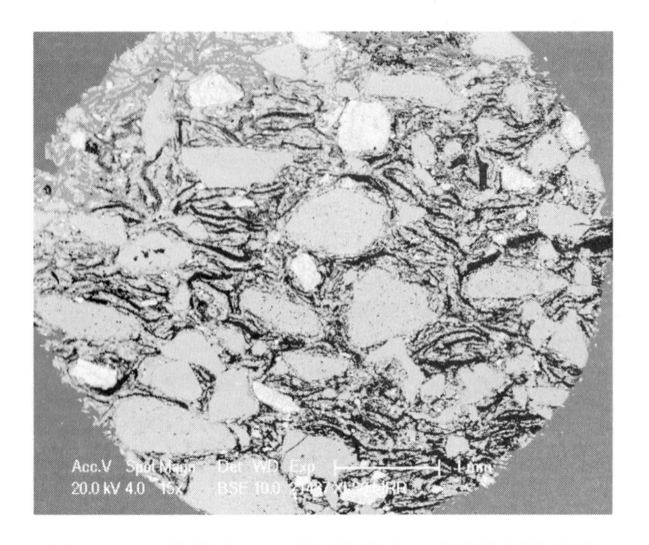

图 4－227 快换水口 A 制品快换水口本体的低倍形貌

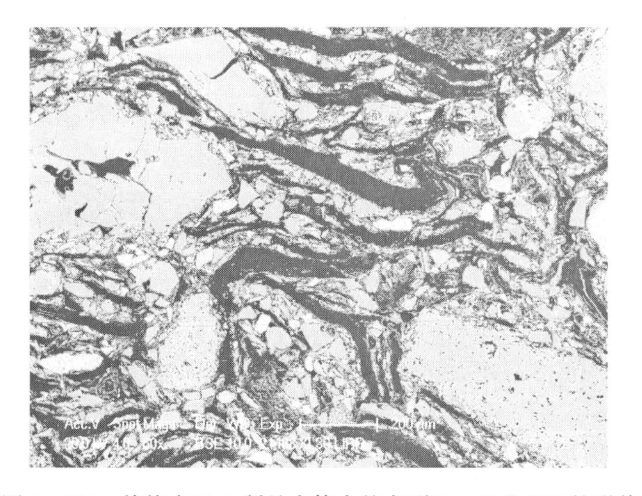

图 4－228 快换水口 A 制品本体中的白刚玉、Si 和 SiC 的形貌

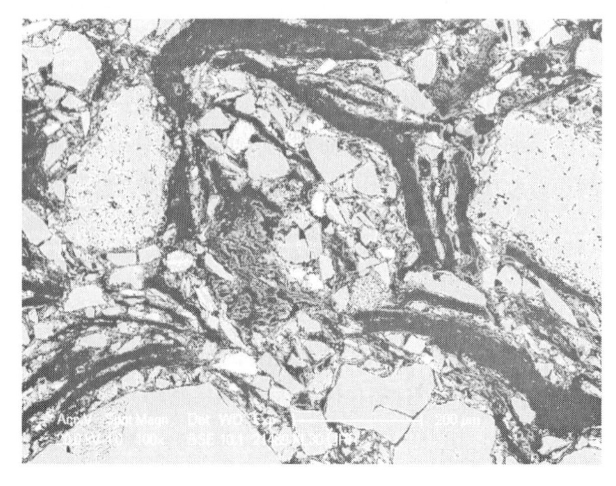

图 4－229 快换水口 A 制品本体基质中的白刚玉细粉和 $\alpha-Al_2O_3$ 微粉的形貌

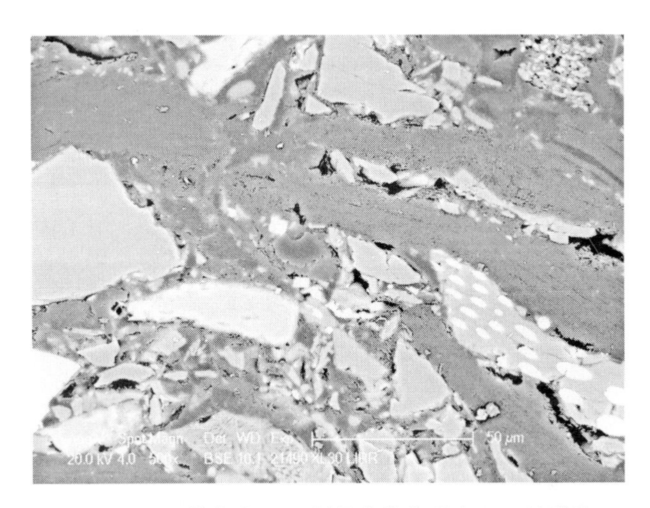

图 4－230　快换水口 A 制品本体基质内 B_4C 的形貌

4.50.3　快换水口 A 制品渣线（钙部分稳定氧化锆＋石墨）的显微结构

在快换水口 A 制品渣线中，ZrO_2 颗粒的临界粒度为 0.8mm。渣线的形貌如图 4－231 所示。颗粒成分为：HfO_2 3.94%，ZrO_2 91.95%，CaO 4.11%。

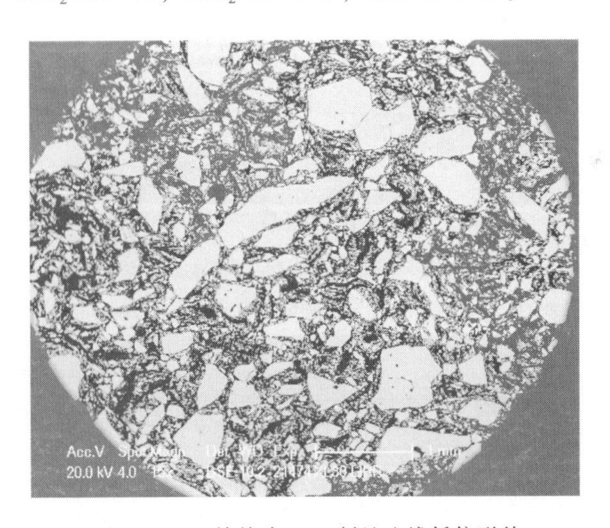

图 4－231　快换水口 A 制品渣线低倍形貌

在快换水口 A 制品渣线中，石墨的临界粒度为 0.40mm。在渣线中，石墨的形貌如图 4－232 所示。

在快换水口 A 制品基质中有少量的 SiC 和 B_4C，其形貌如图 4－233 所示。渣线试样面分析结果为：HfO_2 2.85%，ZrO_2 88.44%，CaO 4.81%，SiO_2 3.91%。

4.50.4　快换水口 A 制品内复合无碳层（板状刚玉＋锆莫来石）的显微结构

在快换水口 A 制品内复合无碳层中，主颗粒为板状刚玉，临界粒度为 0.5mm，锆莫来石的临界粒度为 0.50mm。无碳层的低倍形貌如图 4－234 所示。

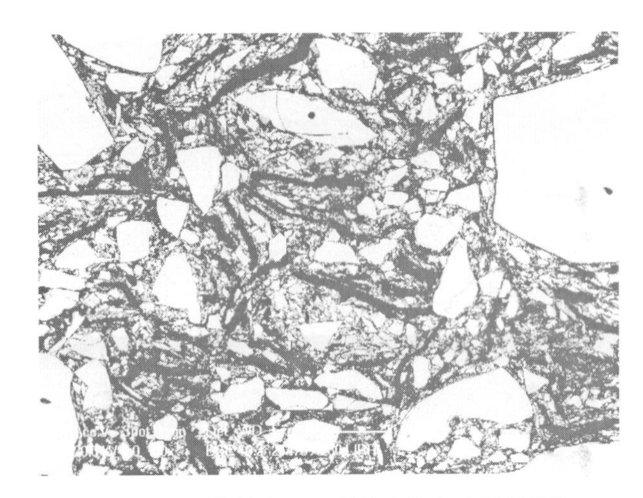

图 4 - 232　快换水口 A 制品渣线中石墨的形貌

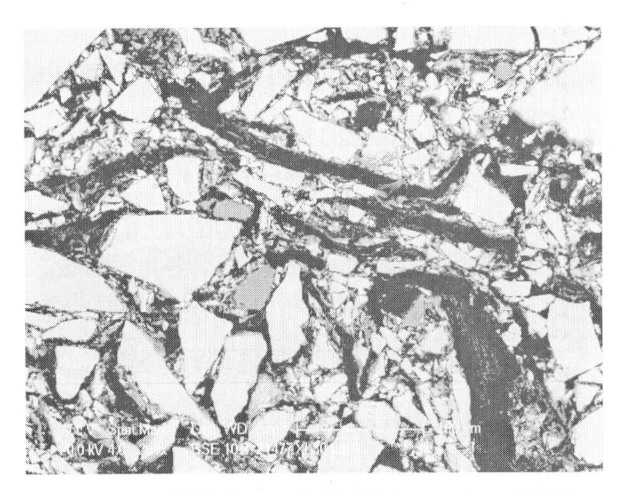

图 4 - 233　快换水口 A 制品渣线中 SiC 和 B_4C 形貌

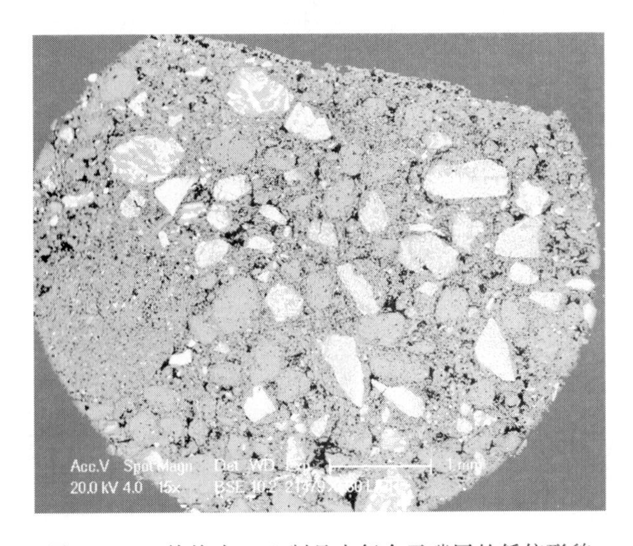

图 4 - 234　快换水口 A 制品内复合无碳层的低倍形貌

在快换水口 A 制品内复合无碳层的基质中，还含有少量的漂珠，其含量约 5%。漂珠的形貌如图 4－235 所示，其成分见表 4－36。

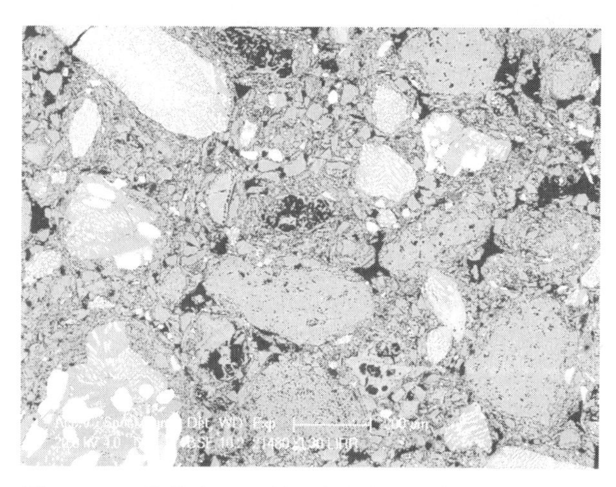

图 4－235 快换水口 A 制品内复合无碳层中的漂珠形貌

表 4－36 快换水口 A 制品内复合无碳层中的漂珠成分分析

项 目	化学成分/%				
	Al_2O_3	SiO_2	Na_2O	K_2O	CaO
漂 珠	12.77～13.96	78.08～78.90	2.50～3.68	3.17～4.32	1.11～1.51

在快换水口 A 制品的内复合无碳层基质中，加有白刚玉细粉、Si 和 B_4C，还有少量 $\alpha-Al_2O_3$ 微粉，含量小于 5%，以及微量的熔融石英。这些物料的形貌如图 4－236 所示。

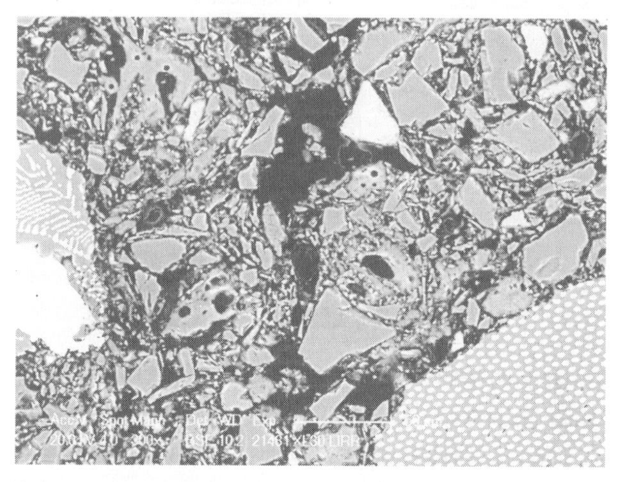

图 4－236 快换水口 A 制品内复合无碳层基质中的白刚玉细粉、Si、B_4C 等物料的形貌

4.51 快换水口 B 制品的显微结构

4.51.1 快换水口 B 制品滑动面（板状刚玉＋石墨）的显微结构

在快换水口 B 制品的滑动面中，主要颗粒为板状刚玉，临界粒度为 0.40mm。滑动面

的低倍形貌如图 4 – 237 所示。

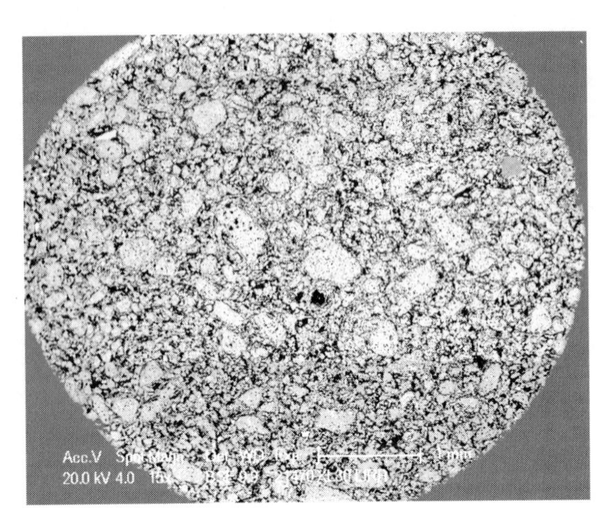

图 4 – 237 快换水口 B 制品滑动面的低倍形貌

在快换水口 B 制品滑动面的基质中，主要为板状刚玉细粉，并加有少量的临界粒度为 0. 1mm 的石墨以 Si、B_4C 和 α – Al_2O_3 微粉。滑动面的基质形貌如图 4 – 238 所示。

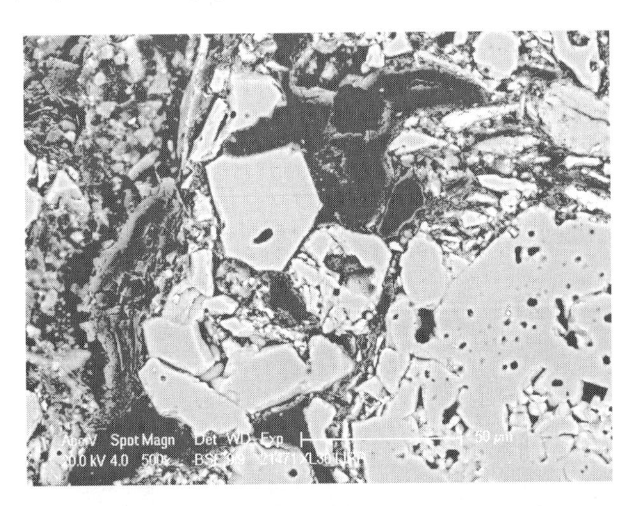

图 4 – 238 快换水口 B 制品滑动面基质形貌

在快换水口 B 制品滑动面基质中，少量团聚的 α – Al_2O_3 形貌如图 4 – 239 所示。

快换水口 B 制品滑动面试样面分析结果为：Al_2O_3 89. 39%，SiO_2 10. 61%。其主要组成为板状刚玉和数量不多的 α – Al_2O_3 微粉以及少量的硅粉和 B_4C。

快换水口 B 制品滑动面与水口本体的结合形貌如图 4 – 240 所示。

4. 51. 2 快换水口 B 制品本体（棕刚玉 + 石墨）的显微结构

在快换水口 B 制品本体中，以棕刚玉颗粒为主，其临界粒度为 0. 50mm，还有少量的电熔锆莫来石，石墨的临界粒度为 0. 40 ~ 0. 50mm。本体的低倍形貌如图 4 – 241 所示。

在快换水口 B 制品本体中的石墨形貌如图 4 – 242 所示。

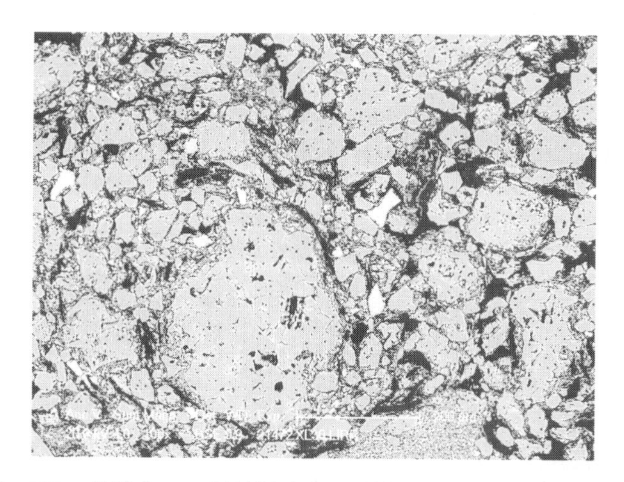

图 4-239 快换水口 B 制品滑动面基质中少量的 α-Al_2O_3 团聚形貌

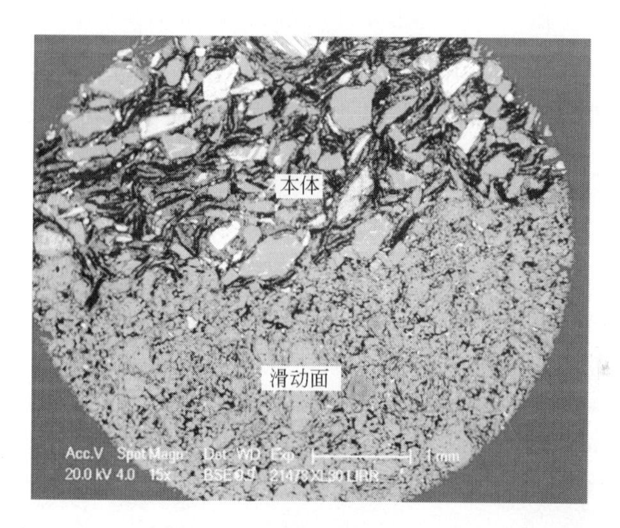

图 4-240 快换水口 B 制品滑动面与水口本体的结合形貌

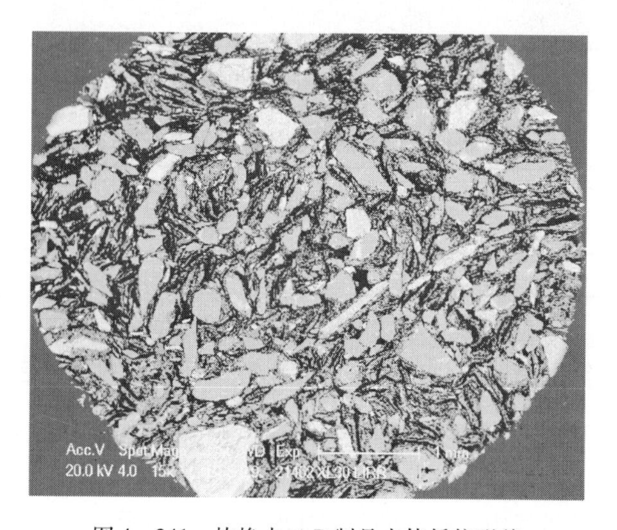

图 4-241 快换水口 B 制品本体低倍形貌

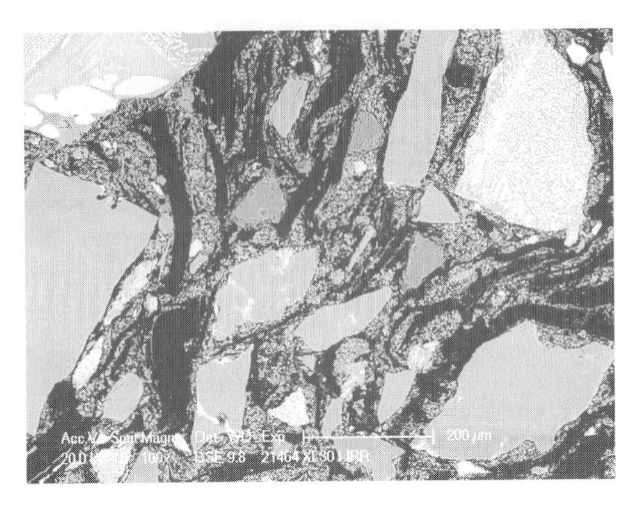

图 4－242 快换水口 B 制品本体中的石墨形貌

在快换水口 B 制品本体基质中，有大量 $\alpha-Al_2O_3$ 微粉和少量的玻璃细粉，粒度小于 70μm。$\alpha-Al_2O_3$ 微粉的形貌如图 4－243 所示。本体基质中玻璃粉成分见表 4－37。

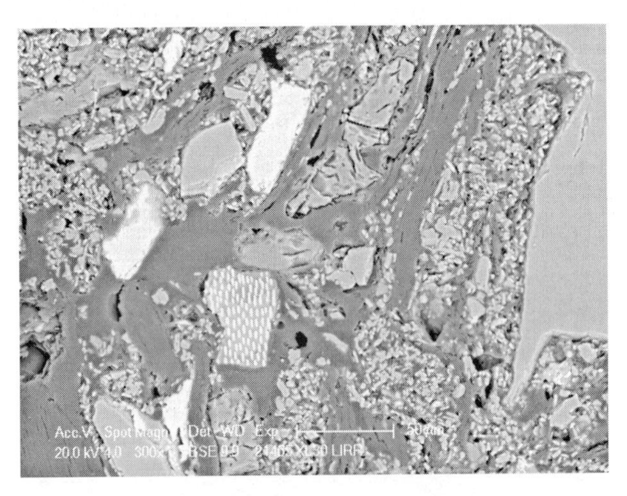

图 4－243 快换水口 B 制品本体基质中的 $\alpha-Al_2O_3$ 微粉形貌

表 4－37 快换水口 B 制品本体基质中玻璃粉成分分析

项 目	化学成分/%				
	Al_2O_3	SiO_2	Na_2O	K_2O	CaO
玻璃粉	64.36	5.78	24.80	1.73	3.33

4.51.3 快换水口 B 制品渣线（钙部分稳定氧化锆＋石墨）的显微结构

在快换水口 B 制品渣线中，主要颗粒为 ZrO_2，临界粒度为 0.50～0.60mm；石墨的临界粒度为 0.40～0.50mm。渣线的低倍形貌如图 4－244 所示。

在快换水口 B 制品渣线中，石墨的形貌如图 4－245 所示。

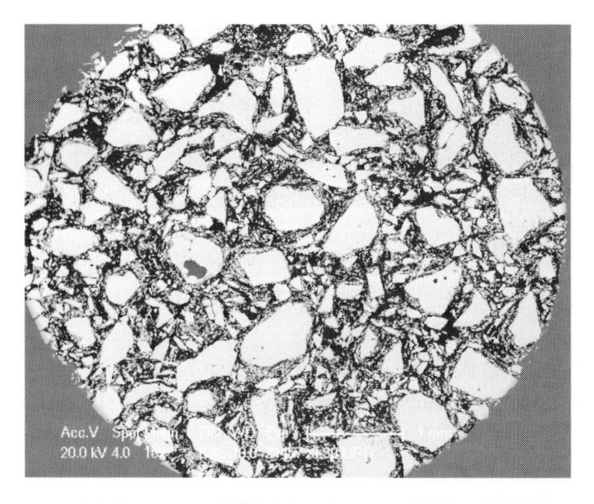

图 4－244　快换水口 B 制品渣线低倍形貌

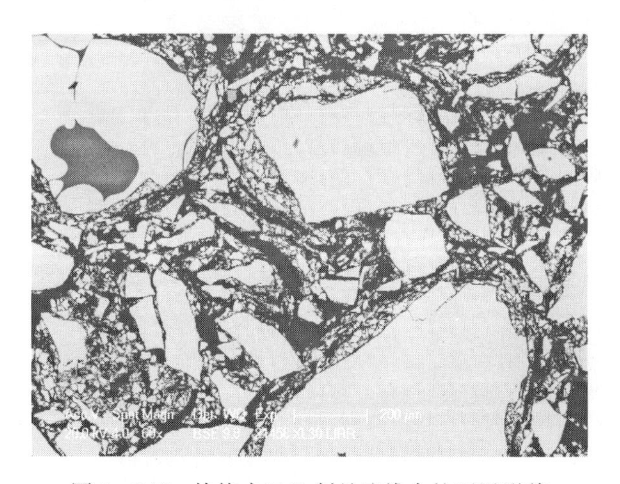

图 4－245　快换水口 B 制品渣线中的石墨形貌

快换水口 B 制品渣线基质的高倍形貌如图 4－246 所示。在渣线基质中，ZrO_2 的化学成分为：HfO_2 3.81%～4.44%，ZrO_2 91.26%～92.15%，CaO 4.04%～4.30%。

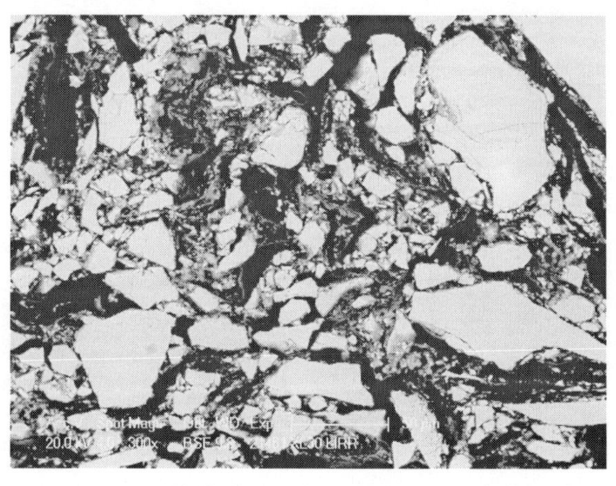

图 4－246　快换水口 B 制品渣线基质的高倍形貌

4.52　吹氩上水口的显微结构

吹氩上水口与快换水口是配套使用的，相当于中间包水口，与快换水口的滑动面相接触。从上水口的底面吹氩，一股氩气进入底面的接触面，阻止外界空气吸入，以防止钢水二次氧化；另一股氩气向上进入上水口碗口的透气层，在上水口碗口形成上升的微气泡氩气流，净化钢水，防止水口堵塞。

4.52.1　吹氩上水口本体（棕刚玉＋石墨）的显微结构

在吹氩上水口本体低倍形貌中，主颗粒为棕刚玉，临界粒度为0.50～0.60mm；锆莫来石的临界粒度为1.0mm；石墨的临界粒度为0.7mm。吹氩上水口本体低倍形貌如图4－247所示。

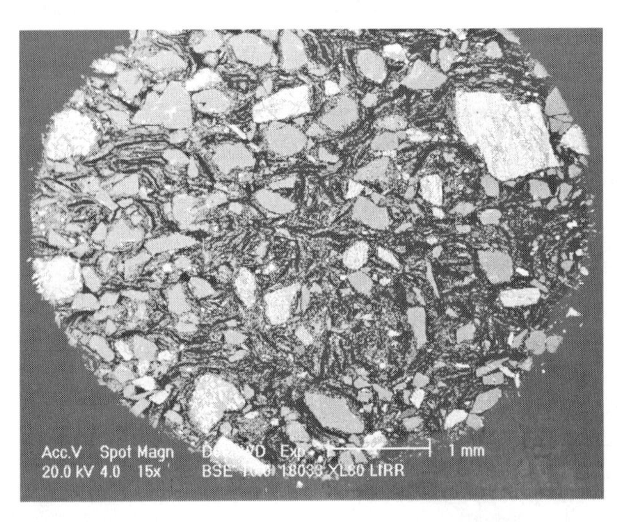

图4－247　吹氩上水口本体低倍形貌

在吹氩上水口本体低倍形貌中，石墨的形貌如图4－248所示。在图4－248中，白色小颗粒为硅粉，黑颗粒为玻璃粒，粒度为80μm。玻璃粒成分见表4－38。

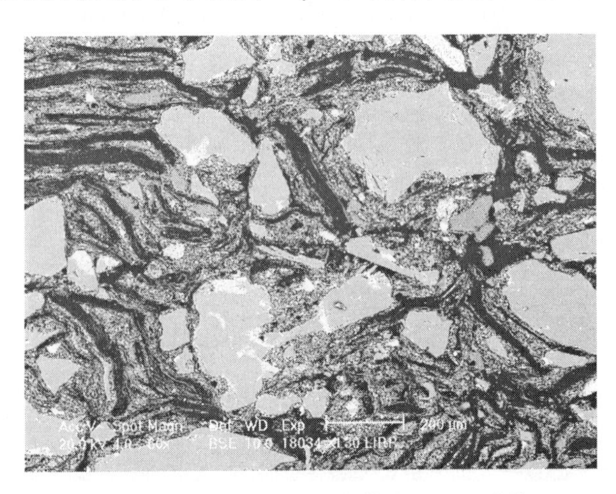

图4－248　吹氩上水口本体中的石墨形貌

表 4－38　吹氩上水口本体中的玻璃粒成分分析

项　目	化学成分/%				
玻璃粒	Al_2O_3	SiO_2	Na_2O	K_2O	CaO
	58.70	14.31	22.90	1.96	2.14

吹氩上水口本体中的硅粉和玻璃粒的形貌如图 4－249 所示。

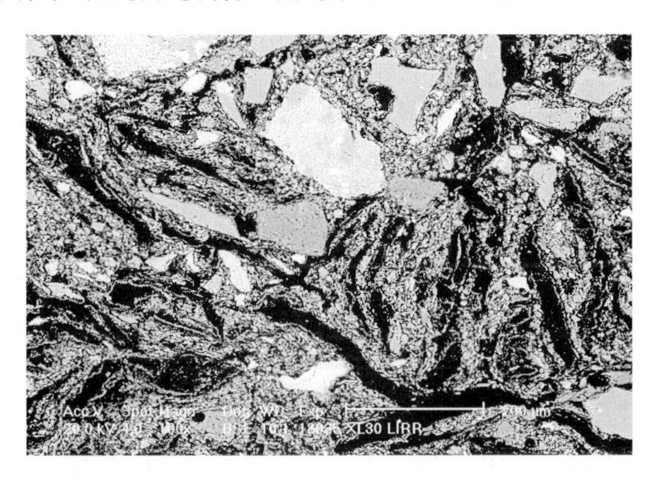

图 4－249　吹氩上水口本体中的硅粉和玻璃粒的形貌

在吹氩上水口本体基质中，有大量 α－Al_2O_3 微粉，其形貌如图 4－250 所示。整个试样的面分析见表 4－39。

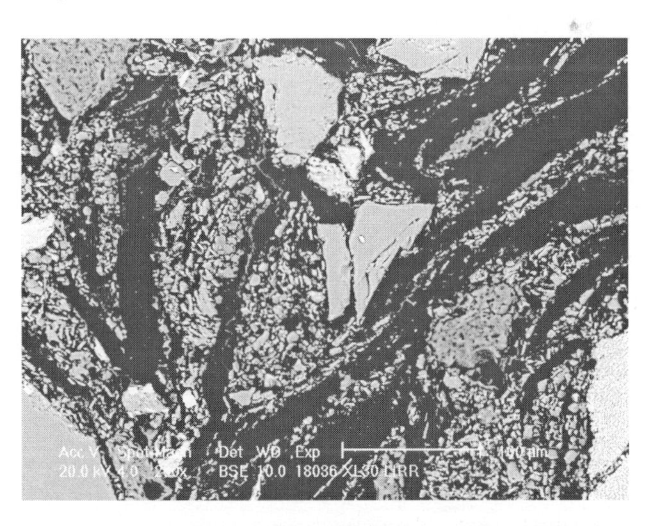

图 4－250　吹氩上水口本体基质中的 α－Al_2O_3 微粉形貌

表 4－39　吹氩上水口本体试样面分析

项　目	化学成分/%				
本体试样	Al_2O_3	SiO_2	ZrO_2	Na_2O	TiO_2
	77.19	13.36	7.89	0.86	0.69

4.52.2　吹氩上水口滑动面（棕刚玉＋板状刚玉＋石墨）的显微结构

吹氩上水口滑动面与本体的结合形貌如图 4－251 所示。

图 4－251　吹氩上水口滑动面与本体的结合形貌

在吹氩上水口滑动面的低倍形貌中，主颗粒为棕刚玉，临界粒度为 0.40mm；板状刚玉的临界粒度为 0.4mm；熔融石英的临界粒度为 0.20～0.30mm。吹氩上水口滑动面的低倍形貌如图 4－252 所示。

图 4－252　吹氩上水口滑动面的低倍形貌

在吹氩上水口滑动面的基质中，以板状刚玉为主，有少量的熔融石英、Si 和石墨，石墨的临界粒度为 0.30mm。这些物料的形貌如图 4－253 所示，图中小亮点为单质 Si。

在吹氩上水口滑动面的基质中，有少量玻璃粒，还有硅粉和 B_4C。物料的形貌如图 4－254 所示。

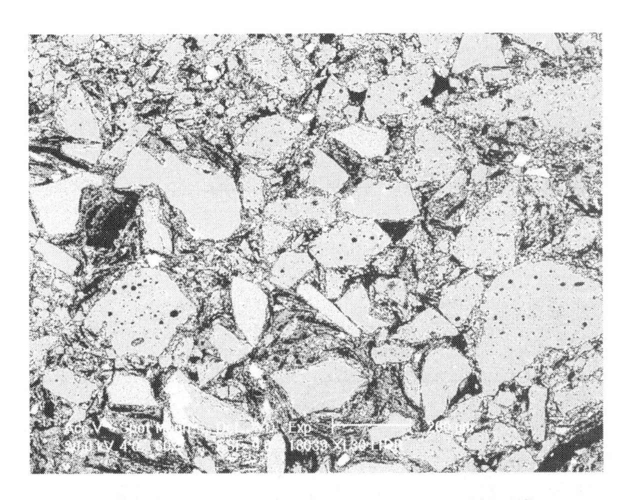

图 4-253 吹氩上水口滑动面中的板状刚玉、熔融石英和 Si 的形貌

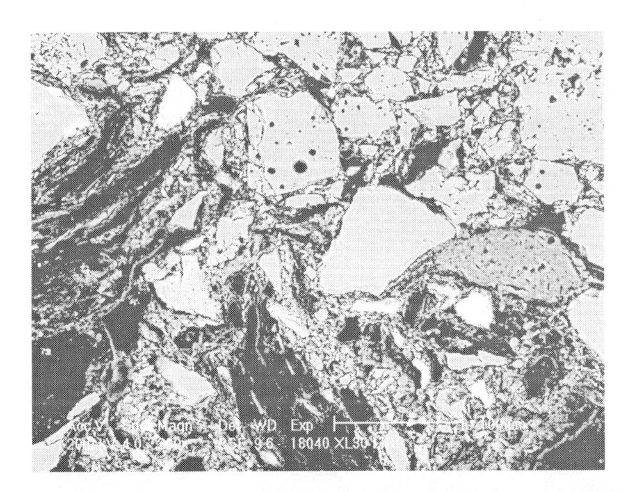

图 4-254 吹氩上水口滑动面基质中的玻璃粒和 B_4C 的形貌

在基质中还有 $\alpha-Al_2O_3$ 微粉，其形貌如图 4-255 所示。

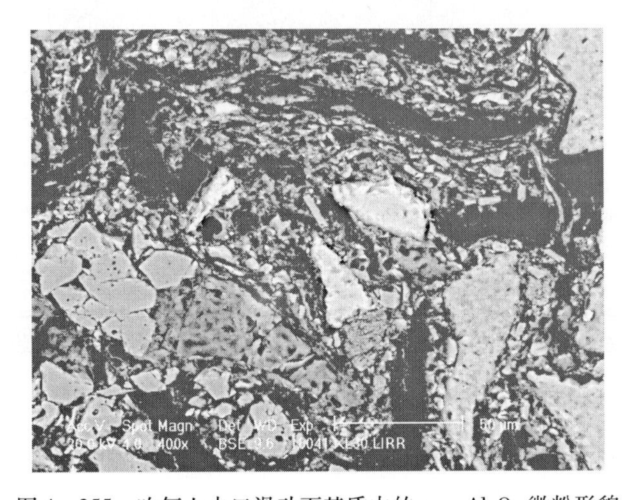

图 4-255 吹氩上水口滑动面基质中的 $\alpha-Al_2O_3$ 微粉形貌

4.53 整体塞棒A制品的显微结构

4.53.1 整体塞棒A制品塞棒棒身（亚白刚玉+石墨）的显微结构

整体塞棒A制品塞棒棒身的低倍形貌如图4－256所示，主颗粒为亚白刚玉，临界粒度为0.5mm。

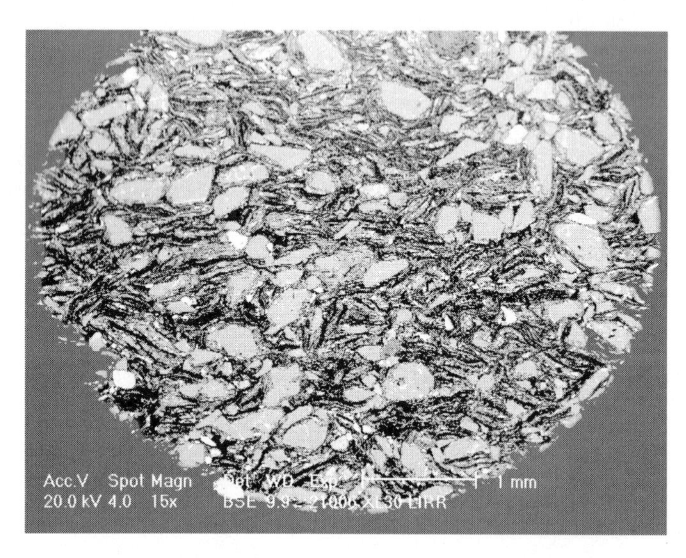

图4－256 整体塞棒A制品塞棒棒身的低倍形貌

整体塞棒A制品塞棒棒身基质的形貌如图4－257所示。在基质中，有Si（次亮）、少量的长石和ZrO_2（最亮）以及大量α－Al_2O_3微粉。

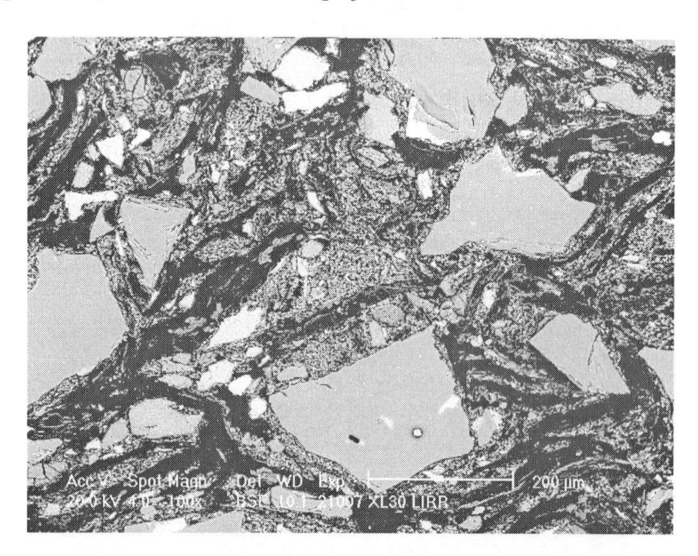

图4－257 整体塞棒A制品塞棒棒身基质的形貌

在整体塞棒A制品塞棒棒身的基质中，含有α－Al_2O_3微粉和临界粒度为0.30mm的石墨。α－Al_2O_3微粉形貌如图4－258所示。

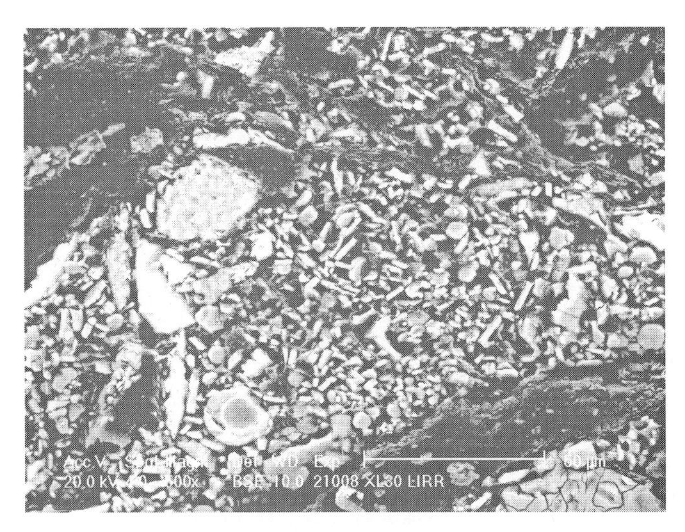

图4-258 整体塞棒A制品塞棒棒身基质中的α-Al_2O_3微粉形貌

在整体塞棒A制品塞棒棒身的基质中，石墨的形貌如图4-259所示。

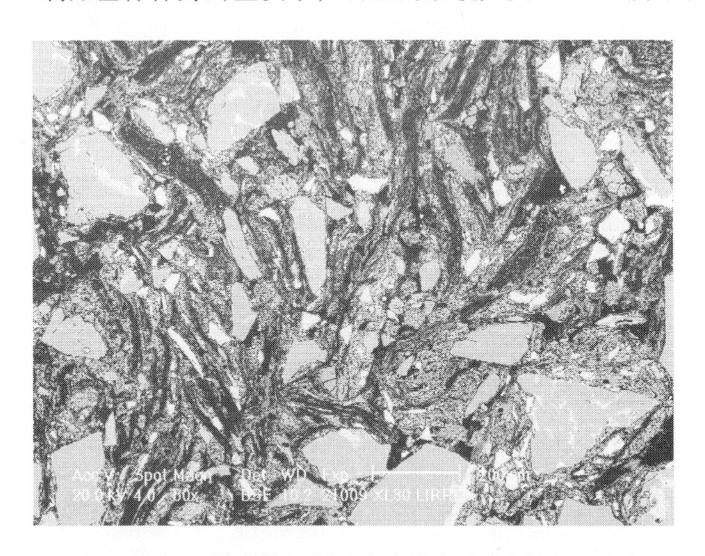

图4-259 整体塞棒A制品塞棒棒身基质中的石墨形貌

4.53.2 整体塞棒A制品棒头（海水镁砂+石墨）的显微结构

整体塞棒A制品棒头的低倍形貌如图4-260所示。主颗粒为海水镁砂，最大颗粒为0.90mm，一般颗粒的临界粒度为0.50~0.60mm；石墨颗粒较小，临界粒度为0.20mm。图4-260中小亮点为金属铝粉，临界粒度为70μm。

在整体塞棒A制品棒头的基质中，铝粉和石墨的形貌如图4-261所示。

在整体塞棒A制品棒头基质中有较多的B_4C，还有极少量的硅粉。物料的形貌如图4-262所示。棒头试样的面分析结果为：MgO 73.81%，Al_2O_3 16.79%，SiO_2 4.69%，CaO 1.13%。

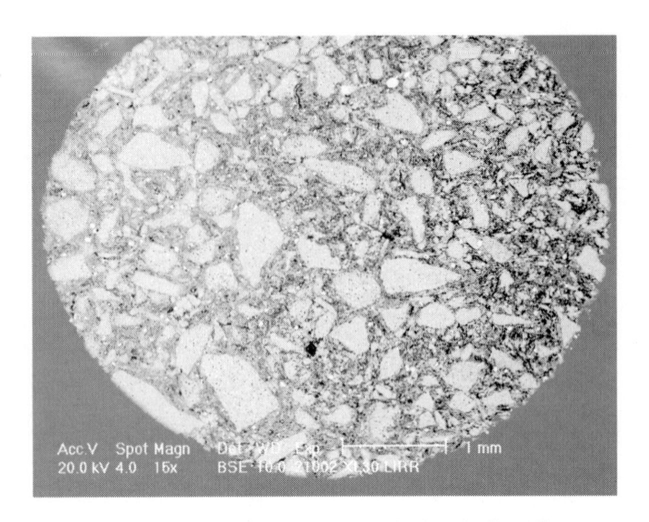

图 4－260　整体塞棒 A 制品棒头的低倍形貌

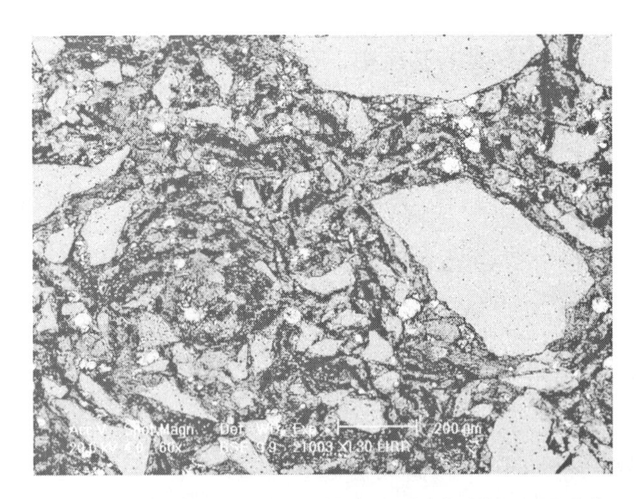

图 4－261　整体塞棒 A 制品棒头基质中铝粉和石墨形貌

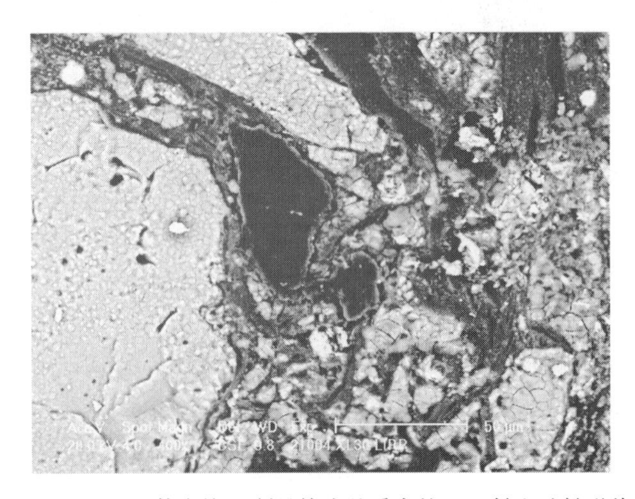

图 4－262　整体塞棒 A 制品棒头基质中的 B_4C 粉和硅粉形貌

4.54　整体塞棒 B 制品的显微结构

4.54.1　整体塞棒 B 制品塞棒棒身（电熔镁砂 + 石墨）的显微结构

整体塞棒 B 制品塞棒棒身的低倍形貌如图 4 – 263 所示。主颗粒为棕刚玉，临界粒度为 0.40 ~ 0.50mm；另有较高含量的锆莫来石，其临界粒度为 0.50mm。

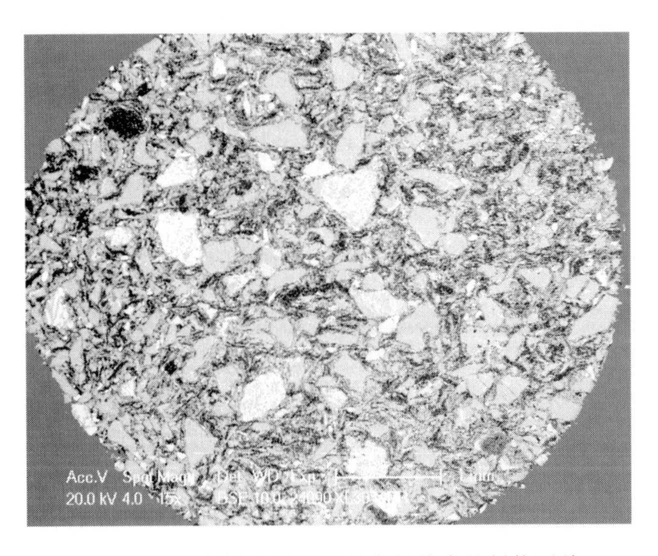

图 4 – 263　整体塞棒 B 制品塞棒棒身的低倍形貌

在整体塞棒 B 制品塞棒棒身基质中加有石墨，其临界粒度为 0.40mm；另外还加有 SiC，其临界粒度小于 0.10mm；此外还有硅粉和 ZrO_2 颗粒。石墨的形貌如图 4 – 264 所示。

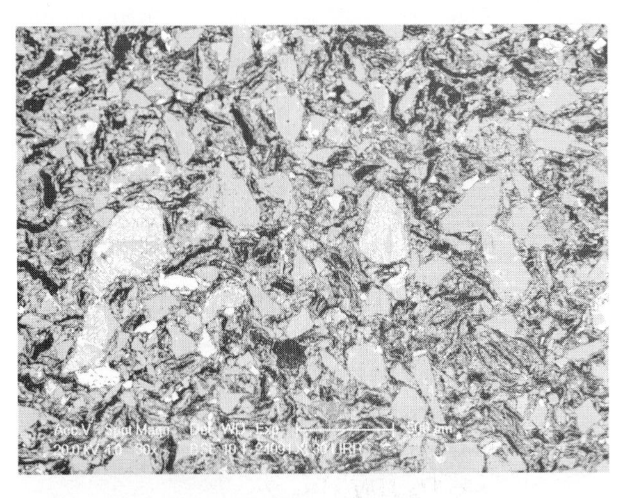

图 4 – 264　整体塞棒 B 制品塞棒棒身基质中的石墨形貌

在整体塞棒 B 制品塞棒棒身基质中的 SiC、Si 和 ZrO_2 颗粒形貌如图 4 – 265 所示。

在整体塞棒 B 制品塞棒棒身基质中，有数量不太多的 $\alpha-Al_2O_3$ 微粉，其形貌如图 4 – 266 所示。

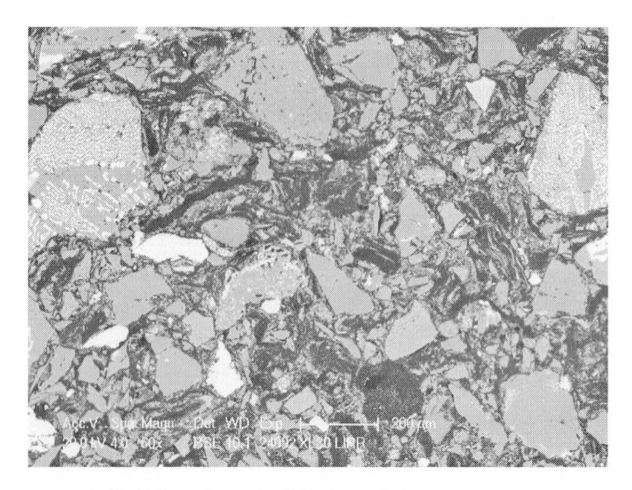

图 4 - 265　在整体塞棒 B 制品塞棒棒身基质中的 SiC、Si 和 ZrO_2 颗粒形貌

图 4 - 266　在整体塞棒 B 制品塞棒棒身基质中的 α - Al_2O_3 微粉形貌

在整体塞棒 B 制品塞棒棒身基质中，还有少量的 B_4C，其形貌如图 4 - 267 所示。

图 4 - 267　在整体塞棒 B 制品塞棒棒身基质中的 B_4C 形貌

在整体塞棒 B 制品塞棒棒身的基质中，加有电熔尖晶石细粉，其形貌如图 4－268 所示，临界粒度小于 0.10mm，化学成分为：MgO 25.68%，Al_2O_3 74.32%。

图 4－268　在整体塞棒 B 制品塞棒棒身基质中的电熔尖晶石细粉形貌

整体塞棒 B 制品塞棒棒身的面分析结果见表 4－40。

表 4－40　整体塞棒 B 制品棒身试样的面分析

项　目	化学分析/%					
棒身试样	MgO	Al_2O_3	SiO_2	TiO_2	CaO	Fe_2O_3
	5.10	67.6	21.68	2.11	0.79	2.72

4.54.2　整体塞棒 B 制品棒头（电熔镁砂＋石墨）的显微结构

整体塞棒 B 制品棒头的低倍形貌如图 4－269 所示。主颗粒为电熔镁砂，临界粒度为 0.50mm；石墨的临界粒度为 0.40mm。

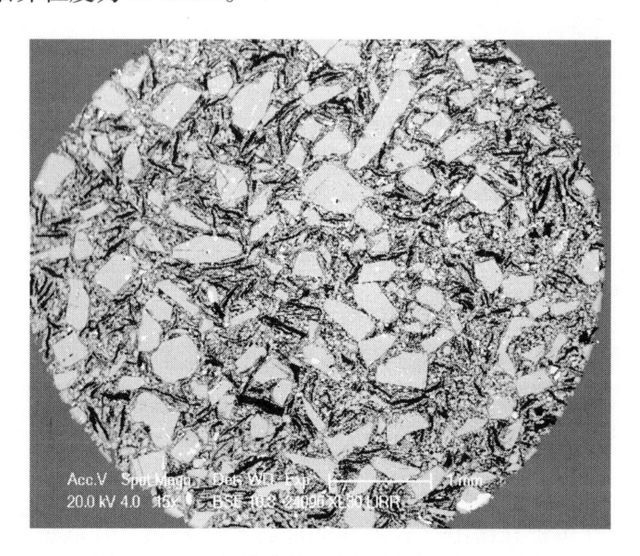

图 4－269　整体塞棒 B 制品棒头的低倍形貌

在整体塞棒 B 制品棒头基质中，还含有少量的 B_4C、硅粉和熔融石英。在棒头中的石墨形貌如图 4－270 所示。

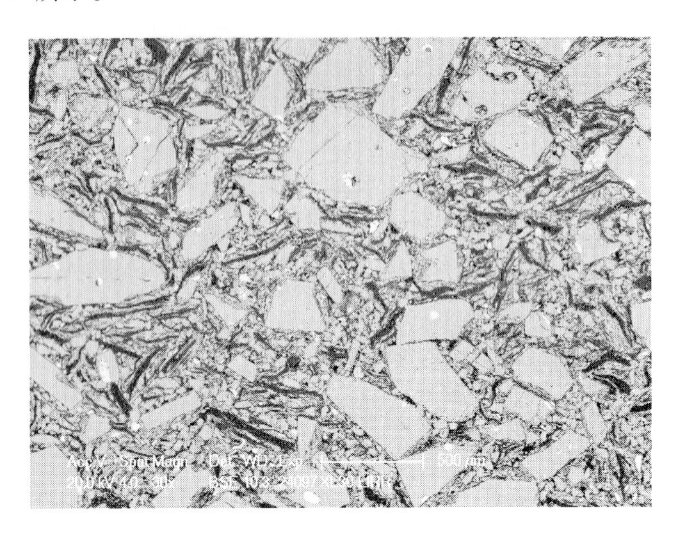

图 4－270 在整体塞棒 B 制品棒头中的石墨形貌

整体塞棒 B 制品棒头试样的面分析见表 4－41。

表 4－41 整体塞棒 B 制品棒头试样的面分析

项 目	化学分析/%				
棒头试样	MgO	Al_2O_3	SiO_2	CaO	Fe_2O_3
	85.03～86.21	1.50～0.74	10.48～11.22	1.47～1.84	1.52

在整体塞棒 B 制品棒头基质中的硅粉形貌如图 4－271 所示。

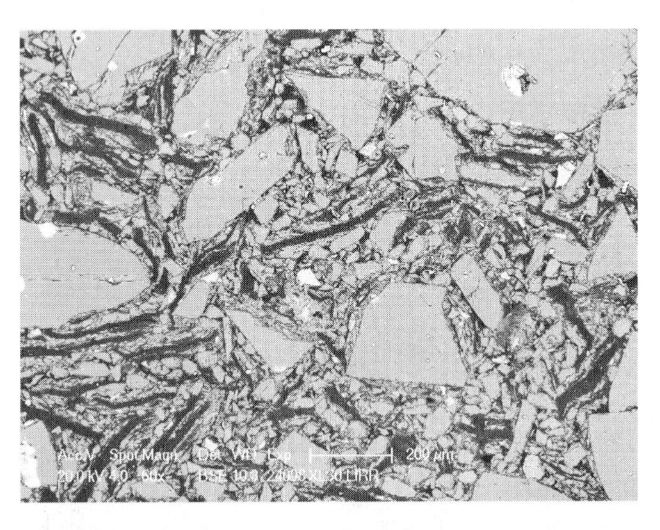

图 4－271 在整体塞棒 B 制品棒头基质中的硅粉形貌

在整体塞棒 B 制品棒头基质中，有少量的熔融石英细粉，其形貌如图 4－272 所示。

在整体塞棒 B 制品棒头基质中，B_4C、硅粉和熔融石英的形貌如图 4－273 所示。

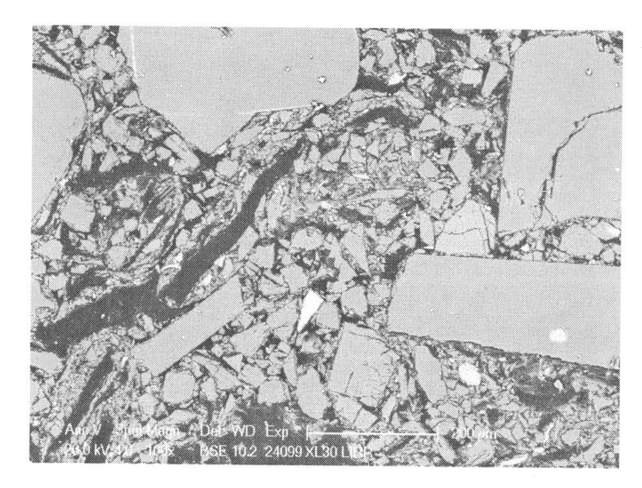

图4－272 在整体塞棒B制品棒头基质中的少量的熔融石英细粉形貌

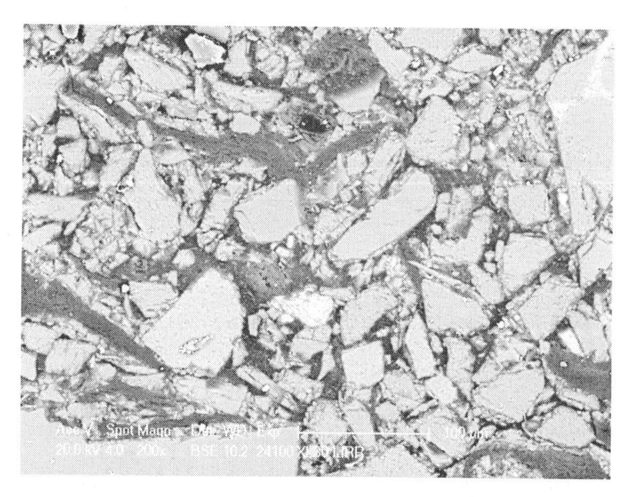

图4－273 在整体塞棒B制品棒头基质中的B_4C、硅粉和熔融石英的形貌

4.55 整体塞棒C制品的显微结构

4.55.1 整体塞棒C制品塞棒棒身（矾土＋石墨）的显微结构

在整体塞棒C制品塞棒棒身中，主颗粒为矾土，临界粒度为1.30～1.50mm，还有粒度稍小的少量的棕刚玉。塞棒棒身的低倍形貌如图4－274所示。

矾土颗粒晶界形貌如图4－275所示。图4－275中，矾土晶粒间有杂质，白色为金属。矾土颗粒成分见表4－42。

表4－42 整体塞棒C制品塞棒棒身中的矾土成分分析

项 目	化学分析/%				
	Al_2O_3	SiO_2	TiO_2	Fe_2O_3	MgO
矾土颗粒	86.79～90.53	7.07～5.35	2.89～1.03	2.24～3.25	0.85

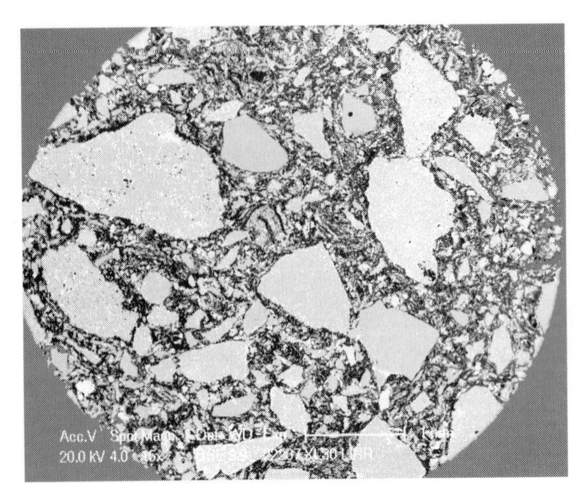

图 4－274　整体塞棒 C 制品塞棒棒身的低倍形貌

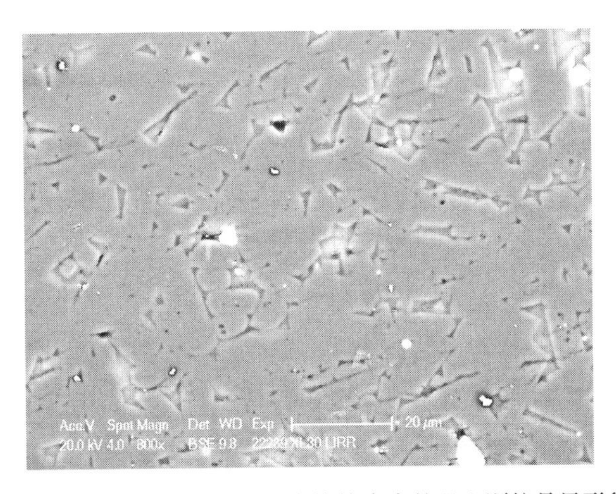

图 4－275　整体塞棒 C 制品塞棒棒身中的矾土颗粒晶界形貌

在整体塞棒 C 制品的塞棒棒身基质中，以棕刚玉细粉为主，还有少量的矾土细粉和 SiC 以及石墨，但大片状的石墨较少。棕刚玉细粉的形貌如图 4－276 所示。

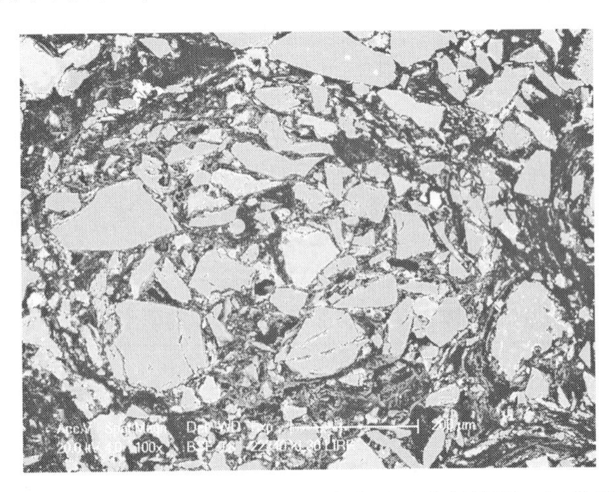

图 4－276　整体塞棒 C 制品塞棒棒身基质中的棕刚玉细粉形貌

在整体塞棒C制品的塞棒棒身基质中，石墨形貌如图4－277所示。整体塞棒C制品塞棒棒身试样的面分析见表4－43。

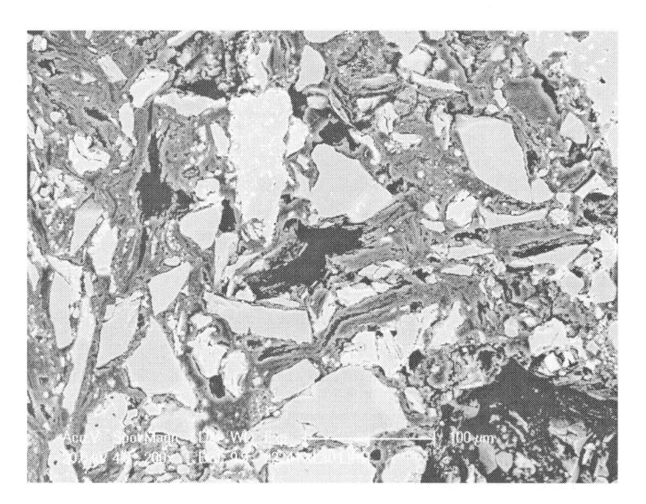

图4－277　整体塞棒C制品的塞棒棒身基质中的石墨形貌

表4－43　整体塞棒C制品塞棒棒身试样的面分析

项　目	化学分析/%					
棒身试样	MgO	Al_2O_3	SiO_2	TiO_2	CaO	Fe_2O_3
	2.73	65.63	23.94	3.25	0.51	3.94

4.55.2　整体塞棒C制品棒头（白刚玉＋石墨）的显微结构

在整体塞棒C制品棒头中，主颗粒为白刚玉，临界粒度为1.0mm。塞棒棒头的低倍形貌如图4－278所示。

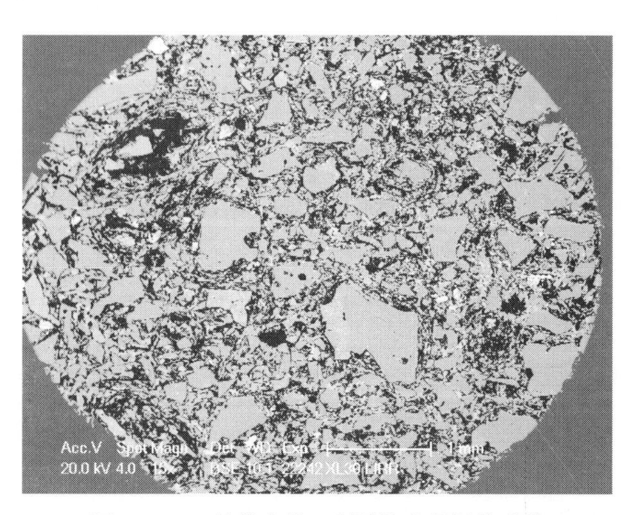

图4－278　整体塞棒C制品棒头的低倍形貌

在整体塞棒C制品基质中，也是以电熔白刚玉细粉为主，石墨临界粒度为0.20mm，鳞片较小，其形貌如图4－279所示。棒头试样的面分析见表4－44。

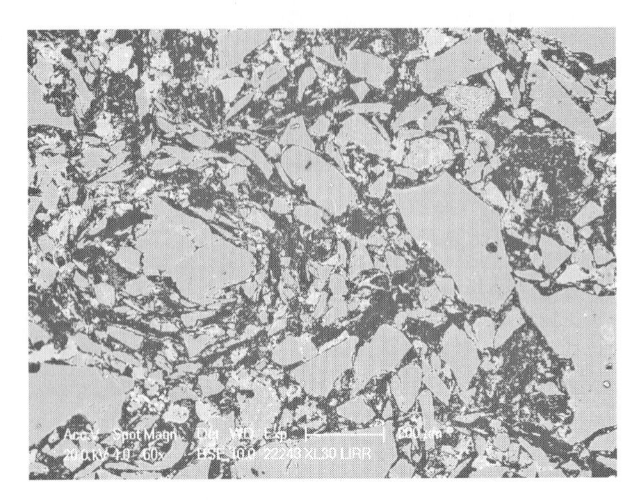

图4－279 整体塞棒C制品棒头基质中的石墨形貌

表4－44 整体塞棒C制品棒头试样面分析

项 目	化学分析/%					
棒头试样	Al_2O_3	SiO_2	MgO	CaO	Fe_2O_3	Na_2O
	71.06	23.68	2.22	0.42	1.64	0.98

参考文献

[1] 干勇. 现代连续铸钢实用手册［M］. 北京：冶金工业出版社，2010：311.

[2] 蔡开科，等. 连铸结晶器［M］. 北京：冶金工业出版社，2008：271.

[3] 周川生. 塞棒行程的计算［J］. 连铸，2006（3）：17～19.

[4] 马文升，邵明钢，赵忠国，等. 铝碳产品一次成型不加工技术［J］. 耐火材料，2004（1）：60～61.

[5] 中国科学院数学研究所统计组. 常用数理统计方法［M］. 北京：科学出版社，1973：41～56.

[6] 唐光盛，李林，刘波，等. 纳米炭黑对低碳镁碳耐火材料抗热震性的影响［M］. 中国冶金，2008，18（8）：10～12.

5 连铸“三大件”的使用

5.1 长水口的安装

在钢厂长水口的安装使用之前，主要的准备工作有以下几点：

(1) 在大包（盛钢桶）（图5－1中1）底部安装滑动水口和滑动机构（图5－1中3），并加入引流砂；

(2) 大包烘烤后，注入钢水并吹氩调温；

(3) 当大包到达连铸平台后，将大包吊至钢包回转台的受钢位并锁定；

(4) 在中间包（图5－1中8）完成浇注前的准备工作后，将钢包回转台旋转到浇注位置（图5－1中2）；

(5) 大包在准备开浇之前，为了防止滑动水口的引流砂进入中间包内，在安装长水口之前，会提前打开滑动水口，放掉一些钢水；

(6) 再将长水口（图5－1中5）放入杠杆或液压机构上的托环中（图5－1中6、7）；

(7) 启动杠杆或液压机构，使长水口的碗口与大包滑动水口的下水口紧密连接，并插入中间包内的冲击区；

(8) 在长水口安装到位后，先打开吹氩气保护系统（图5－1中4），再打开大包滑动水口进行浇注。

图5－1　长水口安装实物图

1—大包；2—大包回转台；3—滑动水口机构；4—吹氩管；5—长水口（使用中）；6—杠杆机构；7—托环；8—中间包

在钢厂安装好的、在使用中的长水口如图5－1所示。

5.2 长水口使用前期的准备事项

长水口的使用环境，因不同的钢厂而有所差异，除了水口本身存在的问题外，还与长水口的使用寿命和损毁有高度的相关性。因此，对长水口的工作环境要有一个充分的认识，事前要做好功课。

在制作长水口时，要针对具体使用的钢厂，选择长水口不同部位的材质并制定相应的制作工艺，尽可能地满足不同钢厂的连铸生产要求。

5.2.1 长水口的连接

长水口的碗口与大包滑动水口下水口（图5－2中1）的连接，是用把持器连接的，即通过套在长水口颈部（图5－2中3）的托环，用杠杆系统或液压机构完成的。

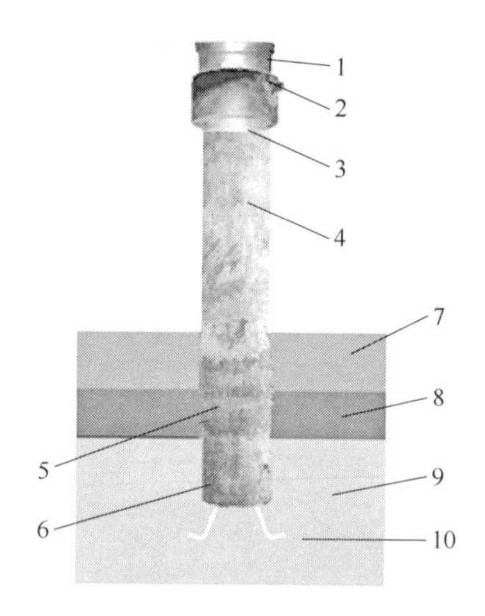

图5－2 长水口的工作环境示意图

1—大包滑动水口下水口；2—吹氩管；3—颈部；4—本体；5—渣线；6—出钢口端；7—覆盖剂烧结层；8—覆盖剂熔融层；9—中间包钢水；10—氩气流

5.2.2 大包滑动水口的开浇

大包滑动水口在开浇前，首先要释放引流砂，然后再通过滑动滑动水口的滑板，放出钢水进行浇注。

5.2.3 长水口吹氩密封

在大包开浇前，通过长水口的吹氩管（图5－2中2）进行吹氩密封，吹氩强度以在长水口钢水注流区域内能观察到气流波动（图5－2中9），而钢水不翻腾为准。

5.3 中间包覆盖剂

在钢厂，大包开浇，当中间包钢水液面上升到一定高度和浸过长水口后，即向中间包内投放覆盖剂（图5－2中7、8），并根据情况随时补加，保证钢水液面不暴露在大气中。

长水口本体（图5－2中4）与熔融的中间包覆盖剂（图5－2中8）接触的部位，即为长水口的渣线位置（图5－2中5）。

覆盖剂的烧结层（图5－2中7）的烧结程度取决于覆盖剂的化学组成，一般不希望覆盖剂完全烧结，要保留一些粉渣，尽可能地减轻和防止中间包渣面出现结壳现象。

5.3.1 中间包覆盖剂的主要作用

中间包覆盖剂的主要作用为：

（1）绝热保温，防止钢液面结壳。要求覆盖剂具有良好的绝热保温作用，覆盖剂覆盖在钢水表面，可以避免钢水裸露在空气中，防止使钢水散热导致温度下降，影响连铸的正常浇注。

（2）隔绝空气，防止钢水二次氧化。中间包加入覆盖剂后，在钢液面上形成的液渣层，将钢水与空气隔绝，可防止钢水的二次氧化，降低钢水中的夹杂物生成。

（3）吸收钢水中上浮的非金属夹杂物。在中间包钢水表面形成的覆盖剂熔渣层，可以吸附上浮到钢水表面的夹杂物，起到净化钢水的作用。

5.3.2 中间包覆盖剂的分类

5.3.2.1 酸性覆盖剂

酸性覆盖剂，主要为炭化稻壳覆盖剂，碱度小于1，仅适用于浇注普碳钢。

作为酸性中间包覆盖剂，其主要功能为隔热保温、防止钢水二次氧化。一般在使用时还要加入一定量的鳞片石墨，主要是利用炭化稻壳的蜂窝状结构和鳞片石墨的层状结构，减少钢水的热传导损失和降低钢液表面的热辐射损失。

炭化稻壳覆盖剂的保温效果较好，但主要缺点是：

（1）其碳含量较高，易使钢水增碳；不能净化钢水，反而还有可能使覆盖剂中的SiO_2与钢水中的［Al］反应生成Al_2O_3夹杂物，污染钢水。

（2）覆盖剂熔点高，不易形成液态渣层，使覆盖剂防止钢水二次氧化的效果和吸附钢水上浮夹杂能力变差。

（3）在添加覆盖剂的过程中，产生的粉尘量也比较大，污染环境。

炭化稻壳覆盖剂的有关技术指标见表5－1。

表5－1 炭化稻壳覆盖剂的技术指标

项目		A	B	C	D
化学组成/%	SiO_2	24～37	39～41	42～44	76～78
	Al_2O_3	0.8～2.2	0.9～1.1	0.4～0.6	0.9～1.1
	C	30～40	46～48	38～40	9.7～9.9
容重/$g \cdot cm^{-3}$		0.12～0.18			
熔化温度/℃		>1300	>1300	>1300	>1300

5.3.2.2 碱性中间包覆盖剂

随着冶炼技术的不断进步和对连铸洁净钢、特殊合金钢的要求不断提高，普通的酸性覆盖剂已不能满足生产高附加值钢材的需求。

在国内，还研制了以 $CaO-MgO-Al_2O_3-SiO_2$ 系为主的碱性中间包覆盖剂，碱度大于1，使覆盖剂的性能和功能得到了很大的提升。

碱性中间包覆盖剂的功能，除了绝热保温和防止钢水二次氧化外，还具有较强的吸附钢水中上浮的非金属夹杂物的能力，如对 SiO_2、Al_2O_3、MnO 和 S 等夹杂物，有极强的吸附能力，并在使用中具有粉尘少、不结壳、不挂渣，铺展性能良好等优点。

在钢厂的实际应用中，碱性覆盖剂可以有效提高钢水的品质，对连铸坯的质量，特别是对优质洁净钢品质的提升表现出极大的优越性。

据有关报道，在国内，还在研制和改进用于硅钢、IF 钢等高附加值的超低碳、高洁净钢的无碳或微碳的中间包碱性覆盖剂，并取得很大的进展和良好的使用效果。

碱性中间包覆盖剂种类繁多，其中一些的理化指标见表 5－2。

表 5－2 碱性中间包覆盖剂的技术指标

项 目		1	2	3	4	5	6	7	8
化学组成/%	CaO			21～23		30～40			
	MgO			16～17		7			
	CaO + MgO	39～41	53～55		>50		33～35	>55	>50
	Al_2O_3	6～8	<6	3～4		6	17～19		
	SiO_2	8～9	23～25	24～25	33～35	25～35	<22	11～13	<10
	C		3～5	22～23	25～27	5～9		<6	<12
碱度 R[①]		4.6	2.0	1.6	1.3	1.3	1.18		
容重/$g \cdot cm^{-3}$			0.4	0.89	0.8	0.89		1.0	1.0
熔化温度/℃		1270	1400	1350	1300	1230		1350	1350

①碱度 $R=(CaO+MgO)/SiO_2$。

5.4 中间包钢水温度

连铸中间包的钢水温度取决于所浇注的钢种。在钢厂，中间包的钢水温度可以用下式表示：

$$T = T_1 + T_2$$

式中 T——中间包钢水温度，℃；

T_1——钢水液相线温度，℃；

T_2——中间包钢水过热度，℃。

中间包钢水的过热度与钢种有关，一般控制在：

（1）低碳钢和普碳钢的钢水过热度为 30±5℃；

（2）中碳钢和优质钢为 25±5℃；

（3）中高碳钢和合金钢为 20±5℃。

一般认为中间包钢水温度的波动对长水口的使用影响不大。但是，如果中间包的钢水温度，由于某些原因，如覆盖剂或包衬散热过大，使钢水温度下降过低会影响到后续的正常浇注。

由于长水口的主要作用仅仅用于对钢水的保护，防止钢水的二次氧化。再加上长水口的壁厚和孔径较大以及钢种因素，如锰、氧含量较高的钢种，相对于浸入式水口和整体塞棒的侵蚀而言，对于长水口的使用影响会小一些。

5.5 长水口的材质选择与其使用环境的关系

长水口在不同的钢厂使用，就会遇到不同的使用环境，而这种使用环境，对长水口的生产方来说，几乎是不可能去改变的。因此，要根据不同钢厂的使用条件，改变长水口的配方和制作工艺，满足不同钢厂的连铸生产要求。

对长水口的总体要求是：不预热即可使用，要有足够的强度和抗冲蚀能力，长水口表面要有防氧化涂层，防止长水口在使用中局部氧化，提高使用寿命。

5.5.1 碗口材质的选择

长水口的碗口，如图 5－2 中 1 所示，主要受到与大包滑动水口下水口的装配压力和烧氧清理。因此，要求水口的碗口部分具有足够的强度和抗氧化能力。

碗口可以采用棕刚玉、白刚玉和鳞片石墨等材料制作，要求 Al_2O_3 含量高一点，C 含量适当低一些即可。

5.5.2 长水口本体材质的选择

长水口本体暴露在大气的部分（图 5－2 中 4）不与钢水接触，只要求长水口的本体具有一定的强度即可，可以选用特级矾土、棕刚玉和鳞片石墨或土状石墨等材料制作。

5.5.3 长水口渣线部位材质的选择

5.5.3.1 长水口与酸性中间包覆盖剂配合使用

由于酸性覆盖剂的主要成分为 SiO_2 和 C，因此，长水口渣线部位（图 5－2 中 5）可选择棕刚玉、白刚玉和鳞片石墨等材料制作。在长水口的渣线部位要适当提高 Al_2O_3 含量，降低 C 含量，提高渣线的抗侵蚀能力。

5.5.3.2 长水口与碱性中间包覆盖剂配合使用

碱性覆盖剂主要是用镁砂、白云石、硅灰石、长石、萤石和鳞片石墨等原料制成。要注意的是，在覆盖剂中含有助熔剂，如萤石或其他低熔点的氧化物，对长水口有一定的侵蚀性。

由于在不同的钢厂浇注的钢种是不相同的，所使用的覆盖剂的碱度也是不一样的。因此，长水口渣线部位的用料可以选择高纯镁砂、镁铝尖晶石、氧化锆和鳞片石墨等原料制作。

但是，配方中所用的原料，要与所在钢厂的中间包碱性覆盖剂的碱度相匹配，也就是说，配方中加入的碱性原料用量的多少，要与碱性覆盖剂的碱度相匹配。这样才能使得覆盖剂的熔渣与长水口的渣线部位的化学组成有较好的相容性，可以减少熔渣对长水口渣线部位的侵蚀。

5.5.4 长水口浸入钢水渣线以下部分的材质选择

实践经验表明，在正常情况下，连铸“三大件”产品单纯与钢水接触的部分，也就是钢水渣线以下的部分（图5－2中6），在完成一个连铸浇注周期后，对长水口外表面侵蚀轻微。

就长水口而言，由于吹氩保护的原因，有可能会引起长水口出钢口端的钢水翻腾，使长水口外表面侵蚀加大。长水口插入钢水部分的长度通常小于300mm，为了制作方便，其材质可与渣线材质一致。

5.6 长水口的损坏形态及其原因

长水口在使用中可能出现的损坏形态，主要有以下一些类型，如图5－3所示。

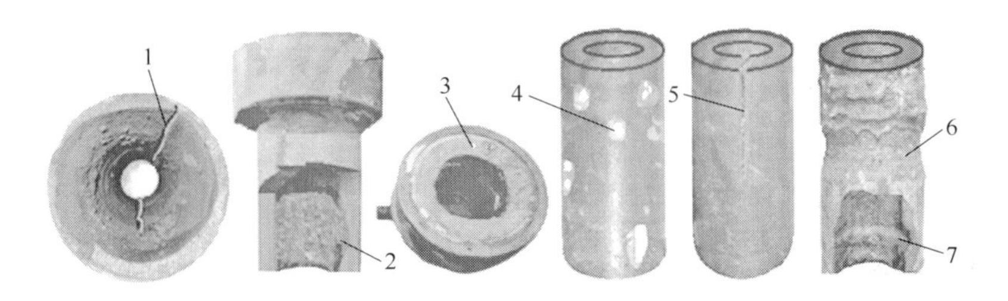

图5－3 长水口的损坏形态

1—碗口开裂；2—内壁冲蚀；3—颈部断裂；4—外表局部氧化；5—纵向开裂；6—渣线侵蚀；7—出钢口端内径扩大

5.6.1 长水口碗口开裂

长水口碗口与大包滑动水口下水口连接，如果采用液压机构连接，有可能因施压过大造成碗口开裂，也有可能因配料不适当，造成碗口部分抗热冲击能力下降，引起开裂，如图5－3中1所示。

5.6.2 长水口碗口烧损

大包滑动水口在放出引流砂后，如果不能实现自动开浇，只能采取烧氧引流。这样有可能烧坏下水口的内孔，造成大包开浇后钢水发散飞溅，黏附到长水口的碗口内壁上。

因此，在大包浇注完移走后，要用氧气清洗碗口，清除钢渣，更换纤维密封垫，否则会影响到长水口的吹氩密封。

5.6.3 长水口内壁冲蚀或穿孔

如果长水口采用杠杆机构与大包滑动水口下水口连接，由于某种原因有可能造成长水口装偏；另一个原因可能是大包滑动水口进行滑板节流浇注造成的。

这两种原因都有可能造成在大包开浇时钢水偏流，使钢水容易冲击到长水口内壁上，会使内壁一侧冲蚀，严重时会造成长水口开裂或穿孔，如图5-3中2所示。

5.6.4 长水口颈部断裂

长水口颈部断裂的原因，一般认为是由于颈部的强度低和应力过大造成的，而颈部受到的应力的主要来源有两个：一个来源于在浇注过程中，长水口是不预热即可使用的，在大包开浇的瞬间，长水口与钢水接触，承受巨大的温度差所产生的热应力；另一个来源于长水口吹氩量过大，造成钢水的扰动引起的机械应力。

如果长水口在制作中存在某些问题，如材质、配方、制作和机加工等不合理，以及产品自身存在某种缺陷，如密度偏析、有毛裂纹等，都有可能在上述应力的作用下使水口颈部断裂，如图5-3中3所示。

5.6.5 长水口表面局部氧化

长水口在使用中，暴露在大气的部分，在高温作用下，由于防氧化涂层局部缩釉，产生大小不一、分布不均的氧化斑点，氧化层的厚度可深达5mm，使该部分的强度下降，严重时会使长水口断裂，如图5-3中4所示。

5.6.6 长水口本体开裂

由于长水口的材质和制作工艺问题，使其强度下降，抗侵蚀和抗热冲击性能差。在连铸浇注过程中，长水口随时都有可出现纵向或径向裂纹。并且，裂纹形状各异，并非都是直线形，严重时还会出现沿壁厚方向的贯通状裂纹，甚至断裂（图5-3中5），迫使浇注中断。

5.6.7 长水口渣线侵蚀

在长水口的使用中，其渣线部位主要受到中间包覆盖剂的侵蚀，侵蚀程度取决于渣线部位的材质与覆盖剂的匹配程度，以及浇注的钢种和时间，如图5-3中6所示。

5.6.8 长水口出钢口端内孔扩径

长水口出钢口端浸入钢水中，主要受到来自大包下注的钢水的冲蚀作用。如果再加上吹氩强度过大，钢水翻腾剧烈，会加剧水口出钢口端内壁蚀损，内孔扩径严重，甚至开裂损毁，如图5-3中7所示，影响到长水口的使用寿命。

5.7 长水口使用的保障措施

5.7.1 长水口在钢厂使用的保障措施

为了保障长水口在连铸浇注中的安全使用，在钢厂需要采取的措施为：

（1）装箱的长水口到达钢厂后，要注意运输、堆放和开箱的安全，避免损伤制品。

（2）即将使用的长水口，应存放在有较高温度的干燥室内保存，避免长水口受潮影响使用，这一点对于多雨潮湿的南方钢厂尤为重要。当然，也可以将整箱的长水口吊至连铸操作平台待用。

(3) 长水口的安装要平稳，轻拿轻放，与大包滑动水口的下水口要垂直连接。

(4) 在用氧气清洗长水口的碗口时，氧压不宜过大，以免过度烧损碗口内表面，并且要及时更换纤维密封垫。

(5) 目前，尽管采用的大都是不预热即可使用的长水口，但最好在使用前，放在中间包的包盖上或附近，随同中间包一起烘烤，以驱除在存放期间吸附大气中的水分，提高长水口的使用安全性。

如果使用预热型长水口，必须与中间包一起充分预热，方可使用。由于某种原因，烘烤时间超过6小时以上，长水口要作报废处理，不能继续使用。

(6) 在使用前还要仔细检查，长水口是否有裂纹和明显缺陷，氩气连接管是否松动，如有损坏要及时更换。

5.7.2 长水口生产厂要采取的保障措施

为了保障长水口的安全使用，长水口生产厂要采取以下措施：

(1) 要根据不同钢厂的使用环境，制定长水口不同部位的材质和生产工艺。

(2) 实现长水口的近终形成型，尽量避免对长水口的本体和颈部的机加工，以消除加工产生的压应力，提高长水口颈部的抗断裂能力。

另外，还可以与钢厂协商，在不改变长水口内部尺寸的条件下，改变长水口的外形，即取消长水口的锥形颈部，改为从头部开始一锥到底的锥形，这样可以避免因加工长水口锥形的颈部产生的压应力，如图5－4中2所示。

(3) 对于长水口颈部断裂问题，一般认为最直接的解决办法是：加大壁厚，提高强度；在流钢通道内壁涂隔热涂层，以缓冲钢水产生的热应力；扩大内径，避免大包下注钢水的直接冲击。

但要解决以上问题，实际存在的困难是，钢厂使用的长水口的外形尺寸早已定型，是不可能轻易改动的。但是，适当地加大一点水口的壁厚，还是有余地的；另外还可以改进水口隔热层的性能，提高水口颈部的抗热冲击性，防止颈部断裂。

(4) 要解决出钢口端内孔扩径问题，除了改进材质、提高抗侵蚀能力和适当增加壁厚外，还可以改变出钢口端的形状，如改成桶形和喇叭形，可避免或减轻因钢水冲击造成的蚀损，如图5－4中3和4所示。

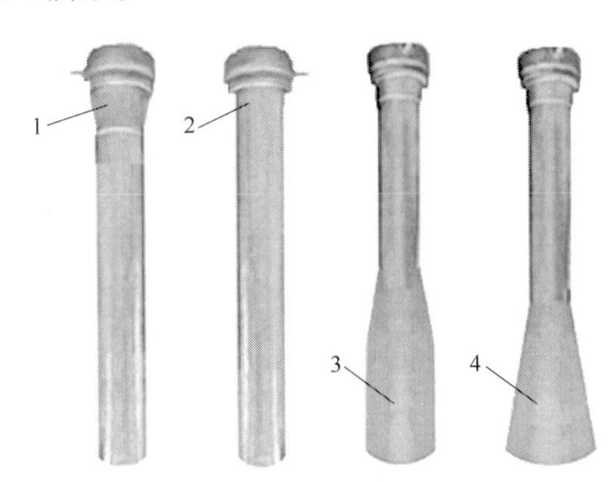

图5－4 改变长水口颈部和出钢口端的形状

1—锥形颈部；2—直线形颈部；3—桶形出钢口；4—喇叭形出钢口

（5）为了防止长水口在使用时暴露在大气中的本体表面局部氧化，要提高防氧化涂层的性能。目前，形成长水口表面的防氧化涂层有三种形式：

1）在烧成过程中，直接在长水口表面形成防氧化釉层；

2）在烧成后的长水口表面喷涂生釉，再经热处理成釉；

3）在长水口表面直接喷涂生釉，经干燥后，直接在钢厂使用。

产品的防氧化涂层的好与坏，从某种意义上说，直接关系到产品在钢厂的使用效果和使用寿命。从钢厂的使用效果看，最后一种形式的防氧化涂层的防氧化作用较差，比较容易使长水口产生局部氧化。

（6）做好产品出厂前的无损探伤和理化检验工作，做到产品的编号登记、文明包装、干燥保存和运输安全。

5.8 使用后长水口防氧化涂层的显微结构

使用后的长水口表面的防氧化涂层已完全熔融并玻璃化，其中含有 SiC、$ZrSiO_4$ 和 PbO 等玻璃相成分。使用后的防氧化涂层的显微结构如图 5－5 所示。

熔融后的长水口防氧化涂层的面分析结果见表 5－3。

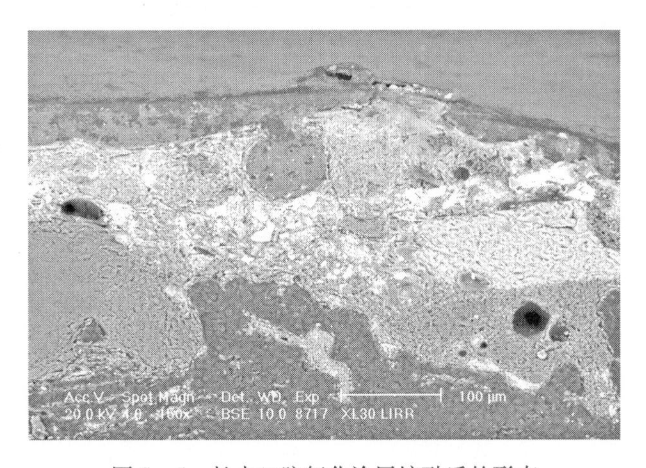

图 5－5 长水口防氧化涂层熔融后的形态

表 5－3 熔融后的长水口防氧化涂层的面分析

项 目	化学组成/%								
	Al_2O_3	SiO_2	MgO	CaO	Fe_2O_3	K_2O	Na_2O	ZrO_2	PbO
防氧化涂层	11.30	69.10	1.02	2.17	1.21	1.35	3.0	6.18	4.67

5.9 使用后长水口本体的显微结构

使用后的长水口暴露在大气中的部分，其本体基本上没有实质性的变化。本体中主颗粒为棕刚玉，临界粒度为0.6mm；石墨临界粒度为0.5mm；熔融石英颗粒较多，临界粒度为0.4mm；长水口本体部分的形貌如图 5－6 所示，使用后的长水口本体的面分析结果见表 5－4。

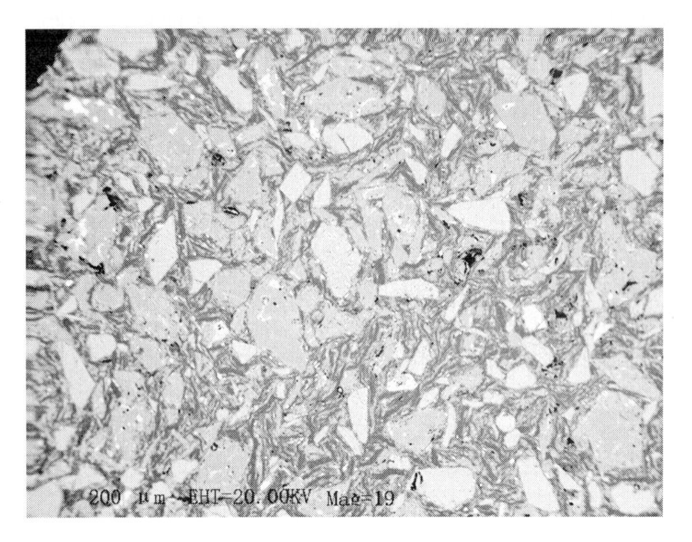

图 5－6 使用后的长水口本体的形貌

表 5－4 使用后长水口本体的面分析

项 目	化学组成/%					
长水口本体	Al_2O_3	SiO_2	CaO	TiO_2	Fe_2O_3	K_2O
	49.81	46.84	0.76	1.88	0.7	0.31

5.10 使用后长水口渣线的显微结构

在使用后的长水口渣线内，主颗粒为亚白刚玉，临界粒度为 0.85mm；基质中含有 SiC 和少量的氧化锆，石墨临界粒度为 0.5mm，使用后的长水口渣线形貌如图 5－7 所示。

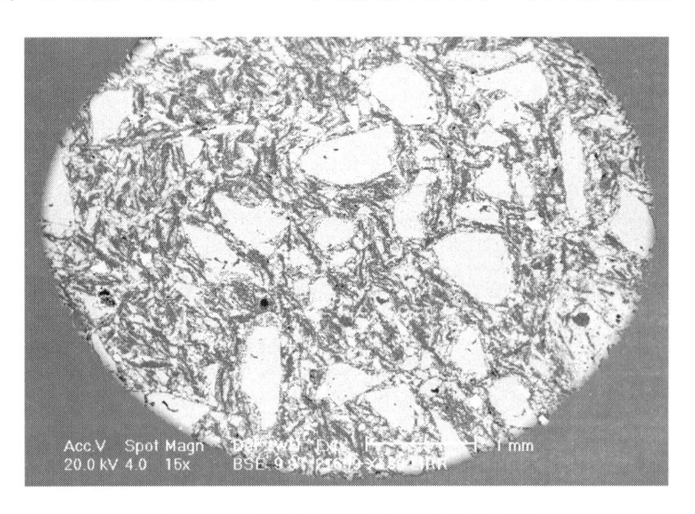

图 5－7 使用后的长水口渣线层形貌

使用后的长水口渣线反应后的形貌如图 5－8 所示，图中间的大圆孔的边缘为生成的玻璃相，其中含有 SiC。

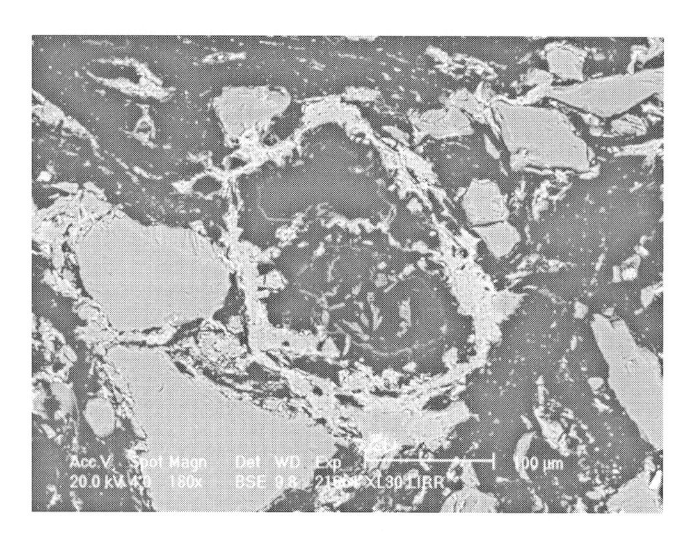

图5-8 使用后的长水口渣线层反应后的形貌

5.11 使用后长水口内壁复合层的显微结构

使用后的长水口内壁反应层的显微结构如图5-9所示。其中，深灰色部分为尖晶石成分区，浅灰色部分为玻璃相成分区。

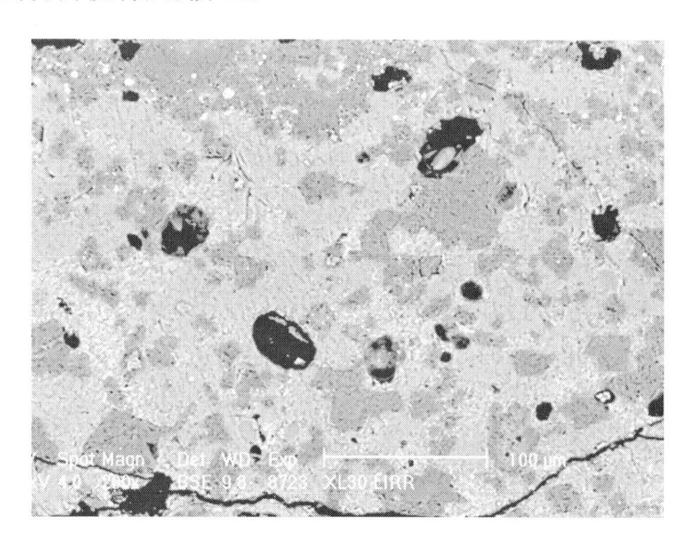

图5-9 使用后的长水口内壁反应层的显微结构

尖晶石区和玻璃相区的成分分析分别见表5-5和表5-6。

表5-5 使用后的长水口内壁反应层尖晶石区的成分分析

项 目	化学组成/%			
内壁反应层尖晶石区	MgO	Al_2O_3	MnO	FeO
	23.68	66.48	6.98	2.85

表 5-6 使用后的长水口内壁反应层玻璃相区的成分分析

项 目	化学组成/%					
内壁反应层玻璃相区	MgO	Al_2O_3	SiO_2	CaO	MnO	FeO
	7.84	11.55	38.73	37.27	1.58	3.04

使用后的长水口内壁反应层最外层的显微结构如图 5-10 所示。

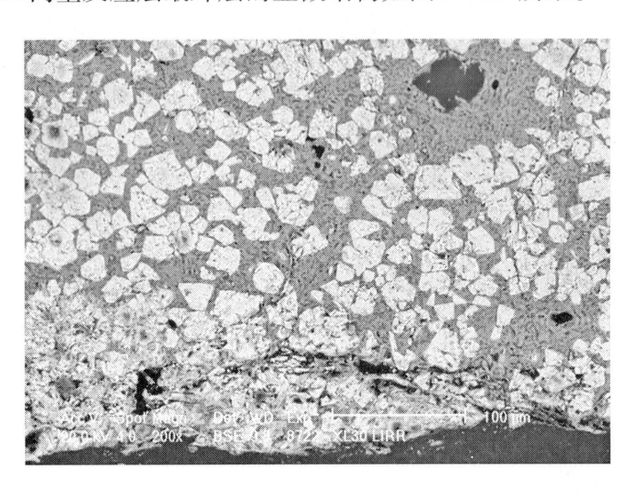

图 5-10 使用后的长水口内壁反应层最外层的显微结构

在图 5-10 中，白色颗粒区域为尖晶石，灰色区域为玻璃相，化学组成分别见表 5-7 和表 5-8。

表 5-7 使用后的长水口内壁反应层最外层的尖晶石区成分分析

项 目	化学组成/%				
内壁反应层最外层的尖晶石区	MgO	Al_2O_3	MnO	FeO	Cr_2O_3
	8.31	19.72	3.85	67.26	0.86

表 5-8 使用后的长水口内壁反应层最外层的玻璃相区成分分析

项 目	尖晶石区化学组成/%							
内壁反应层最外层的玻璃相区	MgO	Al_2O_3	SiO_2	CaO	MnO	Fe_2O_3	Na_2O	TiO_2
	6.03	13.43	39.34	30.22	1.36	8.48	0.33	0.38

5.12 浸入式水口的使用环境

浸入式水口各部位的使用环境，主要有以下几个方面，如图 5-11 所示。

(1) 浸入式水口的碗口部分（图 5-11 中 5），安放在中间包包底座砖（图 5-11 中 2）内，并高出中间包底（图 5-11 中 4）平面约 20m，与中间包一起烘烤。

(2) 暴露在大气中的部分（图 5-11 中 6），即从中包底钢壳（图 5-11 中 3）至保护渣液面（图 5-11 中 7）以上部分。

(3) 浸入式水口插入结晶器（图 5-11 中 11）与保护渣层（图 5-11 中 7）接触部

分（图5－11中8）。

（4）浸入式水口插入结晶器钢水（图5－11中9）的部分（图5－11中10）。

（5）保护渣的粉渣层（图5－11中12）厚15～20mm，烧结层（图5－11中13）和液渣层（图5－11中14）厚8～15mm。

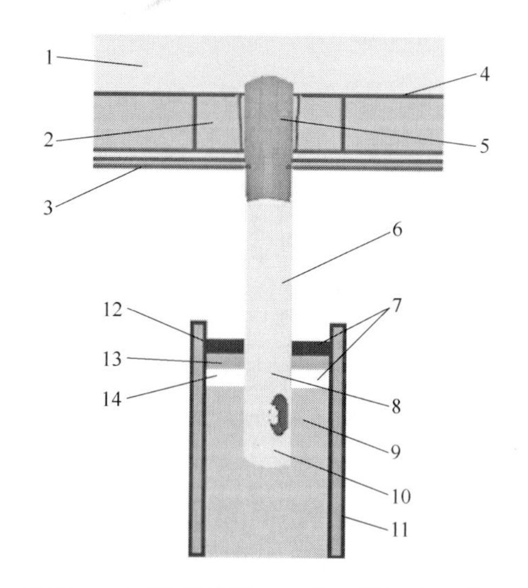

图5－11 浸入式水口各部位的使用环境示意图

1—中间包钢水；2—座砖；3—包底钢壳；4—包底平面；5—水口碗部；6—水口接触大气部分；7—保护渣；8—水口接触保护渣部分；9—结晶器钢水；10—水口接触纯钢水部分；11—结晶器；12—粉渣层；13—烧结层；14—液渣层

5.13 浸入式水口的安装

连铸用浸入式水口发展至今，无论在材质和使用性能方面，还是在结构方面，都得到了很大的提高和改进。但是在水口的使用方面，依然存在水口渣线不耐侵蚀或断裂、水口堵塞、纵裂、穿孔和侧孔断裂等问题。这些问题的产生，究其原因可能是产品的内在质量问题，也有可能是钢厂中个别作业人员的不规范的操作造成的。

毋庸置疑，只要有浸入式水口的存在，今后诸如此类的使用问题一定还会延续下去，这是一个不可回避的问题。但是，只要我们不断地努力提高产品的质量和使用性能，并与钢厂紧密合作，一定可以将水口的事故率，从早期的百分之几降低到千分之几，甚至降低到一个更低的水平。

5.13.1 分体式浸入式水口的安装

连铸用浸入式水口只是一个统称，其中包含的品种很多，各品种的安装方式也不尽相同。分体式浸入式水口的安装也有两种方式：

（1）所谓分体式浸入式水口，就是以前最早使用的浸入式水口，即浸入式水口与中间包水口是两个独立的个体，两者的连接是通过杠杆系统安装完成的，如图5－12所示。

这种安装方式的缺点是：连接处易吸入空气，造成钢水二次氧化。目前，连接处使用耐火纤维垫或纤维碗进行密封浇注，隔绝空气吸入，最大限度地减轻钢水的二次氧化。

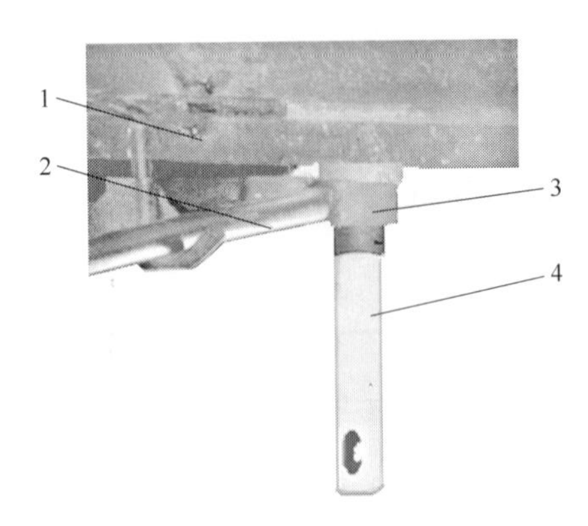

图5－12 分体式浸入式水口的安装实物图

1—中间包底部；2—杠杆压把；3—水口托环；4—浸入式水口（外包纤维层）

（2）分体式浸入式水口的另一种安装方式是与中间包滑动水口的下水口连接，配合塞棒系统使用。在正常浇注的情况下，滑动水口是敞开的，即钢水通过滑动水口进入浸入式水口，滑板不再滑动。

只有在一个浇注周期完成后，或塞棒系统出问题时，如塞棒头断裂、不耐侵蚀变形的水口关不严、无法控制钢水流量的情况下，此时才启动滑板截断钢流，避免塞棒失控后造成结晶器溢钢事故。

5.13.2 整体式浸入式水口的安装

整体式浸入式水口是目前常用的一种浸入式水口，即将中间包上水口与分体式浸入式水口做成一体，水口的安装方式如图5－13所示。安装时直接把整只水口（图5－13中1），从中间包内腔（图5－13中4）自上而下安放在中间包座砖碗口（图5－13中2）内，并穿过中间包包底（图5－13中5），最后将水口定中固定（图5－13中6）。这种安装方式的优点是：由于没有连接缝，可有效地防止钢水的二次氧化。

图5－13 浸入式水口的安装实物图

1—待安装的浸入式水口；2—座砖碗口；3—已安装的浸入式水口；
4—中间包内腔；5—中间包底部；6—安装完毕的浸入式水口

5.13.3 快换水口的安装

快换水口的安装，如图5－14所示。先将透气上水口（图5－14中3）安置在滑轨机构（图5－14中4）中，然后连同滑轨机构一起，从中间包底部由下向上把透气上水口插入座砖内，并通过螺栓（图5－14中2）固定在中间包底部。

在中间包浇注前，再把事前烘烤好的快换水口（图5－14中7）推入滑轨机构的滑道（图5－14中6）中，使快换水口的滑动面与透气上水口的滑面紧密接触（图5－14中5），安装完毕。

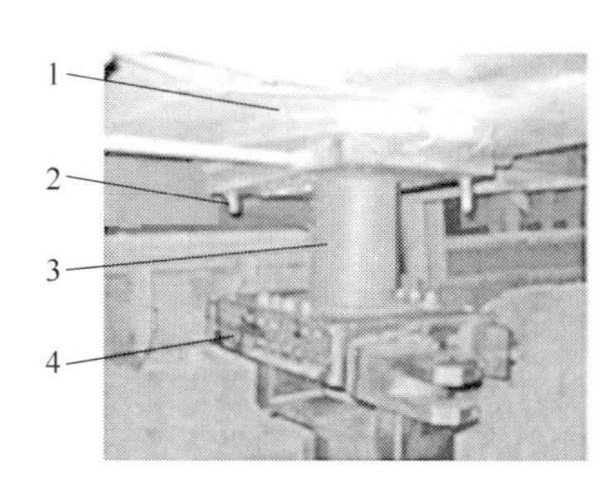

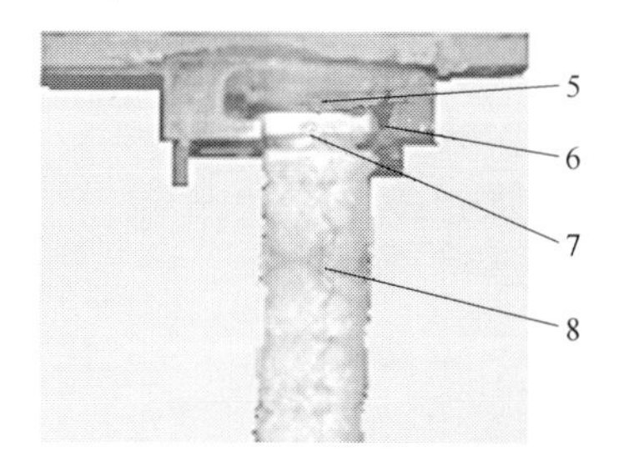

图5－14 快换水口的安装实物图

1—中间包底部；2—固定螺栓；3—透气上水口；4—滑轨机构；5—上水口滑动面；6—滑轨滑道；7—快换水口；8—保温纤维层

5.13.4 薄板坯浸入式水口的安装

薄板坯浸入式水口可以做成整体式的，也可以做成分体式的。分体式的薄板坯浸入式水口的安装方式同前所述，而整体式的安装方式要更复杂一些，其原因是薄板坯水口上段碗口的外形为倒锥体，而下段的外形为扁平喇叭形，水口不可能从中间包内，穿过座砖自上而下进行安装。

因此，整体式薄板坯浸入式水口的安装方式，只能是将薄板坯水口从中间包包底向上穿过座砖碗口，再用特制的左右对称的两半内座砖（图5－15中1和3）夹住水口碗部，经对中后，安放在中间包座砖中并压实，至此安装完毕，如图5－15所示。

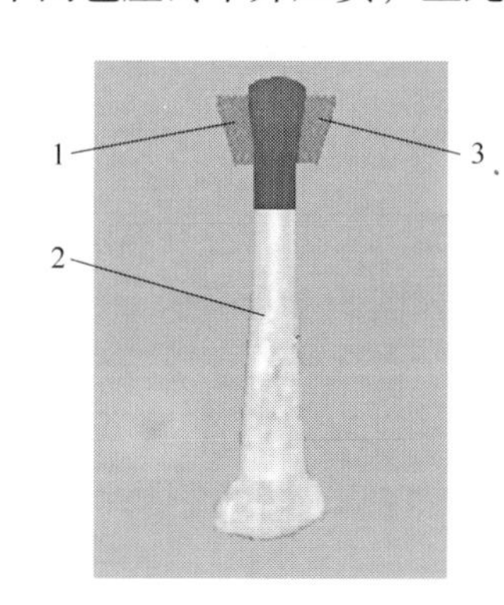

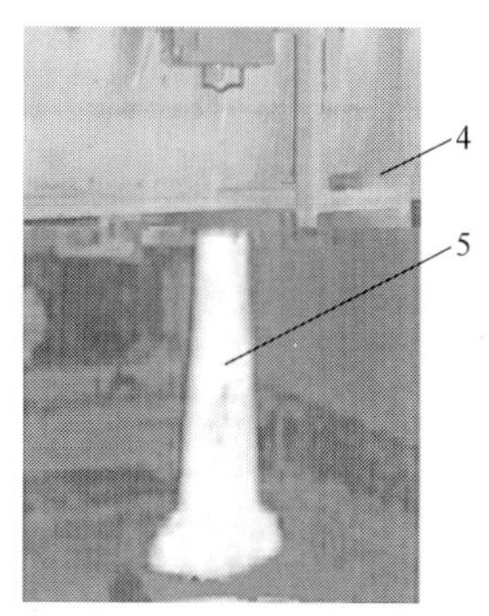

图5－15 薄板坯浸入式水口安装示意图

1—左半个内座砖；2，5—薄板坯浸入式水口；3—右半个内座砖；4—中间包

5.14 浸入式水口的烘烤制度

浸入式水口除了事故用水口外，其余品种的浸入式水口都必须经过高温烘烤后方能使

用。浸入式水口的烘烤涉及两个方面：一方面是水口的碗部埋在中间包座砖内；另一方面是水口的其余部分穿过中间包包底露出在外。

因此，在烘烤中间包的同时，也烘烤了水口的碗部；而水口露出的部分，在烘烤前要包裹纤维保温层保温，并使用专用的烧嘴进行烘烤。对于快换水口的烘烤，是采用专门的烘烤器单独进行烘烤的。在不同的钢厂，所使用的烘烤器也是不尽相同的。有关的烘烤示例如图 5－16 所示。

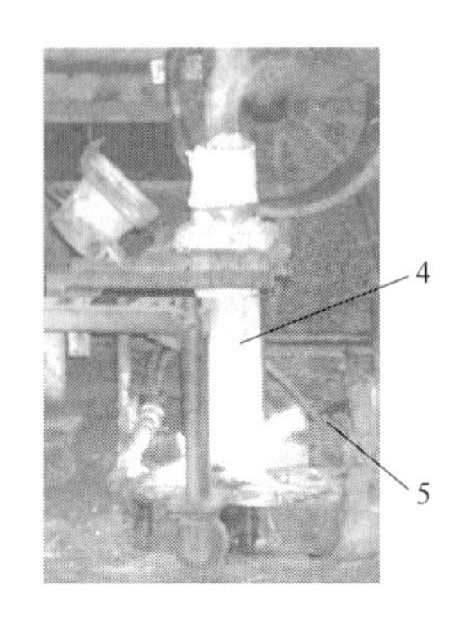

图 5－16　中间包和浸入式水口的烘烤

1，5—烧嘴；2—中间包；3—浸入式水口；4—快换水口

尽管在不同的连铸钢厂，使用的中间包吨位的大小有差异，但中间包的烘烤温度基本上差别不大。一般要求在 2～3 小时内，烘烤到 1100～1200℃，在整个烘烤过程中，不允许中途间断烘烤，必须连续升温。但是，在特殊情况下，如调度问题、连铸设备或其他原因，造成中间包烘烤时间超过 6 小时以上，中间包必须作报废处理，不再使用。

有些钢厂的中间包的烘烤温度与时间的关系见表 5－9。

表 5－9　中间包烘烤温度与烘烤时间的关系

项　目	小　火	中　火	大　火
烘烤温度/℃	0～800	800～1100	1100～1200
烘烤时间/h	0.5～1.0	1.0～1.5	1.0～1.5

还有一些钢厂使用的中间包烘烤升温曲线如图 5－17 所示。

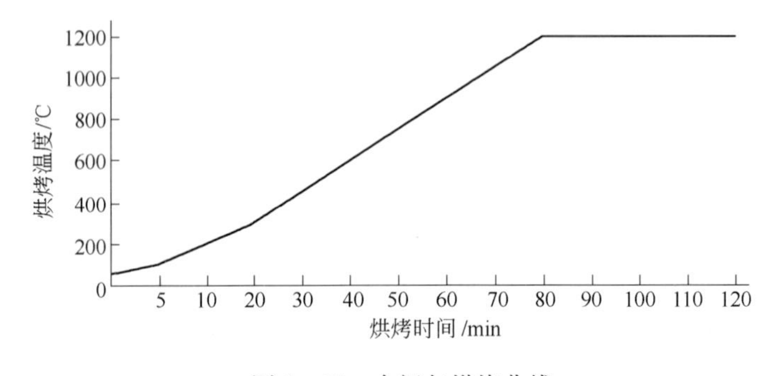

图 5－17　中间包烘烤曲线

5.15 保护渣对浸入式水口的影响

5.15.1 保护渣的性能

浸入式水口在结晶器中所处的使用环境，主要是与结晶器中的保护渣相接触。实践证明，保护渣的性能，对浸入式水口的使用是至关重要的，其关系到浸入式水口的使用寿命和连铸的正常生产。

因此，对保护渣的理化性能，要有一个充分的认识。在结晶器中，在钢水表面覆盖一层保护渣，其主要作用是：

（1）可以隔绝空气，防止钢水的二次氧化；

（2）隔热保温，降低钢水热损失；

（3）润滑铸坯，保护结晶器，减少磨损；

（4）可以吸收钢水中上浮的非金属夹杂物。

保护渣的各种性能取决于保护渣的化学组成，见表5-10[1]。表5-10中的化学成分范围基本上涵盖了国内使用的各种保护渣的化学成分。

表5-10 连铸保护渣的化学成分及其他

材料结构	化学成分	质量分数/%	基本作用	主要原料
主要组成	CaO	20~45	调节碱度	主要有水泥熟料、硅灰石、预熔料、石英粉、高炉渣等
	SiO_2	20~50	调节碱度	
	Al_2O_3	0~13	增加黏度	
骨架材料	C	0~25	控制熔速，决定渣的熔化结构	炭黑、焦炭、石墨等
助熔剂	Na_2O	0~20	降低黏度和熔化温度	主要有碱金属氧化物 R_2O、碱土金属氧化物 MeO、苏打粉（Na_2CO_3）、冰晶石（$Na_5Al_3F_{14}$）、硼砂（$Na_2B_4O_7$）、氟化钠（NaF）和萤石（Ca_2F_2）等
	F^-	2~15	降低黏度	
	MgO	0~10	降低黏度	
	K_2O	0~5	降低黏度	
	BaO	0~10	降低保护渣的结晶比	
	Li_2O	0~5	降低黏度、熔化温度和结晶	
	TiO_2	0~5	提高熔点，降低保护渣结晶比	
	SrO	0~5	降低熔点	
氧化剂	MnO	0~10	氧化剂，抑制富碳层的形成，降低该层的含碳量	含锰材料
	Fe_2O_3	0~6		

5.15.2 保护渣中的成分对保护渣性能的影响

国内使用的连铸保护渣，主要是以 $SiO_2-CaO-Al_2O_3$ 的硅酸盐为基础，这其中还添加有助熔剂，如 Na_2O、K_2O、CaF_2、MgO、MnO、Li_2O、BaO 和碳质材料等原料。根据不同的钢种需要，可以配制出众多的保护渣系列，并生成不同的矿物，因而在结晶器中形成的结晶矿相也十分复杂。在保护渣中，各种化学成分对保护渣性能的影响见表5-11[2]。

在保护渣的诸多物理化学性能中，碱度、黏度和助熔剂对浸入式水口渣线的侵蚀作用影响最大。因此，在选择浸入式水口渣线材质时，必须要考虑到连铸浇注不同钢种时所使用的保护渣的理化性能。

表 5-11 保护渣化学成分对其性能的影响

化学成分增加	保护渣的物理性能			
	黏度 η	凝固温度 T_s	熔化温度 T_m	结晶温度 T_c
CaO	降低	提高或降低	提高	
SiO_2	提高	降低	降低	降低
CaO/SiO_2	降低	提高	提高	提高
Al_2O_3	提高	降低	提高	
Na_2O	降低	降低	降低	提高
F	降低	提高	降低	提高
Fe_2O_3	降低	降低	降低	
MnO	降低	降低	降低	降低
MgO	降低	降低	降低	降低
B_2O_3	降低	降低	降低	降低
BaO_2，SrO	降低	降低	降低	降低
Li_2O	降低	降低	降低	
TiO_2	无变化或降低	提高	提高	
K_2O	降低	降低	降低	
ZrO_2	提高	提高	提高	提高

目前，在国内连铸浇注不同钢种所使用的保护渣的碱度、黏度和助熔剂的数值，见表 5-12，仅供参考。因为在不同的钢厂，即使浇注同一钢种所用的保护渣，都会因生产厂家的不同，使包括含碳量在内的保护渣的物理化学性能有所差别。

表 5-12 保护渣的主要理化性能

钢　种	助熔剂化学组成/%			碱度 R	熔点/℃	黏度（1300℃）/Pa·s
	R_2O	F	Li_2O			
高碳钢	8.0~13.0	1~11	—	0.60~0.98	1040~1130	0.15~0.80
中碳钢	6.5~10.5	3.5~7.5	—	0.86~0.98	1090~1170	0.20~0.35
低碳钢	8.0~12.0	6~10	—	1.27~1.35	1030~1050	0.15~0.30
普碳钢	6.5~10.5	4~8	≤1.50	1.12~1.24	1060~1120	0.10~0.24
低合金钢	6~11	6.4~10.4	≤1.44	1.04~1.16	1045~1105	0.10~0.28
低合金稀土钢	5~9	2.5~6.5	≤2.26	0.93~1.05	1080~1140	0.16~0.30
重轨钢	10.0~14.0	2~5	<2.5	0.65~0.77	900~980	0.15~0.30
轮箍钢	2~6	1~5	—	0.73~0.85	1160~1220	0.45~0.75
高碳轴承钢	6~10	6~10	—	0.74~0.86	1130~1180	0.50~0.75
焊条钢系列	7~11	2~6	—	0.85~0.97	1080~1140	0.20~0.35
硅　钢	8~12	5.4~9.4	≤1.8	0.85~1.0	1010~1100	0.12~0.18
IF 钢	4~8	2~6	≤2.52	0.96~0.99	1020~1080	0.16~0.26
船板钢	9~13	7.5~11.5	≤1.64	1.08~1.20	1070~1130	0.10~0.25

续表 5-12

钢　种	助熔剂化学组成/%			碱度 R	熔点/℃	黏度（1300℃）/Pa·s
	R_2O	F	Li_2O			
08Al	7.5~11.5	6~10	≤2.55	0.88~1.00	1020~1080	0.06~1.20
Q195	6.4~13	5~10	≤2.36	0.84~1.28	1050~1120	0.08~0.25
Q215	7~11	6~10	—	0.78~0.90	1070~1130	0.20~0.35
Q235	6~10	6.5~10.5	≤1.45	1.05~1.17	1045~1105	0.10~0.28
Q345	4.5~8.5	4.5~6.5	≤1.35	1.14~1.26	1030~1190	0.14~0.30
20MnSi	7~11	3.5~7.5	—	0.76~0.88	1080~1140	0.15~0.35
16Mn	6~10	4.5~8.5	≤1.16	1.08~1.20	1080~1140	0.10~0.26
35、45、60	7~11	2.5~6.5	—	0.77~0.89	1080~1120	0.45~0.60
20g	6~11	4~8	≤1.35	1.15~1.27	1070~1130	0.11~0.26

关于保护渣的碱度，由于在保护渣中，MgO 和 MnO 等成分的含量较低，不必折算。碱度 R 可直接使用二元公式 $R=\frac{CaO}{SiO}$ 表示；如果在保护渣中，含有较多的氟化物（如 CaF_2），则保护渣的碱度 R 的另一种计算方式是将 CaF_2 折算成 CaO 参与计算，碱度 R 的综合计算公式为：

$$\sum R=\frac{CaO+(56/78)\ CaF_2}{SiO_2}$$

由表 5-12 可见，在上述的钢种范围内，保护渣的碱度 R 值为 0.6~1.35，不算大，如果仅考虑碱度值，那么其对浸入式水口渣线的侵蚀有一点影响。但是，保护渣的黏度值为 0.06~0.80Pa·s，是比较小的，也就是说，保护渣比较稀且渗透性强，再加上助熔剂的总量比较大，尤其是其中的氟化物的含量较大，特别容易与连铸“三大件”中的主要成分，如 Al_2O_3、SiO_2 和 MgO 等发生反应，生成低熔物，使材料蚀损。因此，在设计浸入式水口渣线部位的材质时，必须考虑到这些不利因素的影响。

5.16　不同钢种对保护渣性能的要求

钢厂使用保护渣的实践表明，不同类别的钢种需要性能各异的保护渣，才能达到良好的浇注性能和得到品质较高的连铸坯。通常要改变保护渣的性能，主要是通过加入低熔物和碳素材料来实现的，正是因为这个原因，浸入式水口渣线部位的材质，也要根据钢厂浇注的钢种和保护渣中所加入的低熔物的种类作出必要的调整，以满足连铸浇注需要。

5.16.1　低碳铝镇静钢对保护渣性能的要求

低碳铝镇静钢对保护渣性能的要求如下：低碳铝静钢的特点是钢中含铝量较高。为了保证钢材表面质量和深冲性能，铸坯中的 Al_2O_3 夹杂物含量要降到最低。因此，应该选用碱度稍高黏度较低且 Al_2O_3 原始含量低的保护渣。并适当增加保护渣的消耗量，使液渣层较快地更新，增强对 Al_2O_3 的吸收溶解。

示例：浇注低碳铝镇静钢使用的保护渣碱度 $R=1.0$，原始 Al_2O_3 含量小于 5%，FeO 含量小于 3%；熔化温度为 1030~1250℃；熔化速度（1400℃时）为 20s；黏度（1400℃

时）为0.3Pa·s。

5.16.2　超低碳钢对保护渣性能的要求

超低碳钢种的含碳量均小于0.03%，如果在保护渣中，配入碳材料的种类和数量不当时，会使铸坯和铸坯表面增碳。因而用于超低碳钢的保护渣，应配入易氧化的活性碳质材料，并严格控制其加入量；也可以在保护渣配入适量的氧化剂 MnO_2，可以抑制富碳层的形成，并能降低其含碳量，还可以起到助熔剂的作用，促进液渣的形成，保持液渣层厚度。

5.16.3　高速连铸对保护渣性能的要求

薄板连铸坯的拉速可高达4~5m/min，比一般板坯连铸的拉速要快。在大幅度提高拉速的情况下，如果使用普通常规保护渣，则液渣层随拉速的提高而变薄，倘若成渣速度再跟不上，造成液渣来不及补充，会影响到铸坯的润滑，并由此引发铸坯黏结拉坯漏钢事故或出现铸坯纵裂纹缺陷等。

因此，要通过调整加入的碳质材料的种类和数量，形成多层结构保护渣，加快液渣的形成速度，在大幅度提高拉速时，仍能保持液渣层的厚度；此外，还可以配入适量的 Li_2O 或在配入 Li_2O 的同时再加入 MgO，达到满足高拉速的需要。

5.16.4　不锈钢对保护渣性能的要求

不锈钢中含有 Cr、Ti 和 Al 等易氧化元素，生成的 Cr_2O_3、TiO_2 和 Al_2O_3 等均为高熔点氧化物夹杂物，使钢水发黏。当保护渣吸收溶解这些夹杂物达到一定程度后，就会从保护渣中析出硅灰石（$CaO \cdot SiO_2$）和铬酸钙（$CaCrO_4$）等高熔点晶体，破坏了液渣的玻璃态，会导致保护渣熔点明显升高，液渣随之而变稠，渣子结壳，影响铸坯的表面质量。但 TiO_2 对保护渣的影响不像 Cr_2O_3 那么明显。

为此，用于不锈钢浇注的保护渣，应具有净化钢中 Cr_2O_3 和 TiO_2 等夹杂物的能力，并在吸收溶解这些夹杂物后，仍能保持保护渣性能的稳定性。

浇注含铬不锈钢可采用 $CaO-SiO_2-Al_2O_3-Na_2O-CaF_2$ 系的保护渣，并配入适量的 B_2O_3，可以降低液渣的黏度，并能使凝渣恢复玻璃态，不再析晶。消除了 Cr_2O_3 的不利影响，保持了保护渣的良好性能。

5.17　钢水温度和钙处理

在连铸浇注过程中，钢水的温度和钙处理的效果，对浸入式水口的使用来说是至关重要的。因为，如果中间包的钢水温度过低，可能会引起钢水中的 Al_2O_3 析出，并沉积到水口的碗口部位，影响塞棒的开启度；还有可能因钢水温度的下降，使钢水的黏度增大，影响钢水的流动性，严重时使钢水冷凝在水口的碗部，黏住塞棒棒头和堵塞水口，造成连铸浇注中断。

为了确保钢水的纯净度，提高连铸坯的性能，就必须要清除掉在炼钢过程中用铝作为脱氧剂脱氧形成的 Al_2O_3。但是，由于形成的 Al_2O_3 很难被除去，为了解决这一难题，通常使用的方法是采用钙处理钢水。其作用原理是：向钢水中加入一定量的钙，与钢水中的 Al_2O_3 反应，生成低熔点的铝酸钙，提高浇注性能。另外，用钙处理钢水，还可以对钢水进行脱硫处理，可以减少钢水中的硫化锰夹杂物，改善钢材的性能。

钢厂的实践表明，在钢水的钙处理时，钙的加入量对防止水口堵塞有决定性作用。如果钙的加入量控制不当，即加入量过多或不足，不仅不能达到预期的冶金效果，还会影响钢水质量和造成水口堵塞。这是因为在钙量不足的情况下，会在钢水中形成熔点在1700℃以上的六铝酸钙和二铝酸钙堵塞物；如果钙的加入量过多，就会形成熔点为2450℃的硫化钙，同样会堵塞水口，降低钢水的浇铸性能。

应该说明的是，为了防止浸入式水口的堵塞，并不是说要求所有的钢水都要经过钙处理，因为有很多要求纯净度很高的钢种是不能采用钙处理钢水的，这是因为形成的铝酸钙夹杂物会影响的钢水的品质和浇注性能。

5.18 结晶器的振动频率和振幅对浸入式水口渣线侵蚀的影响

结晶器的振动方式有好几种，直观的感觉是结晶器在做上下运动，但并非是简单的上下运动，而是与拉坯速度和连铸坯的质量有关。在通常情况下，结晶器的振幅为3～8mm，振动频率为100～200次/min。

如果把结晶器视为静止的，则相对于浸入式水口而言，浸入式水口的渣线部位是在原始液渣层和钢水位置做上、下运动。由于这种高频率的上、下运动，使浸入式水口的渣线部位反复交替地受到液渣和钢水的侵蚀和洗刷，如图5－18所示。

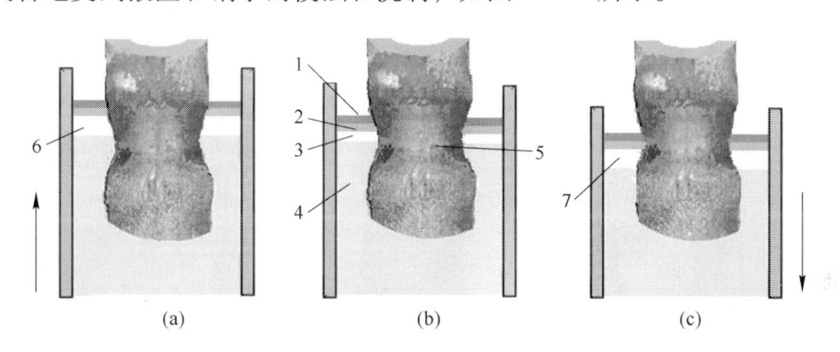

图5－18 渣线部位侵蚀形态示意图

(a) 结晶器上行最高位置；(b) 结晶器原始位置；(c) 结晶器下行最低位置

1—粉渣层；2—粉渣烧结层；3—液渣层；4—钢水；5—水口渣线；6—液渣上行侵蚀带；7—液渣下行侵蚀带

如图5－18(b) 所示为结晶器振动前的原始位置，其中3为原始液渣层；如图5－18(a) 和图5－18(c) 所示分别为结晶器上行和下行终点位置，位移的距离即为振幅，图中6和7分别为液渣层上行和下行对水口渣线部位的单向侵蚀的高度。因此，水口的渣线部位受到液渣层侵蚀的总高度为上行和下行距离之和。

在通常情况下，液渣层的厚度要大于结晶器的振幅。故无论结晶器上行还是下行，原始液渣所接触的水口的渣线部位受到的侵蚀的时间最长，侵蚀深度也最大，在水口渣线部位形成一个有一定宽度的月牙形的凹槽。

在结晶器的上升期间，原始状态的液渣平面，从浸入式水口的渣线部位逐渐上升到最高点，渣线部位受到液渣侵蚀和钢水洗刷的时间也是从长到短，当上升到最高点时为零；反之，在结晶器下行时也是如此，下行到最低点时，渣线部位受到的侵蚀时间同样也是从长到短，最后为零。在结晶器长时间的高频率的振动下，加快了液渣对水口渣线部位的侵蚀，并使渣线部位被侵蚀成弯月面形状。

如果不考虑水口渣线部位的材质因素，则水口渣线部位的侵蚀速度除了取决于保护渣助熔剂的种类和含量外，还取决于结晶器上下振动的频率。显然，振动频率越高水口的渣线部位受到液渣和钢水交替侵蚀和洗刷的次数就越多，对渣线部位的蚀损量就越大。

5.19 浸入式水口的损毁形态

浸入式水口的损毁形态，主要有以下几种，如图 5－19 所示。图 5－19(a) 为水口碗口内堵塞物；图 5－19(b) 为内孔通道堵塞物；图 5－19(c) 为水口侧孔堵塞物；图 5－19(d) 为水口本体纵裂或横裂；图 5－19(e) 为水口本体穿孔；图 5－19(f) 为水口渣线断裂；图 5－19(g) 为水口渣线穿孔；图 5－19(h) 为水口侧孔断裂；图 5－19(i) 为水口掉底；其他损毁形态还有快换水口滑动面损坏，如开裂、剥落掉块和滑动面氧化蚀损等。

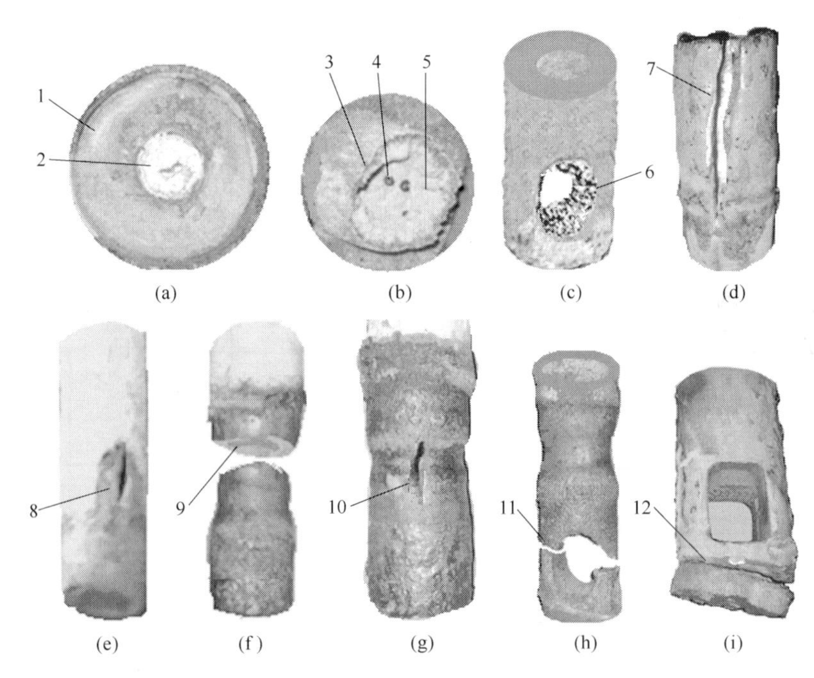

图 5－19 浸入式水口的损毁形态

1—碗口；2，5，6—堵塞物；3—凝钢；4—钢珠；7—本体纵裂；8—本体穿孔；9—渣线断裂；10—渣线穿孔；11—侧孔断裂；12—水口掉底

在浇注过程中，尽管目前使用的浸入式水口的事故率已降到一个很低的水平。但由于种种原因，无论使用什么样的浸入式水口，都无一例外地会出现损坏事故，影响连铸的正常生产。由此，如何进一步提高水口的质量和向钢厂提供优质的新产品，保证钢厂连铸生产的正常化，仍然需要耐火材料工作者为之不懈奋斗。

5.19.1 渣线部位穿孔和断裂等损毁原因

5.19.1.1 保护渣的侵蚀因素

在连铸早期，浸入式水口渣线部位的材质主要为铝碳质。随着连铸技术的发展，为了确保钢的纯净度和连铸钢的浇铸性能，结晶器采用保护渣保护浇注，由于保护渣含有较多的助熔剂，如 Na_2O、B_2O_3 和氟化物等，因此对传统的铝碳材料侵蚀极大，产生大量的夹杂物。

在众多的相对经济的材料中，只有 ZrO_2 既不与钢水反应，又难以被助熔剂侵蚀，化学稳定性最好。但由于 ZrO_2 的热膨胀系数较大，不利于材料的直接使用，通常采用钙稳定的 ZrO_2 作为制作渣线部位的材料。

目前，为了满足连铸多炉次、长时间的连浇，渣线部位的 ZrO_2 含量已从 65% 提高到 85% 以上。尽管这样，水口渣线部位在长时间的浇注过程中受到液渣的侵蚀，还是会出现穿孔和断裂等事故。有关 ZrO_2-C 质渣线部位被侵蚀的机理，王时松等[3]认为：在保护渣的二元碱度相同时，随保护渣中氟化物含量增加，水口 ZrO_2-C 质渣线部位的蚀损就越严重；保护渣的碱度越大，对水口渣线的蚀损速度、碳结合体的破坏程度以及 ZrO_2 颗粒的细碎化程度就越大；在高温下，含氟或无氟保护渣随碱度的提高渣线蚀损增大，但含氟保护渣的蚀损更大一些。

5.19.1.2 渣线部位的材质因素

为了提高 ZrO_2-C 质渣线部位的抗侵蚀性，在渣线的配料中，必须选择微观结构致密的钙部分稳定的 ZrO_2、高纯度的鳞片石墨、合适的添加剂和树脂结合剂，还要注意配料的粒度组成，这些因素对提高水口渣线抗侵蚀能力都有重要的影响。

另外，熔渣通过开口气孔进入耐火材料的深度 h，可用贝克曼（Bilkerman）渗透深度公式表示：

$$h = \sqrt{\sigma r t \cos\theta / 2\eta}$$

式中 h——熔渣渗透深度；

σ——熔渣的表面张力，N/m；

r——耐火材料开口气孔半径，cm；

t——时间，s；

θ——熔渣在耐火材料上的接触角，(°)；

η——熔渣黏度，Pa·s。

从上述公式中可见，熔渣对渣线的渗透深度 h 取决于保护渣的本性、浇注的时间和渣线材料的开口气孔的半径 r。然而，在钢厂浇注什么钢种，用什么保护渣，浇注多长时间，这些条件都是一定的。由此可见，要降低熔渣对水口渣线部位的侵蚀，根据上述公式，除了提高材质的抗侵蚀能力外，还可以降低渣线部位的开口气孔的半径 r，降低熔渣的侵蚀深度。因此，在渣线部位的配料中，要考虑到氧化锆的临界粒度、粒度级配范围和优选的粒度组成，尽可能地降低渣线部位的开口气孔的半径，最大可能地提高渣线的抗侵蚀性，延长水口的使用寿命。

5.19.1.3 浸入式水口渣线操作因素

目前，由于钢厂连铸技术的进步，连铸连浇的炉数很高，浇注时间很长，如果长时间的采用单渣线操作，水口的渣线部位因侵蚀过度，极容易发生穿孔和断裂事故。因此，在这种情况下，为了确保连铸生产正常运行，最好由单渣线操作改为双渣线，甚至三渣线操作，如图5-20所示。

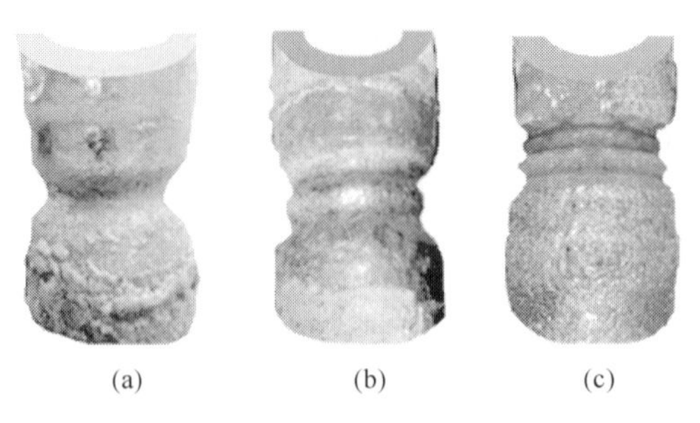

(a) (b) (c)

图5-20 多渣线操作实物图
（a）单渣线；（b）双渣线；（c）三渣线

另外，应注意的是：要充分考虑到保护渣的液渣层的厚度是在变化的，因此在更换渣线位置时，要有足够的间隔距离，并确定每个渣线位置的浇注时间，避免因浇注时间过长造成渣线穿孔；在清理水口渣线部位的结渣和结瘤时，动作要轻，避免撞击渣线造成断裂。

5.19.2 浸入式水口本体穿孔、纵裂和断裂等损毁原因

浸入式水口本体出现纵裂，大都发生在连铸浇注开始后不久，会造成穿钢事故。纵裂严重时，裂缝可以延伸到渣线部位，如果处理不及时，会烧坏结晶器，造成重大事故。浸入式水口本体损毁主要有以下因素。

5.19.2.1 浸入式水口的烘烤因素

关于浸入式水口的烘烤，根据操作规程规定，要在40~60min内烘烤到1100℃，并保温30min，总的烘烤时间不超过90min。同样要求在烘烤过程中，必须连续烘烤，不得随意中断。在烘烤前，浸入式水口还必须包裹纤维毡，减少水口烘烤完毕后的降温幅度。

如果因遇到特殊原因，使烘烤时间超过6小时，浸入式水口要作报废处理。原因是在大气环境中，经长时间烘烤的水口，其本体强度下降很多，如果勉强使用，可能会出现浇注事故。

由于浸入式水口的烘烤时间比中间包的烘烤时间要短，因此，必须延时点火，等到中间包烘烤到一定时间后才能进行烘烤，还要做到浸入式水口的烘烤和中间包的烘烤同步结束。

将烘烤好的中间包从烘烤作业位置移动到浇注位置，通常要求不超过5min，移动时间越短越好，尽可能地降低水口的散热。如果中间包停留时间过长，由于水口的降温，加大了水口本体与钢水之间的温度差，这在浇注过程中可能会造成水口开裂或断裂事故。

5.19.2.2 浸入式水口本体的材质因素

浸入式水口本体的材质通常为铝碳质，其中Al_2O_3的含量较高，热稳定性相对要低一些。可能因预热不均匀，自身的保温纤维层厚度不足，散热较大，有可能在连铸浇注的初

期出现纵裂，严重时发生断裂事故。

5.19.2.3 浸入式水口本体的制作因素

本体的制作因素涉及面较多，与原料品种、粒度、配料组成和制作工艺（如造粒、成型和烧成等）有关。因此，在浸入式水口的产品中，可能有极少量产品的本体，存在颗粒偏析、组织不均匀和局部有异物等缺陷，甚至还有可能存在隐性的毛裂纹。这些缺陷的存在，都有可能在浇注过程中出现本体纵向开裂、穿孔和断裂事故。

另外，浸入式水口在整个生产过程中，从毛坯到制品探伤、包装和发货，要经过无数次的搬运，都有可能给制品带来看不见的隐形的内伤，为制品的使用埋下祸根。因此，除了对浸入式水口的生产要严格把关外，更重要的是要对出厂的产品进行无损探伤，合格后方能出厂。

5.19.2.4 钢厂作业因素

浸入式水口到达钢厂后，同样要经过多次搬运、库房储存、开箱拆封、吊装和安装等过程，难免会发生一些振动和碰撞，都有可能使一些水口产生内裂纹，在使用中出现开裂，造成浇注事故。

5.19.3 浸入式水口侧孔断裂因素

5.19.3.1 制作因素

浸入式水口侧孔的制作方式有两种：一种是用钢模芯直接成型制得；另一种是采用铣刀加工获得。前者可能在成型和烧成过程中造成应力集中，产生隐形的毛裂纹，在连铸浇注过程中产生开裂或断裂；后者可能在机加工过程中产生振动造成水口侧孔内裂，在使用中出现问题。但采用机加工水口侧孔的优点是，水口侧孔的尺寸和角度精确，只要采用好的机床加工，可以克服加工产生振动的问题，最大程度地降低加工过程中对水口侧孔造成的内伤。

5.19.3.2 侧孔形状的设计因素

浸入式水口的侧孔有一个向下或向上的倾角，其垂直于倾角中心线的断面形状，主要有两种：一种是圆形的；另一种是长方形的，而四个角是圆弧形的。从钢厂已得到的图纸看，在水口侧孔的设计中，可能存在的问题是：

（1）圆形侧孔设计存在的问题，如图5－21（a）所示，侧孔的内径 ϕ_3 大于浸入式水口内孔通道下段内径 ϕ_2。由图5－21（a）可见，水口侧孔的壁厚为 h，因铣加工使水口侧孔壁厚减少了 h_1，剩下的水口侧孔的壁厚为 h_2。由于浸入式水口侧孔壁厚减薄，强度降低，在使用中断裂的概率增加。

（2）对于长方形流钢侧孔，如图5－21（b）所示，设计中可能出现的问题是：四个过渡圆角的半径 R 过小，在机加工过程中弧度不足，容易产生热应力集中，可能在连铸浇注过程中产生裂纹或断裂。

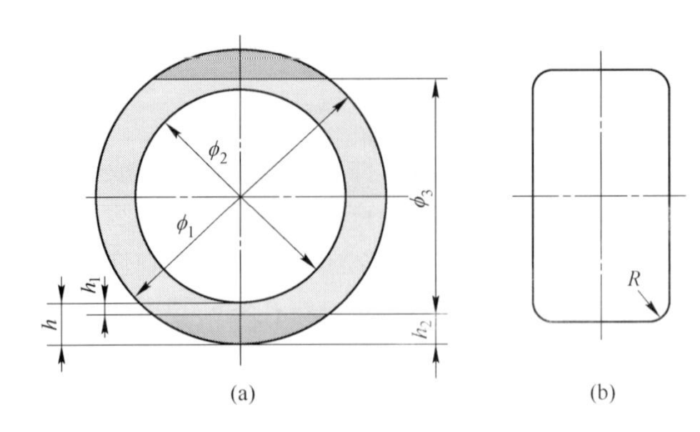

图5－21　浸入式水口侧孔示意图

（a）圆形侧孔；（b）长方形侧孔

ϕ_1—水口下段外径；ϕ_2—水口下段内径；ϕ_3—水口侧孔内径；h—水口壁厚；

h_1—铣刀铣掉的壁厚；h_2—侧孔剩余的壁厚；R—圆弧倒角

5.19.3.3　釉层的抗氧化因素

浸入式水口在烘烤过程中，因水口表面的釉层厚薄不均匀或局部黏附不好，都有可能出现氧化斑点，造成水口侧孔氧化脱碳，强度下降，造成水口在使用中损毁。

5.19.3.4　生产过程中的物流因素

浸入式水口的外形特点是：在有碗口部分的一端，比较粗，比较重；而在有侧孔部分的一段，比较轻，外形细而长。因此，在成型、干燥、烧成、机加工、喷釉、探伤和运输等工序中，要经过多次的搬动，都有可能造成水口侧孔内伤，留下事故隐患。

特别要指出的是：连铸“三大件”的毛坯，并不完全是一个刚性的物体，放置在不平整的地面上或在搬运的过程中，在重力作用下会发生变形现象，可能会在毛坯中留下隐形裂纹。

5.19.3.5　钢厂作业因素

在钢厂因调度或其他原因，水口侧孔部分的预热时间过长，使该部分氧化脱碳，造成其组织结构疏松，性能下降，抗钢水冲击和扰动的能力降低，在使用中极易断裂。

有些钢厂，在连铸浇注过程感到钢水流动不畅的情况下，疑似水口侧孔内有堵塞物，习惯用钢棒捅侧孔清理，如果用力不当，很容易伤害到水口侧孔，使水口在钢水的作用下断裂。

在钢厂，浸入式水口从库房到安装现场，也要经过多次运输、搬运和检查，受到外力的作用，特别是在浸入式水口烘烤好后，在检查清理水口侧孔时，比较容易遭到损伤，造成事故隐患。

5.20　浸入式水口堵塞物的来源

在浸入式水口使用过程中，形成的堵塞物的来源主要有以下几个方面。

5.20.1 来源于浸入式水口自身

（1）一般认为铝碳质浸入式水口，在使用过程中高温的作用下，材料中的 SiO_2 会与 C 反应生成 SiO 和 CO，见反应式（5－1）。这些反应产物会与钢水中的［Al］相互作用形成 Al_2O_3，见反应式（5－2）和式（5－3），并黏附在水口内壁，有可能造成水口堵塞。

反应式：

$$SiO_{2(固)} + C_{(固)} = SiO_{(气)} + CO_{(气)} \quad (5-1)$$

$$3SiO_{(气)} + 2Al = Al_2O_{3(固)} + 3Si \quad (5-2)$$

$$3CO_{(气)} + 2Al = Al_2O_{3(固)} + 3C \quad (5-3)$$

另外，在浸入式水口的材料中还含有低熔点的 Na_2O 和 K_2O 等杂质，以及 C 氧化后留下的低熔物，这些物质在高温下熔融，会在水口内壁形成一层黏度较高的附着层，可以轻易地黏附钢水中形成的夹杂物，最终导致水口堵塞。

（2）长水口和浸入式水口吹氩密封结构密封不良，会吸入空气，使钢水中的［Al］氧化形成氧化铝夹杂物。

（3）浸入式水口的开口气孔率比较大，在浇注过程中，在水口表面釉层附着不良的情况下，容易吸入空气，使钢水二次氧化。

（4）水口内壁粗糙，容易附着钢水中的 Al_2O_3 和其他夹杂物，如 TiO_2 等夹杂物，造成水口堵塞。

（5）包裹浸入式水口的保温纤维层厚度不足，水口散热过大，使钢水温度下降，会引起钢水在水口内孔通道内凝钢，形成管状的钢壳。另一方面，因温度降低，使钢水中的 Al－O 平衡发生移动，致使钢水中的［O］和［Al］继续反应，生成 Al_2O_3 夹杂物，并黏附在管状钢壳上。

5.20.2 钢水的脱氧剂

由于铝是强脱氧剂，能有效地降低钢液中的氧含量，但是用铝脱氧后，在钢中形成大量的 Al_2O_3 夹杂物，很难从钢水中完全清除干净，在浇注时，很容易黏附在水口壁上，引起水口堵塞，导致浇铸过程中断。

5.20.3 钢水的钙处理

由 $CaO-Al_2O_3$ 二元系相图（如图 5－22 所示）可见：

在钢水进行 Ca 处理时，在加入 CaO 量较少的情况下，CaO 与钢水中的夹杂物 Al_2O_3 发生反应，生成熔点为 1700℃以上的钙铝化合物，如 $CaO \cdot 6Al_2O_3$ 和 $CaO \cdot 2Al_2O_3$；随着 CaO 加入量的继续增加，又可能依次生成 $3CaO \cdot 5Al_2O_3$、$CaO \cdot Al_2O_3$、$5CaO \cdot 3Al_2O_3$、$12CaO \cdot 7Al_2O_3$ 和 $3CaO \cdot Al_2O_3$ 等夹杂物，其中有些化合物的熔点仍然是很高的。

因此，在用钙处理钢水过程中，由于加钙量过多或过少而形成的夹杂物都有可能聚集到水口内壁上，可能造成水口堵塞。在钢水的钙处理过程中，形成的铝酸钙化合物的熔点和密度，见表 5－13。由表 5－13 可见，在用钙处理钢水中，只有 $12CaO \cdot 7Al_2O_3$ 是低熔点的。

由此可见，钢水钙处理的目标就是要使钢水中的 Al_2O_3 夹杂物与加入的 CaO 反应生成

低熔点的 $12CaO \cdot 7Al_2O_3$。因此，要严格控制钢水钙处理的钙的加入量，如果加入量不当都会形成夹杂物而堵塞水口。

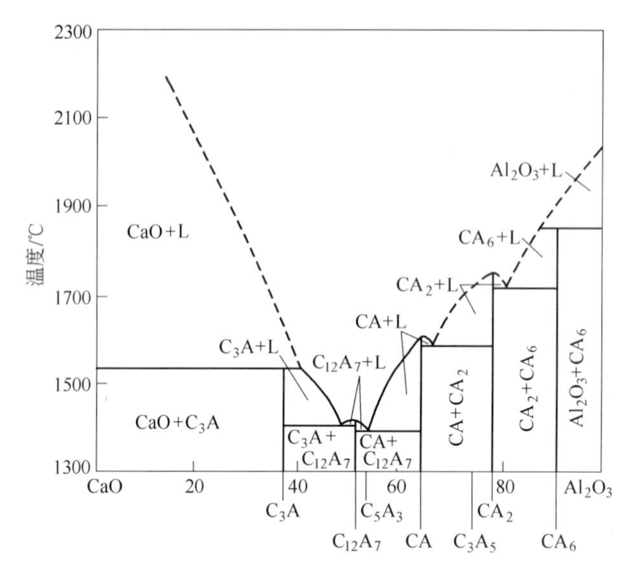

图 5－22　CaO －Al_2O_3 系相图

C—CaO；A—Al_2O_3；L—液相

表 5－13　钙处理钢水形成的铝酸钙化合物的熔点和密度

项　目	铝酸钙化合物						
	Al_2O_3	$CaO \cdot 6Al_2O_3$	$CaO \cdot 2Al_2O_3$	$CaO \cdot Al_2O_3$	$12CaO \cdot 7Al_2O_3$	$3CaO \cdot Al_2O_3$	CaO
密度/$g \cdot cm^{-3}$	3.96	3.28	2.91	2.98	2.83	3.04	3.34
熔化温度/℃	2052	1850	1750	1605	1455	1535	2570

在钢水中含硫量高的情况下进行钢水钙处理，如果钙的加入量过多，会形成熔点为 2450℃的 CaS 夹杂物，同样会堵塞水口，恶化钢水的浇铸性能。钢厂的实践表明，在不同温度条件下，钢水中的硫和铝含量对形成 CaS 夹杂物的影响为：随着钢中铝含量的增加，有利于硫化物的形成；并且，随着钢水中硫含量的增加，无论钢水温度是升高还是降低，都有利于形成高熔点的 CaS 夹杂物。

5.20.4　大包烧氧开浇

在大包开浇时，因钢水不能自动流出，只能烧氧开浇，钢水敞开进入中间包，在这个过程中，钢水二次氧化严重，产生大量的 Al_2O_3 夹杂物，且这些夹杂物没有时间充分上浮。再加上钢水本身含有的夹杂物较多，影响钢水的清洁度，严重时还会引起水口堵塞。

5.20.5　钢包底吹氩

在钢包底吹氩的过程中，因吹氩流量和吹氩搅拌程度很难对应，难免会造成吹氩气流过强冲开钢水液面上的渣层，使钢水暴露在大气中，致使钢水二次氧化，产生较多大颗粒夹杂物，可能造成水口结瘤或堵塞。

5.20.6 钢水的过热度

钢水过热度对钢水的流动性有重要的影响，对许多钢种而言，钢水的液相线温度与固相线温度相差很小。也就是说，连铸中间包钢水的浇注温度一定要高于钢水的液相线温度，否则钢水极易凝固。因此，在中间包首次开浇时，如果钢水的过热度达不到浇注要求，钢水的流动性会变差，进入水口碗口的钢水发黏，极易凝钢，甚至黏住塞棒棒头使浇注失败。综上所述，钢水中夹杂物主要来源于：

（1）聚集的 Al_2O_3 夹杂物，主要来源于添加的合金脱氧、大包到中间包之间空气的二次氧化、炉渣、耐火材料和中间包熔渣。

（2）$CaO-Al_2O_3$ 夹杂物，主要来自转炉渣、中间包熔渣和结晶器熔渣。

（3）$MgO-SiO_2-Al_2O_3$ 夹杂物，主要出自添加合金脱氧、大包到中间包之间的钢水二次氧化以及耐火材料衬、水口材料。

（4）$CaO-SiO_2-Al_2O_3-Na_2O$ 夹杂物，主要产自中间包熔渣、结晶器熔渣。

（5）由于浇注的钢种和精炼处理方法的不同，还可以形成很多其他类型的夹杂物，如 $CaO \cdot Al_2O_3$、CaS、TiO_2、TiN 等夹杂物。

5.21 防止浸入式水口堵塞物的方法

在连铸浇注的全过程中，防止水口的堵塞，主要有以下一些措施。

5.21.1 大包至中间包之间的钢水保护

大包至中间包之间的钢水保护有以下几种措施：

（1）大包至中间包的钢水，用长水口进行吹氩保护浇注，防止钢水二次氧化。

（2）中间包采用覆盖剂，对钢水进行保温和隔绝空气，防止钢水氧化并吸附部分上浮的夹杂物。

5.21.2 中间包至结晶器的钢水保护

为防止钢水二次氧化，中间包至结晶器的钢水保护，有下列几种方式：

（1）采用整体式浸入式水口进行保护浇注。

（2）使用分体式浸入式水口进行浇注，在浸入式水口碗口与中间包连接处，必须进行吹氩保护，防止外界空气的吸入。

（3）利用快换水口进行浇注，快换水口的滑动面与中间包吹氩上水口滑面接触处，实施吹氩保护，防止周围空气的吸入。

（4）浸入式水口配合中间包滑动水口浇注，在与水口连接处吹氩保护，阻止空气吸入。

5.21.3 其他保护方式防止水口堵塞

为防止水口堵塞，还有一些其他的保护方式：

（1）在长水口和不同类型的浸入式水口的外表面涂上防氧化涂层，保证在整个浇注过程中，釉层铺展性好，结合牢固，防止由于钢水快速流动产生的负压，通过水口自身的开口气孔吸入空气，防止钢水二次氧化。

（2）中间包采用吹氩型整体塞棒，吹入的氩气有利于夹杂物的上浮，有利于净化钢水，可以防止或减轻水口碗口堵塞。

（3）采用吹氩水口进行保护浇注，可以在水口内壁形成氩气膜，防止钢水中析出的 Al_2O_3 夹杂物沉积在水口内壁上，避免水口堵塞。还可以使钢水产生紊流，冲洗掉水口内壁表面上的聚集物，防止水口堵塞。

在所有的吹氩保护浇注过程中，氩气的流量和吹氩时间，因钢厂的不同，作业要求也不一样。有关这方面的参数见表 5－14，仅供参考。

表 5－14 吹氩作业参数

项　目	长水口	浸入式水口	透气上水口	整体塞棒
吹氩流量/$L \cdot min^{-1}$	150	3～8	3～5	3～5
备　注	在吹氩作业时，要注意观察中间包和结晶器内的钢水液面，能明显感到有气流流动，但钢水液面不能出现翻腾现象。			

（4）采用内孔体复合 $ZrO_2-CaO-C$ 或无碳无硅质浸入式水口进行连铸浇注，防止浸入式水口堵塞。

（5）钢水的钙处理具有两面性，其缺点是：如果加钙量过多或过少，钙与钢水中的铝反应，会形成高熔点的铝酸钙夹杂物，造成水口堵塞。

为了解决水口堵塞问题，在钢厂常用的方法仍然是采用钢水钙处理工艺，防止水口堵塞。即要精确计算，严格控制在钢水中钙的最佳加入量范围，保证在该范围内形成的夹杂物全是液态的，浇注性能是最好的。也就是说，要使高熔点的 Al_2O_3 与 CaO 结合形成低熔点的液态的铝酸钙，如 $12CaO \cdot 7Al_2O_3$ 化合物，提高钢水的浇铸性能，消除或降低水口堵塞。

总之，钢水钙处理的主要目的是，要尽可能地降低钢中 O 和 S 等有害元素含量；并改变夹杂物的组成形态，提高浇注性能，避免在浇注过程中发生水口堵塞。

（6）对钢水进行脱硫处理，要尽可能地降低钢水中的硫含量。因为在钢水钙处理中，当钢水中含硫量较高时，还有可能生成高熔点的 CaS。因此，在钢水加钙处理过程中，合理控制钢水中的铝和钙的加入量可以减少生成长条状的 CaS 夹杂物，或将其改性为分散性较好的粒状的 CaS 夹杂物，改善钢水的浇注性能，防止水口堵塞。

（7）钢包软吹过强和开浇烧氧产生的强氧化气氛使钢水产生较多大颗粒夹杂物，加速水口结瘤。所谓钢包软吹，就是吹氩流量为 80～110L/min，吹氩气时间在 15min 以上的，可以有效地去除钢水中的非金属夹杂物，钢中夹杂物洁净度指数可保持在 0.97 以上，而软吹氩流量大于 120L/min 或小于 60L/min 时，夹杂物洁净度指数都比较低，说明钢液中夹杂物没有得到有效去除。

5.22 浸入式水口浇注不同钢种的堵塞物的名称和成分

5.22.1 浇注 ERW 钢产生的堵塞物

在浇注 ERW（高频直缝电阻焊管钢）用钢时，水口的堵塞物主要为熔点高达 1750℃

的 $CaO \cdot 2Al_2O_3$。水口堵塞物和堵塞物的形貌如图 5－23 所示[4]。

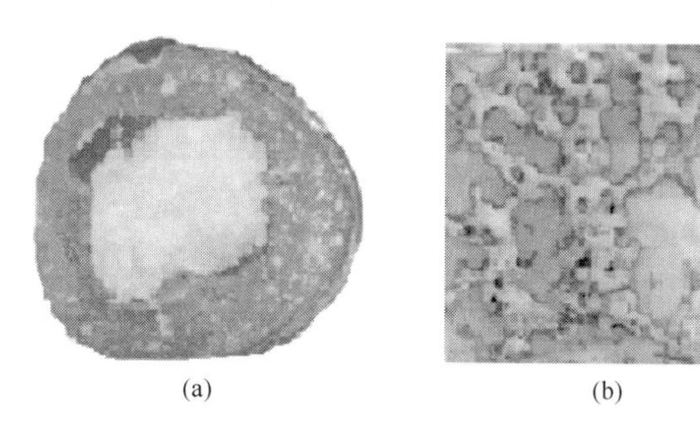

(a) (b)

图 5－23 水口堵塞物及其形貌

(a) 水口堵塞物；(b) 堵塞物形貌

水口堵塞时钢水中的 Al、Ca 和 S 的含量分别为 0.020%、0.0015% 和 0.0046%。

如图 5－23(a) 所示为浇注完后从水口中取出的冷凝钢柱，再经锯断和酸洗得到的实物样品，其中浅色部分为钢，周围深色部分为堵塞物。

5.22.2 浇注 20CrMnTiH 钢产生的堵塞物

浇注 20CrMnTiH 钢，形成水口堵塞物部分的成分见表 5－15。

表 5－15 浇注 20CrMnTiH 钢水口堵塞物的化学组成

项　目	化学组成/%					
堵塞物	FeO	SiO_2	CaO	Al_2O_3	TiO_2	Cr_2O_3
	5～11	4～5	10～14	20～26	12～28	3～5

5.22.3 浇注高铝钢产生的堵塞物

ASP（低头直弧形中薄板连铸机）连铸机浇注高铝钢时，堵塞物的化学组成见表 5－16[5]。

表 5－16 浇注高铝钢水口堵塞物的化学组成

项　目	化学组成/%					
	主　体	玻 璃 相				
堵 塞 物	Al_2O_3	Al_2O_3	SiO_2	Na_2O	K_2O	其　他
	主要成分	25～30	50～60	5～12	1～4	镁铝、镁铁尖晶石等

为了防止水口堵塞，在开浇前，在中间包内加入适量的 Ca－Fe 粉，以便将开浇后生成的高熔点的 Al_2O_3 转化为低熔点的 $12CaO \cdot 7Al_2O_3$。

5.22.4 浇注低碳铝镇静钢产生的堵塞物

在浇注低碳铝镇静钢时，堵塞水口的原因主要是由于高熔点的化合物 Al_2O_3 和 CaS 或 $Al_2O_3 \cdot MgO$ 等黏附在水口内壁上造成的，堵塞物化学组成见表 5－17[6]。

表 5-17 浇注低碳铝镇静钢水口堵塞物的化学组成

项 目	化学组成/%				
堵塞物	Al_2O_3	Fe_2O_3	CaO	MgO	其他
	80.211	13.979	3.821	1.283	0.705

5.22.5 浇注铝镇静钢产生的堵塞物

在浇注铝镇静钢时，钢水自身带有大量的 Al_2O_3 微粒，在大多数情况下，析出物主要是高熔点的氧化物，以 $\alpha-Al_2O_3$ 为主，并含有 $MgO \cdot Al_2O_3$ 尖晶石、$CaO-Al_2O_3$ 系化合物及少量的硅酸盐。

堵塞物的化学组成见表 5-18[7]。

表 5-18 浇注铝镇静钢水口堵塞物的化学组成

项 目	化学组成/%			
堵塞物	Al_2O_3	MgO	CaO	SiO_2
	70	10	12	<3

5.22.6 LF 炉精炼铝镇静钢产生的堵塞物

用 LF 炉精炼铝镇静钢，采用钢水钙处理等措施，防止水口结瘤，水口结瘤堵塞物的形态如图 5-24 所示，其化学成分见表 5-19[9]。

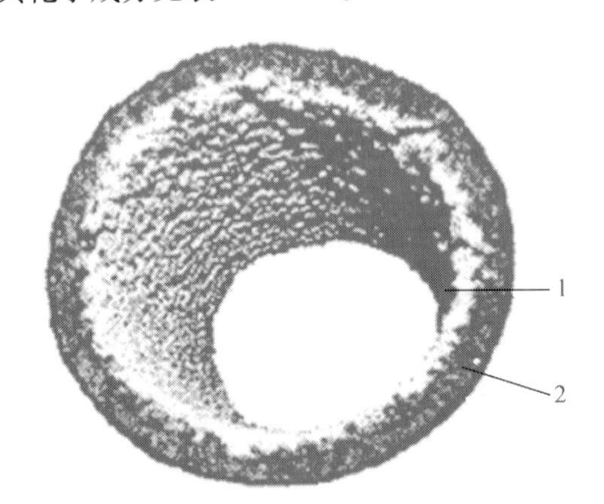

图 5-24 水口结瘤物形态

1—夹杂物黏附层；2—侵蚀层

表 5-19 水口结瘤物化学组成

试样号	水口结瘤物化学组成/%								
	SiO_2	Fe_2O_3	S	P_2O_5	Al_2O_3	CaO	MgO	MnO	TiO_2
1	8.74	10.98	0.072	0.08	39.84	16.19	9.02	3.31	0.82
2	3.26	19.56	0.017	0.13	45.34	7.7	12.65	2.04	0.98
3	4.63	17.21	0.023	0.01	47.56	5.7	10.27	3.43	1.74

5.22.7 浇注中碳钢和微合金钢产生的堵塞物

在国外某钢厂连铸浇注中碳钢和微合金钢，钢水经过钙处理，水口堵塞物的化学组成见表5－20[8]。

表5－20 不同沉积物的化学组成

项 目	化学组成/%					
	MgO	Al_2O_3	SiO_2	CaO	MnO	其 他
类型Ⅰ	1～6	10～15	50～60	7～9	10～20	—
类型Ⅱ	2～4	15～30	35～45	25～35	1～3	Na_2O、K_2O
类型Ⅲ	1～10	50～85	1～5	10～35	0～2	—

表中类型Ⅰ表示附着在水口内壁玻璃层上的堵塞物，其厚度为2～5mm。类型Ⅱ表示聚集在水口下部外表面呈珊瑚状的沉积物。类型Ⅲ表示沉积在水口中不规则形状的浅灰色层，厚度为1～3mm。另外，在脱硫钢中，水口上的沉积物大多数以硫化钙和尖晶石的形式存在。

5.22.8 浇注铝冷镦钢产生的堵塞物

在浇注含铝冷镦钢时，钢水经钙处理，采用$Al_2O_3-ZrO_2-C$质整体塞棒和水口，在水口内壁发现有结瘤夹杂物，主要是以$CaO\cdot2Al_2O_3$为主的铝酸钙夹杂，还混有$MgO\cdot Al_2O_3$镁铝尖晶石、$CaO\cdot Al_2O_3$以及少量的$2CaO\cdot Al_2O_3\cdot SiO_2$、$2CaO\cdot SiO_2$、硅酸盐和金属铁颗粒。在结瘤物中的MgO主要来自钢包和中间包的碱性包衬和含有镁质材料的塞棒、水口等耐火材料的侵蚀物。结瘤物的化学组成见表5－21[10]。

表5－21 水口结瘤夹杂物的化学组成

项 目	化学组成/%					
	CaO	Al_2O_3	SiO_2	MgO	MnO	TFe
结瘤物	18.23	65.63	2.73	4.25	0.186	4.65

5.22.9 浇注不锈钢304产生的堵塞物

在生产连铸不锈钢304板坯的过程中，使用$Al_2O_3-ZrO_2-C$浸入式水口，钢中的夹杂物沉积在水口内壁上，引起水口絮流并在水口内壁形成明显的三层堵塞物，如图5－25所示[11]。

在图5－25中：

1为水口材料。

2为第一层，依附在水口内壁，比较坚硬，厚2～3mm。主要含有Al、Ca、O、Si和Mg等元素，其中Al的质量分数明显高于其他元素，经分析确定是钢中夹杂物与水口材料发生反应生成的。

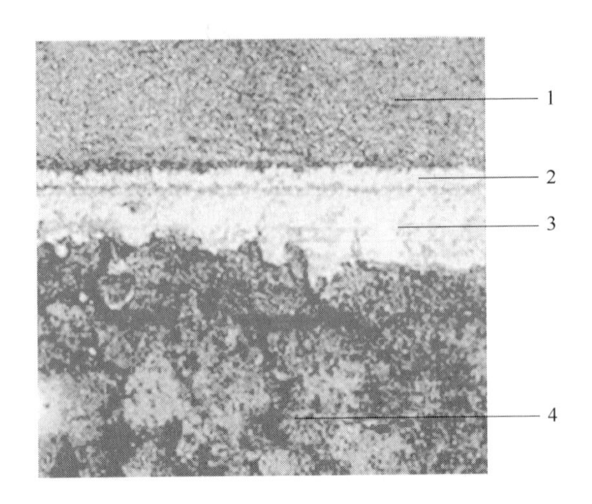

图 5 - 25 浸入式水口堵塞物分布图

1—浸入式水口材料；2—第一层；3—第二层；4—第三层

3 为第二层，是稠密堆积的沉积物，呈白灰色，厚薄不均匀，厚度为 4 ~ 12mm。主要含有 Al、Ca、O 和 Mg 等元素，根据元素比例确定，主要是以 Al_2O_3 和镁铝尖晶石为主的非金属夹杂物。

4 为第三层，是沉积物的主要部分，由疏松的褐黄色或黑灰色的颗粒构成，并伴有钢珠。电镜能谱检测结果表明，褐黄色颗粒由 Al、Ca、O、Fe 和 Si 等元素组成，黑灰色颗粒由 Al、Ca、O、Cr、Fe、Mg 和 Si 等元素组成。

5.22.10 浇注 1Cr18Ni9Ti 钢产生的堵塞物

板坯浇注 1Cr18Ni9Ti 钢，工艺条件如下：

AOD 工艺控制 [Ti] ≤0.03%，[N] ≤0.016%（160ppm）。AOD 炉全程吹氩，使用低铝 Fe - Ti 合金化，[Al] ≤0.05%。

全程无氧化浇注，大包钢水温度为 1610 ± 10℃，吹氩调温后为 1560 ± 5℃，中间包钢水温度为 1495 ± 5℃，钢水过热度为 20℃。

大包至中间包使用不预热铝碳质长水口，氩气密封。中间包加盖并充满氩气。包衬为 MgO 质涂料，MgO 含量为 80%，覆盖剂为碱性 CaO 质。

中间包整体塞棒棒头为 Al_2O_3 - ZrO_2 - C 质，中间包至结晶器之间，使用 Al_2O_3 - ZrO_2 - C 快换浸入式水口，同时配用吹氩中间包上水口。

使用进口保护渣，在中间包和长水口氩封环内，残氧量几乎为 0，其中 [O] <0.005%（50ppm）。

水口堵塞物为 TiN、TiO_2 和 Al_2O_3，堵塞物中 TiN、TiO_2 占 20%，其余为 Al_2O_3。

5.23 狭缝型吹氩浸入式水口的结构与材质

在了解了造成浸入式水口的堵塞原因后，从浸入式水口自身出发，为了防止水口堵塞可以采取的措施主要有两大方面：一方面可以改变水口的结构，如设置吹氩层、改变碗口内的形状，由锥形改为有圆弧的喇叭形、将直通形的内孔通道改成阶梯形和改变流钢出口的形状和上倾或下倾的角度等措施；另一方面改变水口内孔体复合的材质，如使用锆酸钙、氮化硼、各种赛隆材料和尖晶石等材料制作，防止或减轻水口的堵塞程度。

其他还要注意的是，水口的保温层的厚度、防氧化涂层的质量、水口内孔体内壁的光滑度，以及水口分段外形的连接线形必须是圆弧或平滑过渡等细节，细节决定成败。

5.23.1 狭缝型吹氩浸入式水口的吹氩结构

狭缝型吹氩浸入式水口透气层的结构如图5－26所示。有关尺寸要根据浸入式水口的长度和壁厚确定。在一般情况下，透气层的长度为350～400mm，厚度为8～12mm，透气层与水口本体之间的狭缝宽度为1～2mm。由于透气层长度比较大，为了使用安全，在透气层与水口本体之间设置了若干个连接面。这些连接面可以是圆形的，也可以是条状的。

但是，无论是什么样的连接面，其所占的面积，不能超过透气层总面积的40%，否则会影响到吹氩防堵塞的效果。狭缝型浸入式水口的横断面如图5－27所示。

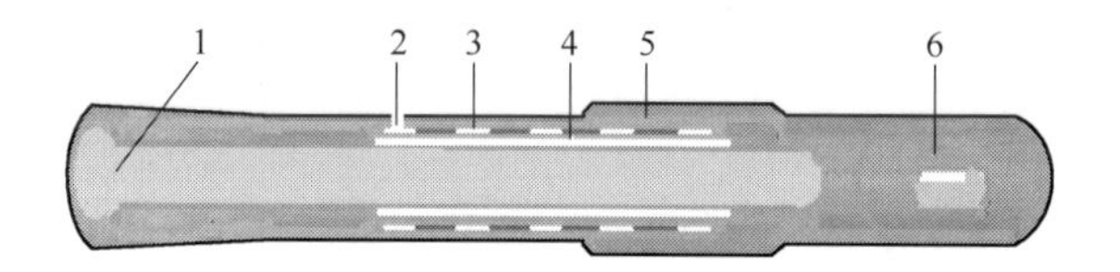

图5－26 狭缝型吹氩浸入式水口透气层的剖面示意图

1—水口碗口；2—吹氩口；3—狭缝空腔；4—透气层；5—水口渣线；6—流钢出口

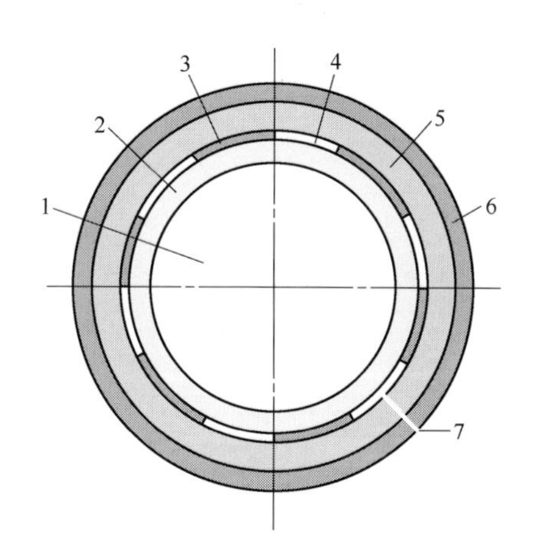

图5－27 狭缝型浸入式水口横断面示意图

1—内孔通道；2—透气层；3—连接面；4—吹氩狭缝；
5—水口本体；6—渣线层；7—吹氩通道

5.23.2 狭缝型吹氩浸入式水口吹氩透气层的材质

狭缝型吹氩浸入式水口吹氩透气层的材质为铝碳质，主要由鳞片石墨、电熔刚玉、熔融石英、硅粉和 SiC 等原料组成。

透气层中的熔融石英和电熔刚玉颗粒的形貌如图 5－28 所示。图中断面整齐颜色稍暗的为刚玉颗粒，而多棱角颜色稍亮的为熔融石英颗粒。

图 5－28　狭缝型吹氩浸入式水口透气层中的电熔刚玉和熔融石英的形貌

5.23.3　狭缝型吹氩浸入式水口吹氩透气层的粒度组成

狭缝型吹氩浸入式水口吹氩透气层的粒度级配的特点是：颗粒较粗，主要为 0.4～0.5mm 的颗粒，而且，每个粒级的百分含量相差不大。另外，颗粒所占的百分含量远大于细粉的数量。吹氩透气层的粒度分布曲线如图 5－29 所示。

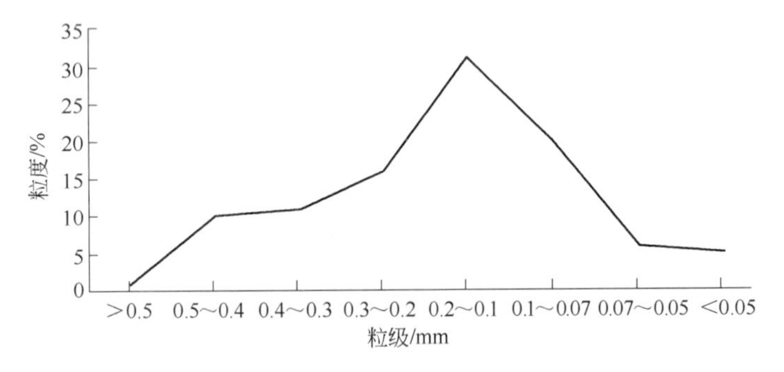

图 5－29　狭缝型吹氩浸入式水口吹氩透气层的粒度分布曲线

5.23.4　狭缝型吹氩浸入式水口吹氩透气层气孔的显微观察

在与狭缝型吹氩浸入式水口纵向垂直的断面上，试样中的透气孔为不规则的孔状，如图 5－30 所示，在图中颗粒之间的黑洞即气孔。对试样进行全面观察，发现孔状气孔分布不多，即使在更高的倍率下观察也是如此。这与传统的透气砖的气孔分布情况大不相同，这是因为在透气砖中的细粉量要比水口中吹氩透气层的细粉量少得多的缘故。

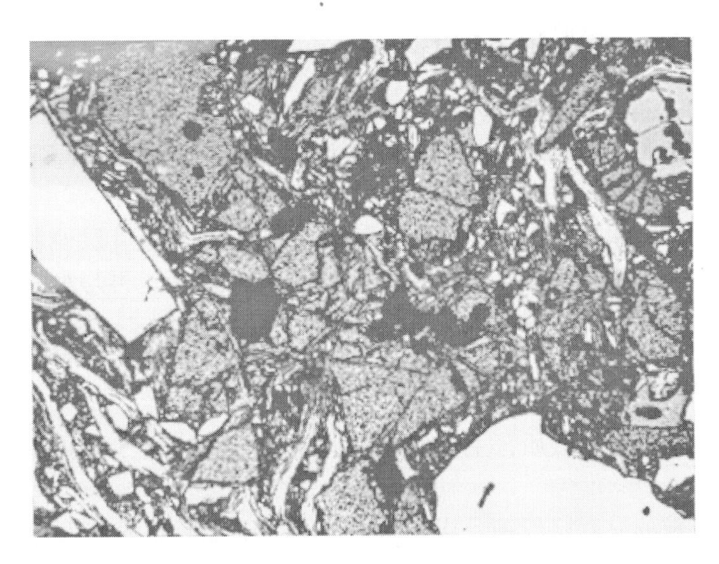

图5-30 垂直于狭缝型吹氩浸入式水口纵向断面的气孔形状和分布状况

狭缝型吹氩浸入式水口中的吹氩透气层，不仅要求透气，而且还要求防止钢水渗透和耐钢水冲刷，工作条件比较苛刻。因此，要求吹氩透气层必须具有较大的透气性能并达到一定的致密度。

在显微镜下，观察用环氧树脂处理过的吹氩透气层，可以看到透气层中横向贯通气孔，在横断面上反映为不规则的沟槽，如图5-31所示。图中的灰色部分为渗透的环氧树脂，即贯通气孔。纵观整个试样，在$1cm^2$的横断面上，贯通气孔沟槽只有数条，这和试样较为致密有关。

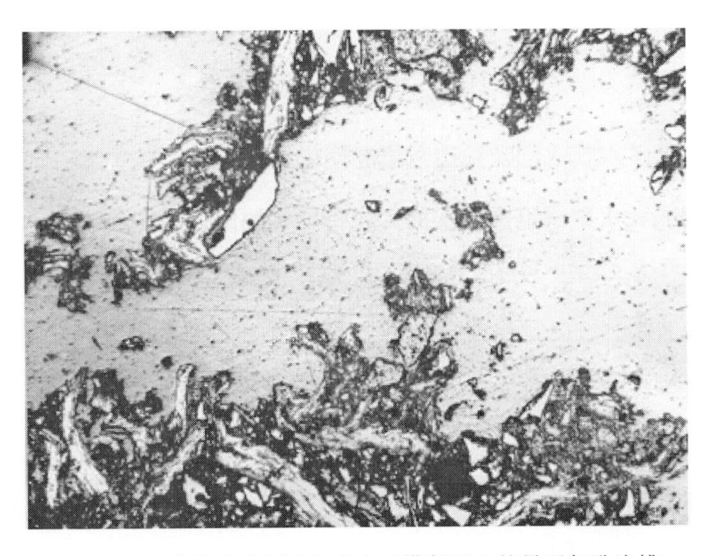

图5-31 狭缝型吹氩浸入式水口横断面上的贯通气孔沟槽

由图5-30和图5-31可以看到，由于在吹氩透气层中存在纵向和横向的贯通气孔沟槽，因此才能在一定的气压下，使氩气穿透吹氩透气层进入流钢通道。

5.24 狭缝型吹氩浸入式水口吹氩透气层的制作

应该说明的是，狭缝型吹氩浸入式水口透气层的制作工艺与铝碳水口的生产工艺基本上是一致的，只是成型压力稍低一些。这是因为在配料中，颗粒量较多，而细粉量很少，使其成型困难，其造粒料的堆积密度仅为0.92g/cm³。

狭缝型吹氩浸入式水口吹氩透气层是预先压制成型的，在透气层外表面事先设计好与本体连接点的形状、大小和位置；然后再将其余部分涂上石蜡，再与水口本体一起成型复合在一起；最后经烧成失蜡得到与水口相连接的透气层。

5.24.1 狭缝型吹氩浸入式水口本体的原料和粒度组成

浸入式水口的本体为铝碳质，主要由电熔刚玉、锆莫来石、熔融石英、石墨、SiC和硅粉等组成。

本体所用的颗粒的粒度比较细，均在0.4mm以下，而且细粉加入量比较多，这样制成的本体比较致密光滑，经车加工后本体的表面依然光滑不粗糙，有利于喷涂防氧化釉层。本体的颗粒组成如图5－32所示。

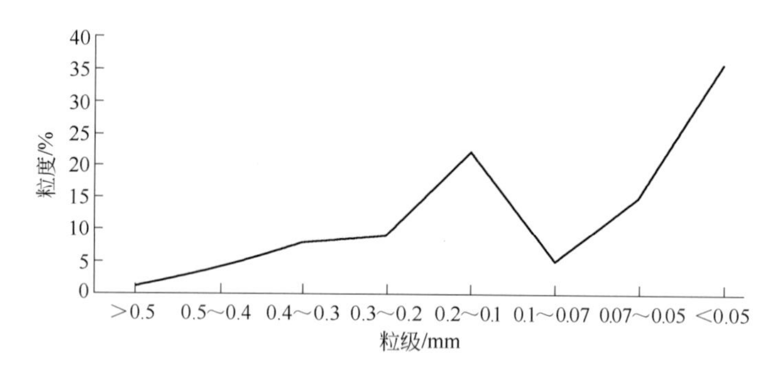

图5－32 本体的粒度分布曲线

5.24.2 狭缝型吹氩浸入式水口吹氩透气层的理化指标

狭缝型吹氩浸入式水口吹氩透气层的理化指标实测值见表5－22。

表5－22 狭缝型吹氩浸入式水口吹氩透气层的理化指标

项　目	化学组成/%			物理性能			
	Al_2O_3	SiO_2	C + SiC	显气孔率/%	密度/$g \cdot cm^{-3}$	热膨胀率（1200℃）/%	透气量/$L \cdot min^{-1}$
透气层	45~48	23~25	28~30	18~20	2.23~2.25	0.18	15~22

5.24.3 水口本体的制作与性能

狭缝型吹氩浸入式水口本体的生产工艺与现行的制作工艺基本上是一致的，采用酚醛树脂结合，并用高速混碾机造粒；使用冷等静压机成型，成型压力为125MPa；在窑内烧成，最高烧成温度为1000~1150℃。

狭缝型吹氩浸入式水口本体的实测理化指标见表5－23。

表 5－23 狭缝型吹氩浸入式水口本体实测理化指标

项 目	化 学 成 分			
	Al_2O_3	SiO_2	ZrO_2	C + SiC
化学组成/%	40 ~ 42	16 ~ 18	5.5 ~ 6.5	31 ~ 33
显气孔率/%	15 ~ 16			
密度/$g \cdot cm^{-3}$	2.26 ~ 2.27			
耐压强度/MPa	19 ~ 21			
抗折强度/MPa	7 ~ 8			

5.25 狭缝型吹氩水口的显微结构

5.25.1 狭缝型吹氩水口透气层的显微结构

狭缝型吹氩浸入式水口的吹氩透气层，含有电熔刚玉、熔融石英、石墨和碳化硅。透气层的显微结构如图 5－33 所示。

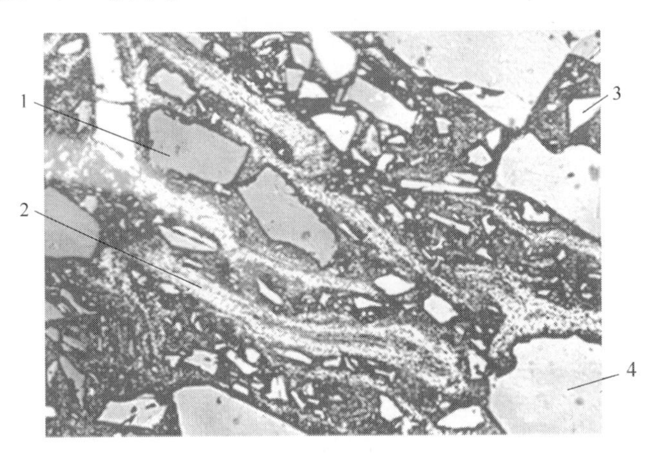

图 5－33 狭缝型吹氩水口透气层的显微结构

1—熔融石英；2—石墨；3—SiC；4—电熔刚玉

5.25.2 狭缝型吹氩水口本体的显微结构

狭缝型吹氩浸入式水口本体的显微结构如图 5－34 所示。

狭缝型浸入式水口本体中的钙稳定氧化锆、电熔锆莫来石和熔融石英颗粒的形貌如图 5－35 所示。

图 5－35 中，亮白色的是 ZrO_2，其数量比较少；灰白色的为电熔锆莫来石颗粒，数量也不多，但结构比较特殊，如图 5－36 所示。

在图 5－36 中，有白色方框记号的为电熔锆莫来石颗粒，在图的左边为放大后的颗粒形态；暗灰色的是电熔刚玉和熔融石英颗粒，其中熔融石英颗粒的形貌如图 5－37 所示。

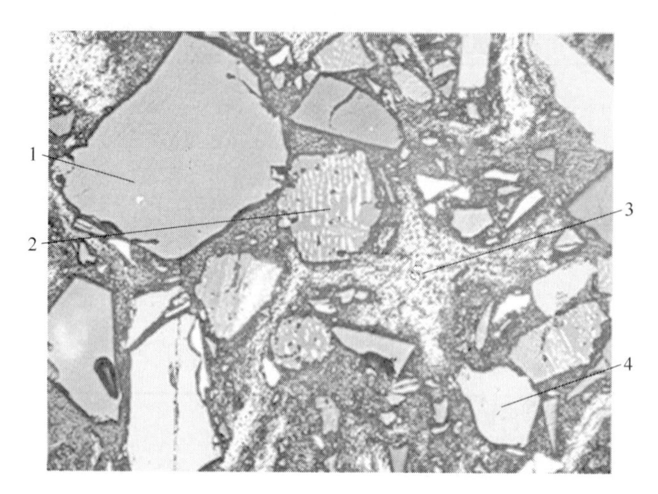

图 5－34 狭缝型浸入式水口本体的显微结构

1—刚玉；2—锆莫来石；3—石墨；4—SiC

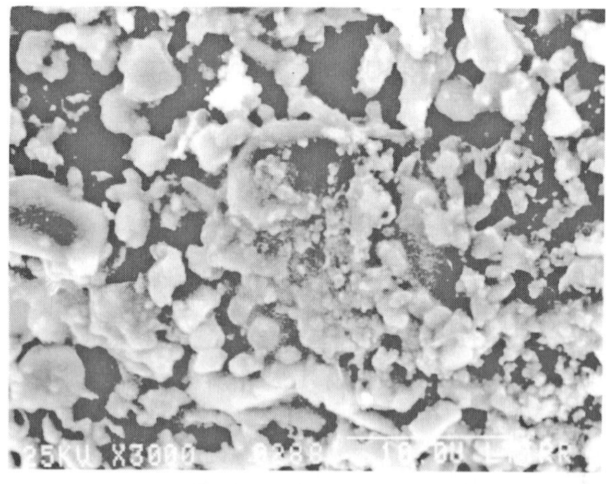

图 5－35 狭缝型吹氩水口本体中各种颗粒的形貌

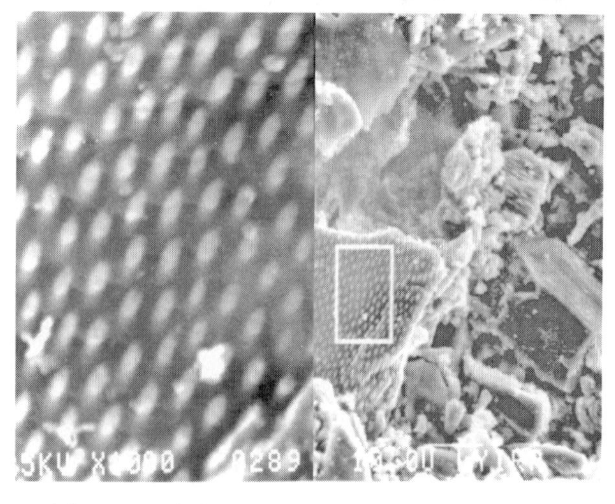

图 5－36 狭缝型吹氩水口中的锆莫来石颗粒形貌

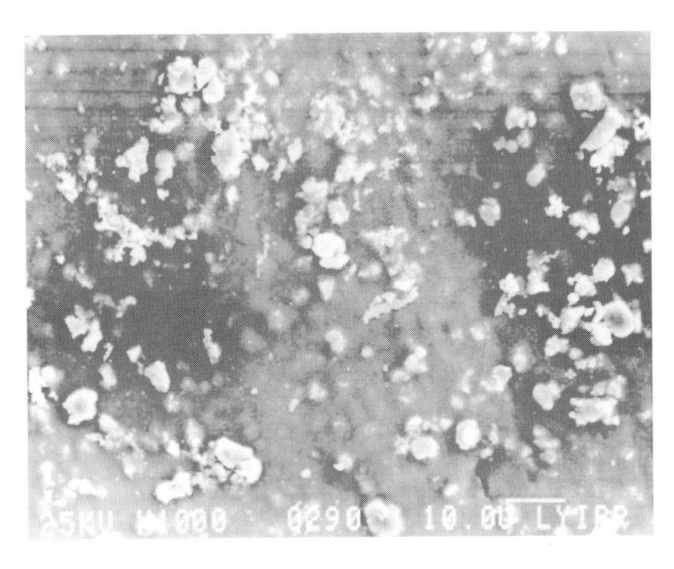

图 5－37 狭缝型吹氩水口中的熔融石英颗粒形貌

5.25.3 狭缝型吹氩水口渣线的组成和使用后的氧化锆颗粒形貌

狭缝型浸入式水口的渣线部位，主要由安定度为 70～80 的钙部分稳定的 ZrO_2 和石墨以及少量的 SiC 组成。氧化锆颗粒为深黄色，其主要成分为：ZrO_2 94.10%，CaO 3.87%，还含有少量的 SiO_2、Al_2O_3 和 TiO_2。渣线使用后的 ZrO_2 颗粒的形貌如图 5－38 所示。

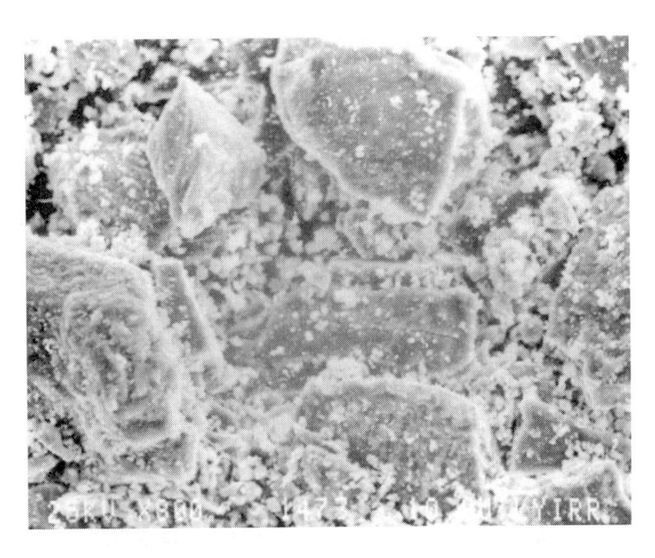

图 5－38 狭缝型吹氩水口使用的 ZrO_2 颗粒的形貌

5.25.4 狭缝型吹氩浸入式水口渣线层的显微结构

狭缝型吹氩水口渣线层的显微结构如图 5－39 所示。其主要矿物相以立方 ZrO_2 为主，还有约 20% 的单斜 ZrO_2。

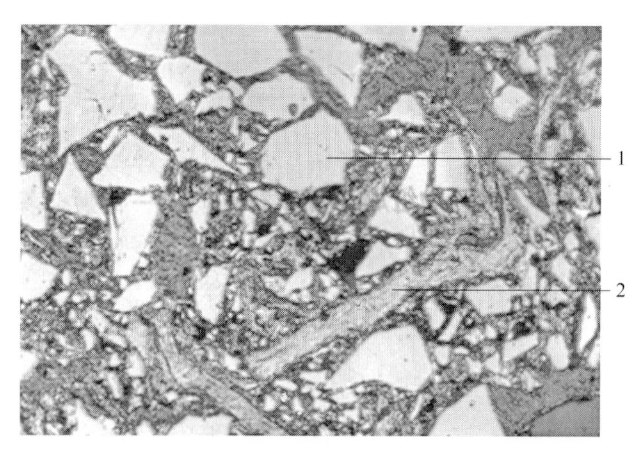

图 5－39 狭缝型吹氩水口渣线层的显微结构
1—氧化锆；2—石墨

5.26 狭缝型吹氩水口渣线的粒度组成和理化指标

5.26.1 狭缝型吹氩水口渣线的粒度组成

狭缝型吹氩水口渣线部位，使用的氧化锆的临界粒度为 0.4mm，渣线部位的粒度组成如图 5－40 所示。

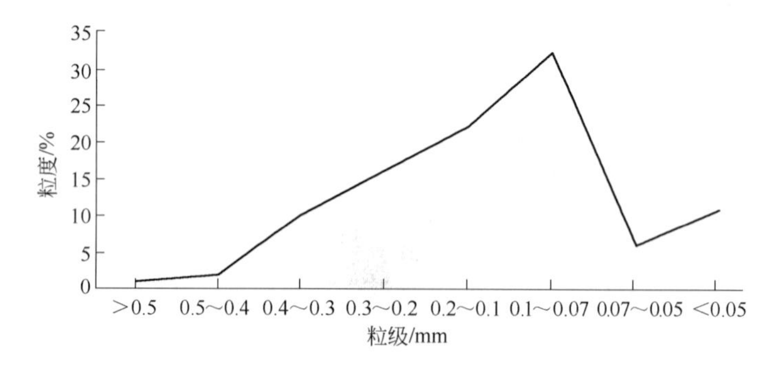

图 5－40 水口渣线部位的粒度组成

5.26.2 狭缝型吹氩水口渣线的理化指标

狭缝型吹氩水口渣线部位的制作工艺与现行生产工艺一致，其实测理化指标见表 5－24。

表 5－24 狭缝型吹氩水口渣线实测理化指标

项 目	渣线层成分		项 目	渣线层成分
化学组成/%	ZrO_2	C	耐压强度/MPa	24～25
	75.5～76.5	19～20	抗折强度/MPa	6.5～7.5
显气孔率/%	18～20		热膨胀率（1000℃）/%	0.18
密度/$g \cdot cm^{-3}$	3.35～3.37			

5.27 狭缝型吹氩浸入式水口的使用

在国内，狭缝型吹氩浸入式水口在钢厂主要用于连铸浇注低碳铝镇静钢和不锈钢，钢种代号为 AP、AR、GR、GS 和 NA，但使用较多的为 AP 和 AR 钢种。据不完全统计的使用数据，总体使用情况较好，见表 5－25。

表 5－25 狭缝型吹氩浸入式水口的使用统计数据

项 目	钢 种 代 号				
	AP	AR	GR	GS	NA
吹氩气量/$L \cdot min^{-1}$	11.60～15.0	21.58	9.96	11.60	16.60
连浇炉数/炉	6	4	6	5	2
总浇注时间/min	295～324	202	351	200	168
堵塞程度	无	无	无	无	无
停浇原因	计划停浇	计划停浇	计划停浇	计划停浇	计划停浇

5.28 防堵塞浸入式水口防堵塞合成料的研制

为了防止 Al_2O_3 夹杂物堵塞水口，钢厂采用狭缝型吹氩浸入式水口，虽然使用效果还是比较好的，但是，存在的问题是：如果吹氩流量不足，会使防堵塞效果受到影响；而吹氩量过大，可能进入钢坯中形成针孔，影响钢坯质量。

因此，需要通过相关研究来改变水口内孔通道内壁的材质，防止钢中 Al_2O_3 夹杂物堵塞水口。试验表明，在水口内壁使用 $CaZrO_3$、BN、ZrB_2和 Sialon 等材质制作水口内壁，能有效地防止水口堵塞。

由于上述一些材料中，如 BN、ZrB_2和 Sialon 价格昂贵，制造工艺复杂，生产成本极高，很难在钢厂中实际应用。因此，通常使用价格相对较低的 $CaZrO_3$ 作为原料，制作不吹氩防堵塞浸入式水口的内孔通道的内壁。

5.28.1 防堵塞合成料的选择依据

根据有关资料和国内实情，选择 $CaZrO_3$ 材料作为制作不吹氩防堵塞浸入式水口的防堵层的原料。但是，在市场上没有现成的可用于制作水口防堵塞层的 $CaZrO_3$ 原料。

因此，必须在工厂人工合成 $CaZrO_3$。原料合成的主要依据是 ZrO_2－CaO 的二元相图，如图 5－41 所示。

从图 5－41 中可见，可供选择的范围为：

（1）CaO 摩尔数为小于 50% 系列的 CaO－ZrO_2 材料，其最终相为 $CaZr_4O_9$ 和 $CaZrO_3$，没有 CaO 存在，因此，合成料不会有水化的危险。

（2）CaO 摩尔数为 50% 时，即 ZrO_2 摩尔数也为 50%，此点合成料的矿物相为 $CaZrO_3$，没有其他相存在。

（3）CaO 摩尔数为大于 50% 系列的 CaO－ZrO_2 材料，合成料的最终相为 CaO 和 $CaZrO_3$，有 CaO 存在，因此，合成料有水化的危险。

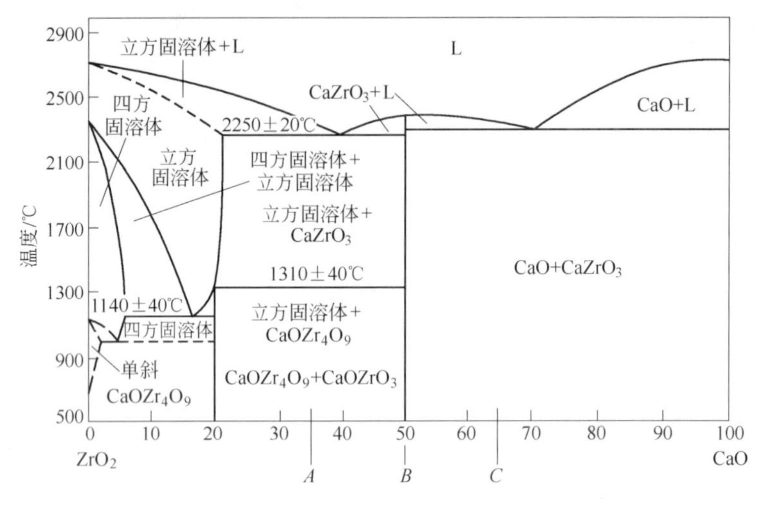

图 5-41 ZrO_2-CaO 二元相图

由相图可见，合成料的范围应该在 CaO 的摩尔数为 50% 或小于 50% 的范围内。

根据以上分析，从相图上选择 *A*、*B* 和 *C* 三个点作为防堵塞合成料的依据：

（1）*A* 点区域，$CaO/ZrO_2 = 35/65$（摩尔比），即 A 合成料；

（2）*B* 点区域，$CaO/ZrO_2 = 50/50$（摩尔比），即 B 合成料；

（3）*C* 点区域，$CaO/ZrO_2 = 65/35$（摩尔比），即 C 合成料。

5.28.2 不吹氩防堵塞浸入式水口防堵塞合成料的制备

选择 $ZrOCl_2$（氧氯化锆）制备活性 ZrO_2，采用 $Ca(OH)_2$ 制取活性较高的 CaO。按照所选择的 *A*、*B* 和 *C* 三点的 CaO/ZrO_2 的摩尔比值，经计算分为三组，分别配入 ZrO_2 和 CaO，再经过混合、压团块、干燥，最后在 1600～1700℃温度下烧成，得到熟料团块。烧成后得到的团块，再经过破碎、细磨、筛分分级，制成的合成料用于制作防堵塞水口。

5.28.3 不吹氩防堵塞浸入式水口防堵塞合成料的检测

5.28.3.1 防堵塞合成料 A

通过对防堵塞合成料 A 进行 X 衍射分析，得知其主要结晶相为立方 ZrO_2 和 $CaZr_4O_9$，两者几乎各占 50%，如图 5-42 所示。从电镜可以观察到灰色部分为 $CaZr_4O_9$，白色部分为立方 ZrO_2，如图 5-43 所示。

5.28.3.2 防堵塞合成料 B

在防堵塞合成料 B 中，CaO 摩尔数为 50% 时，合成料的主晶相以 $CaZrO_3$ 为主，约有 3% 的立方 ZrO_2。其 X 衍射分析如图 5-44 所示。对合成料进行电镜观察，合成料已全部合成为锆酸钙（$CaZrO_3$），其形貌如图 5-45 所示。

5.28.3.3 防堵塞合成料 C

烧成后的防堵塞合成料 C，由于含有 CaO，存放 48 小时后已全部粉化，不能使用。

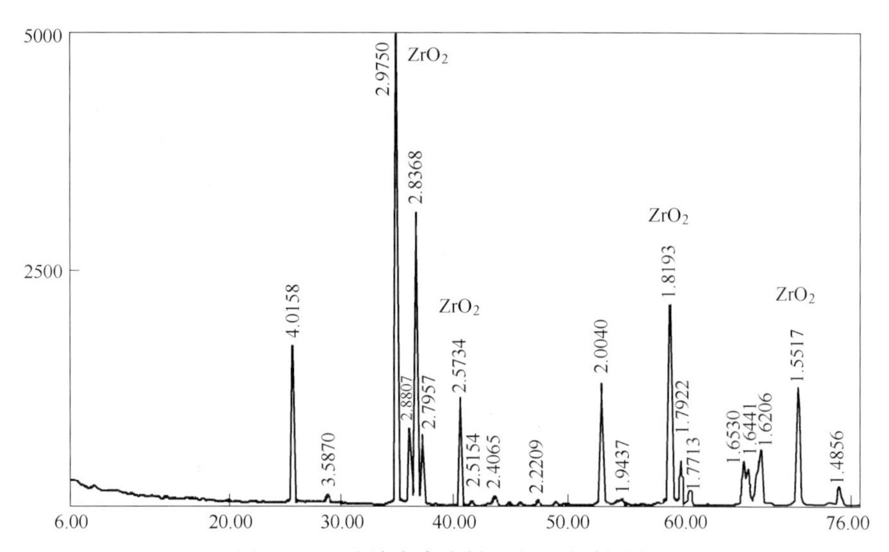

图 5-42 防堵塞合成料 A 的 X 衍射分析

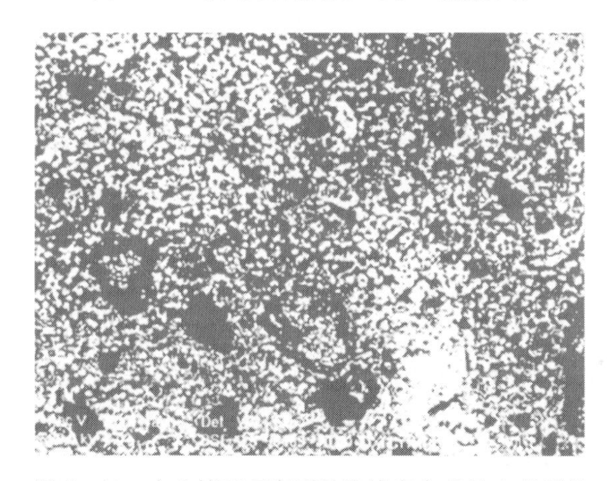

图 5-43 在电镜下观察到的防堵塞合成料 A 的形貌

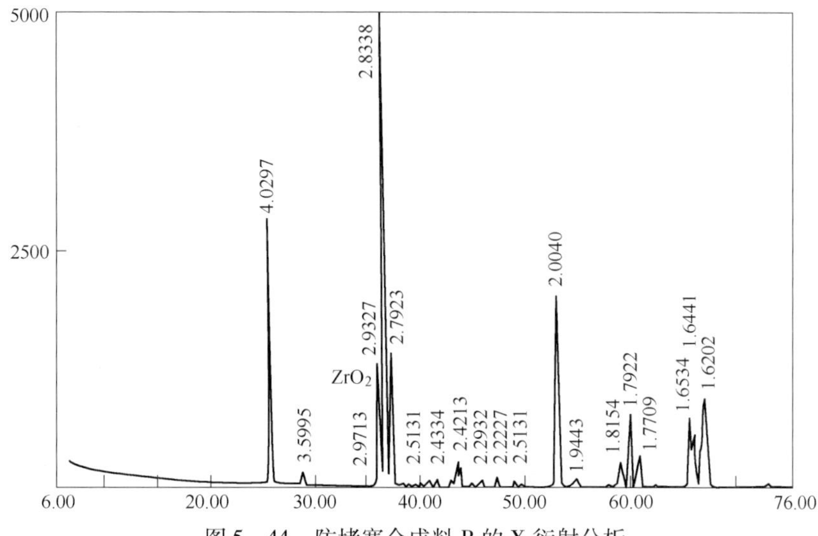

图 5-44 防堵塞合成料 B 的 X 衍射分析

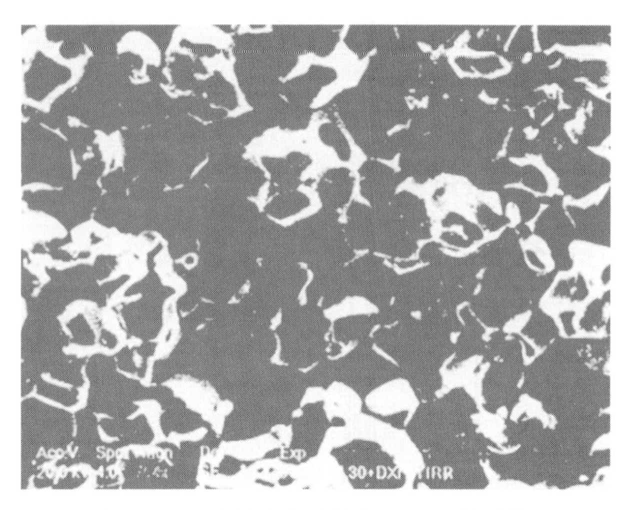

图 5－45　防堵塞合成料中 $CaZrO_3$ 的形貌

通过以上防堵塞合成料的试验表明，在实验室的条件下，是完全可以合成出 CaO 摩尔分数不超过 50% 的 $CaO-ZrO_2$ 系列的材料。

特别需要指出的是，合成料中的 CaO 和 ZrO_2 含量，应根据不同钢厂连铸浇注的易堵塞钢种进行适当的调整。

5.29　不吹氩防堵塞浸入式水口的制作与性能

不吹氩防堵塞水口的制作与现行的浸入式水口的生产工艺是一致的。水口的本体为 Al_2O_3-C 质，渣线层为 ZrO_2-C 质，而水口的最内层，即防堵塞层为 $CaO-ZrO_2-C$ 质，该层厚度为 5～7mm。不吹氩防堵塞浸入式水口实物的理化指标见表 5－26。

表 5－26　不吹氩防堵塞水口实物的理化指标

项　目		不吹氩防堵塞浸入式水口			项　目	不吹氩防堵塞浸入式水口		
		本　体	渣线层	防堵塞层		本　体	渣线层	防堵塞层
化学组成/%	Al_2O_3	51.60			显气孔率/%	13	15	17
	C	26.90	15.82	20.73	密度/$g \cdot cm^{-3}$	2.53	3.49	2.79
	ZrO_2		72.54	42.49	耐压强度/MPa	37.50	26.20	
	CaO			20.86	抗折强度/MPa	9.18	5.80	

5.30　不吹氩防堵塞水口的使用条件和使用效果

5.30.1　不吹氩防堵塞水口的使用条件

在国内钢厂的使用条件如下：

（1）浇注低合金钢和低碳铝镇静钢，如浇注 08Al 钢，Al 含量为 0.02%～0.06%。

（2）中间包浇注温度为 1530～1555℃。

（3）每包浇钢水量约 90t。

（4）平均浇注周期41min。

5.30.2 在钢厂的使用效果

在钢厂使用传统的铝碳质水口浇注08Al等钢种，连浇3炉后发生水口堵塞。使用洛阳泽川高温陶瓷有限公司生产的防堵塞水口，连铸浇注低合金钢可连浇6～9炉，连浇时间为4.5～6.7小时；浇注低碳铝镇静钢可连浇5～7炉，浇注时间为4～6.7小时。

5.31 不吹氩防堵塞水口使用后的残砖形貌

在钢厂使用的不吹氩防堵塞水口主要用于浇注易堵塞钢种，如08Al、T521LY、HP259、XYB和LZN等钢种。以下就浇注08Al钢种使用后的残砖进行分析说明。

5.31.1 使用后的残砖形貌

对使用后的残砖进行取样，其外形如图5－46所示。在图中：

（1）不吹氩防堵塞水口本体残砖壁厚为21mm，原砖壁厚为25mm。

（2）水口内孔通道内壁部分有一层2mm厚的残钢。

（3）防堵塞层残厚为3～5mm，原壁厚为7mm。

（4）渣线部位为ZrO_2－C质，该层已被侵蚀成凹状，残壁厚为12～16mm，原壁厚为25mm。

（5）不吹氩防堵塞水口侧孔外壁，表面有一层2mm的钢壳，高约60mm，其上附有1～2mm厚的钢水中析出物，呈土红色。

（6）使用后的不吹氩防堵塞浸入式水口侧孔，其外表面上有一层厚1mm的钢壳，在钢壳上堆积有钢水中析出的白色夹杂物，厚约1.0mm。

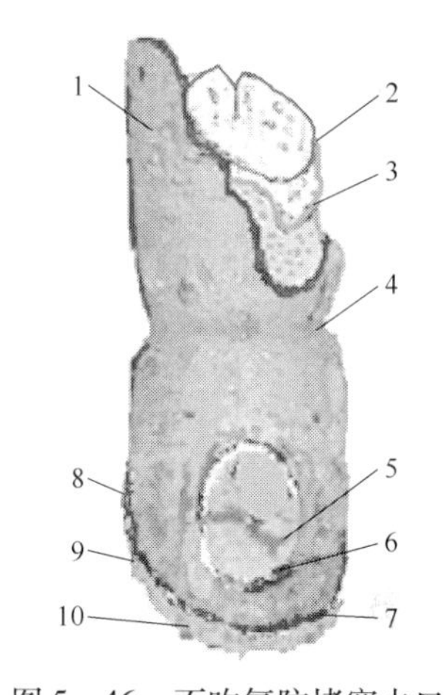

图5－46 不吹氩防堵塞水口使用后的水口形貌

1—本体；2—残钢；3—防堵塞层；4—渣线部位；5—侧孔堵塞物；6—侧孔凝钢层；7—水口底面凝钢层；8，10—土红色黏附物；9—凝钢层

（7）在使用后的不吹氩防堵塞浸入式水口底部外表面附着一层3～5mm厚的钢壳。在其上又黏附一层1～2mm厚的土红色的钢中析出物。

对使用后的残砖进行测量，并与原砖尺寸相比较，得到砖的侵蚀速度为：

（1）本体层侵蚀速度，0.89mm/h；

（2）渣线层侵蚀速度，0.89～2.0mm/h；

（3）防堵塞层侵蚀速度，0.44～0.89mm/h。

5.31.2 不吹氩防堵塞水口原始防堵塞层分析

不吹氩防堵塞水口原始防堵塞层（图5－46中3）的形貌如图5－47所示。图中黑色条状物为石墨，白色为$CaZrO_3$，其晶间为$CaO \cdot 2SiO_2$和$CaO \cdot 3SiO_2$。

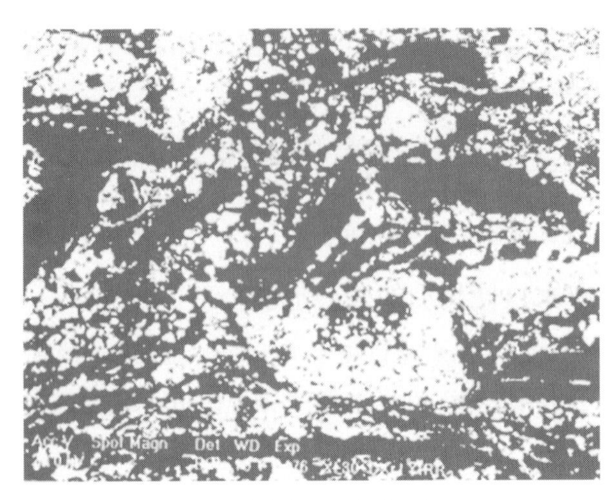

图 5－47 不吹氩防堵塞水口原始防堵塞层的形貌

5.31.3 不吹氩防堵塞水口防堵塞层使用后形貌

通过电镜观察，不吹氩防堵塞水口防堵塞层使用后的形貌，如图 5－48 所示。

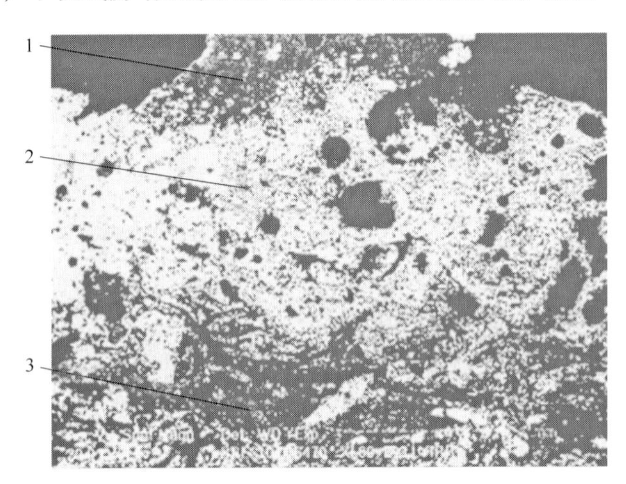

图 5－48 不吹氩防堵塞水口防堵塞层使用后的形貌

1—反应层；2—过渡带；3—未反应层

在图 5－48 中 1 为反应层，厚为 0.3～0.4mm；2 为过渡带，厚为 1.1～1.2mm；3 为未反应层，即原始的防堵塞层。在 1 和 2 之间，有很多球状的金属体。

5.31.4 不吹氩防堵塞水口防堵塞反应层分析

不吹氩防堵塞水口反应层（图 5－48 中 1）直接与钢水接触，其主要产物为钙铝黄长石（$CaO \cdot 2Al_2O_3 \cdot SiO_2$）和极少量的铝酸钙（$CaO \cdot 6Al_2O_3$）；晶间含有 Na、Mg、Al、$SiO_2$、Ca、Mn 的玻璃体，如图 5－49 所示。在图 5－49 中，条状为钙铝黄长石，晶间为玻璃体。

钙铝黄长石的生成温度较低，在 1300℃ 以上即可形成，但生成后的熔点较高，为

1590℃。由于有杂质存在，实际熔点会更低一些。

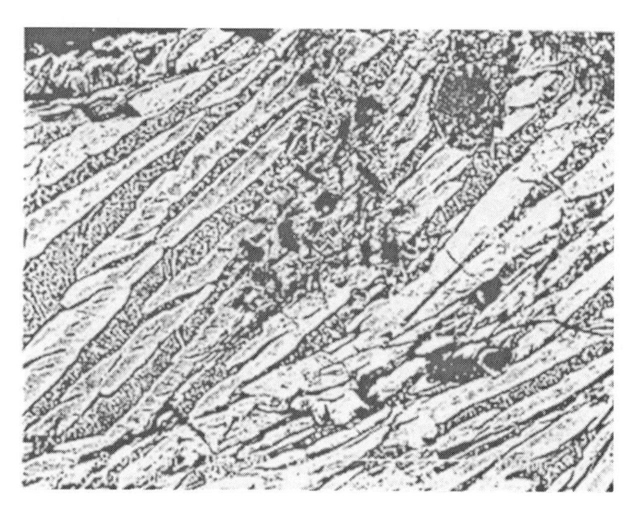

图 5－49 不吹氩防堵塞水口防堵塞反应层形貌

在浇注 08Al 钢时，钢水中析出的 Al_2O_3 与防堵塞层中的 $CaZrO_3$ 和加入物，如 SiO_2 反应生成 $CaO\cdot 2Al_2O_3\cdot SiO_2$，在与其他杂质作用下，如石墨氧化后灰分中的 SiO_2、Fe、Na、CaO、MgO 等反应，使 $CaO\cdot 2Al_2O_3\cdot SiO_2$ 的熔点下降，并随钢水带走，从而防止钢水中析出的 Al_2O_3 夹杂物附着在水口内孔通道的内表面上，防止水口堵塞。

5.31.5 使用后的不吹氩防堵塞水口防堵塞过渡带分析

不吹氩防堵塞水口防堵塞过渡带（图 5－48 中 2）的形貌如图 5－50 所示，其主要特征是：石墨已全部氧化，主要矿物为 $CaZrO_3$（图中灰色粒状部分）和 ZrO_2，晶间为$CaO\cdot 2Al_2O_3\cdot SiO_2$，但发育不完全，看不到条状晶形。

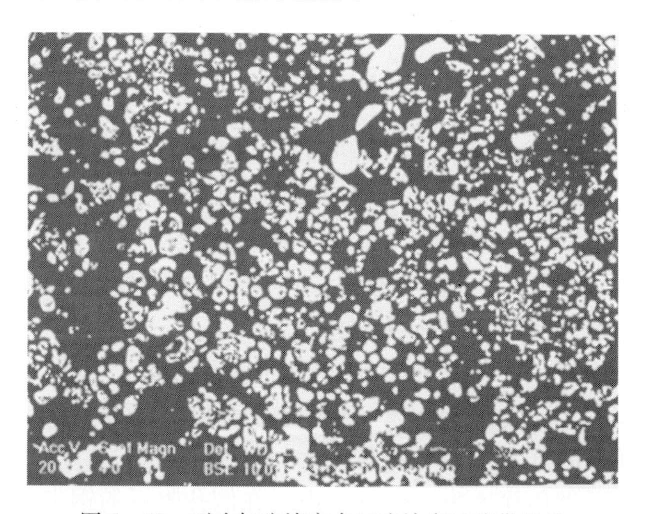

图 5－50 不吹氩防堵塞水口防堵塞过渡带形貌

在过渡带中，还有相当数量的 Fe，呈球状和腰子形，其形貌如图 5－51 所示。

在过渡带中，金属物的内在形貌如图 5－52 所示。

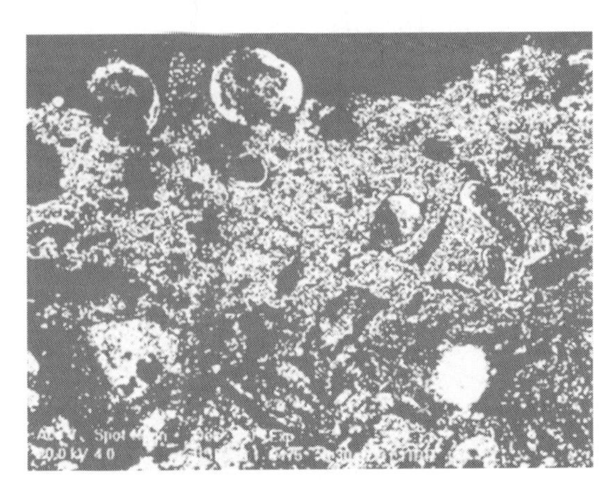

图5-51 不吹氩防堵塞水口防堵塞过渡带中Fe的形貌

图5-52 不吹氩防堵塞水口防堵塞过渡带中金属物的内在形貌

5.32 不吹氩防堵塞水口流钢侧孔堵塞物的分析

不吹氩防堵塞水口在浇注后期，在其侧孔的底内壁面、外表面和底部均有白色和土红色沉积物存在，并夹有少量的金属小球，如图5-46和图5-10所示。对白色沉积物作X衍射分析，其主要矿物为$\alpha-Al_2O_3$和少量$CaO\cdot6Al_2O_3$，而Fe_2O_3不明显，如图5-53所示。但是，在土红色的沉积物中，除了有$\alpha-Al_2O_3$和少量$CaO\cdot6Al_2O_3$外，还有明显的Fe_2O_3存在。由此，使白色的沉积物呈土红色。

在水口侧孔部分比较容易凝结钢壳和沉积物的主要原因是：

（1）由于在水口的侧孔内壁部分复合防堵料的制作难度大，因此未能很好地复合防堵料，而是与本体一样，仍为Al_2O_3-C质。

（2）水口浸入结晶器内深度为200mm，由于在侧孔附近的钢水温度要明显低于钢水的浇注温度。因此，有可能在侧孔底面和外表凝结钢壳。而在侧孔内，因有钢水流动，它的温度略高于侧孔外温度，因此，凝结钢壳的可能性会小一些，即使有凝钢也会薄一些。

（3）由于钢水温度的下降，使钢水中的Al_2O_3夹杂物析出量增加，并附着在金属壳表

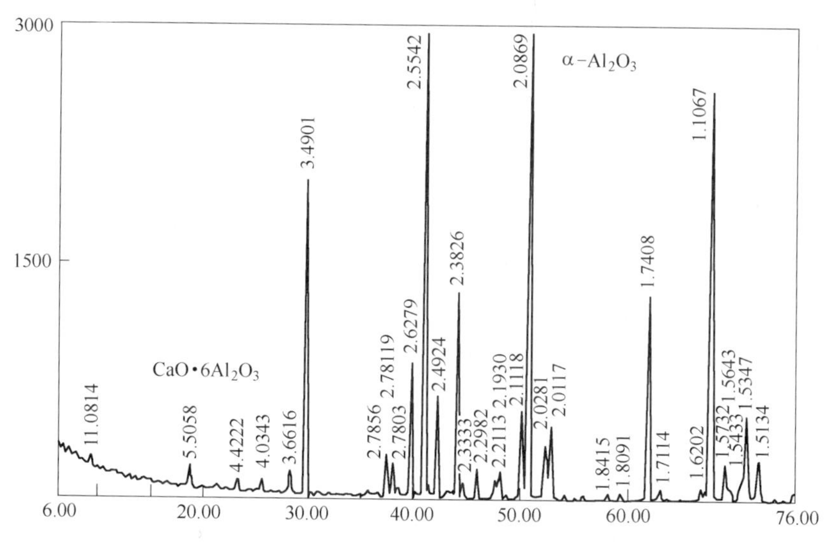

图 5-53 白色沉积物的 X 衍射分析

面上，钢水温度越低，Al_2O_3 夹杂物析出就越多，沉积物堆积也就越厚。

（4）侧孔内表面易沉积堵塞物的另外一个原因是由于钢水流速减缓造成的。

5.33 关于防堵塞料的添加剂

研究表明，纯粹的 $CaZrO_3$ 材料与 Al_2O_3 反应是不活跃的。因此，用这种材料作为防堵塞料，必须考虑到钢水中夹杂物的属性。

因为在钢水中的夹杂物并非都是一样的，有的是 Al_2O_3 夹杂物，还有一些是 TiO_2 和其他易氧化元素氧化后产生的夹杂物。

因此，为了使 $CaZrO_3$ 材料与钢水中的夹杂物反应活跃，生成低熔点物，就必须在制备的 $CaZrO_3$ 材料中加入合适的添加剂。

从已有的资料中可以看到，目前，可作为防堵塞料添加剂的有以下几个系列的材料：

（1）芒硝（$Na_2SO_4 \cdot 10H_2O$）、硼砂（$Na_2B_4O_7 \cdot 10H_2O$）和钠长石（$Na_2O \cdot Al_2O_3 \cdot 6SiO_2$）等；

（2）石膏（$CaSO_4$）等；

（3）氟化物，如 LiF 和 CaF_2 等；

（4）氮化硼（BN）、碳化硼（B_4C）等；

（5）硅酸钠玻璃（Na_2SiO_3）等；

（6）二氧化硅（SiO_2）和硅酸钙（Ca_2SiO_4）等。

5.34 无碳无硅质水口材质的选择与匹配

在钢厂，使用锆酸钙制作的防堵塞水口浇注低碳铝镇静钢和低合金钢，对防止水口堵塞的效果是明显的。但是，存在的问题是：锆酸钙的合成、添加剂的选择和相应的配套设备系统，这一系列工作不是一件简单的事情，若由水口生产厂独立完成，是很难做到的。

因此，国内外在浸入式水口的防堵塞方面另辟蹊径，拟选择市售的、现成的材料替代锆酸钙来制作防堵塞水口。为此，把 Al_2O_3 粉分别涂在尖晶石、MgO 和 Al_2O_3 + 尖晶石等的样块表面，进行高温热处理。试验结果表明，尖晶石材料与 Al_2O_3 的反应性最小，并且热处理后表面平滑度保持较好。因此，认为尖晶石材料可以作为防 Al_2O_3 附着的材料。

在前面已经讲过，浸入式水口中的 C 和 SiO_2 在连铸浇注过程中，不仅会使许多要求纯净度极高的优质钢种增碳增硅，还会在高温的作用下，最终反应生成 Al_2O_3，并附着在水口内孔通道的内壁上，有利于钢水中的 Al_2O_3 夹杂物的附着，可能造成水口堵塞。

鉴于上述原因，研究开发新型的防堵塞水口，即所谓的无碳无硅质水口。该水口的本体为铝碳质，渣线为锆碳质，防堵塞复合层，即水口内孔通道的材质为尖晶石，并且不添加任何含碳和硅的材料。但在实际制作过程中，考虑到造粒和成型性能，通常会采用少量的酚醛树脂作为结合剂。因此，在无碳无硅质浸入式水口的复合层中，还会或多或少地含有少量的碳。

根据已有的试验结果，选用尖晶石材料制作水口的内复合体，并要求不含碳和硅。显然，在制作水口时，尖晶石材料必须要与 Al_2O_3-C 质或其他材质的本体复合在一起。由于两种材料的热膨胀系数差异较大，很难复合在一起，而且容易造成开裂。因此，无碳无硅质水口本体与尖晶石内衬之间的复合、成型和烧成制度之间的匹配十分重要。

作者认为，为了解决无碳无硅质水口复合体与本体之间的匹配问题，事先要做的基础工作是：

（1）将无碳无硅质水口本体的 Al_2O_3-C 材料与 MA 尖晶石内复合体，模拟实物成型压制成管状，并经受1100℃急热急冷，检验其抗热震性。

（2）在制成条状的 MA 尖晶石试样表面，覆盖一层粒度小于 10μm 的 $\alpha-Al_2O_3$ 粉，并升温至1560℃，保温 2 小时，观察内衬材料与 Al_2O_3 的反应性。

（3）在内复合体内加入适量的 ZrO_2 材料，观察在高温下，ZrO_2 材料自身的膨胀与复合体的高温收缩是否匹配。如果不匹配，可以调整 ZrO_2 材料的加入量，使 ZrO_2 材料的膨胀与复合体的收缩相互抵消。

（4）内复合体的颗粒级配也是影响复合体性能的一个重要因素。试验结果表明，内复合体的强度和密度随着细颗粒的增加而提高，但热处理后线变化率也增大，这不利于材料的实际使用。

通过以上工作就基本上确定了水口内复合体的制作参数。如选用适当的结合剂、添加剂、选择最佳的粒度级配和加入适量的 ZrO_2 材料，使内复合体在烧成后获得适宜的常温强度和较小的体积变化；同时与本体铝碳质材料复合后，可以获得较高的抗热震性和良好的抗侵蚀性，并且与氧化铝粉的反应性小。

5.35 无碳无硅质水口的制作工艺

5.35.1 水口内复合体材质

通过试验可采用烧结 MA 尖晶石或电熔 MA 尖晶石，并添加适量的 ZrO_2，作为无碳无硅质水口内复合层的原料。无碳无硅质水口本体为 Al_2O_3-C 质，水口渣线为 ZrO_2-C 质，按现有的生产工艺制作。为了增强水口的抗侵蚀性，提高水口的使用寿命，渣线的 ZrO_2 含量控制在75%～80%的范围内。浸入式水口的内孔复合体及侧孔复合 MA 尖晶石材料，而不加入任何含碳和含硅材料，其中含 ZrO_2 不超过10%，按现有复合工艺制作。外加的 ZrO_2 材料，既可防止浸入式水口的堵塞，又可提高水口侧孔内壁的抗侵蚀能力，延长水口的使用寿命。

5.35.2 造粒工艺

造粒是泥料制备的关键工艺过程，为了提高造粒料的成型性能，在配料中加入了少量的酚醛树脂，并在高速混合机内进行混碾，制成具有一定强度的颗粒料。使用高速混合机造粒，可确保水口内复合体的成分与性能均匀一致。

5.35.3 水口成型工艺

无碳无硅质水口的内复合体，采用直接复合方式与水口本体和渣线组合在一起，在冷等静压机中一次复合成型。

5.35.4 水口的烧成

无碳无硅质水口在燃油隧道窑中埋炭无氧化烧成，烧成温度为1150～1250℃。烧成后的水口，还要经过外形车加工、喷涂防氧化涂层、无损探伤、质量检查和包装等工序。

5.35.5 无碳无硅质水口的实物性能

无碳无硅质水口的实物性能见表5－27。

表5－27 无碳无硅质水口实物的理化指标

项目		无碳无硅质浸入式水口			项目	无碳无硅质浸入式水口		
		本体	渣线	内复合体		本体	渣线	内复合体
化学组成/%	Al_2O_3	45		69.38	显气孔率/%	18	14～17	28.0
	ZrO_2		78～80	6.76	密度/g·cm^{-3}	2.35	3.5～3.6	2.65
	MgO			21.92	耐压强度/MPa	20	20～25	21.0
	C	25	15～20		抗折强度/MPa	5	5.5～7.5	

5.36 无碳无硅质浸入式水口的使用条件与结果

国内一些钢厂原先使用的普通铝碳质水口浇注超低碳钢会造成钢水增碳。随着超纯净钢品种的开发，又要求钢水中Si的含量进一步降低。显然，现行的铝碳质水口难以满足超纯净钢品种的浇注要求，因而要使用无碳无硅质的浸入式水口，以满足上述品种生产的要求。

为了保证无碳无硅质浸入式水口能满足钢厂连铸浇注的工艺条件，以便于生产组织，要求无碳无硅质浸入式水口必须满足连铸浇注的条件，见表5－28。

表5－28 无碳无硅质浸入式水口的使用条件

项目	使用条件
适用钢种	无取向硅钢、超低碳钢、纯净钢、碳素钢、低碳铝镇静钢等
浇注温度/℃	1505～1555

续表 5 – 28

项　目	使用条件
大包钢水量/t	79 ±2
中间包容量/t	15
中间包液面高/mm	700 ~ 900
每炉浇注时间/min	37 ~ 65
浇注断面/mm	210 ×(1050 ~ 1100)、250 ×(950 ~ 1550)
结晶器保护渣	XLC – 1、XLZ – 18、DK – 1A、DK – 2、DK – 3A、SXG – 5BC、SXG – 1A 等

钢厂使用洛阳泽川高温陶瓷有限公司生产的无碳无硅质水口，主要用于连铸浇注深冲钢、硅钢、超低碳钢等钢种，在钢厂的实际使用情况见表 5 – 29。

表 5 – 29　无碳无硅质浸入式水口的使用情况

钢　种	浇注时间/min	浇注炉数/炉	内孔残厚/mm	渣线残厚/mm	停浇原因
Q345B	242	6	5 ~ 6	18 ~ 20	计划停浇
Q195AL	210	5	4 ~ 8	17 ~ 18	计划停浇
235B	283	7	2	17 ~ 23	计划停浇
W20B	311	5	蚀损轻微	10	计划停浇
HSAE1008	264/310	6/7	蚀损轻微	17/15	计划停浇
WL510	175	4	蚀损轻微	18	计划停浇
XYB61	210	4	蚀损轻微	18	计划停浇
WYK – 1	210/263/330	4/5/6	蚀损轻微	10/7/15	计划停浇
W10	264/411	4/6	蚀损轻微	16/15	计划停浇
WLZn	229	5	蚀损轻微	12	计划停浇
W20	377	6	蚀损轻微	18	计划停浇

在浇注 Q345B、Q235B、Q195AL 完毕后，对使用后的残砖进行观察，发现内复合体内壁无堵塞物，只有水口底部有少量的 Al_2O_3 附着物。

说明：在表 5 – 29 中，无碳无硅质水口渣线部位的总壁厚为 25mm，其中内复合体的壁厚为 8mm。使用效果表明，采用无碳无硅质水口浇注超低碳钢，平均增碳为 0.00011%（1.1ppm）；而采用普通铝碳质浸入式水口浇注同样的钢种，平均增碳为 0.00038%（3.8ppm）。因而无碳无硅质浸入式水口能满足超低碳钢及纯净钢的生产要求。

5.37　无碳无硅质浸入式水口使用后的残砖分析

5.37.1　无碳无硅质浸入式水口浇注纯净钢 WYK – 1 后的残砖分析

对使用后的无碳无硅质浸入式水口进行现场取样，水口内复合体的显微结构，如图 5 – 54 所示。由图 5 – 54 可见，内复合体的颗粒和基质部分主要由 Al_2O_3 – MgO 尖晶石料组成。

使用后的水口的内复合体的反应层厚度为 0.1 ~ 0.3mm，渗透层厚度为 1.6 ~ 5.0mm，尖晶石间充满白色低熔物，如图 5 – 55 所示。

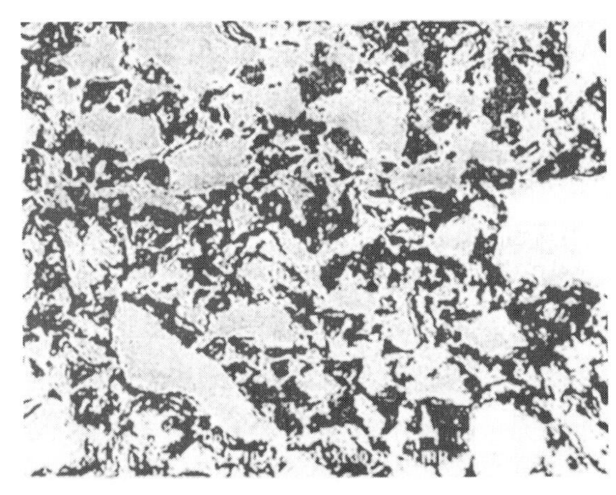

图 5－54　无碳无硅质水口内复合体浇注纯净钢 WYK－1 后的形貌

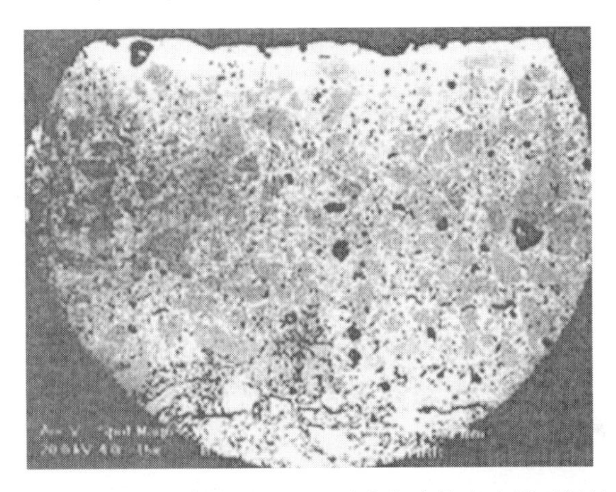

图 5－55　无碳无硅质水口浇注纯净钢 WYK－1 后内复合体中尖晶石间的白色低熔物的形貌

5.37.2　无碳无硅质浸入式水口浇注铝镇静钢 WLZn 后的残砖分析

使用后的无碳无硅质浸入式水口内复合体的反应层厚度约为 0.08mm，几乎不受侵蚀，残砖的显微结构如图 5－56 所示。

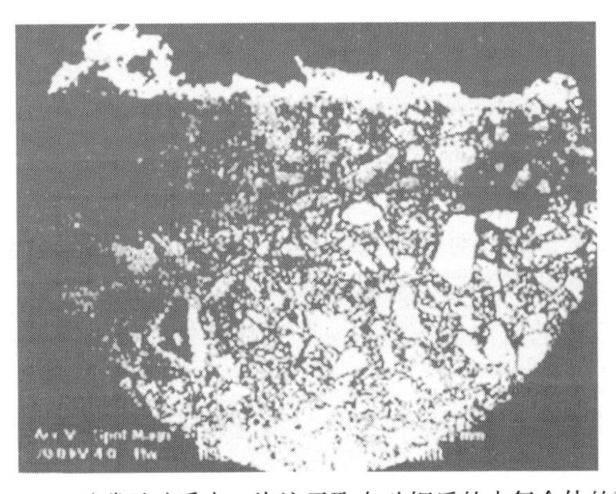

图 5－56　无碳无硅质水口浇注无取向硅钢后的内复合体的形貌

5.37.3 无碳无硅质浸入式水口浇注无取向硅钢 W180 后的残砖分析

使用后的无碳无硅质浸入式水口内复合体的反应层厚度约为0.5mm，其中含有小金属球，显微结构与图5－56相似。

5.38 整体塞棒的使用

5.38.1 整体塞棒的使用环境

整体塞棒的使用环境与长水口类似，不同的是整体塞棒与中间包一起烘烤，如图5－57所示。对烘烤的总体要求是：温度不低于1100℃，大火烘烤时间不少于2小时。塞棒的上部暴露在大气中，中部和下部分别浸泡在中间包覆盖剂和钢水中，而棒头与浸入式水口的碗口相对或相互接触，受到钢水的侵蚀和冲刷。因此，整体塞棒的各部位所用的材质也必须根据中间包使用的覆盖剂的碱度和所浇注的钢种来选择。

图5－57 正在烘烤的整体塞棒俯视图

1—烧嘴；2—整体塞棒；3—塞棒固定臂；4—升降机构

5.38.2 整体塞棒的安装

塞棒的安装质量，对随后的连铸浇注的正常化至关重要，这是因为整体塞棒除了要控制通过浸入式水口进入结晶器的钢水流量外，还要在浸入式水口出现损坏时，能迅速关闭进入结晶器的钢水，防止因结晶器溢钢造成的事故。

目前，有一些钢厂的中间包的施工和整体塞棒的安装，是外包给专业人员组织施工的。因此施工质量的优劣，同样对整体塞棒的使用状况和使用寿命至关重要。因此，从整体塞棒的安全使用角度出发，钢厂对整体塞棒的安装要求是：

（1）对连接整体塞棒的机构进行检查，各部件连接必须牢固，定位准确，不能有变形现象，并清除夹具上的黏钢黏渣。

（2）升降整体塞棒的机构要求轻便灵活，抬起和下落的移动距离要足够，一般控制在50～70mm的范围内。

（3）打扫中间包，清理座砖和浸入式水口碗口周边多余的黏结泥料和其他杂物。

（4）检查塞棒，如有弯曲变形、棒体表面防氧化涂层黏附不良和内部镶嵌的金属螺纹连接件有残损、松动或不到位的情况，均不能使用。

（5）塞棒在搬运和组装过程中，不得碰撞。如果发现有碰伤缺陷的塞棒，应停止使用。

（6）组装塞棒时，拧入连接螺栓（图5－58中4）后，并在塞棒端口均匀涂抹一层胶泥，盖上金属盖板（图5－58中2），最后拧紧螺帽（图5－58中3）。已组装好的整体塞棒，如图5－58所示。

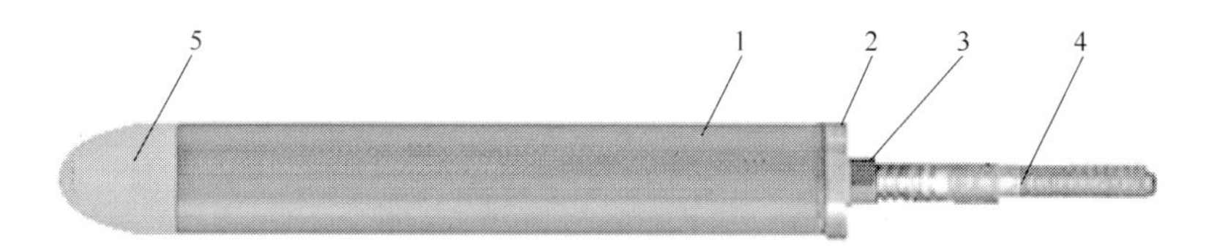

图5－58 已组装的整体塞棒

1—整体塞棒；2—盖板；3—紧固螺帽；4—连接螺栓；5—棒头防氧化抗侵蚀涂层

（7）塞棒吊至安装位置对准安装孔，仅塞棒上部螺栓与支撑臂靠紧，然后拧紧固定螺帽并接上氩气管。正在吊装的整体塞棒，如图5－59所示。

图5－59 正在吊装的整体塞棒

1—整体塞棒；2—中间包包盖

（8）安装前可将塞棒放在浸入式水口的碗口上，并将塞棒直立，然后将塞棒正反向地旋转，使塞棒棒头与水口碗口接触紧密。

（9）安装塞棒时，塞棒棒头的棒尖正对水口碗口的中心线，抬升和下压升降机构时塞棒开关必须灵活自如，不得有跳动现象，避免造成塞棒晃动不稳。由于整体塞棒在钢水的浮力作用下会发生偏移，因此要将已与水口碗口垂直对中的塞棒向内滑移一点距离，这个距离与中间包内钢水的深度有关，一般控制在5mm以内，如图5－60所示。

（10）在安装塞棒时不要用力过猛，以免断裂。

（11）最后检查完毕，将塞棒设置在全开位置并锁定，用压缩空气进行吹扫。已安装好的整体塞棒如图5－61所示。

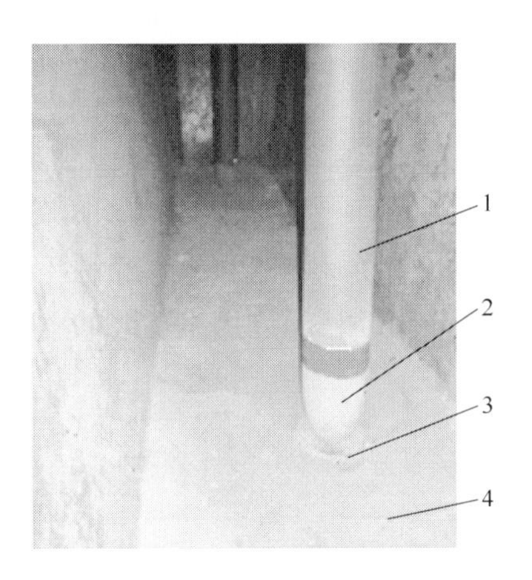

图5-60 已安装完毕的整体塞棒
1—整体塞棒；2—塞棒棒头；
3—浸入式水口碗口；4—中间包底

图5-61 已安装完毕的整体塞棒
1，4—紧固螺帽；2，5—压块；3—固定塞棒的安装臂；
6—组装好的塞棒；7—中间包包盖

5.39 整体塞棒的制作与材质选择

5.39.1 整体塞棒材质的选择

目前，在钢厂使用的整体塞棒，为了适应不同的中间包覆盖剂和浇注不同钢种，其材质的选择为：

（1）整体塞棒的棒身暴露在大气的部分，即所谓整体塞棒的上段，一般以铝碳质为主，主要原料为棕刚玉、特级矾土和鳞片石墨等。

（2）整体塞棒的渣线部位，即整体塞棒的中段与中间包覆盖剂接触的部分，材质主要有高铝碳质、尖晶石碳质和锆碳质等，主要原料为白刚玉、板状刚玉、尖晶石类和含锆材料等。

（3）整体塞棒浸入钢水的部分，即整体塞棒下段，在该段可能受到因长水口吹氩引起的钢水翻腾和向下流动钢水的冲刷的影响，造成该段蚀损。因此，塞棒下段的材质，可以选择等级高一些的材质。

（4）棒头是整体塞棒的关键部位，要具有良好的抗侵蚀和抗冲刷性能，因此棒头的材质主要有高铝碳质、镁碳质、尖晶石碳质和锆碳质等。

整体塞棒的结构形式主要有两种：一种是不吹氩的，盲头的；另一种是吹氩的，棒头带有吹氩孔。

5.39.2 整体塞棒的生产工艺

整体塞棒的生产工艺与其他产品（如长水口和浸入式水口等）基本上是一致的。由于在浇注过程中，其他产品是可以更换的，而塞棒是不能更换的，因而要求塞棒，特别是塞棒棒头，要具有较高的强度和耐钢水的冲刷，以及较长的使用寿命。

因此，在塞棒的制作过程中，应该有别于其他产品，配料中的临界粒度要粗一些、粒度组成中的细粉和石墨加入量要相对少一点，而成型压力要高一些。

5.40　整体塞棒的吹氩作用与吹氩产生的负面影响

5.40.1　整体塞棒的吹氩作用

整体塞棒吹氩的作用，主要是防止水口堵塞，其工作原理是：在吹氩时，氩气在水口碗口周围产生大量的微气泡，使钢水中的氧化物夹杂物随气泡上浮，被中间包碱性覆盖剂吸收，既净化了钢水，又可以防止水口堵塞。

5.40.2　整体塞棒吹氩产生的负面影响

整体塞棒吹氩产生的负面影响有：

（1）在钢厂浇注过程中，发现在开浇等非稳态浇注时，若塞棒不吹氩，则未发现连铸坯有针状气孔缺陷；而在浇注过程中，只要塞棒吹氩，铸坯中就可能存在针状气孔缺陷。据分析认为，这是因为通过塞棒吹氩，氩气可以通过浸入式水口进入到结晶器内，引起结晶器钢水波动，并在铸坯中留下针状气孔，严重影响到铸坯的质量。

但是，在实际的浇注操作中一般偏重于防止水口堵塞，故塞棒吹氩量较大，容易引起上述弊病。因此，可以通过对吹氩气量的优化，在保证水口不堵塞情况下，尽量减少塞棒的吹氩量，还可以通过观察吹氩形成的结晶器液面的波动大小，作为实际控制吹氩量的间接参考依据，尽可能地降低铸坯针孔等缺陷的产生，提高铸坯质量。

（2）在实际浇注过程中，还发现塞棒吹氩量过大有可能在水口碗口沉积堵塞物，严重时会影响到塞棒的操作。这是因为，大流量的氩气会使周边的钢水局部降温，使钢水中的氧化铝析出，沉积下来，附着在水口的碗口和内壁上。

（3）在某钢厂，因在浇注30CrMo钢的过程中使用吹氩整体塞棒，但全程不吹氩，其结果是，水口上的附着物生长很快，影响正常浇注。从使用后的残砖可以看到，水口浸入钢水部分的外表面和内孔充满了大量的附着物，并对附着物做了X衍射分析，如图5－62所示。

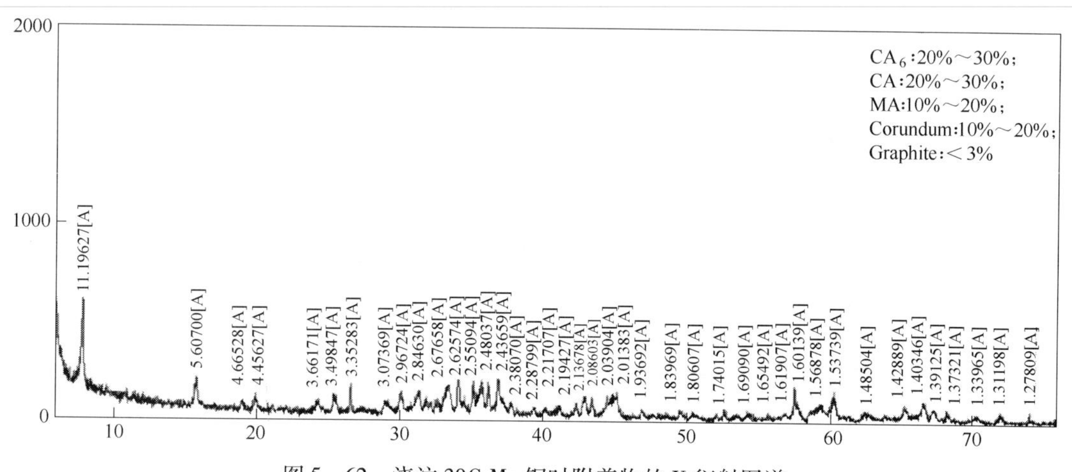

图5－62　浇注30CrMo钢时附着物的X衍射图谱

在制备附着物的X衍射分析试样时，已将样品中的Fe用磁铁除去，故在X衍射分析中没有出现Fe的成分。

对附着物试样的X衍射分析结果显示，主要矿物相组成为：

（1）六铝酸钙（$CaO \cdot 6Al_2O_3$，熔点1875℃），含量为20%～30%；

（2）一铝酸钙（$CaO \cdot Al_2O_3$，熔点1390℃），含量为20%～30%；

（3）镁铝尖晶石（MA，熔点2135℃），含量为10%～20%；

（4）刚玉（$\alpha-Al_2O_3$，熔点2050℃），含量为10%～20%；

（5）石墨，含量小于3%，有可能是取样时，从水口本体带入的。

对附着物进行化学分析，其结果见表5－30。

表5－30 附着物的化学组成

项 目	化学组成/%				
	Al_2O_3	SiO_2	MgO	CaO	Fe
结瘤物（未除铁）	48.06	4.44	2.56	7.34	37.60
结瘤物（除铁后）	77.01	7.12	4.10	11.76	—

以上四种化学成分总含量为62.4%，根据衍射结果分析，可以判定剩余成分主要应该是Fe。如果除去Fe以后，仅按以上四种成分为总量计算，则得到比较接近附着物的化学成分。

根据对水口附着物的矿物相组成及化学分析的结果，可以判断：在浇注过程中，由于塞棒不吹氩，在高速流动的钢水作用下，塞棒棒头吹氩孔周围产生负压，通过塞棒的吹氩通道吸入大量的空气，使钢水二次氧化，生成大量的Al_2O_3夹杂物附着在水口侧孔内外；另外，生成的Al_2O_3夹杂物还会与CaO处理后的钢水中的CaO和碱性包衬材料带入的MgO夹杂物，形成高熔点氧化物附着于水口之上。

由于找到了问题所在，如果在连铸浇注过程中采用不吹氩工艺操作，因某种原因使用了吹氩整体塞棒，应将吹氩孔堵塞后再使用，就可以避免发生类似的事故。在随后的连铸浇注中，在浇注同样的钢种时，再也没有发生类似的事故，事实证明，这样的处理方式是可行的。

5.41 整体塞棒的损坏形貌

5.41.1 整体塞棒的损坏形貌

整体塞棒在连铸浇注过程中，棒身暴露在大气中，主要受到中间包温度场的影响，渣线部位受到钢水和中间包覆盖剂的侵蚀，而棒头受到水口碗口处钢水强力的冲刷，并与钢水处理后钢水中的夹杂物，如Al_2O_3、CaO、Fe_2O_3、SiO_2和TiO_2等夹杂物发生反应，生成低熔点的化合物，使棒头蚀损变尖，甚至被侵蚀掉。

整体塞棒的损毁形式主要有以下一些状况，如图5－63所示。

5.41.2 安装过程产生的损坏

目前，整体塞棒与金属棒芯的连接安装方式主要有三种，如图4－27中1、2和3所示，其中使用较多的一种是金属螺纹连接件，其次是石墨电极或高铝矾土螺纹连接件和金属销子连接件。

但是，无论采用哪种方式连接安装，都有可能因紧固用力不当，造成塞棒安装端压力过大，产生裂纹或掉块（图5－63(a) 中1）；还有可能在安装搬运过程中发生碰撞，使塞棒棒身出现裂纹或断裂（图5－63(a) 中2）。

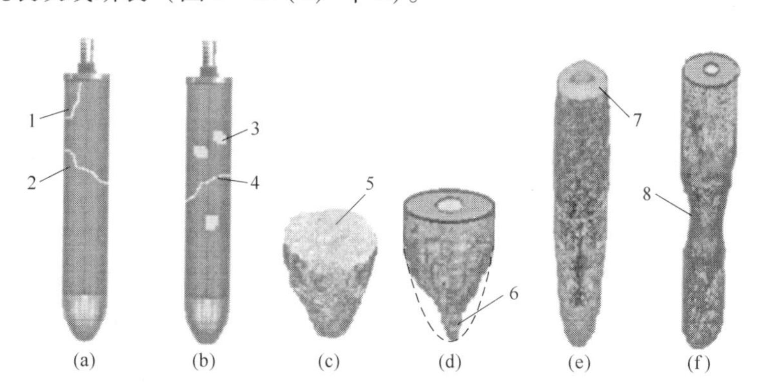

图5－63 整体塞棒损坏的各种形貌

特别是在安装销孔型塞棒打入销子时，由于塞棒上的销孔不正，销子撞击到塞棒对面的侧壁上，使塞棒尾部损坏。即使在销子安装正确的情况下，由于整体塞棒的强度不够，在最后拧紧棒芯时，塞棒从销孔处断裂。

5.41.3 在中间包内预热期间可能出现的损坏

由于整体塞棒表面的防氧化涂层性能不良，或塞棒表面粘有油渍，在未彻底清理干净之前就喷上釉层。在中间包烘烤时，在塞棒表面的釉层，局部出现大片的或斑块状的“干釉”区域，造成塞棒局部脱碳氧化（图5－63(b) 中3），氧化深度可达5mm以上，使整体塞棒强度下降，严重影响到塞棒的安全使用。

另外，由于整体塞棒制作的原因，如配料、造粒和装填料的不均匀性，造成制品的化学成分和颗粒的偏析，会影响到整体塞棒的强度，或在制品内部留下隐形裂纹，严重时在烘烤过程中还会发生整体塞棒断棒事故（图5－63(b) 中4）。

5.41.4 整体塞棒的棒头断裂事故

由于整体塞棒棒身的材质和粒度组成与塞棒棒头的材质是截然不同的。而且，前者的碳含量明显高于后者，两者之间的性能差别也很大，如化学成分、密度和热膨胀系数等性能，都有较大的差异。

如果整体塞棒棒身与棒头的配料搭配不好，在中间包的烘烤或在连铸浇注过程中，由于热膨胀系数差别较大，容易发生掉棒头的事故，如图5－63(c) 中5所示。如果没有中间包滑动水口，发生这样的事故，就无法关闭进入结晶器的钢水，会造成结晶器溢钢事故，后果特别严重。

因此，为了解决上述问题，通常在塞棒棒身与棒头连接处，采取加入过渡料的方式缓冲两者之间的热膨胀性，尽可能地降低棒头断裂事故发生率。

5.41.5 整体塞棒的棒头受到严重的侵蚀损毁

连铸耐火材料生产厂家往往会发现一个现象，即同样一个连铸用产品，在这个钢厂使用得很好，而在另一个钢厂使用寿命却很低。究其原因，可能是因为不同钢厂的使用条件是不一样的。因此，就必须根据不同的钢厂，设计与其相匹配的产品，以满足连铸生产的要求。

对于整体塞棒而言也是如此，如果所使用的棒头的材质选择不当，不能与所浇注的钢种、钢水的氧含量、脱氧产物和钢水精炼处理后形成的夹杂物相匹配，则钢水中的氧化夹杂物会与棒头材质中的 MgO、SiO_2 以及石墨脱碳后的灰分杂质发生反应生成低熔物，并被钢水冲蚀掉。随着浇注时间的推移，棒头的棒尖部分被侵蚀得越来越尖，甚至被完全侵蚀掉，如图 5－63(d) 中 6 所示。

在钢厂连铸浇注低碳铝镇静钢，钢水都经过钙处理，浇注过程中钢水过热度一般控制在 20～40℃之间，钢水温度控制在 1540～1565℃之间，发现如果使用镁碳质棒头，棒头侵蚀很快。其原因主要是：钢水中的［O］对塞棒的侵蚀影响非常强烈，特别是在大包不能自动开浇，而用氧气进行烧氧及敞开浇注时，为了控制钢水进入结晶器的流量，保持结晶器钢水液面恒定，塞棒必须向下压一点，以减少钢水的流量。这个现象说明，在大包烧氧和敞开浇注时，钢水中的 O 含量增加了，使镁碳棒头中的 C 氧化，棒头强度下降，使棒头体疏松，容易受到熔渣的侵蚀。

另一方面，棒头中的 MgO 和 C 在高温下是不稳定的，在 1700℃温度下，MgO 发生分解反应：$MgO + C = Mg + CO$。但是，在负压下，MgO 和 C 发生反应的温度会降低到 1200℃。由此可见，在连铸浇注时，镁质棒头处于水口碗口之间的一个环缝钢流负压区，在负压的作用下，即使在较低的温度下也加剧了棒头中的 MgO 和 C 的反应，加快了棒头的侵蚀速度，甚至可以把塞棒棒头的棒尖完全侵蚀掉。

因此，在遇到这种情况时，可以考虑使用铝碳质棒头。因为，在高温下 Al_2O_3 要比 MgO 更稳定一些。

5.41.6 整体塞棒在浇注过程中发生断裂

整体塞棒在中间包浇注第一炉钢水时发生断裂的概率较大。这是因为，尽管中间包和塞棒在一起进行了烘烤，但是为了保证中间包第一包钢水开浇顺利，第一包的钢水温度要高一些。

在这种情况下，如果中间包的烘烤温度不够，即与钢水的温度差较大，倘若整体塞棒的抗热震性不良或强度较低，都有可能会造成塞棒开裂或断裂事故，如图 5－63(e) 中 7 所示。

另外，由于中间包覆盖剂结渣而黏结塞棒，影响到整体塞棒的升降操作，需要人工捅渣，这时有可能损伤到整体塞棒，引起塞棒断裂。

5.41.7 整体塞棒渣线部位的蚀损

由于整体塞棒在浇注过程中是不能更换的，因此整体塞棒的渣线部位要长时间地受到中间包覆盖剂的侵蚀。

显然，塞棒渣线部位的抗侵蚀能力取决于整体塞棒渣线部位的材质是否与覆盖剂的碱度相匹配。如果两者之间的碱度值相差很大，如覆盖剂的碱度值较大，而渣线部位采用铝碳质，则渣线部位侵蚀很快，严重时还会出现断棒事故，如图 5－63(f) 中 8 所示。

整体塞棒损毁的其他原因，可能是在生产厂家的制作过程、包装、运输和搬动以及在钢厂安装过程中，组装、运输产生的损伤所造成的。

5.41.8 整体塞棒在浇注过程中可能发生的现象

整体塞棒在浇注过程中可能发生如下几种现象：

（1）整体塞棒在浇注过程中，往往会发生塞棒关不死的现象。而塞棒工作的状态是封闭的，棒头是埋在钢水中的，在绝大多数情况下是看不到的。

因此，塞棒关不死的原因可能是：

1）塞棒棒尖的外形与浸入式水口碗口的形状不匹配；

2）塞棒棒尖剥落或被侵蚀掉；

3）塞棒并没有问题，而是浸入式水口的碗部被侵蚀扩大或拉成沟槽造成的；

4）在水口碗口有沉积物存在。

（2）在中间包开浇时，塞棒打不开。可能是中间包烘烤温度达不到技术要求，使烘烤温度偏低，在钢水与中间包接触后，在水口碗口部位产生冷钢，导致棒头与水口碗口黏死，无法开启进行浇注。即使在中间包烘烤温度到位的情况下，如果浇注第一包的钢水温度偏低，同样也达不到浇注要求，也会发生类似事故。

（3）在中间包烘烤过程中，在高温作用下，塞棒机构上连接塞棒的横梁和压紧垫片等会发生膨胀变形。连铸开浇时，随着中间包钢水液面的上升，钢水浮力增大，造成塞棒偏移，导致控流困难。

（4）在钢水的高温作用下，与塞棒连接的丝杆同样会膨胀变形，使得塞棒松动，应及时处理，避免其与横梁脱开，否则会使塞棒抖动或塞棒棒头偏离水口碗口区域，影响浇注。

5.42 整体塞棒的操作特性

众所周知，在中间包的浇注过程中，中间包到结晶器的钢水流量主要是通过控制塞棒的开启度来控制的，以保持结晶器内钢水液面的平稳。在正常浇注的情况下，塞棒的开启度应该是相对稳定的。

在钢厂，为了保证结晶器内钢水液面保持在一定的高度范围内，钢水液面的变化与塞棒的开启度是通过自动化系统连动的。也就是说，当结晶器内钢水液面低于浇注要求时，塞棒会自动上升，加大进入结晶器的钢水流量；反之，则减少进入结晶器的钢水流量。

如果经过长时间的浇注后，出现塞棒下移，并且塞棒开启度作不规则变化。在此情况下，虽然棒头的变化是看不到的，但由此现象可以作出以下的初步判断：

在浇注过程中，如果发现结晶器钢水液面在不断地下降，在提升塞棒开启度后，钢水液面上升不明显，甚至还在下降。这说明，在水口的碗口或水口内孔通道内有附着物存在，也有可能是棒头的剥落物堵塞水口的碗口造成的。

另一种情况是，如果观察到结晶器内钢水液面上升过快，将塞棒降到最低位置，仍然不能控制钢水液面的上升。这说明，整体塞棒的棒尖部分已部分或全部被侵蚀掉，失去了控流功能。因此，塞棒的开启度的大小和结晶器液面波动的高低，是判别中间包水口碗口附着物的黏附和塞棒棒头被侵蚀程度的重要依据。

以上无论出现哪种情况都有可能造成中间包浇注中断，严重时还会造成结晶器溢钢事故。因此，钢厂为了防止上述事故的发生，在中间包浇注系统中，采取整体塞棒加滑动水口系统进行浇注，一旦塞棒控制系统不起作用，可以瞬间关闭滑动水口，切断注入结晶器的钢水，防止重大事故发生。

5.43 整体塞棒使用后的显微结构

5.43.1 使用后的整体塞棒A制品棒头（镁碳质）的显微结构

使用前的整体塞棒A制品的本体为铝碳质，棒头为镁碳质。使用后的棒头的显微结构如图5－64所示。

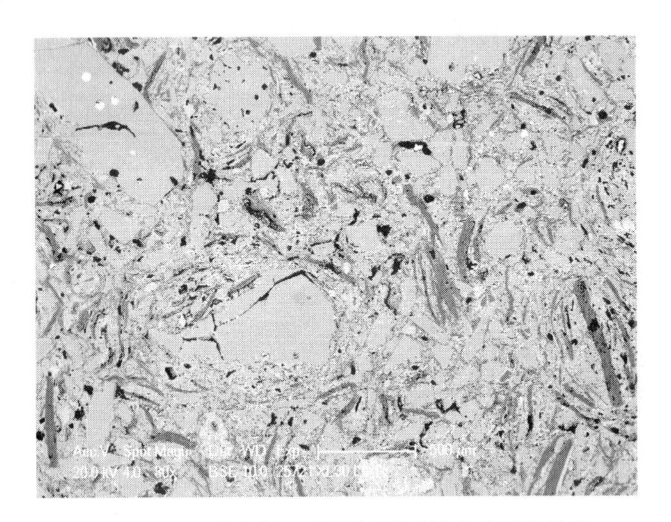

图5－64 整体塞棒A制品镁碳质棒头的显微结构

在镁碳质棒头基质中有少量的SiC，如图5－65所示。

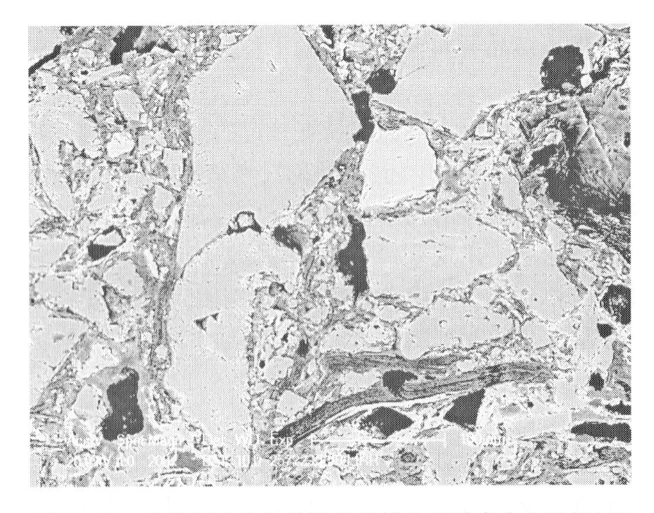

图5－65 整体塞棒A制品镁碳质棒头基质中有少量的SiC

在镁碳质棒头基质中，有大量的Si参与反应，反应后的形貌如图5－66所示。

图 5 - 66 整体塞棒 A 制品镁碳质棒头基质中有大量的 Si 参与反应后的形貌

在镁碳质棒头基质中，反应生成的 SiC 形貌如图 5 - 67 所示。

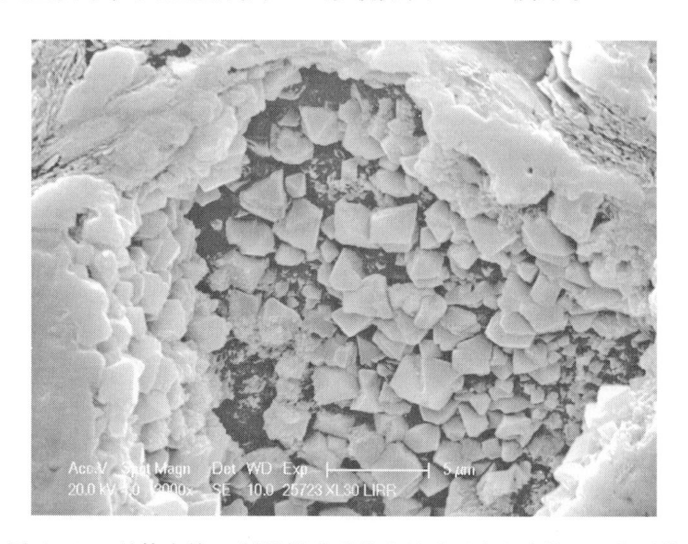

图 5 - 67 整体塞棒 A 制品镁碳质棒头基质反应生成的 SiC 的形貌

5.43.2 使用后的整体塞棒 B 制品棒头（白刚玉 + 石墨）的显微结构

整体塞棒 B 制品为铝碳质，其棒头主要由白刚玉和鳞片石墨组成，棒头的低倍形貌如图 5 - 68 所示。棒头的面分析结果见表 5 - 31。

表 5 - 31 整体塞棒 B 制品棒头的面分析

项 目	化学分析/%			
	Al_2O_3	SiO_2	MgO	Na_2O
棒头试样	87.05	8.83	3.73	0.38

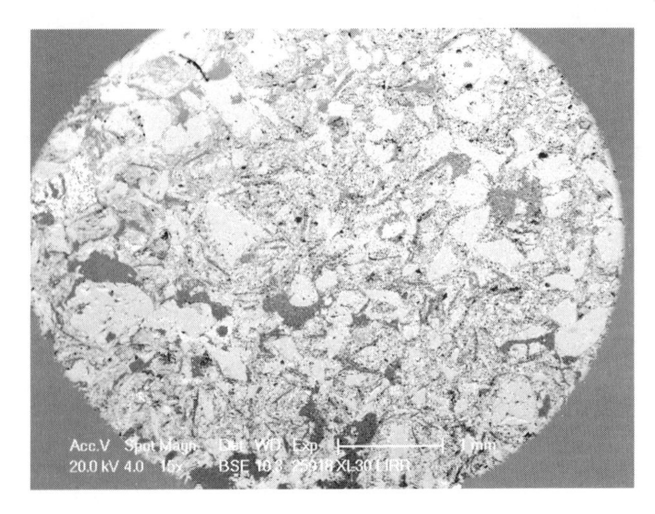

图 5－68 整体塞棒 B 制品棒头的低倍形貌

在整体塞棒 B 制品棒头物料中，含有 Mg－Al－Si 颗粒，其形貌如图 5－69 所示，即图中中部偏左下位置的白色颗粒，其成分见表 5－32。

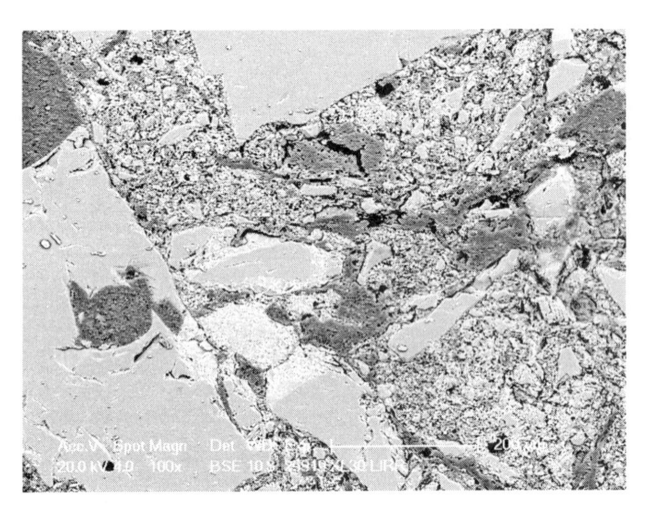

图 5－69 整体塞棒 B 制品棒头中的 Mg－Al－Si 颗粒的形貌

表 5－32 整体塞棒 B 制品中的 Mg－Al－Si 颗粒分析

项 目	化学分析/%				
	Al_2O_3	SiO_2	MgO	Na_2O	CaO
Mg－Al－Si 颗粒	41.0	42.77	13.10	1.95	1.19

整体塞棒 B 制品棒头断口处为渣线区，整个试样中的金属 Si 和 B_4C 已消失，表明已全部反应，其形貌如图 5－70 所示。

整体塞棒 B 制品棒头渣线区放大后的形貌如图 5－71 所示，在图 5－71 中，渣线深色区为刚玉，亮球为铁球体。渣线区域的化学成分见表 5－33。

表 5-33 整体塞棒 B 制品棒头渣线区域化学成分分析

项 目	化学分析/%						
	Al_2O_3	SiO_2	MgO	CaO	Na_2O	TiO_2	MnO
渣线浅色区	27.29	37.72	4.23	11.54	0.69	2.70	15.85
渣线浅灰区	47.5	19.43	12.35	5.35	—	1.68	13.69

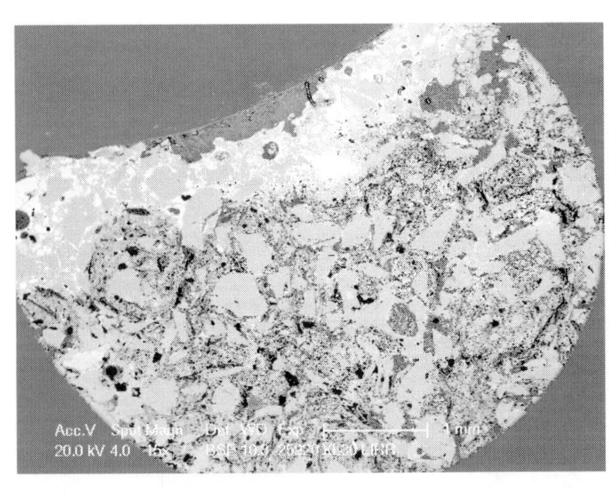

图 5-70 整体塞棒 B 制品棒头断口处金属 Si 和 B_4C 反应后的形貌

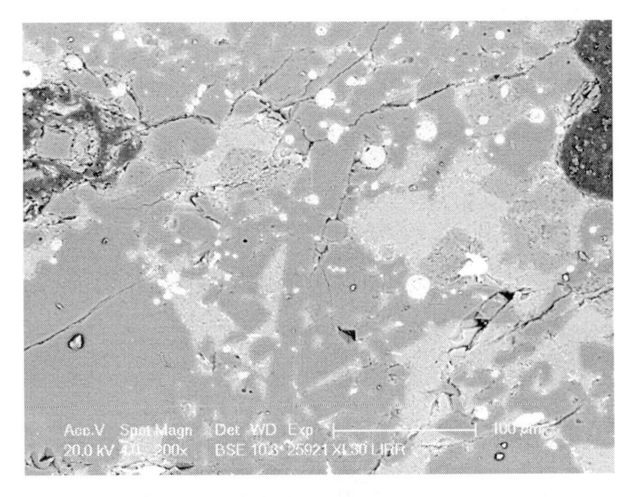

图 5-71 整体塞棒 B 制品棒头渣线区域（浅色区域）的形貌

在整体塞棒 B 制品棒头的基质中，含有刚玉细粉和 α - Al_2O_3 微粉，其中微粉已有部分反应，Si 和 B_4C 已消失，如图 5-72 所示。

在整体塞棒 B 制品棒头的基质中，石墨的临界粒度为 0.5mm，其形貌如图 5-73 所示。

5.43.3 使用后的整体塞棒 C 制品棒身（矾土 + 石墨）的显微结构

在使用后的整体塞棒 C 制品棒身中，主颗粒为矾土，临界粒度为 1.30 ~ 1.50mm，还

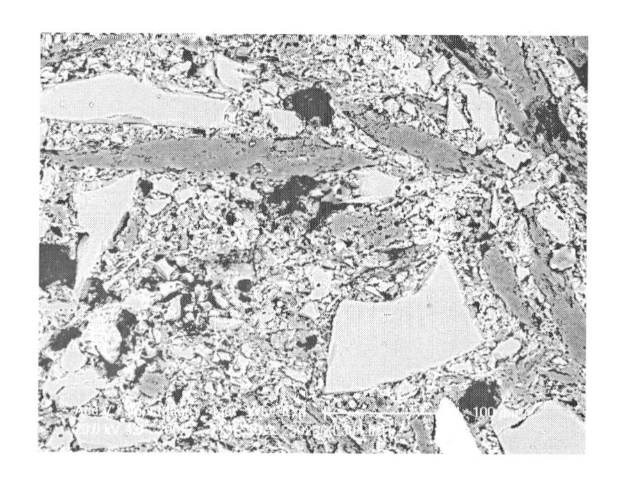

图5－72 整体塞棒B制品棒头基质中有刚玉细粉和$\alpha-Al_2O_3$微粉的形貌

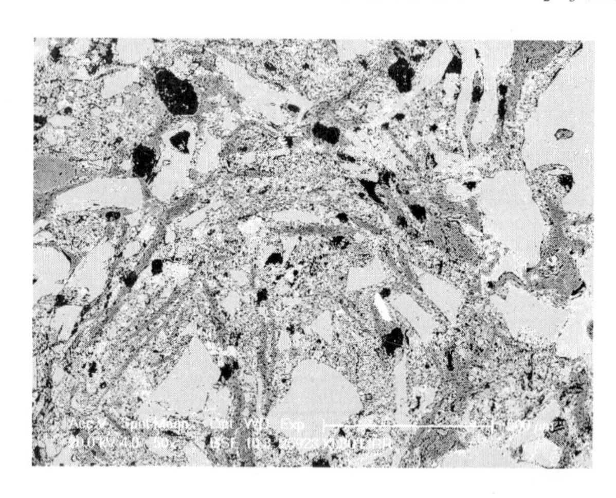

图5－73 整体塞棒B制品棒头基质中石墨的形貌

有粒度稍小的、少量的棕刚玉，塞棒棒身的低倍形貌如图5－74所示。

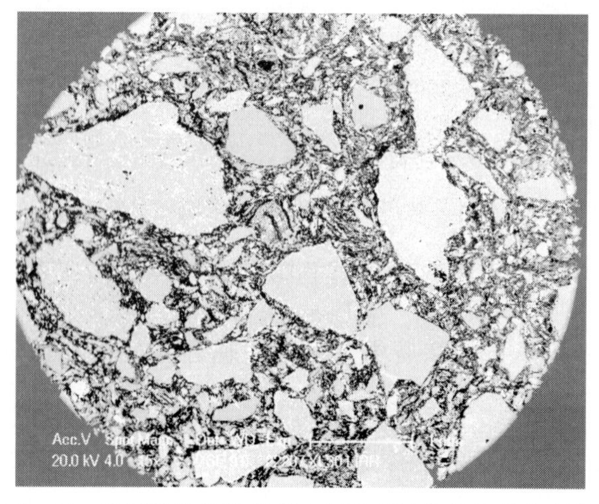

图5－74 使用后的整体塞棒C制品塞棒棒身的低倍形貌

使用后的整体塞棒 C 制品棒身中的矾土颗粒分布形貌如图 5－75 所示。

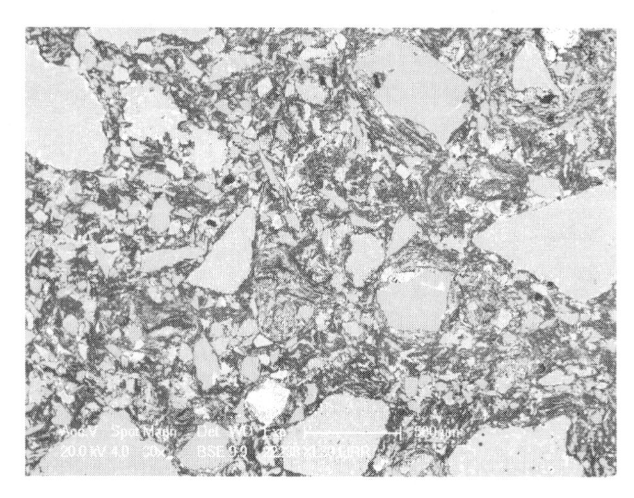

图 5－75　使用后的整体塞棒 C 制品塞棒棒身中的颗粒分布形貌

在使用后的整体塞棒 C 制品棒身中，矾土晶界形貌如图 5－76 所示。图中矾土晶粒间有杂质，白色为金属，矾土颗粒成分见表 5－34。

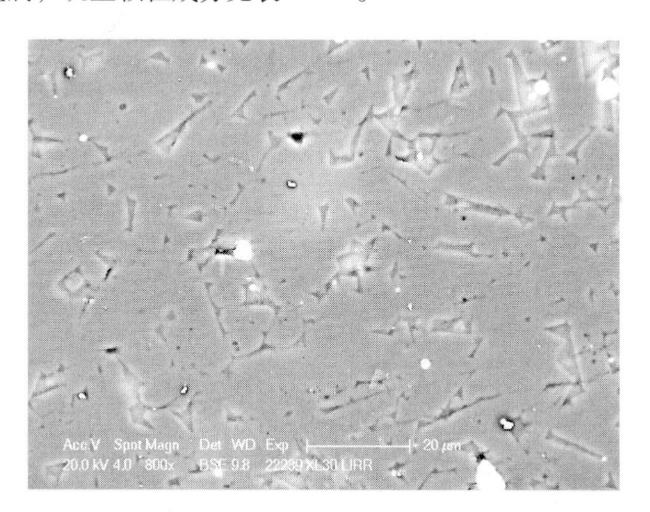

图 5－76　使用后的整体塞棒 C 制品棒身中的矾土颗粒晶界形貌

表 5－34　使用后的整体塞棒 C 制品棒身中的矾土成分分析

项　目	化学分析/%				
	Al_2O_3	SiO_2	TiO_2	Fe_2O_3	MgO
矾土颗粒	86.79～90.53	7.07～5.35	2.89～1.03	2.24～3.25	0.85

使用后的整体塞棒 C 制品棒身的基质中，以棕刚玉细粉为主，还有少量的矾土细粉和 SiC 以及石墨，但大片状的石墨较少。棕刚玉细粉的形貌如图 5－77 所示。

在使用后的整体塞棒 C 制品棒身的基质中，石墨的形貌如图 5－78 所示。塞棒棒身试样的面分析结果见表 5－35。

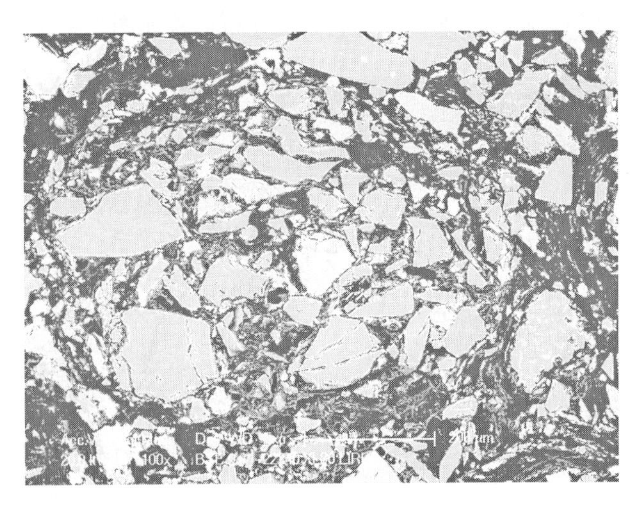

图 5－77 使用后的整体塞棒 C 制品塞棒棒身基质中棕刚玉细粉的形貌

图 5－78 使用后的整体塞棒 C 制品塞棒棒身基质中石墨的形貌

表 5－35 使用后的整体塞棒 C 制品塞棒棒身试样的面分析

项 目	化学分析/%					
	MgO	Al_2O_3	SiO_2	TiO_2	CaO	Fe_2O_3
棒身试样	2.73	65.63	23.94	3.25	0.51	3.94

5.43.4 使用后的整体塞棒 C 制品棒头（白刚玉＋石墨）的显微结构

在使用后的整体塞棒 C 制品棒头中，主颗粒为白刚玉，临界粒度为 1.0mm。棒头的低倍形貌如图 5－79 所示。

在使用后的整体塞棒 C 制品棒头基质中，也是以电熔白刚玉细粉为主，石墨临界粒度为 0.20mm，鳞片较小，其形貌如图 5－80 所示。棒头试样的面分析结果见表 5－36。

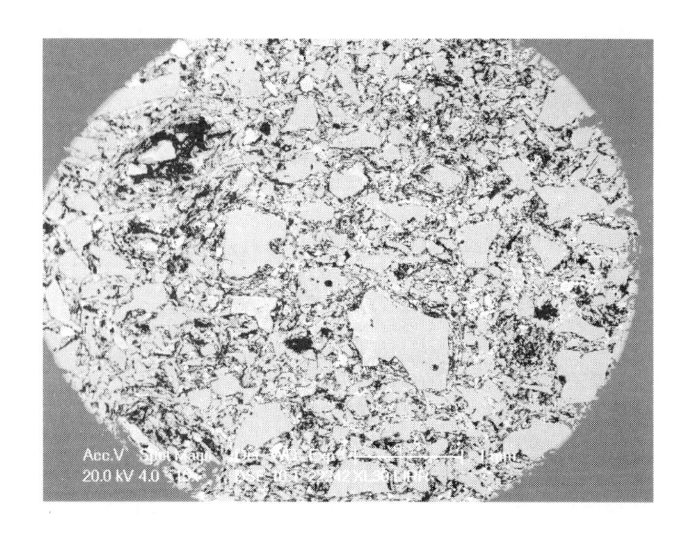

图 5－79　使用后的整体塞棒 C 制品棒头的低倍形貌

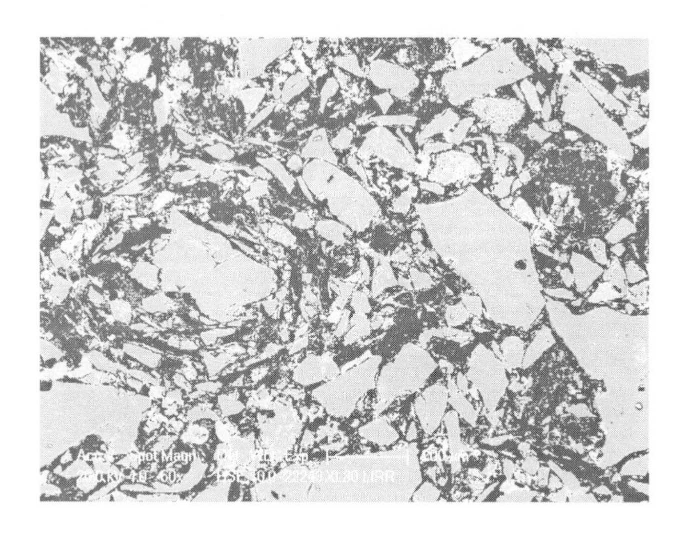

图 5－80　使用后的整体塞棒 C 制品棒头基质中的石墨的形貌

表 5－36　使用后的整体塞棒 C 制品棒头试样面分析

项　目	化学分析/%					
	Al_2O_3	SiO_2	MgO	CaO	Fe_2O_3	Na_2O
棒头试样	71.06	23.68	2.22	0.42	1.64	0.98

在使用后的整体塞棒 C 制品棒头基质中，金属 Si 已反应，其与杂质在一起的形貌如图 5－81 所示。图中灰白颗粒为 Na－MgO－Al_2O_3－SiO_2－CaO 反应物。

在使用后的整体塞棒 C 制品棒头基质中，Si 已反应生成 SiC，如图 5－82 所示，图中间两个灰白颗粒为 SiC。

在图 5－82 中间的两个硅粉颗粒反应生成 SiC，放大后的形貌如图 5－83 所示。

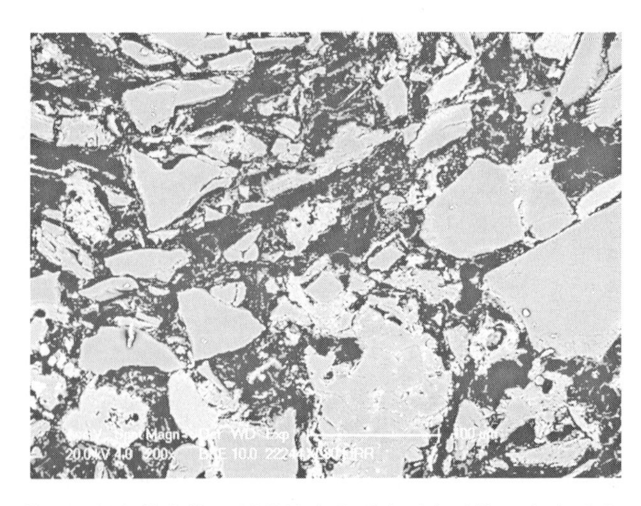

图 5－81 使用后的整体塞棒 C 制品棒头基质中反应后的 Si 与杂质在一起的形貌

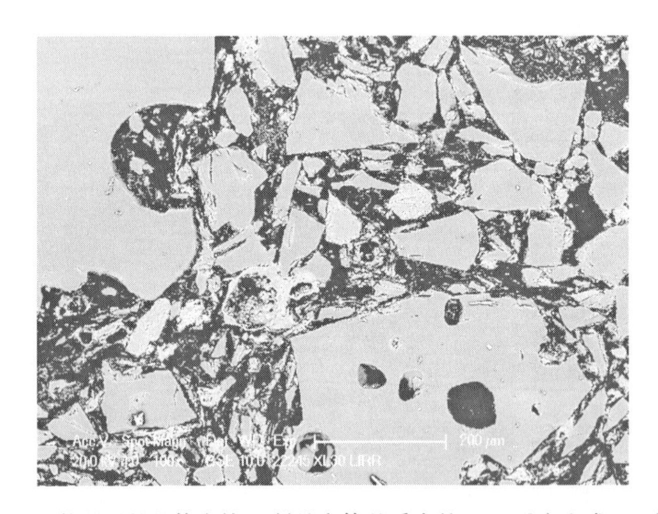

图 5－82 使用后的整体塞棒 C 制品本体基质中的 Si 已反应生成 SiC 的形貌

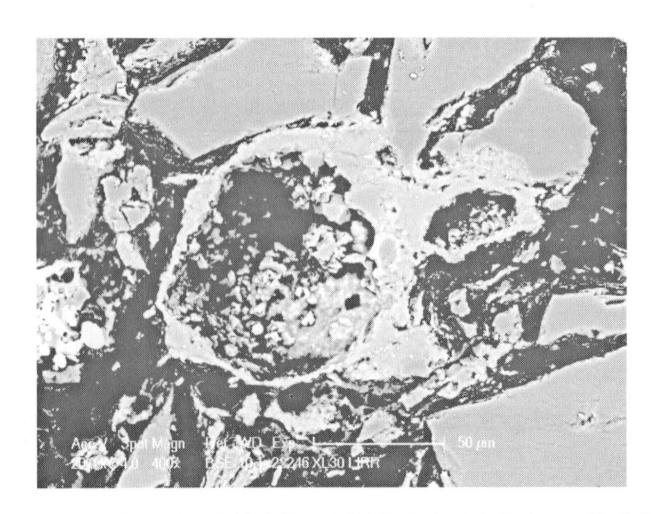

图 5－83 使用后的整体塞棒 C 制品棒头中反应生成 SiC 的形貌

参 考 文 献

[1] 蔡开科，等．连铸结晶器［M］．北京：冶金工业出版社，2008：308～309.

[2] 米源，杨志铮．结晶器保护渣性能和使用工艺［J］．柳钢科技，2007年泛珠三角11省（区）炼钢连铸学会论文专辑：171～175.

[3] 王时松，谢兵，刁江．连铸保护渣对浸入式水口渣线材质的侵蚀研究［C］．第八届全国连铸年会论文集，2007.

[4] 职建军．钙处理对连铸钢浇注性能的影响［J］．上海金属，2004（3）：37～40.

[5] 刘建伟．ASP连铸机水口堵塞造成的结晶器溢钢事故分析及预防［J］．连铸，2008（3）：19～20.

[6] 赵建宏．板坯连铸低碳铝镇静钢中间包水口堵塞分析及其预防措施［J］．昆钢科技，2006（1）：22～24.

[7] 王毅，彭胜堂．连铸浸入式水口结瘤堵塞的机理［J］．钢铁研究，1992（2）：8～12.

[8] 孙逊，葛诗文．连铸中水口砖沉积物与夹杂物组成之间的关系［J］．国外耐火材料，2004，29（3）：8～12.

[9] 李宗强，张永全，陆志坚．LF炉冶炼铝镇静钢预防水口结瘤的措施［J］．柳钢科技，2009（2）：15～20.

[10] 贺道中，苏振江，周志勇．铝脱氧钢水钙处理热力学分析与应用［J］．湖南工业大学学报，2010，24（3）：5～9.

[11] 王志军．不锈钢304板坯连铸浸入式水口堵塞问题探讨［J］．山西冶金，2006（4）：13～15.

索　引

混合与造粒

成型

烧后加工

质量控制

产品设计

长水口

浸入式水口的结构类型

浸入式水口的设计

浸入式水口的粒度组成

浸入式水口的显微结构

浸入式水口的使用

整体塞棒